高等学校教材

# 高 等 数 学

## （上）

主　编　张建文
副主编　张海峰　任永华

SHANGHAI JIAO TONG UNIVERSITY PRESS

**内容提要**

　　本书是适用于全日制普通高等学校的基础教材《高等数学(上)》，其内容主要包括函数、极限与连续，导数与微分，微分中值定理与导数的应用，不定积分，定积分，以及定积分的应用。本书既可以作为全日制高等院校以及高职高专的在校学生学习使用，也适合相关专业的培训机构进行使用。

**图书在版编目(CIP)数据**

高等数学. 上册/张建文主编. —上海：上海交
通大学出版社，2019（2020重印）
ISBN 978-7-313-21595-6

Ⅰ.①高…　Ⅱ.①张…　Ⅲ.①高等数学—教材　Ⅳ.
①O13

中国版本图书馆 CIP 数据核字(2019)第 147476 号

**高等数学(上)**

主　　编：张建文
出版发行：上海交通大学出版社　　　　　　　地　　址：上海市番禺路 951 号
邮政编码：200030　　　　　　　　　　　　电　　话：021-64071208
印　　制：常熟市大宏印刷有限公司　　　　　经　　销：全国新华书店
开　　本：710mm×1000mm　1/16　　　　　印　　张：21
字　　数：418 千字
版　　次：2019 年 8 月第 1 版　　　　　　　印　　次：2020 年 10 月第 3 次印刷
书　　号：ISBN 978-7-313-21595-6
定　　价：58.00 元

# 前　　言

为了进一步提高工科学生高等数学的教材质量,更为了飞速发展的工科高等数学的教育需要,和着大众化"以应用为目标,以够用为度量"的教育步伐,确保教学质量,使《高等数学》更符合工科学生对高等数学的培养要求。我们总结现行使用教材所存在的问题,多方听取数学骨干教师的意见,撰写了这套针对工科学生的专用教材。

本书根据国家教委批准的高等工科学校《高等数学课程教学基本要求》编写而成,全书分为上、中、下三册。各册书末均有本册习题答案与提示。

本书由太原理工大学数学学院的张建文、张海峰、任永华诸同志合作编写,并由张建文教授、张海峰副教授、任永华副教授任主编。

本书与现行使用教材相比,降低了理解难度,弱化了理论证明,增强了实际应用,更加符合学生的实际水平,但也不乏体现数学美和实际应用的双重功能。

太原理工大学现代科技学院教务部和太原理工大学教材管理中心对本书的出版发行给予了极大的支持。编者特向他们表示由衷的感谢。

本书可作为高等工科学校的高等数学教材,也可供经管类各专业使用,还可作为成人高等教育工科专业的教学用书和工程技术人员的参考书。

由于编者水平有限,加之任务本身的难度较大,时间紧迫,书中不乏考虑不周之处。我们衷心地希望各方专家,同行以及读者的斧正。我们将竭尽全力在教学实践中不断完善本书。

# 目　　录

# 第一章  函数、极限与连续

初等数学主要讨论数的运算以及相应的数量关系,研究对象基本上是不变的量,而高等数学则是以变量为研究对象的一门数学课程.所谓函数关系就是变量之间的依赖关系.极限理论是高等数学的基础,极限方法是研究变量的一种方法.

本章将介绍函数、极限和函数的连续性等基本概念以及它们的一些性质.

## 第一节  函　　数

### 一、数集　常量与变量

**1. 数集**　全体自然数的集合记作 **N**,全体整数的集合记作 **Z**,全体有理数的集合记作 **Q**,全体实数的集合记作 **R**.如果没有特别声明,以后提到的数都是实数.

**2. 区间**　设 $a$ 和 $b$ 都是实数,且 $a < b$,数集

$$\{x \mid a < x < b\}$$

称为开区间,记作 $(a, b)$.$a$ 和 $b$ 称为开区间的端点,$a \in (a, b)$,$b \in (a, b)$.数集

$$\{x \mid a \leqslant x \leqslant b\}$$

称为闭区间,记作 $[a, b]$.$a$ 和 $b$ 也称为闭区间的端点,$a \in [a, b]$,$b \in [a, b]$.

类似地可说明

$$[a, b) = \{x \mid a \leqslant x < b\},$$
$$(a, b] = \{x \mid a < x \leqslant b\}.$$

$[a, b)$ 和 $(a, b]$ 都称为半开区间.

引进记号 $+\infty$(读作"正无穷大")及 $-\infty$(读作"负无穷大"),可类似地表示无限区间,例如

$$[a, +\infty) = \{x \mid x \geqslant a\},$$
$$(-\infty, b) = \{x \mid x < b\}.$$

全体实数的集合 **R** 也可记作 $(-\infty, +\infty)$.

区间 $[a,b]$、$(a,b)$、$[a,+\infty)$、$(-\infty,b)$ 在数轴上的表示方法如图 1-1 所示.

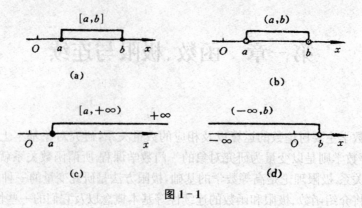

图 1-1

**3. 邻域**　设 $a$ 和 $\delta$ 是两个实数,且 $\delta>0$. 数集

$$\{x \mid |x-a|<\delta\}$$

称为点 $a$ 的 $\delta$ 邻域,记作 $U(a,\delta)$. 点 $a$ 叫作邻域的中心,$\delta$ 叫作邻域的半径. $U(a,\delta)$ 也就是开区间 $(a-\delta,a+\delta)$(见图 1-2).

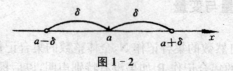

图 1-2

$U(a,\delta)$ 去掉中心 $a$ 后,称为点 $a$ 的去心 $\delta$ 邻域,记作 $\hat{U}(a,\delta)$,即

$$\hat{U}(a,\delta)=\{x \mid 0<|x-a|<\delta\},$$

这里 $0<|x-a|$ 就表示 $x\neq a$.

**4. 常量与变量**　在自然现象或社会现象的某个过程中,有些量不起变化,保持一定的数值,这种量叫作常量;有些量在变化,可以取不同的数值,这种量叫作变量.

例如,把一个密闭容器内的气体加热时,气体的体积和气体的分子个数保持一定数值,它们是常量;气体的温度和压力取得越来越大的数值,它们是变量.

通常用字母 $a$、$b$、$c$、$k$、$l$ 等表示常量,用字母 $x$、$y$、$z$、$t$、$u$、$v$ 等表示变量.

## 二、函数概念

在同一个自然现象或社会现象中,往往同时有几个变量在变化,它们并不是孤立的,而是相互依赖地按照一定的规律在变化.现在仅以两个变量的情形举几个例子.

**例1**　在自由落体运动中,设物体下落的时间为 $t$,落下的距离为 $s$.假定开始下落的时刻为 $t=0$,则 $s$ 与 $t$ 之间的依赖关系由公式

$$s=\frac{1}{2}gt^2$$

表示,其中 $g$ 为重力加速度.假定物体着地的时刻为 $t=T$,则当 $t$ 在 $[0,T]$ 上任取一个数值时,就可由上式确定出 $s$ 的对应值.

**例2**　灯泡厂每天生产灯泡的个数为 $x$,机械设备等固定成本为 2 800 元,生产每个灯泡所花费的人工费和使用原材料费用等单位产品的变动成本为 8 元,那么日产量 $x$ 与每天的生产总成本 $y$ 之间的对应关系由式

$$y=2\,800+8x$$

给出.当 $x$ 在区间 $(0,+\infty)$ 内任取一个数值时,就可由上式确定出 $y$ 的对应值.

上述两例,一个是物理问题,一个是几何问题,实际内容及变量间的相互关系的表现形式虽然各不相同,但却具有共同的本质特征:在某个动态过程中存在两个相互关联的变量,当其中一个变量在限制范围内变化时,另一个变量也按一定规律随之变化,后者总有确定的值与前者对应.

**定义**　设两个变量 $x$ 和 $y$,$D$ 为一非空的实数集.若变量 $x$ 在 $D$ 内任取一个数值时,变量 $y$ 按照一定的规则 $f$ 总有唯一确定的数值和它对应,那么称对应规则 $f$ 为定义在 $D$ 上的一个函数,记作:$y=f(x)$.$x$ 称为自变量,$y$ 称为因变量,$D$ 称为函数的定义域.

对于 $D$ 中每一个 $x$,根据规则 $f$ 所对应的 $y$ 值,称为 $x$ 处的函数值,记 $y=f(x)$.函数值的全体称为函数的值域,记为 $W$.即

$$W=\{y\mid y=f(x),x\in D\}.$$

如果 $x_0\in D$,称函数在 $x_0$ 处有定义,函数 $y=f(x)$ 在 $x_0$ 处的函数值记为 $f(x_0)$.

在实际问题中,函数的定义域是由问题的实际意义确定的.如例1中,定义域为 $[0,T]$;例2中,定义域为 $(0,+\infty)$.

当抽象地研究用算式表达的函数时,一般应特别指明该函数的定义域.若未作指明,我们约定:函数的定义域就是使算式能成立的自变量取值的集合.例如,函数 $y=\frac{1}{x}$ 的定义域是集合 $(-\infty,0)\bigcup(0,+\infty)$,$y=\frac{1}{\sqrt{1-x^2}}$ 的定义域是 $(-1,1)$,而函数 $y=\frac{1}{x}\ (x>0)$ 的定义域则为 $(0,+\infty)$.

关于函数的几点说明如下.

(1) 函数 $y=f(x)$ 中表示对应关系的记号 $f$ 也可改用其他字母,例如"$\varphi$"、"$F$"等.这时函数就记作 $y=\varphi(x)$、$y=F(x)$ 等.

(2) 函数的定义域 $D$ 和对应规则 $f$ 是确定函数的两个主要因素.例如: $f(x)=1$, $x\in(-\infty,+\infty)$ 与 $\varphi(x)=\dfrac{x}{x}$, $x\in(-\infty,0)\bigcup(0,+\infty)$ 是不同的两个函数.例如:$\varphi(x)=|x|$, $x\in\mathbf{R}$ 和 $\psi(x)=\sqrt{x^2}$, $x\in\mathbf{R}$ 是相同的两个函数.因此,我们说两个函数相同,是指它们有相同的定义域和相同的对应规则.

(3) 对于变量 $x$ 的每一个值,变量 $y$ 按照一定的规则有两个或更多个确定的数值和它对应.这种情形与上述定义不符.但为方便起见,我们称 $y$ 为 $x$ 的多值函数,而称前面所定义的函数为单值函数.例如,方程 $y^2=x$,当 $x$ 取开区间 $(0,+\infty)$ 内任一个数值时,对应的 $y$ 值就有两个,所以方程 $y^2=x$ 在 $(0,+\infty)$ 内确定一个双值函数,而 $y=\sqrt{x}$ 和 $y=-\sqrt{x}$ 是它的两个单值分支.

以后凡是没有特别说明时,函数都是指单值函数.

在平面直角坐标系中,取 $x$ 为横坐标,$y$ 为纵坐标,则平面上点

$$\{(x,y)\mid y=f(x),x\in D\}$$

的全体,称为函数 $y=f(x)$ 的图形.

下面再举几个函数的例子.

**例3** 函数

$$y=1$$

的定义域 $D=(-\infty,+\infty)$,值域 $W=\{1\}$,它的图形是一条平行于 $x$ 轴的直线,如图1-3所示.

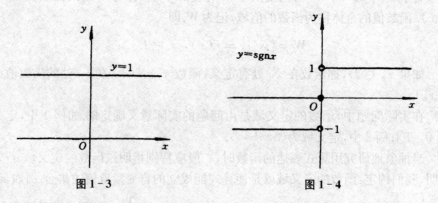

图1-3　　　　　　　　　　　　　图1-4

**例4** 函数

$$y=\operatorname{sgn}x=\begin{cases}1, & x>0\\0, & x=0\\-1, & x<0\end{cases}$$

称为符号函数,定义域 $D=(-\infty,+\infty)$,值域 $W=\{-1,0,1\}$,图形如图 1-4 所示.对任何 $x\in\mathbf{R}$,下列关系成立

$$x=\mathrm{sgn}x \cdot |x|.$$

**例 5** 设 $x\in\mathbf{R}$,不超过 $x$ 的最大整数简称为 $x$ 的最大整数,记作 $[x]$.例如 $[1.5]=1$,$[2]=2$,$[-1.5]=-2$,$[\sqrt{5}]=2$.把 $x$ 看作自变量,则函数

$$y=[x]$$

的定义域 $D=(-\infty,+\infty)$,值域 $W=\mathbf{Z}$.它的图形如图 1-5 所示,该函数称作取整函数.

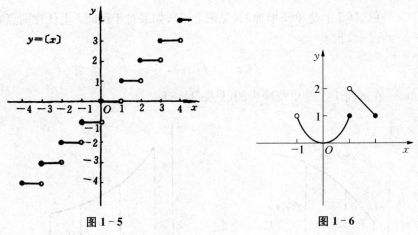

图 1-5                              图 1-6

**例 6** 下面分段函数的图形(见图 1-6):

$$f(x)=\begin{cases} -x, & x\in(-1,0) \\ x^2, & x\in(0,1] \\ 3-x, & x\in(1,2]. \end{cases}$$

它表示了在闭区间 $(-1,2]$ 上不同的时间范围内,电压变化的不同规律.它是定义域为 $D=(-1,2]$,值域为 $W=[0,2)$ 的一个函数,而不是几个函数.

上述这种在定义域内不同的区间上用不同的解析式表示的函数,称为分段函数.

### 三、具有某些特性的函数

**1. 有界函数与无界函数** 设函数 $y=f(x)$ 的定义域为 $D$,数集 $X\subset D$.若存在 $M>0$,使得

$$|f(x)|\leqslant M \quad (x\in X),$$

则称 $f(x)$ 在 $X$ 上有界. 若这样的 $M$ 不存在, 就称 $f(x)$ 在 $X$ 上无界. 也就是说, 对于任何正数 $M$, 总存在 $x_1 \in X$, 使 $|f(x_1)| > M$, 那么 $f(x)$ 在 $X$ 上无界.

例如, $f(x) = \sin x$ 在 $(-\infty, +\infty)$ 内有界, 因为 $|\sin x| \leqslant 1$ 对任何 $x \in (-\infty, +\infty)$ 都成立; $f(x) = \tan x$ 在 $\left(-\dfrac{\pi}{2}, \dfrac{\pi}{2}\right)$ 内无界, 在 $\left[0, \dfrac{\pi}{4}\right]$ 上有界.

**2. 单调函数**　设函数 $y = f(x)$ 的定义域为 $D$, 区间 $I \subset D$. 如果对于 $I$ 上任意两点 $x_1$ 及 $x_2$, 当 $x_1 < x_2$ 时, 恒有

$$f(x_1) < f(x_2),$$

则称 $f(x)$ 在区间 $I$ 上是单调增加的 (见图1-7); 如果对于区间 $I$ 上任意两点 $x_1$ 及 $x_2$, 当 $x_1 < x_2$ 时, 恒有

$$f(x_1) > f(x_2),$$

则称 $f(x)$ 在区间 $I$ 上是单调减少的 (见图1-8).

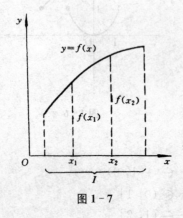
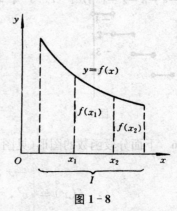

图 1-7　　　　　　　　　　　　图 1-8

**例7**　试证函数 $f(x) = x^3$ 在 $(-\infty, +\infty)$ 内单调增加.

**证**　任取 $x_1 \in (-\infty, +\infty)$, $x_2 \in (-\infty, +\infty)$, 设 $x_1 < x_2$,

$$f(x_1) - f(x_2) = x_1^3 - x_2^3 = (x_1 - x_2)(x_1^2 + x_1 x_2 + x_2^2)$$

$$= (x_1 - x_2)\left[\left(x_1 + \frac{1}{2}x_2\right)^2 + \frac{3}{4}x_2^2\right].$$

显然

$$f(x_1) - f(x_2) < 0,$$

故

$$f(x_1) < f(x_2).$$

所以 $f(x) = x^3$ 在 $(-\infty, +\infty)$ 内单调增加.

**3. 奇函数与偶函数**　设函数 $y = f(x)$ 的定义域 $D$ 关于原点对称, 如果对任

意 $x \in D$,

$$f(-x) = f(x)$$

恒成立,则称函数 $f(x)$ 为<u>偶函数</u>.如果对任意 $x \in D$,

$$f(-x) = -f(x)$$

恒成立,则称函数 $f(x)$ 为<u>奇函数</u>.

例如,$y = x^2$ 与 $y = \cos x$ 是偶函数,$y = x^3$ 与 $y = \sin x$ 是奇函数.

偶函数的图形关于 $y$ 轴对称,奇函数的图形关于原点对称.

**4. 周期函数**  设函数 $y = f(x)$ 的定义域为 $D$.如果存在一个不为零的数 $l$,使得对于任一 $x \in D$,有 $x \pm l \in D$,且

$$f(x + l) = f(x)$$

恒成立,则称 $f(x)$ 为<u>周期函数</u>,$l$ 称为 $f(x)$ 的<u>周期</u>.通常周期不是唯一的,而周期函数的周期指的是最小正周期.

例如,在 $(-\infty, +\infty)$ 内,函数 $y = \sin x$,$y = \cos x$ 都是以 $2\pi$ 为周期的周期函数;$y = \tan x$,$y = \cot x$ 都是以 $\pi$ 为周期的周期函数;$y = x - [x]$ 是以 $1$ 为周期的函数.

## 四、反函数

函数 $y = f(x)$ 反映了 $y$ 如何随着 $x$ 而改变.但变量间的依赖关系往往是相互的,除了研究变量 $y$ 如何随着 $x$ 而确定外,也需反过来研究 $x$ 如何随着 $y$ 而确定的问题.例如,自由落体的路程与时间的关系是

$$s = \frac{1}{2}gt^2,$$

当从时间来研究路程的变化时,取时间 $t$ 作自变量,于是 $s$ 是 $t$ 的函数.反之,想从已知的路程来确定下落的时间时,应从关系式中解出 $t$,于是 $t$ 是 $s$ 的函数,

$$t = \sqrt{\frac{2s}{g}}.$$

这表明在一定条件下,自变量和因变量可以相互转化.

对此,我们引入反函数的概念.

**定义**  设函数 $y = f(x)$ 的定义域为 $D$,值域为 $W$.若对任意 $y \in W$,有唯一的 $x \in D$ 与之对应,使 $f(x) = y$,则在 $W$ 上定义了一个函数,称这个函数为 $y = f(x)$ 的<u>反函数</u>,记为

$$x = f^{-1}(y).$$

原来的函数 $y = f(x)$ 称作直接函数.

几点说明：

（1）上述定义中，如果对于任意 $y \in W$，有多个 $x \in D$ 与 $y$ 对应，我们可以分成几个单值分支讨论.例如：$y = x^2$ 的反函数 $x = \sqrt{y}$ 和 $x = -\sqrt{y}$；

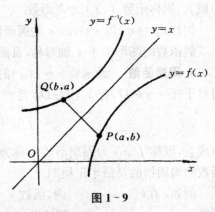

（2）函数的实质在于它的定义域和对应规则，对于用什么字母来表示反函数中的自变量和因变量是无关紧要的.习惯上把自变量仍记作 $x$，因变量仍记作 $y$，那么反函数 $x = f^{-1}(y)$ 也可写作 $y = f^{-1}(x)$.

反函数的定义域为 $W$，值域为 $D$.

直接函数 $y = f(x)$ 与反函数 $y = f^{-1}(x)$ 的图像关于直线 $y = x$ 对称（见图 1-9）.因为，如果 $P(a, b)$ 是曲线 $y = f(x)$ 上的点，则 $Q(b, a)$ 是曲线 $y = f^{-1}(x)$ 上的点.反之，若 $Q(b, a)$ 是曲线 $y = f^{-1}(x)$ 上的点，则 $P(a, b)$ 是曲线 $y = f(x)$ 上的点.而点 $P(a, b)$ 与 $Q(b, a)$ 关于直线 $y = x$ 对称.

图 1-9

**定理** 若函数 $y = f(x)$ 在某区间 $D$ 上单调增加（减少），则函数 $y = f(x)$ 必存在反函数 $y = f^{-1}(x)$，它在 $W$ 上也是单调增加（减少）的（证明略）.

## 五、复合函数

在一些实际问题中，函数的自变量和因变量是通过另外一些变量才能建立起它们之间的对应关系的.

例如，设

$$y = \sin u, \quad u = 1 + x^2,$$

将 $u = 1 + x^2$ 代入第一式，得

$$y = \sin(1 + x^2).$$

我们说，$y = \sin(1 + x^2)$ 是由 $y = \sin u$ 及 $u = 1 + x^2$ 复合而成的复合函数.

一般地，若函数 $y = f(u)$ 的定义域为 $D_1$，函数 $u = \varphi(x)$ 的定义域为 $D_2$，值域为 $W_2$，且 $W_2 \cap D_1 \neq \varnothing$（空集），则对于使得 $\varphi(x) \in D_1$ 的 $x$，通过 $u$ 有确定的数值 $y$ 与之对应，从而得到一个以 $x$ 为自变量，$y$ 为因变量的函数，这个函数称为 $y = f(u)$ 及 $u = \varphi(x)$ 的复合函数，记作 $y = f[\varphi(x)]$，而 $u$ 称为中间变量.

**例 8** 求由 $y=\lg u$，$u=1-x^2$ 复合而成的函数.

**解**：$y=\lg u$，$u=(0,+\infty)$

$$u=1-x^2，x\in(-\infty,+\infty)，u\in(-\infty,1]$$

因为 $(0,+\infty)\bigcap(-\infty,1]\neq\varnothing$，所以

$$y=\lg(1-x^2)$$

是 $y=\lg u$ 及 $u=1-x^2$ 的复合函数.

复合函数可以是多个函数相继复合而成.

例如，函数 $y=\arctan u$，$u=\ln v$，$v=x^2+1$ 可以复合成函数 $y=\arctan[\ln(x^2+1)]$，其中 $u,v$ 都是中间变量.

必须注意，并不是任何两个函数都可以复合成一个复合函数的.例如，$y=\arcsin u$ 与 $u=2+x^2$ 就不能复合成复合函数.因为不论 $x$ 取何值，$u$ 的值不小于 2，从而使 $\arcsin u$ 无意义.

## 习题 1-1

1. 用区间表示变量的变化范围：

(1) $|x|<4$；

(2) $|x|>9$；

(3) $|x-1|<3$；

(4) $|x+1|\geqslant5$；

(5) $1<x\leqslant3$；

(6) $-1\leqslant x<4$；

(7) $0<|x-x_0|<\delta$（$x_0$ 为常数，$\delta>0$）；

(8) $|x-a|<\varepsilon$（$a$ 为常数，$\varepsilon>0$）.

2. 求下列函数的定义域：

(1) $y=\dfrac{2x}{x^2-3x+2}$；

(2) $y=\dfrac{1}{x^2-1}$；

(3) $y=\dfrac{1}{\sqrt{1-x^2}}$；

(4) $y=\sqrt{x^2-4}$；

(5) $y=\dfrac{\sqrt{2x+1}}{2x^2-x-1}$；

(6) $y=\dfrac{1}{4-x^2}+\sqrt{x+3}$；

(7) $y=\dfrac{\sqrt{9-x^2}}{\ln(x+2)}$；

(8) $y=\sqrt{9-x^2}+\dfrac{1}{\sqrt{x^2-1}}$.

3. 下列函数是否表示同一函数？为什么？

(1) $f(x)=\ln x^3$ 与 $y=3\ln x$；

(2) $f(u)=u$ 与 $\varphi(x)=\sqrt{x^2}$；

9

(3) $y = \dfrac{1}{x+2}$ 与 $y = \dfrac{x-2}{x^2-4}$.

(4) $f(x) = x$ 与 $\varphi(x) = (\sqrt{x})^2$.

4. 设 $f(x) = \sqrt{4+x^2}$，求 $f(0), f(1), f(-1), f\left(\dfrac{1}{a}\right), f(x_0), f(x_0+h)$.

5. 已知 $f(x+3) = x^2 + 5x + 6$，求 $f(x)$.

6. 若 $f\left(\dfrac{1}{x}\right) = \left(\dfrac{x+1}{x}\right)^2$ 则 $f(x) = ?$

7. 下列函数中哪些是偶函数,哪些是奇函数,哪些既非奇函数又非偶函数?

(1) $y = \dfrac{x(1+x)}{1-x}$；

(2) $y = 4\cos 2x$；

(3) $y = x^2 + 2$；

(4) $y = e^x - e^{-x}$；

(5) $y = \dfrac{|x|}{x}\sin x$；

(6) $y = \sin x - \cos x$；

(7) $y = \ln\left|\dfrac{1-x}{1+x}\right|$；

(8) $y = \dfrac{a^x - a^{-x}}{2}$.

8. 证明 $y = \ln(x + \sqrt{1+x^2})$ 为奇函数.

9. 设 $f(x)$ 为定义在 $(-l, l)$ 内的任意函数,证明:

(1) $F_1(x) = f(x) + f(-x)$ 为偶函数；

(2) $F_2(x) = f(x) - f(-x)$ 为奇函数；

(3) $f(x)$ 可以表示为一个奇函数与一个偶函数的和.

10. 设下面考虑的函数都是定义在 $(-l, l)$ 内的.证明:

(1) 两个偶函数之和是偶函数,两个奇函数之和是奇函数；

(2) 两个偶函数之积是偶函数,两个奇函数之积是偶函数,偶函数与奇函数之积是奇函数.

11. 证明函数 $y = \lg x$ 在 $(0, +\infty)$ 内单调增加.

12. 下列函数中哪些是周期函数? 对于周期函数,指出其周期:

(1) $y = 1 + \cos\dfrac{\pi}{2}x$；

(2) $y = \sin x^2$；

(3) $y = \sin 2x + \cos\dfrac{x}{2}$；

(4) $y = \sin^2 x$；

(5) $y = x\sin x$；

(6) $y = \sin \pi x + \cos \pi x$.

13. 求下列函数的反函数:

(1) $y = \dfrac{1-x}{1+x}$；

(2) $y = 2^{x-1}$；

(3) $y = \dfrac{1}{x-1}$.

# 第二节　初 等 函 数

在数学的发展过程中,形成了一类最简单、最常用的函数,称作基本初等函数.基本初等函数包括常数函数、幂函数、指数函数、对数函数、三角函数和反三角函数.本节分别介绍它们的图形和性质.

## 一、常数函数和幂函数

函数

$$y = c$$

的定义域是 $D = (-\infty, +\infty)$,值域是 $W = \{c\}$,它的图形是一条平行于 $x$ 轴的直线(见图 1-10).这个函数叫作常数函数.

函数

$$y = x^\mu (\mu \text{ 是常数})$$

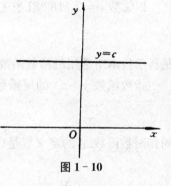

图 1-10

叫作幂函数.

幂函数的定义域要看 $\mu$ 是什么数而定.但无论 $\mu$ 是什么数,在区间 $(0, +\infty)$ 内,$y = x^\mu$ 总是有意义的.

$y = x$,$y = x^2$,$y = x^3$,$y = x^{\frac{1}{2}}$,$y = x^{-1}$ 等是最常见的幂函数,它们的图形如图1-11 所示.

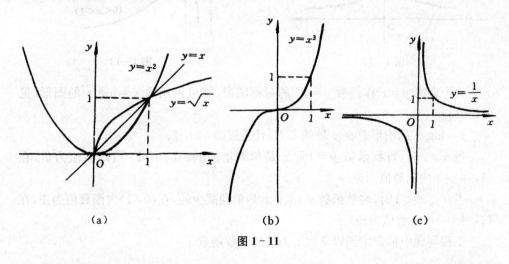

（a）　　　　　　　（b）　　　　　　　（c）

图 1-11

## 二、指数函数与对数函数

函数
$$y = a^x (a \text{ 是常数}, a > 0, a \neq 1)$$

叫作指数函数,它的定义域是$(-\infty, +\infty)$.

因为$a^0 = 1$,所以曲线$y = a^x$过$(0, 1)$点.因为无论$x$取什么实数值,总有$a^x > 0$,所以曲线$y = a^x$在$x$轴的上方.

当$a > 1$时,函数$y = a^x$单调增加.

当$0 < a < 1$时,函数$y = a^x$单调减少(见图1-12).

以常数$e = 2.718\,281\,8\cdots$为底的指数函数
$$y = e^x$$

是科学技术中常用的指数函数.

指数函数$y = a^x$的反函数
$$y = \log_a x (a \text{ 是常数}, a > 0, a \neq 1)$$

叫作对数函数.它的定义域是$(0, +\infty)$.

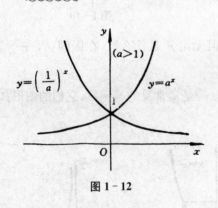

图 1-12

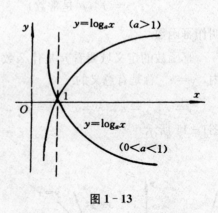

图 1-13

关于直线$y = x$作函数$y = a^x$的对称图形,则可得函数$y = \log_a x$的图形(见图1-13).

$y = \log_a x$的图形总在$y$轴的右方,且通过$(1, 0)$点.

当$a > 1$时,对数函数$y = \log_a x$是单调增加的,在$(0, 1)$内函数值为负,在$(1, +\infty)$内函数值为正.

当$0 < a < 1$时,对数函数$y = \log_a x$是单调减少的,在$(0, 1)$内函数值为正,在$(1, +\infty)$内函数值为负.

工程问题中常常用到以常数 e 为底的对数函数

$$y = \log_e x,$$

叫作自然对数函数,简记为

$$y = \ln x.$$

## 三、三角函数与反三角函数

常用的三角函数有:
正弦函数　　$y = \sin x$（见图 1 - 14）;

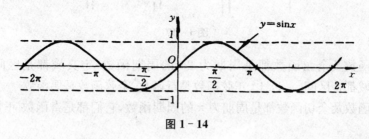

图 1 - 14

余弦函数　　$y = \cos x$（见图 1 - 15）;

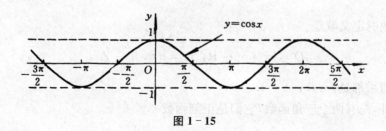

图 1 - 15

正切函数　　$y = \tan x$（见图 1 - 16）;

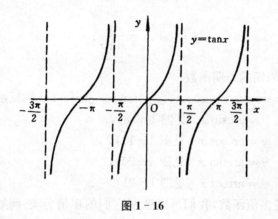

图 1 - 16

余切函数　　$y = \cot x$（见图 $1-17$）.

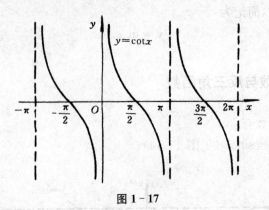

图 $1-17$

正弦函数及余弦函数都是周期为 $2\pi$ 的周期函数,定义域都是区间$(-\infty, +\infty)$,值域都是区间$[-1, 1]$.正弦函数是奇函数,余弦函数是偶函数.

正切函数及余切函数都是周期为 $\pi$ 的周期函数,它们都是奇函数.正切函数的定义域是

$$D = \left\{ x \mid x \in \mathbf{R}, \, x \neq (2n+1)\frac{\pi}{2}, \, n \in \mathbf{Z} \right\},$$

余切函数的定义域是

$$D = \{ x \mid x \in \mathbf{R}, \, x \neq n\pi, \, n \in \mathbf{Z} \},$$

它们的值域都是$(-\infty, +\infty)$.

另外,尚有两个三角函数,它们是正割函数

$$y = \sec x = \frac{1}{\cos x},$$

余割函数

$$y = \csc x = \frac{1}{\sin x}.$$

它们都是以 $2\pi$ 为周期的周期函数.

三角函数 $y = \sin x$,$y = \cos x$,$y = \tan x$,$y = \cot x$ 的反函数依次为

反正弦函数　　$y = \arcsin x$（见图 $1-18$）,

反余弦函数　　$y = \arccos x$（见图 $1-19$）,

反正切函数　　$y = \arctan x$（见图 $1-20$）,

反余切函数　　$y = \text{arccot}\, x$（见图 $1-21$）.

这些函数都是多值函数,我们可以选取它们的单值分支.例如,把 $\arcsin x$ 的

值限制在闭区间 $\left[-\dfrac{\pi}{2},\dfrac{\pi}{2}\right]$ 上,称为反正弦函数的主值,记作 $\arcsin x$.这样,函数 $y=\arcsin x$ 就是定义在闭区间 $[-1,1]$ 上的单值函数.我们也称 $y=\arcsin x$ 为反正弦函数,它的图形如图 1-18 中实线部分所示.

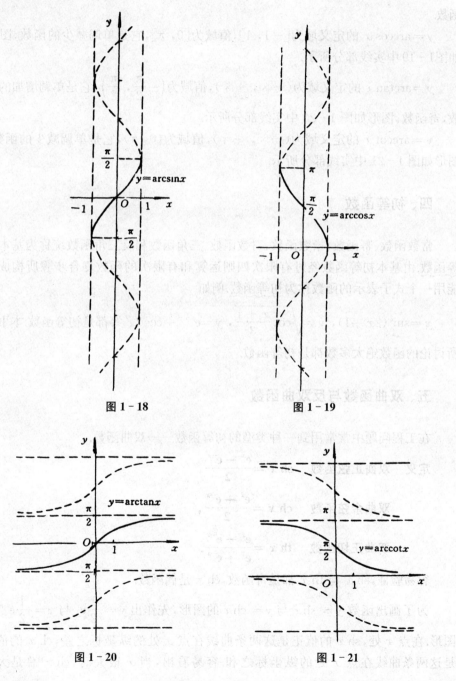

图 1-18

图 1-19

图 1-20

图 1-21

类似地,其他三个反三角函数的主值也简称为反余弦函数、反正切函数和反余切函数.

$y = \arcsin x$ 的定义域为$[-1, 1]$,值域为$\left[-\dfrac{\pi}{2}, \dfrac{\pi}{2}\right]$,它是单调增加的函数,奇函数.

$y = \arccos x$ 的定义域为$[-1, 1]$,值域为$[0, \pi]$,它是单调减少的函数,图形如图1-19中实线部分所示.

$y = \arctan x$ 的定义域为$(-\infty, +\infty)$,值域为$\left(-\dfrac{\pi}{2}, \dfrac{\pi}{2}\right)$,它是单调增加的函数,奇函数,图形如图 1-20 中实线部分所示.

$y = \text{arccot}\, x$ 的定义域为$(-\infty, +\infty)$,值域为$(0, \pi)$,它是单调减少的函数,图形如图 1-21 中实线部分所示.

## 四、初等函数

常数函数、幂函数、指数函数、对数函数、三角函数和反三角函数统称为基本初等函数.由基本初等函数经过有限次四则运算和有限次的函数复合步骤所构成并能用一个式子表示的函数称为初等函数.例如

$$y = \sin^2(2x+1), \quad y = \sqrt{\cot\dfrac{x+1}{3}}, \quad y = e^{\sin x} + \cos 2x$$ 等都是初等函数.本书中所讨论的函数绝大多数都是初等函数.

## 五、双曲函数与反双曲函数

在工程问题中常常用到一种类型的初等函数——双曲函数.

**定义** **双曲正弦函数** $\quad \text{sh}\, x = \dfrac{e^x - e^{-x}}{2}$,

$\qquad\qquad$ **双曲余弦函数** $\quad \text{ch}\, x = \dfrac{e^x + e^{-x}}{2}$,

$\qquad\qquad$ **双曲正切函数** $\quad \text{th}\, x = \dfrac{e^x - e^{-x}}{e^x + e^{-x}}$.

容易验证,$\text{sh}\, x$ 与 $\text{th}\, x$ 都是奇函数,$\text{ch}\, x$ 是偶函数.

为了画出函数 $y = \text{sh}\, x$ 与 $y = \text{ch}\, x$ 的图形,先作出 $y = \dfrac{1}{2}e^x$ 与 $y = \dfrac{1}{2}e^{-x}$ 的图形.在点 $x$ 处,$\text{sh}\, x$ 的值正是这两条曲线在点 $x$ 处的纵坐标之差,$\text{ch}\, x$ 的值正是这两条曲线在点 $x$ 处的纵坐标之和.容易看出,当 $x$ 很大时,$\text{ch}\, x$ 总是大于

$\dfrac{1}{2}e^x$,但很接近它;$\operatorname{sh} x$ 总是小于 $\dfrac{1}{2}e^x$,但也很接近它(见图 $1-22$).

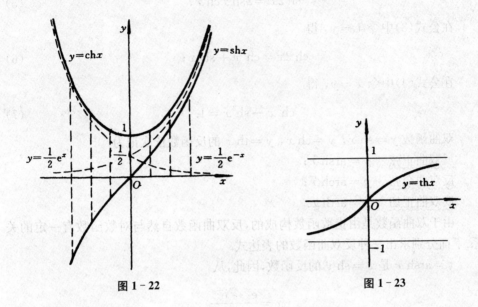

图 $1-22$　　　　　　　　　　　　图 $1-23$

现在我们讨论 $y=\operatorname{th} x=\dfrac{\operatorname{sh} x}{\operatorname{ch} x}$ 的图形,当 $x$ 从 $0$ 变大时,$\operatorname{sh} x$ 与 $\operatorname{ch} x$ 都取正值,且 $\operatorname{ch} x$ 的值较大,故 $\operatorname{th} x$ 的值界于 $0$ 与 $1$ 之间,并且当 $x$ 很大时,$\operatorname{th} x$ 很接近于 $1$.因此,容易画出 $y=\operatorname{th} x$ 在右半平面的曲线,根据对称性则可画出整个图形来(见图 $1-23$).

双曲函数之间具有很多恒等关系,这些关系与三角函数间的恒等关系极其相似.

$$\operatorname{sh}(x+y)=\operatorname{sh} x \operatorname{ch} y+\operatorname{ch} x \operatorname{sh} y; \tag{1}$$

$$\operatorname{sh}(x-y)=\operatorname{sh} x \operatorname{ch} y-\operatorname{ch} x \operatorname{sh} y; \tag{2}$$

$$\operatorname{ch}(x+y)=\operatorname{ch} x \operatorname{ch} y+\operatorname{sh} x \operatorname{sh} y; \tag{3}$$

$$\operatorname{ch}(x-y)=\operatorname{ch} x \operatorname{ch} y-\operatorname{sh} x \operatorname{sh} y. \tag{4}$$

下面证明公式($2$),其他公式类似可证.由定义得

$$\text{右式}=\frac{(e^x-e^{-x})(e^y+e^{-y})}{4}-\frac{(e^x+e^{-x})(e^y-e^{-y})}{4}$$

$$=\frac{e^{x+y}-e^{-x+y}+e^{x-y}-e^{-x-y}-e^{x+y}-e^{-x+y}+e^{x-y}+e^{-x-y}}{4}$$

$$=\frac{e^{x-y}-e^{-(x-y)}}{2}=\operatorname{sh}(x-y).$$

在公式(1)中令 $x=y$, 得

$$\text{sh } 2x = 2\text{sh } x\text{ch } x; \tag{5}$$

在公式(3)中令 $x=y$, 得

$$\text{ch } 2x = \text{ch}^2 x + \text{sh}^2 x; \tag{6}$$

在公式(4)中令 $x=y$, 得

$$\text{ch}^2 x - \text{sh}^2 x = 1. \tag{7}$$

双曲函数 $y=\text{sh } x$, $y=\text{ch } x$, $y=\text{th } x$ 的反函数依次记为

反双曲正弦 　　$y=\text{arsh } x$;

反双曲余弦 　　$y=\text{arch } x$;

反双曲正切 　　$y=\text{arth } x$.

由于双曲函数是由指数函数构成的,反双曲函数自然与对数函数有一定的关系.下面分别求出三种反双曲函数的表达式.

$y=\text{arsh } x$ 是 $x=\text{sh } y$ 的反函数,因此,从

$$x = \frac{\text{e}^y - \text{e}^{-y}}{2}$$

中解出 $y$ 来便是 $\text{arsh } x$.

$$2x = \text{e}^y - \text{e}^{-y},$$
$$2x\text{e}^y = \text{e}^{2y} - 1,$$
$$\text{e}^{2y} - 2x\text{e}^y - 1 = 0,$$
$$\text{e}^y = x \pm \sqrt{x^2 + 1}.$$

因 $\text{e}^y > 0$, 故上式根号前应取正号,于是

$$y = \text{arsh } x = \ln(x + \sqrt{x^2 + 1}).$$

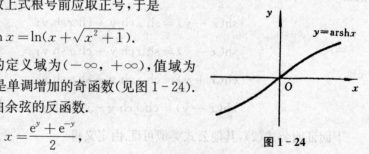

图 1-24

$y = \text{arsh } x$ 的定义域为 $(-\infty, +\infty)$,值域为 $(-\infty, +\infty)$.它是单调增加的奇函数(见图1-24).

下面讨论双曲余弦的反函数.

设　　　　$x = \dfrac{\text{e}^y + \text{e}^{-y}}{2}$,

可得 $\text{e}^y = x \pm \sqrt{x^2 - 1}$, 故

$$y = \ln(x \pm \sqrt{x^2 - 1}).$$

上式中的 $x$ 的值必须满足 $x \geqslant 1$,而平方根前的符号可正可负.当 $x=1$ 时,$y=0$;对于大于1的每个 $x$ 值,$y$ 有 $\ln(x+\sqrt{x^2-1})$ 及 $\ln(x-\sqrt{x^2-1})$ 两值与之对

应.由于
$$\ln(x-\sqrt{x^2-1})=\ln\frac{1}{x+\sqrt{x^2-1}}=-\ln(x+\sqrt{x^2-1}),$$

故
$$y=\pm\ln(x+\sqrt{x^2-1}).$$

可见，双曲余弦的反函数是双值的，它的图形是关于 $x$ 轴对称的两支，我们取其中正值的一支作为该函数的主值，于是有
$$y=\operatorname{arch}x=\ln(x+\sqrt{x^2-1}).$$

这样规定的函数 $y=\operatorname{arch}x$ 便成为单值的，它在 $[1,+\infty)$ 上单调增加（见图 $1-25$）.

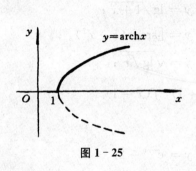

图 1-25

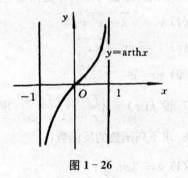

图 1-26

类似可得

$y=\operatorname{arth}x=\dfrac{1}{2}\ln\dfrac{1+x}{1-x}$，这个函数的定义域为开区间 $(-1,1)$，它是单调增加的奇函数（见图 $1-26$）.

## 习题 1-2

1. 求下列函数的定义域：

(1) $y=\cos\sqrt{x+1}$；　　　　　　(2) $y=\dfrac{\ln(x+1)}{\sqrt{x-1}}$；

(3) $y=\arccos(x+2)$；　　　　　　(4) $y=\sqrt{x^2-x-6}+\arcsin\dfrac{2x-1}{7}$；

(5) $y=\ln(2x-1)$；　　　　　　　(6) $y=\mathrm{e}^{\frac{2}{x}}$.

2. 设 $F(x)=\arccos x$，求下列函数值：

$$F(-1),\ F\left(-\frac{\sqrt{3}}{2}\right),\ F\left(-\frac{1}{2}\right),\ F(0),\ F\left(\frac{1}{2}\right),\ F\left(\frac{\sqrt{3}}{2}\right),\ F(1).$$

3. 设 $G(x) = 2^{x-2}$,求下列函数值:

$$G(2),\ G(-2),\ G(0),\ G\left(\frac{5}{2}\right).$$

4. 设 $f(x) = a^x$,证明下列各式:

(1) $f(x) \cdot f(y) = f(x+y)$;

(2) $\dfrac{f(x)}{f(y)} = f(x-y)$.

5. 设 $\varphi(x) = \lg x$,证明当 $x > 0$ 时下列等式成立:

(1) $\varphi(x) + \varphi(y) = \varphi(xy)$;

(2) $\varphi(x) - \varphi(y) = \varphi\left(\dfrac{x}{y}\right)$.

6. 下列各函数可以看作是由哪些简单函数复合而成的?

(1) $y = \sqrt{2-x^2}$;          (2) $y = \lg\sqrt{1+x}$;

(3) $y = \sin^2\sqrt{x}$;          (4) $y = [\arcsin(1-x^2)]^2$;

(5) $y = e^{\arctan\sqrt{x+1}}$;          (6) $y = \sqrt{\lg\sqrt{x}}$;

7. 设 $f(x) = \begin{cases} x, & x < 0 \\ x+1, & x \geqslant 0, \end{cases}$ 求 $f(x+1),\ f(x-1)$.

8. 求下列函数的反函数:

(1) $y = 3\sin\dfrac{x}{2}$;          (2) $y = e^{x-1} - 2$;

(3) $y = \dfrac{3^x}{3^x + 2}$;          (4) $y = \log_2(x+3)$.

9. 设函数 $f(x)$ 的定义域为 $[-1, 2]$,求 $f(x+2) + f(2x)$ 的定义域.

10. 将一块半径为 $R$、中心角为 $\theta$ 的扇形铁片围成一圆锥形容器,试将其容积表示成中心角 $\theta$ 的函数.

11. 用铁皮造一个圆柱形油罐,体积为 $V$.将它的表面积表示成底面半径的函数,并确定此函数的定义域.

12. 在水平路面上,用力 $F$ 拉一重量为 $G$ 的物体匀速前进,设物体与路面间的动摩擦因数为 $\mu$,试将力 $F$ 的大小表示成它与路面所成角度 $\theta$ 的函数,如下图所示.

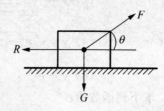

## 第三节 数 列 的 极 限

数列是指定义在自然数数集上的函数,记为 $x_n = f(n)(n=1, 2, 3, \cdots)$. 由于全体自然数可以排成一列,因此可将数列按顺序排成一列数

$$x_1, x_2, x_3, \cdots, x_n, \cdots$$

称为数列,记为 $\{x_n\}$.数列中的每一个数称为数列的项;第 $n$ 项 $x_n = f(n)$ 称为数列的一般项或通项.例如

$$\frac{1}{2}, \frac{2}{3}, \frac{3}{4}, \cdots, \frac{n}{n+1}, \cdots; \tag{1}$$

$$\frac{1}{2}, \frac{1}{4}, \frac{1}{8}, \cdots, \frac{1}{2^n}, \cdots; \tag{2}$$

$$1, -1, 1, -1, \cdots, (-1)^{n+1}, \cdots; \tag{3}$$

$$2, \frac{1}{2}, \frac{4}{3}, \frac{3}{4}, \cdots, \frac{n+(-1)^{n-1}}{n}, \cdots \tag{4}$$

都是数列.

对于数列,我们要研究当数列的项数 $n$ 无限增大(记为 $n \to \infty$)时,对应的 $x_n$ 是否能无限接近于某个常数.

先看一个实例,求单位圆面积.作单位圆的内接正 $n$ 边形,由几何知识得其面积为

$$A_n = \frac{n}{2}\sin\frac{2\pi}{n}.$$

根据上式,将 $A_n$ 列表如下:

| $n$ | 3 | 4 | 6 | 8 | 16 | 100 | 1 000 | ··· |
|---|---|---|---|---|---|---|---|---|
| $A_n$ | 1.299 0 | 2.000 0 | 2.598 1 | 2.828 4 | 3.061 5 | 3.139 5 | 3.141 57 | ··· |

由上表可见,当 $n$ 无限增大时,$A_n$ 无限接近于一个确定的常数,这就是单位圆的面积.这个确定的常数在数学上称为数列 $A_n$ 当 $n \to \infty$ 时的极限.

我们对数列(4)进行分析.因为

$$| x_n - 1 | = \frac{1}{n},$$

可知当 $n$ 越来越大时,$\frac{1}{n}$ 越来越小,从而 $x_n$ 和 1 越来越接近.因为只要 $n$ 足够大,$| x_n - 1 |$ 即 $\frac{1}{n}$ 可以小于任意给定的正数.所以说,当 $n$ 无限增大时,$\frac{1}{n}$ 就无限地变小,从而 $x_n$ 与 1 无限接近.例如,给定 $\frac{1}{100}$,则从第 101 项起,后面的一切项都满足

$$| x_n - 1 | < \frac{1}{100}.$$

同样,如果给定 $\frac{1}{10\,000}$,则从第 10 001 项起,后面的一切项都满足

$$| x_n - 1 | < \frac{1}{10\,000}.$$

一般地,不论给定的正数 $\varepsilon$ 多么小,总存在着一个正整数 $N$,使得对于 $n > N$ 的一切 $x_n$,不等式

$$| x_n - 1 | < \varepsilon$$

都成立.这就是数列 $\{x_n\}$ 当 $n \to \infty$ 时无限接近于 1 这件事的实质.

**定义** 若对于任意给定的正数 $\varepsilon$,总存在正整数 $N$,使得对于 $n > N$ 时的一切 $x_n$,不等式

$$| x_n - a | < \varepsilon$$

都成立,那么就称常数 $a$ 是数列 $\{x_n\}$ 当 $n \to \infty$ 的极限,或者称数列 $\{x_n\}$ 收敛于 $a$,记作

$$\lim_{n \to \infty} x_n = a,$$

或 

$$x_n \to a \, (n \to \infty).$$

如果一个数列没有极限,就说该数列发散.

定义中的正数 $\varepsilon$ 可以任意给定是很重要的,因为只有这样,不等式 $| x_n - a | < \varepsilon$ 才能表达出 $x_n$ 与 $a$ 无限接近的意思.此外还应注意到:定义中的正整数 $N$ 是与任意给定的正数 $\varepsilon$ 有关,它随 $\varepsilon$ 的变小而变大.$N$ 依赖于 $\varepsilon$,但不是唯一确定的,因为对已给的 $\varepsilon$,若 $N = 100$ 能满足要求,则 $N = 101$,或 1 000,10 000 就更能满足要求.在许多情况下,最重要的是 $N$ 的存在,而不在于它的值有多大.

$\lim\limits_{n \to \infty} x_n = a$ 的几何解释:

将常数 $a$ 与 $x_1$, $x_2$, ⋯在数轴上用它们的对应点表示出来.无论邻域 $U(a, \varepsilon)$ 的半径多么小,在邻域之外只有有限个点(至多只有 $N$ 个), $n > N$ 的所有的点 $x_n$ 都在邻域内(见图 1 - 27).

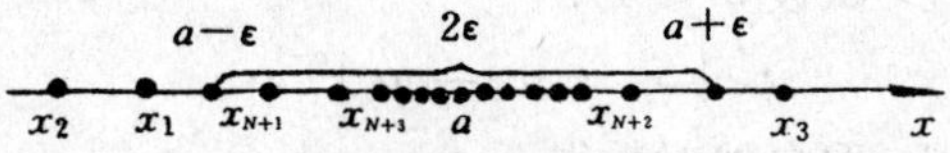

图 1 - 27

**例 1** 证明数列 $\left\{(-1)^{n-1} \dfrac{1}{n}\right\}$ 的极限是 0.

**证** 根据极限的定义要证明:对任意给定的 $\varepsilon > 0$, 总可找到正整数 $N$, 当 $n > N$ 时,

$$| x_n - a | = \left| (-1)^{n-1} \frac{1}{n} - 0 \right| = \frac{1}{n} < \varepsilon$$

成立.要使这个不等式成立,只要 $n > \dfrac{1}{\varepsilon}$ 即可.因此,对任意给定的 $\varepsilon > 0$, 可取 $N = \left[\dfrac{1}{\varepsilon}\right]$, 则当 $n > N$ 时,

总有

$$\left| (-1)^{n-1} \frac{1}{n} - 0 \right| < \varepsilon,$$

即

$$\lim_{n \to \infty} (-1)^{n-1} \frac{1}{n} = 0.$$

**例 2** 证明数列 $\left\{\dfrac{n}{n+1}\right\}$ 的极限是 1.

**证** 任意给定 $\varepsilon > 0$, 要使

$$\left| \frac{n}{n+1} - 1 \right| = \frac{1}{n+1} < \varepsilon$$

成立,只要 $\qquad n > \dfrac{1}{\varepsilon} - 1.$

取正整数 $N = \left[\dfrac{1}{\varepsilon} - 1\right]$, 则当 $n > N$ 时,必有

$$\left| \frac{n}{n+1} - 1 \right| < \varepsilon,$$

即

$$\lim_{n \to \infty} \frac{n}{n+1} = 1.$$

**例 3** 设 $| q | < 1$, 证明等比数列

23

$$1, q, q^2, q^3, \cdots, q^{n-1}, \cdots$$

的极限为 0.

**证** 任意给定 $\varepsilon > 0$(设 $\varepsilon < 1$).

因为 $\qquad |x_n - 0| = |q|^{n-1}$,

要使 $|q|^{n-1} < \varepsilon$ 成立,取自然对数得

$$(n-1)\ln|q| < \ln\varepsilon, (\ln|q| < 0)$$

$$n > \frac{\ln\varepsilon}{\ln|q|} + 1.$$

取 $N = \left[\dfrac{\ln\varepsilon}{\ln|q|} + 1\right]$,则当 $n > N$ 时,就有

$$|q^{n-1} - 0| < \varepsilon,$$

即 $\qquad \lim\limits_{n\to\infty} q^{n-1} = 0.$

**例 4** 已知 $x_n = \dfrac{\sqrt{n^2-n}}{n}$,证明数列 $\{x_n\}$ 的极限是 1.

**证** $|x_n - a| = \left|\dfrac{\sqrt{n^2-n}}{n} - 1\right| = \left|\dfrac{\sqrt{n^2-n}-n}{n}\right|$

$$= \left|\dfrac{-n}{n(\sqrt{n^2-n}+n)}\right| = \dfrac{1}{\sqrt{n^2-n}+n} \leqslant \dfrac{1}{n}.$$

对于任意给定的正数 $\varepsilon$,只要

$$\frac{1}{n} < \varepsilon \text{ 或 } n > \frac{1}{\varepsilon},$$

不等式 $|x_n - 1| < \varepsilon$ 必定成立.所以,取正整数 $N = \left[\dfrac{1}{\varepsilon}\right]$,则当 $n > N$ 时,就有

$$\left|\dfrac{\sqrt{n^2-n}}{n} - 1\right| < \varepsilon,$$

即 $\qquad \lim\limits_{n\to\infty} \dfrac{\sqrt{n^2-n}}{n} = 1.$

注意,在利用数列极限的定义来论证某个数 $a$ 是数列 $x_n$ 的极限时,重要的是对于任意给定的正数 $\varepsilon$,能够指出定义中所说的 $N$ 确实存在(不必求出最小的 $N$).实用上往往将式子 $|x_n - a|$ 作适当放大,利用放大后的这个量小于 $\varepsilon$ 来定出 $N$.例 4 便是这样做的.

**定理 1(极限的唯一性)** 若数列 $\{x_n\}$ 收敛,则其极限唯一.

**证** 用反证法.设 $a$ 与 $b$ 都是数列 $\{x_n\}$ 的极限,且 $a < b$,取 $\varepsilon = \dfrac{b-a}{2}$ $(>0)$.

因为 $\lim\limits_{n\to\infty} x_n = a$,所以存在正整数 $N_1$,当 $n > N_1$ 时,

$$|x_n - a| < \frac{b-a}{2}. \tag{5}$$

同理,$\lim\limits_{n\to\infty} x_n = b$,存在正整数 $N_2$,当 $n > N_2$ 时

$$|x_n - b| < \frac{b-a}{2}. \tag{6}$$

取 $N = \max\{N_1, N_2\}$,则当 $n > N$ 时,式(5)、(6) 同时成立.但由式(5) 得

$x_n < \dfrac{a+b}{2}$,由式(6) 得 $x_n > \dfrac{a+b}{2}$,矛盾.证毕.

**例 5** 数列 $\{x_n\} = \{(-1)^n\}$ 是发散的,证明之.

**证** 用反证法.假设 $\{x_n\}$ 收敛,则有唯一的极限 $a$.对于 $\varepsilon = \dfrac{1}{2}$,存在正整数 $N$,

使得 $x_{N+1}$,$x_{N+2}$,$\cdots$ 都位于开区间 $\left(a - \dfrac{1}{2}, a + \dfrac{1}{2}\right)$ 内,但这是不可能的,因为

$x_{N+1}$,$x_{N+2}$,$\cdots$ 无休止地重复取得 1 和 $-1$ 这两个数,而这两个数不可能同时属于

长度仅为 1 的开区间 $\left(a - \dfrac{1}{2}, a + \dfrac{1}{2}\right)$.因此,$\{x_n\} = \{(-1)^n\}$ 发散.

对于数列 $\{x_n\}$,若存在 $M > 0$,使得一切 $\{x_n\}$ 都满足不等式

$$|x_n| \leqslant M,$$

则称数列 $\{x_n\}$ 为有界数列;否则,称 $\{x_n\}$ 为无界数列.数轴上对应于有界数列的点 $x_n$ 都落在闭区间 $[-M, M]$ 上.

**定理 2(收敛数列的有界性)** 如果数列 $\{x_n\}$ 收敛,那么 $\{x_n\}$ 为有界数列.

数列有界是数列收敛的必要条件,但不是充分条件.例如,数列 $\{x_n\} = \{(-1)^n\}$ 是有界的,但该数列并不收敛.

若数列无界,那么数列一定发散.

下面介绍子数列的概念.

设在数列

$$x_1, x_2, \cdots, x_n, \cdots \tag{I}$$

中,自左往右任意挑出无限多项,并按它们在原数列中的次序逐项排列,得到一个新数列

$$x_{k_1}, x_{k_2}, \cdots, x_{k_n}, \cdots,$$ （Ⅱ）

其中 $k_n(n=1, 2, 3, \cdots)$ 都是自然数，且

$$k_1 < k_2 < \cdots < k_n < k_{n+1} < \cdots,$$

数列（Ⅱ）称为数列（Ⅰ）的子数列，记为 $\{x_{k_n}\}$.

由于子数列（Ⅱ）的每一项是从原数列（Ⅰ）中自左往右任意挑选的，中间可能去掉某些项不选，因此子数列（Ⅱ）的第 $n$ 项 $x_{k_n}$ 只能从（Ⅰ）中排在第 $n$ 项或在更后面的各项中去挑选，所以 $k_n \geqslant n$.

**定理 3**   若数列 $\{x_n\}$ 收敛于 $a$，则数列 $\{x_n\}$ 的任何子数列 $\{x_{k_n}\}$ 也都收敛于 $a$.

此定理可用来判定一个数列不收敛：如果数列 $\{x_n\}$ 有一个子数列不收敛，则 $\{x_n\}$ 不收敛；如果数列 $\{x_n\}$ 有两个子数列分别收敛于 $a$ 和 $b(a \neq b)$，则 $\{x_n\}$ 不收敛.

## 习题 1-3

1. 写出下列数列的前五项：

(1) $x_n = \dfrac{\sin n}{n}$;

(2) $x_n = \dfrac{2n + (-1)^n}{n}$;

(3) $\dfrac{1}{n} = x_n$;

(4) $x_n = 2n - 1$;

(5) $x_n = \dfrac{1}{\sqrt{n^2+1}} + \dfrac{1}{\sqrt{n^2+2}} + \cdots + \dfrac{1}{\sqrt{n^2+n}}$.

2. 观察下列数列的变化趋势，写出它们的极限：

(1) $x_n = \dfrac{1}{2n-1}$;

(2) $x_n = (-1)^n \dfrac{1}{n}$;

(3) $x_n = \dfrac{n+1}{n}$;

(4) $x_n = \dfrac{n}{n+1}$;

(5) $x_n = \dfrac{n-1}{n+1}$;

(6) $x_n = n(-1)^n$;

(7) $x_n = (-1)^n n$.

3. 根据数列极限的定义证明：

(1) $\lim\limits_{n \to \infty} \dfrac{5n+2}{3n} = \dfrac{5}{3}$;

(2) $\lim\limits_{n \to \infty} \left(\dfrac{1}{3}\right)^n = 0$;

(3) $\lim\limits_{n \to \infty} \dfrac{\sin \dfrac{n\pi}{2}}{n} = 0$;

(4) $\lim\limits_{n \to \infty} 0.\underbrace{99\cdots9}_{n\text{个}} = 1$.

4. 若 $\lim\limits_{n \to \infty} u_n = a$，则 $\lim\limits_{n \to \infty} |u_n| = |a|$，证明之.举例说明反之未必成立.

5. 设 $\{x_n\}$ 有界,$\lim\limits_{n\to\infty} y_n = 0$,证明 $\lim\limits x_n y_n = 0$.

6. 对于数列 $\{x_n\}$,若 $x_{2k} \to a, x_{2k+1} \to a (k\to\infty)$,证明 $\lim\limits_{n\to\infty} x_n = a$.

# 第四节 函数的极限

## 一、自变量趋向无穷大时函数的极限

上一节讲了数列的极限. 数列 $x_n$ 可看作是自变量为正整数 $n$ 的函数:$x_n = f(n)$,所以数列的极限也是函数的极限的一种类型:自变量 $n$ 取正整数而无限增大(即 $n\to\infty$)时函数的极限. 以下考察自变量 $x$ 无限增大(即 $x\to +\infty$)时函数值 $f(x)$ 的变化情形. 仿照数列极限的定义,我们有

**定义1** **如果对于任意给定的 $\varepsilon > 0$,总存在 $X > 0$,使得当 $x > X$ 时,恒有**
$$|f(x) - A| < \varepsilon$$
**成立,则称 $x$ 趋于正无穷大时,$f(x)$ 以 $A$ 为极限,记为**
$$\lim_{x\to +\infty} f(x) = A.$$

如果 $x < 0$ 而 $|x|$ 无限增大(记作 $x\to -\infty$),只要把定义1中的 $x > X$ 改为 $x < -X$,便得 $\lim\limits_{x\to -\infty} f(x) = A$ 的定义.

定义1中的 $x > X$ 若改为 $|x| > X$,便得 $\lim\limits_{x\to\infty} f(x) = A$ 的定义.

$\lim\limits_{x\to\infty} f(x) = A$ 的几何解释如下:不论直线 $y = A + \varepsilon$ 与 $y = A - \varepsilon$ 离得多么近,总能找到一个正数 $X$,使得当 $x$ 在 $(-\infty, -X)$ 与 $(X, +\infty)$ 内 $y = f(x)$ 的图形在两直线之间(见图 1-28).

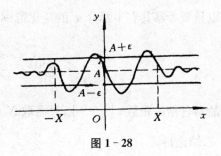

图 1-28

容易证明 $\lim\limits_{x\to\infty} f(x) = A$ 的充要条件是
$$\lim_{x\to +\infty} f(x) = \lim_{x\to -\infty} f(x) = A.$$

**例1** 设 $f(x) = \arctan x$,证明当 $x\to\infty$ 时,$f(x)$ 的极限不存在.

事实上,$\lim\limits_{x\to +\infty} \arctan x = \dfrac{\pi}{2}$,$\lim\limits_{x\to -\infty} \arctan x = -\dfrac{\pi}{2}$. 因此,$\lim\limits_{x\to\infty} f(x)$ 不存在.

**例2** 证明 $\lim\limits_{x\to\infty} \dfrac{1}{x} = 0$.

**证** 由 $\left| \dfrac{1}{x} - 0 \right| = \dfrac{1}{|x|} < \varepsilon$,

可得 $\qquad\qquad\qquad\qquad |x| > \dfrac{1}{\varepsilon}.$

所以,对任意给定的 $\varepsilon > 0$,取 $X = \dfrac{1}{\varepsilon}$,则当 $|x| > X$ 时,恒有 $\left| \dfrac{1}{x} - 0 \right| < \varepsilon$ 成立,此即

$$\lim_{x \to \infty} \dfrac{1}{x} = 0.$$

直线 $y = 0$ 是函数 $y = \dfrac{1}{x}$ 的图形的水平渐近线.

一般而言,若 $\lim\limits_{x \to \infty} f(x) = c$,则直线 $y = c$ 是函数 $y = f(x)$ 的图形的水平渐近线.

**例3** 证明 $\lim\limits_{x \to -\infty} \arctan x = -\dfrac{\pi}{2}$.

**证** 任给 $\varepsilon > 0$,由于

$$\left| \arctan x - \left( -\dfrac{\pi}{2} \right) \right| < \varepsilon \qquad\qquad\qquad (1)$$

等价于 $-\varepsilon - \dfrac{\pi}{2} < \arctan x < \varepsilon - \dfrac{\pi}{2}$,而此不等式的左半部分对任何 $x$ 都成立,所以只要考察其右半部分 $x$ 的变化范围,为此,先限制 $\varepsilon < \dfrac{\pi}{2}$,则有

$$x < \tan\left( \varepsilon - \dfrac{\pi}{2} \right) = -\tan\left( \dfrac{\pi}{2} - \varepsilon \right),$$

故对任给的正数 $\varepsilon \left( < \dfrac{\pi}{2} \right)$,只需取 $X = \tan\left( \dfrac{\pi}{2} - \varepsilon \right)$,则当 $x < -X$ 时,有式(1)成立.结论得证.

## 二、自变量趋向有限值时函数的极限

先看一个例子.函数 $f(x) = \dfrac{x^2 - 1}{x - 1}$ 的图形如图 1-29 所示,显然函数在 $x = 1$ 处没有定义.容易看出,当 $x$ 不等于 1 而无限趋于 1 时,对应的函数值 $f(x)$ 无限接近于 2,也就是说 $|f(x) - 2|$ 能任意小.像数列极限概念中所说的那样,$|f(x) - 2|$ 能任意小这件事可用 $|f(x) - 2| < \varepsilon$ 来表达,其中 $\varepsilon$ 是任意给定的

正数.因为函数值 $f(x)$ 无限接近于 2 是在 $x \to 1$ 的过程中实现的,所以只要求无限接近于 1 的 $x$ 所对应的函数值满足 $|f(x)-2|<\varepsilon$,而无限接近于 1 的 $x$ 可表达为 $0<|x-1|<\delta$.

通过以上分析便可给出如下定义.

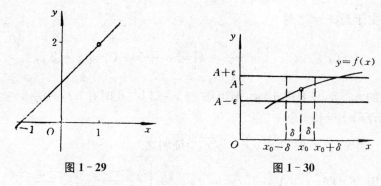

图 1-29　　　　　　　　　　图 1-30

**定义 2**　若对任意给定的 $\varepsilon>0$,存在 $\delta>0$,使得当 $0<|x-x_0|<\delta$ 时,不等式

$$|f(x)-A|<\varepsilon$$

恒成立,则称当 $x$ 趋于 $x_0$ 时,$f(x)$ 以 $A$ 为极限,记作 $\lim\limits_{x \to x_0} f(x)=A$ 或 $f(x) \to A(x \to x_0)$.

定义中 $0<|x-x_0|$ 表示 $x \neq x_0$,所以 $x \to x_0$ 时,$f(x)$ 有没有极限与 $f(x)$ 在 $x_0$ 处有无定义没有关系.

$\lim\limits_{x \to x_0} f(x)=A$ 的几何解释如下:直线 $y=A+\varepsilon$ 与 $y=A-\varepsilon$ 都平行于 $x$ 轴,不论两条直线离得多么近,都能找到 $x_0$ 的去心邻域 $\mathring{U}(x_0,\delta)$,当 $x$ 在该邻域内变动时,相应的 $y=f(x)$ 图形上的点在两直线之间(见图 1-30).

**例 4**　$\lim\limits_{x \to x_0} c=c$($c$ 为常数),证明之.

**证　由**

$$|f(x)-A|=|c-c|=0<\varepsilon$$

可知,对任意给定的 $\varepsilon>0$,取 $\delta$ 为任意正数,则当 $0<|x-x_0|<\delta$ 时,恒有

$$|c-c|<\varepsilon$$

成立.所以 $\lim\limits_{x \to x_0} c=c$.

**例 5**　$\lim\limits_{x \to x_0} x=x_0$,证明之.

**证　由**

$$|f(x)-A|=|x-x_0|<\varepsilon$$

可知,对任意给定的 $\varepsilon>0$,取 $\delta=\varepsilon$,则当 $0<|x-x_0|<\delta$ 时,恒有

29

$$| f(x) - A | = | x - x_0 | < \varepsilon$$

成立,所以 $\lim\limits_{x \to x_0} x = x_0$.

**例 6** 设 $f(x) = \dfrac{x^2 - 4}{x - 2}$,证明 $\lim\limits_{x \to 2} f(x) = 4$.

**证** 由于当 $x \neq 2$ 时

$$| f(x) - 4 | = \left| \frac{x^2 - 4}{x - 2} - 4 \right| = | x + 2 - 4 | = | x - 2 |,$$

故对给定的 $\varepsilon > 0$,只要取 $\delta = \varepsilon$,则当 $0 < | x - 2 | < \delta$ 时有 $| f(x) - 4 | < \varepsilon$.这就证明了 $\lim\limits_{x \to 2} f(x) = 4$.

**例 7** 当 $x_0 > 0$ 时,$\lim\limits_{x \to x_0} \sqrt{x} = \sqrt{x_0}$,证明之.

**证** 因为 $| f(x) - A | = | \sqrt{x} - \sqrt{x_0} | = \left| \dfrac{x - x_0}{\sqrt{x} + \sqrt{x_0}} \right| \leqslant \dfrac{| x - x_0 |}{\sqrt{x_0}}$,要使 $| f(x) - A | < \varepsilon$,只要 $| x - x_0 | < \sqrt{x_0}\,\varepsilon$ 且 $x$ 不取负值.取 $\delta = \min\{\sqrt{x_0}\,\varepsilon, x_0\}$,则当 $0 < | x - x_0 | < \delta$ 时,

$$| \sqrt{x} - \sqrt{x_0} | < \varepsilon$$

恒成立,所以 $\lim\limits_{x \to x_0} \sqrt{x} = \sqrt{x_0}$.

以下考虑 $x$ 仅从 $x_0$ 的右侧趋向 $x_0$ 或仅从 $x_0$ 的左侧趋向 $x_0$ 时,函数值 $f(x)$ 的变化情形.

**定义 3** 若对任意给定的 $\varepsilon > 0$,存在 $\delta > 0$,使得当 $x_0 < x < x_0 + \delta$ 时,不等式

$$| f(x) - A | < \varepsilon$$

恒成立,则称 $A$ 为 $f(x)$ 当 $x \to x_0$ 时的右极限,记作

$$\lim\limits_{x \to x_0 + 0} f(x) = A \text{ 或 } f(x_0 + 0) = A.$$

**定义 4** 若对任意给定的 $\varepsilon > 0$,存在 $\delta > 0$,使得当 $x_0 - \delta < x < x_0$ 时,不等式

$$| f(x) - A | < \varepsilon$$

恒成立,则称 $A$ 为 $f(x)$ 当 $x \to x_0$ 时的左极限,记作

$$\lim\limits_{x \to x_0 - 0} f(x) = A \text{ 或 } f(x_0 - 0) = A.$$

当 $x_0 = 0$ 时,右极限记为 $\lim\limits_{x \to +0} f(x)$ 或 $\lim\limits_{x \to 0^+} f(x)$,左极限记为 $\lim\limits_{x \to -0} f(x)$ 或 $\lim\limits_{x \to 0^-} f(x)$.

容易证明

$\lim\limits_{x \to x_0} f(x) = A$ 的充要条件是 $\lim\limits_{x \to x_0+0} f(x) = \lim\limits_{x \to x_0-0} f(x) = A$.

**例 8**　设函数：$f(x) = \begin{cases} x-1, & x < 0 \\ 0, & x = 0 \\ x+1, & x > 0. \end{cases}$

**证明**：当 $x \to 0$ 时，$f(x)$ 的极限不存在.

**证**　容易验证函数的左极限，$\lim\limits_{x \to 0^-} f(x) = \lim\limits_{x \to 0^-}(x - 1) = -1$. 而右极限 $\lim\limits_{x \to 0^+} f(x) = \lim\limits_{x \to 0^+}(x + 1) = 1$.

因为 $f(0^-) \neq f(0^+)$，故 $\lim\limits_{x \to 0} f(x)$ 不存在.

**例 9**　$f(x) = \operatorname{sgn} x = \begin{cases} 1, & \text{当 } x > 0 \\ 0, & \text{当 } x = 0 \\ -1, & \text{当 } x < 0. \end{cases}$

当 $x \to 0$ 时，$f(x)$ 的极限不存在.

事实上，$\lim\limits_{x \to +0} f(x) = 1$，$\lim\limits_{x \to -0} f(x) = -1$，左、右极限不相等. 所以 $\lim\limits_{x \to 0} f(x)$ 不存在.

**定理 1**　若 $\lim\limits_{x \to x_0} f(x) = A$，$A > 0$（或 $A < 0$），则存在某一 $\hat{U}(x_0, \delta)$，当 $x$ 在该邻域内时有 $f(x) > 0$（或 $f(x) < 0$）.

**证**　设 $A > 0$，令 $\varepsilon = \dfrac{A}{2}$，由 $\lim\limits_{x \to x_0} f(x) = A$ 的定义知，存在某一 $\hat{U}(x_0, \delta)$，当 $x \in \hat{U}(x_0, \delta)$ 时，不等式

$$|f(x) - A| < \frac{A}{2},$$

$$0 < \frac{A}{2} < f(x) < \frac{3}{2}A$$

成立.

故 $f(x) > 0$.

类似地可证明 $A < 0$ 的情形.

**定理 2**　若在某一 $\hat{U}(x_0, \delta)$ 内 $f(x) \geqslant 0$（或 $f(x) \leqslant 0$），而且 $\lim\limits_{x \to x_0} f(x) = A$，则 $A \geqslant 0$（或 $A \leqslant 0$）.

**定理 3（有界性）**　若 $\lim\limits_{x \to x_0} f(x) = A$，则存在某一 $\hat{U}(x_0, \delta)$，当 $x$ 在该邻域内时 $f(x)$ 有界.

**定理 4**　若 $\lim\limits_{x \to x_0} f(x)$ 存在，则它的极限值是唯一的.

**习题 1-4**

1. 根据函数极限的定义证明：

(1) $\lim\limits_{x \to 3}(2x-1)=6$；

(2) $\lim\limits_{x \to 3}x^2=9$；

(3) $\lim\limits_{x \to -3}\dfrac{x^2-9}{x+3}=-6$；

(4) $\lim\limits_{x \to -\frac{1}{3}}\dfrac{1-9x^2}{3x+1}=2$；

(5) $\lim\limits_{x \to \infty}\dfrac{x^2-5}{x^2-1}=1$；

(6) $\lim\limits_{x \to x_0}\cos x=\cos x_0$.

2. 当 $x \to \infty$ 时，$y=\dfrac{x^2-1}{x^2+3} \to 1$. $X$ 等于多少，使当 $|x|>X$ 时，$|y-1|<0.01$？

3. 证明 $\lim\limits_{x \to 0}|x|=0$.

4. 根据极限定义证明

$$\lim\limits_{x \to x_0}f(x)=A \Leftrightarrow \lim\limits_{x \to x_0+0}f(x)=\lim\limits_{x \to x_0-0}f(x)=A.$$

5. 下列极限存在吗？若存在，求出其数值；若不存在，说明理由.

(1) $\lim\limits_{x \to 0}[x]$；

(2) $\lim\limits_{x \to 0}\dfrac{x}{|x|}$.

# 第五节　无穷小与无穷大

## 一、无穷小

前面介绍了变量极限的概念，现在在该基础上着重讨论一类在理论上和应用上都比较重要的变量——无穷小.

这里，我们仅讨论函数情况.

若 $\lim\limits_{x \to x_0}f(x)=0$（或 $\lim\limits_{x \to \infty}f(x)=0$）就称 $f(x)$ 为 $x \to x_0$（或 $x \to \infty$）时的无穷小.

用 $\varepsilon\text{-}\delta(\varepsilon\text{-}X)$ 语言来说，有

**定义 1**　若对任意给定的 $\varepsilon>0$，存在 $\delta>0(X>0)$，使得当 $0<|x-x_0|<\delta(|x|>X)$ 时，恒有

$$|f(x)|<\varepsilon$$

成立，则称 $f(x)$ 是 $x \to x_0(x \to \infty)$ 时的无穷小.

**例 1** 证明 $x \to 2$ 时 $x - 2$ 是无穷小.

**证** 对任意给定的 $\varepsilon > 0$,可取 $\delta = \varepsilon$,则当 $0 < |x - 2| < \delta$ 时,恒有

$$|x - 2| < \varepsilon$$

成立.所以 $\lim\limits_{x \to 2}(x - 2) = 0$,即 $x \to 2$ 时 $x - 2$ 是无穷小.

不要把无穷小误认为"很小的常数".任何常数除去 0 以外,无论其绝对值多么小,总不是无穷小.但零可以看成是一个无穷小,因为 $f(x) \equiv 0$,所以对于任意给定的 $\varepsilon > 0$,必有

$$|f(x)| < \varepsilon.$$

无穷小与函数的极限间的关系,由下述定理表达.

**定理 1** $\lim\limits_{x \to x_0} f(x) = A$ 的充要条件是 $f(x) = A + \alpha(x)$,其中 $\lim\limits_{x \to x_0} \alpha(x) = 0$.

## 二、无穷大

与无穷小相反的另一类变量是无穷大.如果当 $x \to x_0$(或 $x \to \infty$)时,$|f(x)|$ 无限地增大,就说当 $x \to x_0$(或 $x \to \infty$)时 $f(x)$ 是一无穷大.无穷大的严格定义如下.

**定义 2** 若对于任给的 $M > 0$(不论它多么大),存在 $\delta > 0$(或 $X > 0$),使得当 $0 < |x - x_0| < \delta$(或 $|x| > X$)时,恒有

$$|f(x)| > M,$$

则称 $f(x)$ 是 $x \to x_0 (x \to \infty)$ 时的无穷大.

当 $x \to x_0 (x \to \infty)$ 时为无穷大的函数 $f(x)$,极限是不存在的.为了便于叙述函数的这一性态,我们也说"函数的极限是无穷大",并记作

$$\lim_{x \to x_0} f(x) = \infty \quad 或 \quad \lim_{x \to \infty} f(x) = \infty.$$

将定义中的 $|f(x)| > M$ 改为 $f(x) > M$ 或 $f(x) < -M$,则函数 $f(x)$ 称为当 $x \to x_0$ 时(或 $x \to \infty$ 时)的正无穷大或负无穷大,记为

$$\lim_{x \to x_0} f(x) = +\infty \quad 或 \quad \lim_{x \to \infty} f(x) = +\infty,$$

$$\lim_{x \to x_0} f(x) = -\infty \quad 或 \quad \lim_{x \to \infty} f(x) = -\infty.$$

同无穷小一样,无穷大不能与"很大的数"混为一谈.

**例 2** 证明 $\lim\limits_{x \to 1} \dfrac{1}{x - 1} = \infty$(见图 1-31).

证 由 $\left|\dfrac{1}{x-1}\right|>M$ 得

$$|x-1|<\dfrac{1}{M}.$$

所以,对于任意给定的 $M>0$,取

$\delta=\dfrac{1}{M}$,则当 $0<|x-1|<\delta$ 时,必有

$$\left|\dfrac{1}{x-1}\right|>M$$

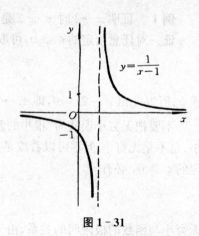

图 1−31

恒成立.所以,$\lim\limits_{x\to 1}\dfrac{1}{x-1}=\infty$.

直线 $x=1$ 是函数 $y=\dfrac{1}{x-1}$ 的图形的铅直渐近线.

一般而言,若 $\lim\limits_{x\to x_0}f(x)=\infty$,则直线 $x=x_0$ 是函数 $y=f(x)$ 的图形的铅直渐近线.

**定理 2** 在自变量的同一变化过程中,若 $f(x)$ 是无穷大,则 $\dfrac{1}{f(x)}$ 为无穷小;若 $f(x)$ 是无穷小,且 $f(x)\neq 0$,则 $\dfrac{1}{f(x)}$ 是无穷大.

## 习题 1−5

1. 下列各题中,哪些是无穷小? 哪些是无穷大?

(1) $\dfrac{1}{x-2}$,当 $x\to 2$;

(2) $\dfrac{1+2x}{x^2}$,当 $x\to\infty$ 时;

(3) $\ln x$,当 $x\to-\infty$;

(4) $e^{\frac{1}{x}}$,当 $x\to 0^-$ 时;

(5) $2^x-1$,当 $x\to 0$ 时;

(6) $\dfrac{\arctan x}{x}$,当 $x\to\infty$;

(7) $2^{\frac{1}{x}}$,当 $x\to+0$ 时;

(8) $(-1)^n\dfrac{1}{2^n}$,当 $n\to\infty$ 时.

2. 下列函数在什么情况下是无穷小? 在什么情况下是无穷大?

(1) $\dfrac{x+1}{x-2}$;　(2) $\tan x$;　(3) $\dfrac{x+2}{x^2}$.

3. 根据定义证明:

(1) $y=\dfrac{x}{1+x}$ 在 $x\to 0$ 时为无穷小.

(2) $y = \sqrt{x} - 1$ 在 $x \to 1$ 时为无穷小.

4. 函数 $y = x^2 \sin x$ 在 $(-\infty, +\infty)$ 内是否有界? 当 $x \to +\infty$ 时, $y = x^2 \sin x$ 是否为无穷大? 为什么?

# 第六节　无穷小的性质和极限的运算法则

## 一、无穷小的性质

在下面的讨论中,记号"lim"下面没有标明自变量 $x \to x_0$ 还是 $x \to \infty$,意味着对上述两种情况定理都是成立的.我们只论证了"$x \to x_0$"的情形,把 $0 < |x - x_0| < \delta$ 改为 $|x| > X$,就可得到 $x \to \infty$ 情形的证明.

**定理 1**　有限个无穷小的和仍是无穷小.

**定理 2**　有界函数与无穷小的乘积是无穷小.

**推论 1**　常数与无穷小的积是无穷小.

**推论 2**　有限个无穷小的乘积是无穷小.

实际上,设 $\lim\limits_{x \to x_0} \alpha(x) = 0$,则 $\alpha(x)$ 必在某一邻域 $\mathring{U}(x_0, \delta)$ 内有界(第四节定理 3).

**推论 3**　有限个无穷小的代数和是无穷小.

## 二、极限的运算法则

**定理 3**　若 $\lim f(x) = A$, $\lim g(x) = B$, 则

$$\lim[f(x) \pm g(x)] = A \pm B = \lim f(x) \pm \lim g(x).$$

**定理 4**　若 $\lim f(x) = A$, $\lim g(x) = B$, 则

$$\lim[f(x) \cdot g(x)] = A \cdot B = \lim f(x) \cdot \lim g(x).$$

**推论 4**　若 $\lim f(x) = A$, $c$ 为常数, 则

$$\lim cf(x) = c \cdot A = c \lim f(x).$$

**推论 5**　若 $\lim f(x) = A$, $n \in \mathbf{N}$, 则

$$\lim[f(x)]^n = A^n = [\lim f(x)]^n.$$

**定理 5** 若 $\lim f(x) = A$，$\lim g(x) = B$，$B \neq 0$，则

$$\lim \frac{f(x)}{g(x)} = \frac{A}{B} = \frac{\lim f(x)}{\lim g(x)}.$$

以上几个定理与推论对于数列而言也是成立的.

**例 1** 设 $f(x)$ 为有理整函数(多项式)

$$f(x) = a_0 x^n + a_1 x^{n-1} + \cdots + a_{n-1} x + a_n,$$

求 $\lim\limits_{x \to x_0} f(x)$.

**解**
$$\begin{aligned}
\lim_{x \to x_0} f(x) &= \lim_{x \to x_0} (a_0 x^n + \cdots + a_{n-1} x + a_n) \\
&= \lim_{x \to x_0} (a_0 x^n) + \cdots + \lim_{x \to x_0} (a_{n-1} x) + \lim_{x \to x_0} a_n \\
&= a_0 (\lim_{x \to x_0} x)^n + \cdots + a_{n-1} \lim_{x \to x_0} x + a_n \\
&= a_0 x_0^n + \cdots + a_{n-1} x_0 + a_n \\
&= f(x_0).
\end{aligned}$$

所以，求多项式函数当 $x \to x_0$ 时的极限时，只需求出 $f(x_0)$.

**例 2** 设 $F(x)$ 是有理分式函数，即

$$F(x) = \frac{P(x)}{Q(x)},$$

其中 $P(x)$ 与 $Q(x)$ 都是多项式.设 $Q(x_0) \neq 0$，求 $\lim\limits_{x \to x_0} F(x)$.

**解** $\lim\limits_{x \to x_0} F(x) = \lim\limits_{x \to x_0} \dfrac{P(x)}{Q(x)} = \dfrac{P(x_0)}{Q(x_0)} = F(x_0)$，其中 $Q(x_0) \neq 0$.

如果 $Q(x_0) = 0$，则"商的极限等于极限的商"的法则不能使用，此时应当用其他一些方法求极限.

**例 3** 求 $\lim\limits_{x \to 2} \dfrac{x-2}{x^2-4}$.

**解** 此题是求分式的极限.当 $x \to 2$ 时，分子与分母的极限均为 $0$，因此商的极限不能等于极限的商.当 $x \to 2$ 时，$x$ 并不等于 $2$，故分子与分母可约去公因子 $x-2$.

$$\lim_{x \to 2} \frac{x-2}{x^2-4} = \lim_{x \to 2} \frac{x-2}{(x+2)(x-2)} = \lim_{x \to 2} \frac{1}{x+2} = \frac{1}{4}.$$

**例 4** 求 $\lim\limits_{x \to 4} \dfrac{x^2-7x+12}{x^2-5x+4}$.

**解** 当 $x = 4$ 时，分子分母都为 $0$，故可约去公因式 $x-4$，

$$\lim_{x\to4}\frac{x^2-7x+12}{x^2-5x+4}=\lim_{x\to4}\frac{(x-3)(x-4)}{(x-1)(x-4)}=\lim_{x\to4}\frac{x-3}{x-1}=\frac{1}{3}.$$

**例 5**　求 $\lim\limits_{x\to\infty}\dfrac{x^2+2x-2}{2x^2-4x+3}.$

**解**　当 $x\to\infty$ 时,分子分母都是无穷大,不能用商的极限运算法则.用 $x^2$ 去除分子分母,而后取极限,可得

$$\lim_{x\to\infty}\frac{x^2+2x-2}{2x^2-4x+3}=\lim_{x\to\infty}\frac{1+\dfrac{2}{x}-\dfrac{2}{x^2}}{2-\dfrac{4}{x}+\dfrac{3}{x^2}}=\frac{1}{2},$$

其中用到

$$\lim_{x\to\infty}\frac{a}{x^n}=a\lim_{x\to\infty}\frac{1}{x^n}=a\left(\lim_{x\to\infty}\frac{1}{x}\right)^n=0,$$

因为 $a$ 是常数,$n$ 为正整数,$\lim\limits_{x\to\infty}\dfrac{1}{x}=0.$

**例 6**　求 $\lim\limits_{x\to\infty}\dfrac{2x^2+x+1}{6x^2-x+2}.$

**解**　$\lim\limits_{x\to\infty}\dfrac{2x^2+x+1}{6x^2-x+2}=\lim\limits_{x\to\infty}\dfrac{2+\dfrac{1}{x}+\dfrac{1}{x^2}}{6-\dfrac{1}{x}+\dfrac{2}{x^2}}=\dfrac{2}{6}=\dfrac{1}{3}.$

**例 7**　求 $\lim\limits_{x\to\infty}\dfrac{x^2-4x+3}{2x+3}.$

**解**　由上例可知

$$\lim_{x\to\infty}\frac{x^2-4x+3}{2x+3}=\infty.$$

综合例 5、例 6、例 7 可得:

当 $a_0\neq0,b_0\neq0,m,n$ 是非负整数时

$$\lim_{x\to\infty}\frac{a_0x^n+\cdots+a_{n-1}x+a_n}{b_0x^m+\cdots+b_{m-1}x+b_m}=\begin{cases}0,&n<m\\\dfrac{a_0}{b_0},&n=m\\\infty,&n>m.\end{cases}$$

**例 8**　求 $\lim\limits_{x\to0}\dfrac{\sqrt{4+x}-2}{x}.$

**解**　当 $x\to0$ 时,分子分母极限均为 0(呈现"$\dfrac{0}{0}$"形式)不能直接用商的极限法

则,这时可先对分子有理化,然后再求极限.

$$\lim_{x \to 0} \frac{\sqrt{4+x}-2}{x} = \lim_{x \to 0} \frac{(\sqrt{4+x}-2)(\sqrt{4+x}+2)}{x(\sqrt{4+x}+2)}$$

$$= \lim_{x \to 0} \frac{x}{x(\sqrt{4+x}+2)}$$

$$= \lim_{x \to 0} \frac{1}{\sqrt{4+x}+2} = \frac{1}{4}.$$

**例 9** 求 $\lim\limits_{x \to \infty} \dfrac{\arctan x}{x}$.

**解** 当 $x \to \infty$ 时,分子分母都无极限. $\dfrac{\arctan x}{x}$ 可以看作是 $\dfrac{1}{x}$ 与 $\arctan x$ 的乘积,前者为无穷小,后者为有界函数,所以

$$\lim_{x \to \infty} \frac{\arctan x}{x} = \lim_{x \to \infty} \left( \frac{1}{x} \cdot \arctan x \right) = 0.$$

一定要注意,不能写成 $\left( \lim\limits_{x \to \infty} \dfrac{1}{x} \right) \cdot \left( \lim\limits_{x \to \infty} \arctan x \right) = 0$.

**例 10** 求 $\lim\limits_{x \to 0} \dfrac{\sqrt{x+a}-\sqrt{a}}{x}$.

**解** 先把分子有理化,得

$$\lim_{x \to 0} \frac{\sqrt{x+a}-\sqrt{a}}{x} = \lim_{x \to 0} \frac{x}{x(\sqrt{x+a}+\sqrt{a})} = \lim_{x \to 0} \frac{1}{\sqrt{x+a}+\sqrt{a}} = \frac{1}{2\sqrt{a}}.$$

**定理 6** 如果 $\varphi(x) \geqslant \psi(x)$,而 $\lim \varphi(x) = a$,$\lim \psi(x) = b$,那么 $a \geqslant b$.

## 习题 1-6

1. 计算下列极限:

(1) $\lim\limits_{x \to -1} \dfrac{2x^2+x-4}{3x^2+12}$;

(2) $\lim\limits_{x \to 0} \left( \dfrac{x^3-3x+1}{x-4} + 1 \right)$;

(3) $\lim\limits_{x \to \infty} \left( 2 - \dfrac{1}{x} + \dfrac{4}{x^2} \right)$;

(4) $\lim\limits_{x \to 2} \dfrac{x^2-4x+4}{x^2-4}$;

(5) $\lim\limits_{x \to -1} \dfrac{2x^2+x-1}{2x^3-3x^2+5}$;

(6) $\lim\limits_{x \to 0} \dfrac{\sin 3x}{\sin 4x}$;

(7) $\lim\limits_{h \to 0} \dfrac{(x+h)^3-x^3}{h}$;

(8) $\lim\limits_{x \to 4} \dfrac{x^2-5x+4}{x^2-2x-8}$;

(9) $\lim\limits_{x \to \infty} \dfrac{(2x+1)^3 (x-3)^5}{(x+2)^8}$;　　　　(10) $\lim\limits_{x \to \infty} \dfrac{2x^2 + x + 1}{6x^2 - x + 2}$;

(11) $\lim\limits_{n \to \infty} \dfrac{100n}{n^2 + 1}$;

(12) $\lim\limits_{x \to 1} \dfrac{1 + x + \cdots + x^n - n - 1}{x - 1}$;

(13) $\lim\limits_{n \to \infty} \left(1 - \dfrac{1}{2^2}\right)\left(1 - \dfrac{1}{3^2}\right) \cdots \left(1 - \dfrac{1}{n^2}\right)$;

(14) $\lim\limits_{x \to 1} \left(\dfrac{3}{1 - x^3} - \dfrac{1}{1 - x}\right)$.

2. 以下解题方法对不对？为什么？若不对，应如何改正？

(1) $\lim\limits_{x \to \infty} \dfrac{2x^3 + x + 5}{3x^3 + x^2 - x} = \dfrac{\infty}{\infty} = 1$;

(2) $\lim\limits_{x \to \frac{\pi}{2}} (\tan^2 x - \sec^2 x) = \lim\limits_{x \to \frac{\pi}{2}} \tan^2 x - \lim\limits_{x \to \frac{\pi}{2}} \sec^2 x = \infty - \infty = 0$.

3. 求极限：

(1) $\lim\limits_{x \to 0} x^2 \sin \dfrac{1}{x}$;　　　　(2) $\lim\limits_{x \to \infty} \dfrac{x - \sin x}{x + \cos x}$;

(3) $\lim\limits_{x \to 0} x \left[\dfrac{1}{x}\right]$.

# 第七节　极限存在准则和两个重要极限

**准则 I（夹逼准则）** 若

**(1)** $y_n \leqslant x_n \leqslant z_n (n = 1, 2, 3 \cdots)$,

**(2)** $\lim\limits_{n \to \infty} y_n = \lim\limits_{n \to \infty} z_n = A$,

那么数列 $\{x_n\}$ 的极限存在，且 $\lim\limits_{n \to \infty} x_n = A$.

**准则 I′** 如果

**(1)** 当 $x \in \overset{\circ}{U}(x_0, r)$（或 $|x| > X$）时，有

$$g(x) \leqslant f(x) \leqslant h(x);$$

**(2)** $\lim\limits_{\substack{x \to x_0 \\ (x \to \infty)}} g(x) = A$, $\lim\limits_{\substack{x \to x_0 \\ (x \to \infty)}} h(x) = A$,

那么

$$\lim\limits_{\substack{x \to x_0 \\ (x \to \infty)}} f(x) = A.$$

准则 I'的证明同数列极限存在的准则 I.

作为准则 I'的应用例子,我们引出第一个重要极限

$$\lim_{x \to 0} \frac{\sin x}{x} = 1.$$

函数 $\frac{\sin x}{x}$ 除 $x = 0$ 外,对于其他 $x$ 的值都是有定义的.

在图 1 - 32 所示的单位圆中,设圆心角 $\angle AOB = x$ $\left(0 < x < \dfrac{\pi}{2}\right)$,点 $A$ 处的切线与 $OB$ 的延长线交于 $D$, $BC \perp AO$.

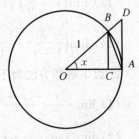

$$\sin x = CB, \quad x = \overset{\frown}{AB}, \quad \tan x = AD.$$

因为

$\triangle AOB$ 面积 $<$ 扇形 $AOB$ 面积 $< \triangle AOD$ 面积,

图 1 - 32

所以

$$\frac{1}{2} \sin x < \frac{1}{2} x < \frac{1}{2} \tan x.$$

除以 $\dfrac{1}{2} \sin x$,有

$$1 < \frac{x}{\sin x} < \frac{1}{\cos x},$$

或

$$\cos x < \frac{\sin x}{x} < 1. \tag{1}$$

若 $-\dfrac{\pi}{2} < x < 0$,令 $t = -x$,则得 $0 < t < \dfrac{\pi}{2}$,

从而有

$$\cos t < \frac{\sin t}{t} < 1,$$

即

$$\cos x < \frac{\sin x}{x} < 1,$$

可知当 $-\dfrac{\pi}{2} < x < 0$ 时,(1)式亦成立.

以下证明 $\lim\limits_{x \to 0} \cos x = 1$.

由不等式(1)可得 $|\sin x| \leqslant |x|$ 对任何 $x$ 总是成立的,因而当 $0 < |x| < \dfrac{\pi}{2}$ 时,

$$0 < |\cos x - 1| = 1 - \cos x = 2\sin^2 \frac{x}{2} \leqslant 2\left|\frac{x}{2}\right|^2 = \frac{x^2}{2},$$

由准则 I′有 $$\lim_{x \to 0}(1 - \cos x) = 0,$$

而 $$\cos x = (\cos x - 1) + 1,$$

所以 $$\lim_{x \to 0} \cos x = 1.$$

对不等式(1)使用夹逼准则得

$$\lim_{x \to 0} \frac{\sin x}{x} = 1.$$

**例 1** 求 $\lim\limits_{x \to 0} \dfrac{\sin 3x}{3x}$.

**解** $\lim\limits_{x \to 0} \dfrac{\sin 3x}{3x} = 1.$

**例 2** 求 $\lim\limits_{x \to 0} \dfrac{\tan x}{x}$.

**解** $\lim\limits_{x \to 0} \dfrac{\tan x}{x} = \lim\limits_{x \to 0} \dfrac{\sin x}{x} \cdot \dfrac{1}{\cos x} = \lim\limits_{x \to 0} \dfrac{\sin x}{x} \cdot \lim\limits_{x \to 0} \dfrac{1}{\cos x} = 1.$

**例 3** 求 $\lim\limits_{x \to 0} \dfrac{1 - \cos x}{\dfrac{1}{2}x^2}$.

**解** $\lim\limits_{x \to 0} \dfrac{1 - \cos x}{\dfrac{x^2}{2}} = \lim\limits_{x \to 0} \dfrac{2\sin^2 \dfrac{x}{2}}{\dfrac{x^2}{2}} = \lim\limits_{x \to 0} \left( \dfrac{\sin \dfrac{x}{2}}{\dfrac{x}{2}} \right)^2 = 1.$

**准则 II 单调有界数列必有极限.**

在第三节中曾证明过,"收敛数列必定有界,但有界数列不一定收敛".现在,准则 II 表明,如果数列不仅有界而且单调,则极限一定存在.

对准则 II 不加证明,仅从几何角度上给出说明.

设数列 $\{x_n\}$ 单调增加.从数轴上看,对应于数列的点 $x_n$ 只可能从左向右移动,其结果只有两种可能:或者是 $x_n$ 沿数轴移向无穷远 $(x_n \to +\infty)$;或者点 $x_n$ 趋近于某一个定点 $A$.又知数列是有界的,所以上述第一种情形不会发生.这就表示数列以 $A$ 为极限.

作为准则 II 的应用例子,我们引出第二个重要极限

$$\lim_{x \to \infty} \left(1 + \frac{1}{x}\right)^x = \mathrm{e}.$$

首先考虑 $x$ 取正整数 $n$ 而趋于 $+\infty$ 的情形.

设 $x_n = \left(1 + \dfrac{1}{n}\right)^n$,我们来证明 $\{x_n\}$ 单调增加而且有界.由二项式定理得

$$x_n = 1 + \frac{n}{1!} \cdot \frac{1}{n} + \frac{n(n-1)}{2!} \cdot \frac{1}{n^2} + \cdots + \frac{n(n-1)\cdots(n-n+1)}{n!} \cdot \frac{1}{n^n}$$

$$= 1 + 1 + \frac{1}{2!}\left(1 - \frac{1}{n}\right) + \frac{1}{3!}\left(1 - \frac{1}{n}\right)\left(1 - \frac{2}{n}\right) + \cdots + \tag{2}$$

$$\frac{1}{n!}\left(1 - \frac{1}{n}\right)\left(1 - \frac{2}{n}\right)\cdots\left(1 - \frac{n-1}{n}\right).$$

类似地，

$$x_{n+1} = 1 + 1 + \frac{1}{2!}\left(1 - \frac{1}{n+1}\right) + \frac{1}{3!}\left(1 - \frac{1}{n+1}\right)\left(1 - \frac{2}{n+1}\right) +$$

$$\cdots + \frac{1}{n!}\left(1 - \frac{1}{n+1}\right)\left(1 - \frac{2}{n+1}\right)\cdots\left(1 - \frac{n-1}{n+1}\right) + \tag{3}$$

$$\frac{1}{(n+1)!}\left(1 - \frac{1}{n+1}\right)\cdots\left(1 - \frac{n}{n+1}\right).$$

比较(2)式和(3)式，它们的前两项都为1，从第3项起，(3)式中的项总大于(2)式中的相应的项，而且(3)式还比(2)式多出一项(最后一项，其值为正).所以得 $x_n < x_{n+1}$.

又

$$x_n < 2 + \frac{1}{2!} + \frac{1}{3!} + \cdots + \frac{1}{n!}$$

$$< 2 + \frac{1}{2} + \frac{1}{2^2} + \cdots + \frac{1}{2^{n-1}}$$

$$= 2 + \frac{\frac{1}{2}\left(1 - \frac{1}{2^{n-1}}\right)}{1 - \frac{1}{2}} = 3 - \frac{1}{2^{n-1}} < 3,$$

故知 $\{x_n\}$ 是有界的.

依准则 Ⅱ，数列 $x_n$ 的极限存在，通常用字母 e 来表示它，即

$$\lim_{n \to +\infty}\left(1 + \frac{1}{n}\right)^n = e.$$

这个数 e 是无理数，它的值是

$$e = 2.718\ 281\ 828\ 459\ 045\cdots.$$

以下讨论 $x \to +\infty$ 的情形.

对任意 $x > 1$，总能找到两个相邻的自然数 $n$ 和 $n+1$，使得

$$n \leqslant x < n+1,$$

或

$$\frac{1}{n+1} < \frac{1}{x} \leqslant \frac{1}{n},$$

于是

$$\left(1 + \frac{1}{n+1}\right)^n < \left(1 + \frac{1}{x}\right)^x < \left(1 + \frac{1}{n}\right)^{n+1}$$

而且 $x$ 与 $n$ 同时趋于 $+\infty$.因为

$$\lim_{n\to\infty}\left(1+\frac{1}{n+1}\right)^n=\lim_{n\to\infty}\frac{\left(1+\frac{1}{n+1}\right)^{n+1}}{\left(1+\frac{1}{n+1}\right)}=\mathrm{e},$$

$$\lim_{n\to\infty}\left(1+\frac{1}{n}\right)^{n+1}=\lim_{n\to\infty}\left(1+\frac{1}{n}\right)^n\left(1+\frac{1}{n}\right)=\mathrm{e},$$

所以
$$\lim_{x\to+\infty}\left(1+\frac{1}{x}\right)^x=\mathrm{e}.$$

以下讨论 $x\to-\infty$ 时的情形.

令 $x=-(t+1)$,则 $x\to-\infty$ 时,$t\to+\infty$.因而

$$\lim_{x\to-\infty}\left(1+\frac{1}{x}\right)^x=\lim_{t\to+\infty}\left(1-\frac{1}{t+1}\right)^{-(t+1)}=\lim_{t\to+\infty}\left(\frac{t}{t+1}\right)^{-(t+1)}$$

$$=\lim_{t\to+\infty}\left(1+\frac{1}{t}\right)^{t+1}=\lim_{t\to+\infty}\left(1+\frac{1}{t}\right)^t\left(1+\frac{1}{t}\right)=\mathrm{e}$$

综上所述可得

$$\lim_{x\to\infty}\left(1+\frac{1}{x}\right)^x=\mathrm{e} \tag{4}$$

借助于代换 $z=\frac{1}{x}$,则 $x\to\infty$ 时,$z\to0$,于是又得

$$\lim_{z\to0}(1+z)^{\frac{1}{z}}=\mathrm{e}$$

注:下面给出 $\lim_{n\to\infty}\left(1+\frac{1}{n}\right)^n$ 存在的另一种证法,供参考.

当 $0\leqslant a<b$ 时,$\frac{b^{n+1}-a^{n+1}}{b-a}=\sum_{i=0}^{n}b^{n-i}a^i<(n+1)b^n$,所以

$$b^n[b-(n+1)(b-a)]<a^{n+1}.$$

令 $a=1+\frac{1}{n+1}$,$b=1+\frac{1}{n}$,便得

$$\left(1+\frac{1}{n}\right)^n<\left(1+\frac{1}{n+1}\right)^{n+1}$$

即
$$x_n<x_{n+1}$$

若令 $a=1$,$b=1+\frac{1}{2n}$,则得

$$\left(1+\frac{1}{2n}\right)^n < 2$$

所以 $$\left(1+\frac{1}{n}\right)^n < \left(1+\frac{1}{2n}\right)^{2n} < 4$$

即 $x_n = \left(1+\frac{1}{n}\right)^n$ 是单调增加的有界数列,所以 $\lim\limits_{n\to\infty}\left(1+\frac{1}{n}\right)^n$ 存在.

**例 4** 求 $\lim\limits_{x\to\infty}\left(\dfrac{2-x}{3-x}\right)^x$.

**解** 令 $\dfrac{2-x}{3-x} = 1+\dfrac{1}{u}$,解得 $x = u+3$,当 $x\to\infty$ 时,$u\to\infty$. 于是

$$\lim_{x\to\infty}\left(\frac{2-x}{3-x}\right)^x = \lim_{u\to\infty}\left(1+\frac{1}{u}\right)^{u+3} = \lim_{u\to\infty}\left(1+\frac{1}{u}\right)^u \cdot \lim_{u\to\infty}\left(1+\frac{1}{u}\right)^3 = e$$

**例 5** 求 $\lim\limits_{x\to\infty}\left(1+\dfrac{2}{x}\right)^{3x}$.

**解** 令 $\dfrac{2}{x} = z$,$x\to\infty$ 时 $z\to 0$,所以

$$\lim_{x\to\infty}\left(1+\frac{2}{x}\right)^{3x} = \lim_{z\to 0}(1+z)^{\frac{6}{z}} = e^6$$

**\*柯西(Cauchy)极限存在准则**

收敛数列必有界,所以有界是数列收敛的必要条件;单调有界数列必收敛,所以单调有界是数列收敛的充分条件,但不是必要条件.下面叙述的柯西准则给出了数列收敛的充分必要条件.

**柯西极限存在准则** 数列 $\{x_n\}$ 收敛的充分必要条件是:对于任意给定的正数 $\varepsilon$,存在着这样的正整数 $N$,使得当 $m > N$,$n > N$ 时,就有

$$|x_n - x_m| < \varepsilon$$

柯西准则的几何意义表示,$\{x_n\}$ 收敛的充分必要条件是:对于任意给定的正数 $\varepsilon$,在数轴上一切具有足够大号码的点 $x_n$ 中,任意两点间的距离小于 $\varepsilon$.

柯西准则具有很高的理论价值.

习题 1-7

1. 计算下列极限:

(1) $\lim\limits_{x\to 0}\dfrac{\tan x}{x}$;  (2) $\lim\limits_{x\to 0}\dfrac{\tan x}{x}$;

(3) $\lim\limits_{x \to 0} \dfrac{\sin 2x}{\sin 3x}$;

(4) $\lim\limits_{x \to 0} x \cot x$;

(5) $\lim\limits_{x \to 0} \dfrac{\tan x - \sin x}{x^3}$;

(6) $\lim\limits_{x \to 0} \dfrac{e^x - 1}{x}$;

(7) $\lim\limits_{n \to \infty} 2^n \sin \dfrac{x}{2^n}$（$x$ 为不等于 0 的常数）.

2. 计算下列极限:

(1) $\lim\limits_{t \to \infty} \left(1 - \dfrac{1}{t}\right)^t$;

(2) $\lim\limits_{x \to \infty} \left(\dfrac{x+1}{x-1}\right)^{2-x}$;

(3) $\lim\limits_{x \to \infty} \left(\dfrac{x+a}{x-a}\right)^x$;

(4) $\lim\limits_{x \to \infty} \left(1 - \dfrac{2}{x}\right)^x$;

(5) $\lim\limits_{x \to 0} (1 - 2x)^{\frac{1}{x}}$.

3. 利用极限存在准则证明:

(1) $\lim\limits_{n \to \infty} \left(\dfrac{1}{n^2 + 1} + \dfrac{1}{n^2 + 2} + \cdots + \dfrac{1}{n^2 + n}\right) = 0$;

(2) $\lim\limits_{n \to \infty} n\left(\dfrac{1}{n^2 + \pi} + \dfrac{1}{n^2 + 2\pi} + \cdots + \dfrac{1}{n^2 + n\pi}\right) = 1$;

(3) 数列 $\sqrt{2}$，$\sqrt{2 + \sqrt{2}}$，$\sqrt{2 + \sqrt{2 + \sqrt{2}}}$ $\cdots$ 的极限存在，并求出该极限.

# 第八节  无穷小的比较

两个无穷小的和、差、积仍然为无穷小，两个无穷小的商却不一定是无穷小. 例如，$x \to 0$ 时 $2x$、$3x^3$、$\sin x$ 都是无穷小，但是 $\lim\limits_{x \to 0} \dfrac{2x}{3x^3} = \infty$，$\lim\limits_{x \to 0} \dfrac{3x^3}{2x} = 0$，$\lim\limits_{x \to 0} \dfrac{\sin x}{x} = 1$. 两个无穷小之比的极限的不同情况，反映了无穷小趋向于 0 的速度不同. 在 $x \to 0$ 的过程中，$3x^3$ 趋于 0 比 $2x$ "快"些，而 $\sin x$ 趋于 0 与 $x$ 趋于 0 "快慢相仿".

设 $\alpha$、$\beta$ 都是在同一个自变量变化过程中的无穷小.

**定义**  若 $\lim \dfrac{\alpha}{\beta} = 0$，称 $\alpha$ 是比 $\beta$ 高阶的无穷小，记为 $\alpha = o(\beta)$;

若 $\lim \dfrac{\alpha}{\beta} = c \neq 0$，称 $\alpha$ 与 $\beta$ 是同阶无穷小;

若 $\lim \dfrac{\alpha}{\beta} = 1$，称 $\alpha$ 与 $\beta$ 是等价无穷小，记为 $\alpha \sim \beta$.

例如,因为 $\lim\limits_{x \to 0} \dfrac{3x^3}{2x} = 0$,所以当 $x \to 0$ 时,$3x^3$ 是比 $2x$ 高阶的无穷小,即 $3x^3 = o(2x)(x \to 0)$.

又如,因为 $\lim\limits_{x \to 0} \dfrac{\sin x}{x} = 1$,所以 $x \to 0$ 时,$\sin x$ 与 $x$ 是等价无穷小,即 $\sin x \sim x(x \to 0)$.

注意:也有两个无穷小不能作比较的情况.例如,$x \to 0$ 时 $x \sin \dfrac{1}{x}$ 和 $\tan x$ 都是无穷小,而

$$\lim\limits_{x \to 0} \dfrac{x \sin \dfrac{1}{x}}{\tan x}$$

不存在,所以 $x \sin \dfrac{1}{x}$ 与 $\tan x$ 不能作比较.

关于等价无穷小有下面的性质:

无穷小 $\alpha$ 与自身等价;若 $\alpha$ 与 $\beta$ 等价,则 $\beta$ 与 $\alpha$ 等价;若 $\alpha$ 与 $\beta$ 等价,$\beta$ 与 $\gamma$ 等价,则 $\alpha$ 与 $\gamma$ 等价.

**定理** 设 $\boldsymbol{\alpha \sim \alpha', \beta \sim \beta', \lim \dfrac{\alpha'}{\beta'}}$ 存在,则

$$\lim \frac{\alpha}{\beta} = \lim \frac{\alpha'}{\beta'}$$

这个性质表明,求两个无穷小之比的极限时,分子分母均可以用其等价无穷小代替.

**例 1** 求 $\lim\limits_{x \to 0} \dfrac{\tan 2x}{\sin 3x}$.

**解** $x \to 0$ 时,$\tan 2x \sim 2x$,$\sin 3x \sim 3x$,所以

$$\lim\limits_{x \to 0} \frac{\tan 2x}{\sin 3x} = \lim\limits_{x \to 0} \frac{2x}{3x} = \frac{2}{3}$$

**例 2** 求 $\lim\limits_{x \to 0} \dfrac{\tan x - \sin x}{x^3}$.

**解**

$$\lim\limits_{x \to 0} \frac{\tan x - \sin x}{x^3} = \lim\limits_{x \to 0} \frac{\sin x}{x^3}\left(\frac{1}{\cos x} - 1\right) = \lim\limits_{x \to 0} \frac{1 - \cos x}{x^2 \cos x} = \lim\limits_{x \to 0} \frac{\frac{1}{2}x^2}{x^2 \cos x} = \frac{1}{2}$$

运算过程中用到 $\sin x \sim x, 1 - \cos x \sim \dfrac{1}{2}x^2 (x \to 0)$.

## 习题 1-8

1. 证明当 $x \to 0$ 时,下列各对无穷小是等价的:

(1) $\sin x \sim x$;

(2) $\tan x \sim x$;

(3) $\arctan x \sim x$;

(4) $1 - \cos x \sim \dfrac{x^2}{x}$;

(5) $\arcsin x \sim x$;

(6) $e^x - 1 \sim x$;

(7) $\sqrt{1+x} - 1 \sim \dfrac{1}{2} x$.

2. 当 $x \to 1$ 时,无穷小 $1 - x$ 与

(1) $1 - \sqrt[3]{x}$;

(2) $1 - \sqrt{x}$;

(3) $2(1 - \sqrt{x})$ 是否同阶? 是否等价?

3. 设 $\alpha$、$\beta$ 是无穷小,证明:

如果 $\alpha \sim \beta$,则 $\beta - \alpha = o(\alpha)$;

如果 $\beta - \alpha = o(\alpha)$,则 $\alpha \sim \beta$.

4. 用等价无穷小代换求下列极限:

(1) $\lim\limits_{x \to 0} \dfrac{\cos ax - \cos bx}{x^2}$;

(2) $\lim\limits_{x \to 0^+} \dfrac{\sin ax}{\sqrt{1 - \cos x}} (a \neq 0)$;

(3) $\lim\limits_{x \to 0} \dfrac{1 - \cos x}{x \sin x}$.

5. 当 $x \to 0$ 时,$(1 - \cos x)^2$ 与 $\sin^2 x$ 哪一个是更高阶无穷小?

# 第九节　函数的连续性与间断点

## 一、函数的连续性

自然界中许多现象,如空气或水的流动,气温的变化,生物的生长等,都是连续不断地在运动和变化着的.这种现象反映到数学的函数关系上,就是函数的连续性.

实际应用中的函数常有这样一个特点:当自变量的改变非常小时,相应的函数值的改变也非常小.如气温作为时间的函数,就有这种性质.

在函数 $y = f(x)$ 的定义域中,设自变量 $x$ 由 $x_0$ 变到 $x_1$,相应的函数值由 $f(x_0)$ 变到 $f(x_1)$,则称 $x_1 - x_0$ 为自变量的增量(或称自变量的改变量),记为 $\Delta x$;称 $f(x_1) - f(x_0)$ 为函数的增量(或称函数的改变量),记为 $\Delta y$.

$\Delta y$ 可正、可负，也可为 0.

记 $x_1 = x_0 + \Delta x$，则

$$\Delta y = f(x_1) - f(x_0)$$
$$= f(x_0 + \Delta x) - f(x_0)$$

在图 1-33 中，$\Delta x = MQ$，$\Delta y = QN$.

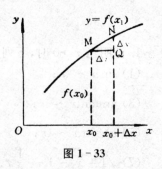

图 1-33

**定义 1** 若

$$\lim_{\Delta x \to 0} \Delta y = 0, \qquad\qquad (1)$$

则称函数 $f(x)$ 在点 $x_0$ 处连续.

设 $x = x_0 + \Delta x$，则 $\Delta x \to 0$ 就是 $x \to x_0$，又由于

$$\Delta y = f(x_0 + \Delta x) - f(x_0) = f(x) - f(x_0),$$

即 $\quad f(x) = \Delta y + f(x_0)$，所以(1)式即 $\quad \lim\limits_{x \to x_0} f(x) = f(x_0)$. 故有

**定义 2** 若

$$\lim_{x \to x_0} f(x) = f(x_0) \qquad\qquad (2)$$

则称函数 $f(x)$ 在点 $x_0$ 处连续.

把(2)式用极限的定义写出，即有

**定义 3** 若对任意给定的 $\varepsilon > 0$，存在 $\delta > 0$，使得当 $|x - x_0| < \delta$ 时，恒有

$$|f(x) - f(x_0)| < \varepsilon$$

成立，则称函数 $f(x)$ 在点 $x_0$ 处连续.

注意，此处 $x_0$ 的邻域不是去心邻域.因为 $f(x_0)$ 有意义，当 $x = x_0$ 时，

$$|f(x) - f(x_0)| = |f(x_0) - f(x_0)| = 0,$$

总是小于 ε 的.

在第六节我们曾证明了对于多项式函数 $P(x)$ 而言，有

$$\lim_{x \to x_0} P(x) = P(x_0)$$

此即表明多项式函数在定义域内的任意一点处是连续的.又知，对于有理函数 $F(x) = \dfrac{P(x)}{Q(x)}$，若 $Q(x_0) \neq 0$，则

$$\lim_{x \to x_0} F(x) = F(x_0)$$

所以有理分式函数在其定义域内的每一点处也是连续的.

因为 $\lim\limits_{x\to x_0}\sqrt{x}=\sqrt{x_0}\ (x_0>0)$，所以 $f(x)=\sqrt{x}$ 在 $(0,+\infty)$ 内的每一点处连续.

**例 1** 证明 $f(x)=\cos x$ 在 $(-\infty,+\infty)$ 内每一点连续.

**证** 设 $x$ 是 $(-\infty,+\infty)$ 内的任意一点，则

$$0\leqslant|\Delta y|=|\cos(x+\Delta x)-\cos x|$$

$$=\left|-2\sin\left(x+\frac{\Delta x}{2}\right)\sin\frac{\Delta x}{2}\right|$$

$$\leqslant 2\left|\sin\frac{\Delta x}{2}\right|\leqslant 2\cdot\frac{|\Delta x|}{2}=|\Delta x|$$

当 $\Delta x\to 0$ 时，由夹逼准则得

$$\lim\limits_{\Delta x\to 0}|\Delta y|=0,$$

从而

$$\lim\limits_{\Delta x\to 0}\Delta y=0,$$

所以 $f(x)=\cos x$ 在点 $x$ 处连续.

**定义 4** 若 $f(x_0-0)=f(x_0)$，则称 $f(x)$ 在点 $x_0$ 左连续；

若 $f(x_0+0)=f(x_0)$，则称 $f(x)$ 在点 $x_0$ 右连续.

**定理** $f(x)$ 在点 $x_0$ 连续的充要条件是 $f(x)$ 在点 $x_0$ 左连续且右连续.

读者自证.

若函数在区间 $(a,b)$ 内每一点都连续，则称函数在区间 $(a,b)$ 内连续.若 $f(x)$ 在 $(a,b)$ 内连续，在 $x=a$ 处右连续，在 $x=b$ 处左连续，则称 $f(x)$ 在 $[a,b]$ 上连续.

连续函数的图形是一条连绵不断的曲线.

## 二、函数的间断点

前面说过，若 $\lim\limits_{x\to x_0}f(x)=f(x_0)$，则称 $f(x)$ 在点 $x_0$ 连续.由此可见，$f(x)$ 在点 $x_0$ 连续必须同时满足三个条件：

(1) $f(x)$ 在点 $x_0$ 有定义；

(2) 当 $x\to x_0$ 时，$f(x)$ 有极限；

(3) $f(x)$ 的极限值等于 $f(x_0)$.

以上三条中，若至少有一条不满足，则点 $x_0$ 称为 $f(x)$ 的间断点.

$f(x)$ 在 $x=x_0$ 处间断分三种情形：① $f(x)$ 在点 $x_0$ 处没定义；② $\lim\limits_{x\to x_0}f(x)$ 不存在；③ $f(x)$ 在点 $x_0$ 有定义，$\lim\limits_{x\to x_0}f(x)$ 也存在，但二者不相等.

以下举例说明间断点的不同类型.

**例 2** $f(x)=\arctan\dfrac{1}{x}$ 在 $x=0$ 处没定义，$x=0$ 是函数的间断点.因为

$$\lim_{x \to +0} \arctan \frac{1}{x} = \frac{\pi}{2}, \quad \lim_{x \to -0} \arctan \frac{1}{x} = -\frac{\pi}{2},$$

函数图形在 $x=0$ 处发生跳跃,称 $x=0$ 为函数的跳跃间断点.

**例 3** $f(x) = \dfrac{x^2 - 1}{x - 1}$ 在 $x=1$ 处没定义,所以 $x=1$ 是函数的间断点(见图 1-34).但是,

$$\lim_{x \to 1} \frac{x^2 - 1}{x - 1} = \lim_{x \to 1} (x + 1) = 2$$

如果补充函数的定义,令 $f(1) = 2$,则所给函数在 $x=1$ 处成为连续.称 $x=1$ 是函数的可去间断点.

以上二例中,$x_0$ 是间断点,且 $f(x_0 + 0)$ 与 $f(x_0 - 0)$ 均存在,$x_0$ 称为函数的第一类间断点.在第一类间断点中,左极限与右极限相等的称作可去间断点;不相等的称作跳跃间断点.

不是第一类间断点的任何间断点统称为第二类间断点.

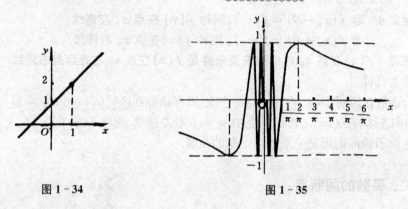

图 1-34          图 1-35

**例 4** 函数 $f(x) = \dfrac{x^2 + x + 1}{x - 1}$,由于 $f(x)$ 在 $x=1$ 处无定义,又 $\lim\limits_{x \to 1} f(x) = \infty$,知左右极限都不存在,因此 $x=1$ 是函数 $f(x)$ 的第二类间断点.

因为 $\lim\limits_{x \to 1} f(x) = \infty$,所以我们也称 $x=1$ 为函数 $f(x)$ 的无穷间断点.

**例 5** $y = \sin \dfrac{1}{x}$ 在 $x=0$ 处没有定义,所以 $x=0$ 处是函数的间断点.当 $x \to 0$ 时,函数值在 $-1$ 与 $1$ 之间变动无穷多次,所以 $x=0$ 叫作函数的振荡间断点(见图 1-35).

显然,无穷间断点与振荡间断点都是第二类间断点.

习题 1-9

1. 设 $f(x)$ 在点 $x_0$ 连续,证明 $|f(x)|$ 在点 $x_0$ 也连续.

2. $f_1(x) = \begin{cases} \left| \dfrac{\sin x}{x} \right|, & x \neq 0, \\ 1, & x = 0. \end{cases}$    $f_2(x) = \begin{cases} \dfrac{\sin 2x}{x}, & x < 0 \\ 3x^2 - 2x + 2, & x \geqslant 0 \end{cases}$ 问

$f_1(x)$、$f_2(x)$ 在点 $x = 0$ 是否连续?

3. $f(x) = \begin{cases} e^x, & 0 \leqslant x \leqslant 1, \\ a + x, & 1 < x \leqslant 2. \end{cases}$ 式中 $a$ 为何值时函数连续?

4. 求下列函数的间断点,并指出间断点的类型:

(1) $f(x) = \dfrac{x^2 - 4}{x^2 - 5x + 6}$;    (2) $f(x) = \dfrac{x^2 - 1}{x^2 - 3x + 2}$;

(3) $y = \dfrac{\sqrt[3]{x} - 1}{x - 1}$;    (4) $y = \dfrac{x}{\sin x}$;

(5) $y = \sin^2 \dfrac{1}{x}$;    (6) $y = \begin{cases} x & |x| \leqslant 1, \\ 1 & |x| > 1; \end{cases}$

(7) $y = \dfrac{1}{2 + e^{\frac{1}{x-1}}}$.

5. $f(x) = \lim\limits_{t \to +\infty} \dfrac{1 - x e^{tx}}{x + e^{tx}}$,研究 $f(x)$ 的连续性,指出间断点的类型.

# 第十节 初等函数的连续性

## 一、连续函数的和、积、商的连续性

**定理 1** 有限个在某点连续的函数的和函数仍在该点连续.

**定理 2** 有限个在某点连续的函数的乘积仍在该点连续.

**定理 3** 两个在某点连续的函数的商(分母不等于零)在该点仍连续.

使用连续的定义和极限的运算法则很容易证明定理 2 和定理 3.

**例 1** 因 $\cot x = \dfrac{\cos x}{\sin x}$,$\tan x = \dfrac{\sin x}{\cos x}$,而 $\sin x$ 与 $\cos x$ 在 $(-\infty, +\infty)$ 内每一点都连续,由定理 3 可知 $\tan x$ 与 $\cot x$ 在其定义域内每一点都连续.

## 二、反函数的连续性

**定理 4** 若函数 $y = f(x)$ 在区间 $I_x$ 上单值,单调增加(或单调减少) 且连续,则反函数 $x = \varphi(y)$ 在区间 $I_y = \{y \mid y = f(x), x \in I_x\}$ 上单值,单调增加(或单调

减少)且连续.

证明略.

**例 2** 由于 $y = \sin x$ 在 $\left[-\dfrac{\pi}{2}, \dfrac{\pi}{2}\right]$ 上单调增加且连续,所以反函数 $y = \arcsin x$ 在 $[-1, 1]$ 上单调增加且连续.由于 $y = \cos x$ 在 $[0, \pi]$ 上单调减少且连续,所以反函数 $y = \arccos x$ 在 $[-1, 1]$ 上单调减少且连续.

同样,不难理解 $y = \arctan x$ 在 $(-\infty, +\infty)$ 内单调增加且连续;$y = \text{arccot } x$ 在 $(-\infty, +\infty)$ 内单调减少且连续.

总之,反三角函数在其定义域内都是连续的.

## 三、复合函数的连续性

**定理 5** 设 $\lim\limits_{x \to x_0} \varphi(x) = a$,函数 $y = f(u)$ 在 $u = a$ 连续,那么

$$\lim\limits_{x \to x_0} f[\varphi(x)] = f(a) \tag{1}$$

**(1)式又可写为**

$$\lim\limits_{x \to x_0} f[\varphi(x)] = f\left[\lim\limits_{x \to x_0} \varphi(x)\right] \tag{2}$$

及

$$\lim\limits_{x \to x_0} f[\varphi(x)] = \lim\limits_{u \to a} f(u) \tag{3}$$

公式(2)表示,求复合函数的极限可以将极限记号 lim 与函数记号 $f$ 交换.

公式(3)表示,求函数的极限时可设代换 $u = \varphi(x)$,那么求 $\lim\limits_{x \to x_0} f[\varphi(x)]$ 就化成求 $\lim\limits_{u \to a} f(u)$,其中 $a = \lim\limits_{x \to x_0} \varphi(x)$.

**定理 6** 设 $u = \varphi(x)$ 在点 $x_0$ 连续,$u_0 = \varphi(x_0)$,而 $y = f(u)$ 在点 $u_0$ 连续,则复合函数 $y = f[\varphi(x)]$ 在点 $x_0$ 处连续.

**例 3** 讨论函数 $y = \cos\dfrac{1}{x}$ 的连续性.

**解** $y = \cos\dfrac{1}{x}$ 可看作 $y = \cos u$ 与 $u = \dfrac{1}{x}$ 复合而成的函数.$y = \cos u$ 在 $(-\infty, +\infty)$ 内连续,$u = \dfrac{1}{x}$ 在 $(-\infty, 0) \bigcup (0, +\infty)$ 内连续,根据定理 6 知,$y = \cos\dfrac{1}{x}$ 在 $(-\infty, 0) \bigcup (0, +\infty)$ 内连续.

**例 4** 求极限 $\lim\limits_{x \to 0} \dfrac{\ln(1+x)}{x}$.

**解** $\dfrac{\ln(1+x)}{x} = \ln(1+x)^{\frac{1}{x}}$,是 $y = \ln u, u = (1+x)^{\frac{1}{x}}$ 复合成的,

而 $\lim\limits_{x\to0}(1+x)^{\frac{1}{x}}=\mathrm{e}$，在点 $u=\mathrm{e}$ 处 $\ln u$ 连续，故

$$\lim_{x\to0}\frac{\ln(1+x)}{x}=\lim_{x\to0}\ln(1+x)^{\frac{1}{x}}=\ln\Big[\lim_{x\to0}(1+x)^{\frac{1}{x}}\Big]=\ln\mathrm{e}=1.$$

## 四、初等函数的连续性

前面证明了三角函数在其定义域内连续，反三角函数在其定义域内连续.下面指出，指数函数 $y=a^x(a>0,a\neq1)$ 在定义域内连续（证明略），对数函数 $y=\log_a x(a>0,a\neq1)$ 在定义域 $(0,+\infty)$ 内连续.幂函数 $y=x^{\mu}(\mu\in\mathbf{R})$ 的定义域与 $\mu$ 的取值有关，但不论 $\mu$ 为何值，$y=x^{\mu}$ 在 $(0,+\infty)$ 内总是有定义的.以下证明 $y=x^{\mu}$ 在 $(0,+\infty)$ 内连续.事实上，设 $x>0$，则

$$y=x^{\mu}=\mathrm{e}^{\mu\ln x}$$

因此，幂函数 $y=x^{\mu}$ 可看作由 $y=\mathrm{e}^{u}$，$u=\mu\ln x$ 复合而成.由此，根据定理 6，它在 $(0,+\infty)$ 内连续.如果对于 $\mu$ 取各种不同的值加以讨论，可以证明幂函数在它的定义域内是连续的（这里不证）.

综上所述，**基本初等函数在它的定义域内是连续的.**

根据初等函数的定义，由基本初等函数的连续性及本节定理 1、2、3、6 可得：**一切初等函数在其定义区间内是连续的.**所谓**定义区间**，就是包含在定义域内的区间.

上述关于初等函数连续性的结论提供了求极限的一种重要方法：若 $f(x)$ 是初等函数，$x_0$ 是 $f(x)$ 的定义区间内的点，则

$$\lim_{x\to x_0}f(x)=f(x_0)$$

例如，点 $x_0=\dfrac{1}{2}$ 是初等函数 $f(x)=\sqrt{1-x^2}$ 的定义区间 $[-1,1]$ 内的点，所以 $\lim\limits_{x\to\frac{1}{2}}\sqrt{1-x^2}=\sqrt{\dfrac{3}{4}}=\dfrac{\sqrt{3}}{2}$；又如，点 $x_0=\dfrac{\pi}{3}$ 是初等函数 $f(x)=\ln\sin x$ 的一个定义区间 $(0,\pi)$ 内的点，所以

$$\lim_{x\to\frac{\pi}{3}}\ln\sin x=\ln\sin\frac{\pi}{3}=\ln\frac{\sqrt{3}}{2}$$

## 习题 1-10

1. 求下列极限：

(1) $\lim\limits_{x\to3\pi}\sin 3x$；

(2) $\lim\limits_{x\to\frac{\pi}{6}}\ln\sin x$；

(3) $\lim\limits_{x \to 0}(\mathrm{e}^{2x} + 2^x + 1)$;

(4) $\lim\limits_{x \to 0}\dfrac{\ln(1 + 3x)}{x}$;

(5) $\lim\limits_{x \to 0}\dfrac{\sin x}{x^2 + x}$;

(6) $\lim\limits_{x \to \infty}\left[1 + \dfrac{(-1)^n}{n}\right]$;

(7) $\lim\limits_{x \to 0}\dfrac{1 - \cos^2 x}{x^2}$;

(8) $\lim\limits_{x \to 0}\dfrac{\sqrt{1 + x} - 1}{x}$;

(9) $\lim\limits_{x \to 0}\dfrac{x^2}{1 - \sqrt{1 + x^2}}$;

(10) $\lim\limits_{x \to \infty}\dfrac{\sin x + \cos x}{x}$;

(11) $\lim\limits_{x \to +\infty}(\sqrt{x + 5} - \sqrt{x})$.

2. 求函数 $f(x) = \dfrac{x^3 - 4x}{x^2 + x - 2}$ 的连续区间,并求极限

$$\lim_{x \to -2}f(x), \ \lim_{x \to 1}f(x) \ \text{及} \lim_{x \to 0}f(x).$$

3. 求下列极限:

(1) $\lim\limits_{x \to \infty}x\tan\dfrac{1}{x}$;

(2) $\lim\limits_{x \to 0}\dfrac{\mathrm{e}^x - 1}{x}$;

(3) $\lim\limits_{x \to 0}(\sec^2 x)^{\cot^2 x}$;

(4) $\lim\limits_{x \to 0}(1 + 3\tan^2 x)^{\cot^2 x}$;

(5) $\lim\limits_{x \to 1}\left(\dfrac{2}{x^2 - 1} - \dfrac{1}{x - 1}\right)$;

(6) $\lim\limits_{x \to \infty}\left(\dfrac{2x - 1}{2x + 1}\right)^x$;

(7) $\lim\limits_{x \to 0}\dfrac{\sin x^n}{(\sin x)^m}(m, n \in \mathbf{N})$.

4. 若 $\lim\limits_{x \to x_0}u(x) = a > 0$, $\lim\limits_{x \to x_0}v(x) = b$,则 $\lim\limits_{x \to x_0}[u(x)]^{v(x)} = a^b$.

# 第十一节　闭区间上连续函数的性质

在闭区间上连续的函数有几个重要的性质.在此,我们仅作介绍,不给出严格证明.

**定理 1(有界性定理)**　若 $f(x)$ 在 $[a, b]$ 上连续,则 $f(x)$ 在 $[a, b]$ 上有界.

一般而言,开区间(或半开区间)上的连续函数不一定有界.例如, $y = \dfrac{1}{x}$ 在 $(0, 1]$ 上连续,在 $(0, 1]$ 上无界.

**定理 2(最大值和最小值定理)**　若 $f(x)$ 在 $[a, b]$ 上连续,则 $f(x)$ 在 $[a, b]$ 上有最大值 $M$ 和最小值 $m$.

在图 1-36 中, $f(\xi_1) = M$, $f(\xi_2) = m$.

注意:(1) 在开区间内连续的函数不一定有最

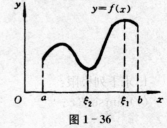

图 1-36

大值和最小值.例如，$y=\tan x$ 在 $\left(-\dfrac{\pi}{2},\dfrac{\pi}{2}\right)$ 内连续，但 $y=\tan x$ 既没有最大值也没有最小值.

（2）若 $f(x)$ 在闭区间上有间断点，$f(x)$ 不一定有最大值和最小值.例如

$$f(x)=\begin{cases}-x+1, & 0\leqslant x<1\\ 1, & x=1\\ -x+3, & 1<x\leqslant 2\end{cases}$$

在闭区间 $[0,2]$ 上有间断点 $x=1$，$f(x)$ 既没有最大值也没有最小值（见图 1-37）.

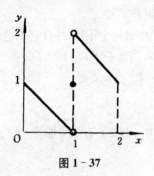

图 1-37

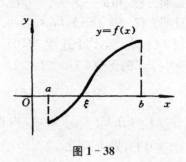

图 1-38

**定理 3（零点定理）**　若 $f(x)$ 在 $[a,b]$ 上连续，$f(a)$ 与 $f(b)$ 异号，则在 $(a,b)$ 内至少存在一点 $\xi$ 使

$$f(\xi)=0$$

此定理的几何意义是：如果连续曲线弧的两个端点分别位于 $x$ 轴的两侧，则曲线弧与 $x$ 轴至少有一个交点，交点的横坐标即 $\xi$（见图 1-38）.

**例**　证明方程 $x^5-3x=1$ 至少有一个根介于 1 和 2 之间.

**证**　令 $f(x)=x^5-3x-1$，则 $f(x)$ 在 $[1,2]$ 上连续，且 $f(1)=-3<0$，$f(2)=25>0$，由零点定理知至少有一点 $\xi\in(1,2)$，使

$$f(\xi)=0$$

即方程 $x^5-3x=1$ 至少有个根 $\xi,1<\xi<2$.

**定理 4（介值定理）**　设 $f(x)$ 在 $[a,b]$ 上连续，

$$f(a)=A,\ f(b)=B,\ A\neq B.$$

那么，对于 $A$ 与 $B$ 之间的任意一个数 $C$，至少有一点 $\xi\in(a,b)$，使 $f(\xi)=C$.

这定理的几何意义是：连续曲线弧 $y=f(x)$ 与水平直线 $y=C$ 至少相交于一点（见图 1-39）.

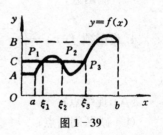

图 1-39

**推论**　设 $f(x)$ 在 $[a,b]$ 上连续，$M$ 与 $m$ 分别是

$f(x)$ 在 $[a,b]$ 上的最大值和最小值,$C$ 是 $m$ 与 $M$ 之间的任一数,则至少有一 $\xi \in$ $(a,b)$ 使

$$f(\xi) = C$$

事实上,设 $m = f(x_1)$,$M = f(x_2)$,$m \neq M$. 在闭区间 $[x_1,x_2]$(或 $[x_2,x_1]$)上应用介值定理即可证得以上推论.

## 习题 1-11

1. 证明方程 $\sin x - x + 1 = 0$ 在 0 与 π 之间有实根.

2. 证明方程 $x = a\sin x + b\ (a>0,b>0)$ 至少有一个正根,并且它不超过 $a+b$.

3. 设 $f(x)$ 在 $[0,1]$ 上连续,$f(0) = f(1) = 0$,当 $x \in (0,1)$ 时 $f(x) > 0$.证明对任意一小于 1 的正数 $l\ (0<l<1)$,必有 $\xi \in (0,1)$ 使得

$$f(\xi) = f(\xi + l).$$

4. 若 $f(x)$ 在 $(-\infty,+\infty)$ 内连续,且 $\lim\limits_{x \to \infty} f(x)$ 存在,那么 $f(x)$ 必在 $(-\infty,+\infty)$ 内有界.证明之.

## 自 测 题

一、单项选择题

1. "当 $x \to x_0$ 时,$f(x) - A$ 是无穷小"是"$\lim\limits_{x \to x_0} f(x) = A$"的(    ).

(A) 充分但非必要条件;　　　(B) 必要但非充分条件;

(C) 充分必要条件;　　　(D) 既非充分也非必要条件.

2. 设 $0<a<b$,则数列极限 $\lim\limits_{n \to \infty} \sqrt[n]{a^n + b^n}$ 是(    ).

(A) $a$;　　　(B) $b$;　　　(C) 1;　　　(D) $a+b$.

3. 设 $f(x) = \dfrac{\sin(x+1)}{1+x^2}$,$-\infty < x < +\infty$,则此函数是(    ).

(A) 有界函数;　　　(B) 奇函数;

(C) 偶函数;　　　(D) 周期函数.

4. 设函数 $f(x) = \begin{cases} 3 + (x-1)\sin\dfrac{1}{x-1}, & x>1 \\ x^2 + 2\ln x, & x \leqslant 1 \end{cases}$ 则 $x = 1$ 是函数 $f(x)$ 的(    ).

(A) 连续点;　　　(B) 可去间断点;

(C) 跳跃间断点;　　　(D) 无穷间断点.

5. 极限 $\lim\limits_{x \to \infty}\left(\dfrac{x+1}{x-1}\right)^{2x}$ 的值是（　　）.

(A) 1;　　　　　(B) $\mathrm{e}^4$;　　　　　(C) 0;　　　　　(D) 不存在.

二、填空题

1. 函数 $f(x)=\dfrac{\ln(2x+4)}{\sqrt{3-x}}+\arcsin\dfrac{1+x}{2}$ 的定义域是_____.

2. 设 $f(x)=\begin{cases}\dfrac{ax}{\sin x} & x<0,\\[2mm] \mathrm{e}^x & x\geqslant 0\end{cases}$，若要使$\lim\limits_{x\to 0}f(x)$存在，则 $a$ 等于_____.

3. 极限 $\lim\limits_{x\to -\infty}\dfrac{x-\sqrt{x^2+x+1}}{x}$ 的值_____.

4. 设 $f(x)$ 的定义域是$[0,3]$,则 $f(\ln x)$的定义域是_____.

5. 函数 $f(x)=(\sin 3x)^2$ 在定义域$(-\infty,+\infty)$内的最小正周期为_____.

三、计算题

1. 计算 $\lim\limits_{x\to \infty}\left(1-\dfrac{2}{x}\right)^{3x}$ 的值.

2. 计算 $\lim\limits_{x\to 0}\dfrac{\log_a(1+x)}{x}$.

3. 设函数 $f(x)$、$F(x)$适合；$|f(x)|\leqslant|F(x)|$；$F(x)$ 在 $x=0$ 处连续,且 $F(0)=0$,试证 $f(x)$ 在 $x=0$ 处连续.

4. 设 $f(x)=\dfrac{|x|}{\sqrt{2+x}-\sqrt{2-x}}$,讨论$\lim\limits_{x\to 0}f(x)$.

5. 若函数 $f(x)=\begin{cases}1, & |x|<1,\\ 0, & |x|=1,\\ -1, & |x|>1\end{cases}$ 及 $g(x)=\mathrm{e}^x$,确定函数 $f[g(x)]$与 $g[f(x)]$的间断点,并指出其类型.

6. 若 $\lim\limits_{x\to x_0}f(x)=0$, $\lim\limits_{x\to x_0}g(x)=0,g(x)\neq 0$,证明：

$\lim\limits_{x\to x_0}\dfrac{f(x)}{g(x)}=b$ 的充分必要条件是 $\lim\limits_{x\to x_0}\dfrac{f(x)-bg(x)}{g(x)}=0$.

7. 已知 $f(x)=\begin{cases}\dfrac{1}{x}\sin x+a, & x<0\\[2mm] b, & x=0\\[2mm] x\sin\dfrac{1}{x}, & x>0\end{cases}$ $(a,b)$为常数1,问$a,b$ 为何值时,$f(x)$

在 $x=0$ 处连续.

# 第二章 导数与微分

有些实际问题，不但要研究变量与变量的依从关系，而且还要讨论由于自变量的变化所引起的函数变化快慢的问题.导数概念即来源于这种函数的变化率问题.另外，当自变量有微小变化时，函数大体上变化多少，这就是微分所讨论的内容.导数与微分是微分学的基本概念.

本章将从几何与物理上的问题出发，引入导数概念；从讨论函数的微小改变量的近似表达式出发，引入微分概念，同时将建立一套导数和微分的基本公式和运算法则.

## 第一节 变化率问题与导数概念

### 一、两个实例

**1. 变速直线运动的速度问题**

如图 2-1 所示，设质点作变速直线运动，运动开始时($t=0$)位于 $O$ 点，时刻 $t$ 位于直线上 $s$ 点处，其运动方程为 $s=s(t)$，求质点在时刻 $t_0$ 的瞬时速度.

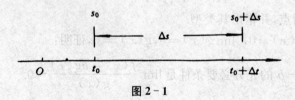

图 2-1

对应于时刻 $t_0$，质点在 $s_0=s(t_0)$ 处；对应于 $t_0$ 以后的某个时刻 $t_0+\Delta t$，质点在 $s(t_0+\Delta t)=s_0+\Delta s$ 处，于是在 $t_0$ 到 $t_0+\Delta t$ 这段时间间隔内，质点的位移为

$$\Delta s=s(t_0+\Delta t)-s(t_0)$$

从而平均速度为

$$\bar{v}=\frac{\Delta s}{\Delta t}=\frac{s(t_0+\Delta t)-s(t_0)}{\Delta t}$$

如果 $\Delta t$ 很小,那么可设想,在速度变化是连续的假定前提下,在这非常小的时间间隔内速度"来不及"发生很大的变化,近似于匀速,因此用平均速度$\bar{v}$去代替时刻 $t_0$ 的瞬时速度 $v(t_0)$.然而,无论 $\Delta t$ 是多么小,由$\dfrac{\Delta s}{\Delta t}$算出的数值总还是平均速度$\bar{v}$,不是时刻 $t_0$ 的瞬时速度 $v(t_0)$,用$\bar{v}$代替 $v(t_0)$ 仍然有误差.只有当时间间隔 $\Delta t \to 0$ 时,$\dfrac{\Delta s}{\Delta t}$的极限存在,那么,平均速度$\bar{v}$才能转化为瞬时速度 $v(t_0)$,用式子表示就是

$$v(t_0) = \lim_{\Delta t \to 0} \frac{\Delta s}{\Delta t} = \lim_{\Delta t \to 0} \frac{s(t_0 + \Delta t) - s(t_0)}{\Delta t}$$

**2. 曲线切线的斜率**

圆的切线可定义为:"与曲线只有一个交点的直线".但是对于其他曲线,用这种方法定义切线就不那么合适.例如,对于抛物线 $y = x^2$,在原点 $O$ 处两个坐标轴都符合上述定义,但实际上只有 $x$ 轴是抛物线在点 $O$ 处的切线.

**切线的一般定义** 通过曲线 $C$ 上两点 $P$、$Q$ 作割线 $PQ$(见图 2-2).当点 $Q$ 沿曲线 $C$ 趋向于点 $P$ 时,如果割线 $PQ$ 绕点 $P$ 转动而趋向于极限位置——直线 $PT$,则称直线 $PT$ 为曲线 $C$ 在点 $P$ 处的切线.过点 $P$ 与切线 $PT$ 垂直的直线 $PN$ 称为曲线在点 $P$ 处的法线.

现在我们讨论切线 $PT$ 的斜率.

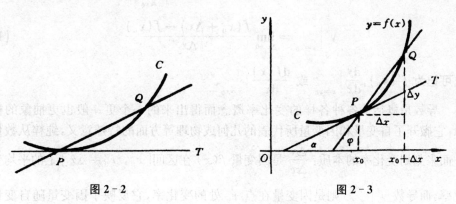

图 2-2          图 2-3

设曲线 $C$ 的方程为 $y = f(x)$,$P(x_0, y_0)$、$Q(x_0 + \Delta x, y_0 + \Delta y)$ 为曲线 $C$ 上的两点(见图 2-3),割线 $PQ$ 的倾角为 $\varphi$,切线 $PT$ 的倾角为 $\alpha$.

要求切线 $PT$ 的斜率,先求出割线 $PQ$ 的斜率.由图 2-3 可知割线 $PQ$ 的斜率为

$$\tan \varphi = \frac{\Delta y}{\Delta x} = \frac{f(x_0 + \Delta x) - f(x_0)}{\Delta x}$$

当点 $Q$ 沿曲线趋向点 $P$(即 $\Delta x \to 0$)时,显然 $\varphi \to \alpha$,$x \to x_0$,如果此时上式的极

限存在,则切线 $PT$ 的斜率 $k$ 为

$$k = \tan \alpha = \lim_{\varphi \to \alpha} \tan \varphi = \lim_{\Delta x \to 0} \frac{\Delta y}{\Delta x}$$

$$= \lim_{\Delta x \to 0} \frac{f(x_0 + \Delta x) - f(x_0)}{\Delta x}$$

上面所讨论的变速直线运动的速度和曲线切线的斜率,它们的含义各不相同,但从数量关系上来看,它们的实质是相同的,都归结为计算当自变量的增量趋于零时,因变量的增量和自变量的增量的比值的极限.其他如瞬时电流强度问题,质量非均匀分布的细棒的线密度问题,生长率问题,价格波动率问题等均可归结为这种类型的极限.这种类型的极限就是所谓的函数的导数.

## 二、导数的定义

**定义** 设函数 $y = f(x)$ 在点 $x_0$ 的某一邻域 $U(x_0, \delta)$ 内有定义,当自变量 $x$ 在 $x_0$ 处有增量 $\Delta x$ 时(点 $x_0 + \Delta x$ 仍在该邻域内),相应地因变量 $y$ 也有增量 $\Delta y = f(x_0 + \Delta x) - f(x_0)$.如果 $\lim\limits_{\Delta x \to 0} \dfrac{\Delta y}{\Delta x}$ 存在,则称函数 $y = f(x)$ 在点 $x_0$ 处可导,并称此极限值为函数 $y = f(x)$ 在点 $x_0$ 处的导数,记为 $y'\big|_{x=x_0}$,即

$$y'\big|_{x=x_0} = \lim_{\Delta x \to 0} \frac{f(x_0 + \Delta x) - f(x_0)}{\Delta x} \tag{1}$$

也可记为 $f'(x_0), \dfrac{dy}{dx}\big|_{x=x_0}$ 或 $\dfrac{df(x)}{dx}\big|_{x=x_0}$.

导数是概括了各种各样的变化率概念而得出来的一个更一般也更抽象的概念,它撇开了自变量和因变量所代表的几何或物理等方面的特殊意义,纯粹从数量方面来刻划变化率的本质: $\dfrac{\Delta y}{\Delta x}$ 是因变量 $f(x)$ 在区间 $[x_0, x_0 + \Delta x]$ 上的平均变化率,而导数 $y'\big|_{x=x_0}$ 则是因变量在点 $x_0$ 处的变化率,它反映了因变量随自变量的变化而变化的快慢程度.例如,变速直线运动的瞬时速度,反映了物体在 $t_0$ 时刻的位移 $s$ 相对于时间 $t$ 变化的快慢程度.

"函数 $f(x)$ 在点 $x_0$ 处可导"有时也可说成"函数 $f(x)$ 在点 $x_0$ 具有导数或导数存在".

如果极限 $\lim\limits_{\Delta x \to 0} \dfrac{\Delta y}{\Delta x}$ 不存在,我们就说函数 $f(x)$ 在点 $x_0$ 处不可导.如果不可导的原因是由于 $\Delta x \to 0$ 时,比式 $\dfrac{\Delta y}{\Delta x} \to \infty$,为了方便起见,也往往说函数 $f(x)$ 在 $x_0$

处的导数为无穷大.

上面讲的是函数在某一点 $x_0$ 处可导.假定 $f(x)$ 是定义在区间 $(a,b)$ 内的函数,如果函数 $f(x)$ 在 $(a,b)$ 内的每一个点 $x$ 处都可导,则称函数 $f(x)$ 在区间 $(a,b)$ 内可导.此时对于区间 $(a,b)$ 内的每一个 $x$,都有一个确定的导数值 $f'(x)$ 与它对应,于是在区间 $(a,b)$ 内就确定了一个新的函数,这个函数就称为函数 $f(x)$ 在 $(a,b)$ 内的<u>导函数</u>,记为

$$f'(x),\ y',\ \frac{\mathrm{d}y}{\mathrm{d}x}\ 或\ \frac{\mathrm{d}f(x)}{\mathrm{d}x}.$$

依照导数定义,导函数 $f'(x)$ 的定义如下:

$$f'(x)=\lim_{\Delta x\to 0}\frac{\Delta y}{\Delta x}=\lim_{\Delta x\to 0}\frac{f(x+\Delta x)-f(x)}{\Delta x}$$

显然,函数 $f(x)$ 在点 $x_0$ 处的导数 $f'(x_0)$ 就是导函数 $f'(x)$ 在点 $x_0$ 处的函数值,即

$$f'(x_0)=f'(x)\Big|_{x=x_0}$$

在不致于发生混淆的情况下,导函数也简称为导数.

应用"导数"这一术语,变速直线运动的瞬时速度是位移 $s$ 对时间 $t$ 的导数,即 $v=s'=\dfrac{\mathrm{d}s}{\mathrm{d}t}$;曲线 $y=f(x)$ 在点 $(x,f(x))$ 处的切线的斜率是曲线的纵坐标 $y$ 对横坐标 $x$ 的导数,即 $k=\tan\alpha=f'(x)=\dfrac{\mathrm{d}y}{\mathrm{d}x}$.

需要说明的是,在导数定义中,令 $x=x_0+\Delta x$,$\Delta x=x-x_0$,可得导数定义的另一种形式

$$f'(x_0)=\lim_{x\to x_0}\frac{f(x)-f(x_0)}{x-x_0}. \tag{2}$$

这种形式在应用中有时比较方便.

### 三、求导数举例

下面根据导数定义求一些简单函数的导数.

**例 1** 求函数 $f(x)=c$($c$ 为常数)的导数.

**解** $f'(x_0)=\lim\limits_{\Delta x\to 0}\dfrac{f(x+\Delta x)-f(x)}{\Delta x}=\lim\limits_{\Delta x\to 0}\dfrac{c-c}{\Delta x}=0$, 即

$$(c)'=0$$

这就是说,常数的导数等于零.

应该注意:$[f(x_0)]'$ 和 $f'(x_0)$ 是不同的. $f(x_0)$ 是一个定值,故 $[f(x_0)]'=0$;而 $f'(x_0)$ 是 $f(x)$ 在点 $x_0$ 的导数,它不一定等于 0.

**例 2** 求函数 $f(x)=x^n$ ($n$ 为正整数)的导数.

**解** 由 $y=x^n$,得 $\Delta y=f(x+\Delta x)-f(x)$,故

$$\Delta y=(x+\Delta x)^n-x^n$$
$$=x^n+C_n^1 x^{n-1}\Delta x+C_n^2 x^{n-2}(\Delta x)^2+\cdots+C_n^n(\Delta x)^n-x^n$$
$$=C_n^1 x^{n-1}\Delta x+C_n^2 x^{n-2}(\Delta x)^2+\cdots+C_n^n(\Delta x)^n$$

因而
$$\frac{\Delta y}{\Delta x}=C_n^1 x^{n-1}+C_n^2 x^{n-2}\Delta x+\cdots+C_n^n(\Delta x)^{n-1}$$

取极限得
$$y'=\lim_{\Delta x\to 0}\frac{\Delta y}{\Delta x}=C_n^1 x^{n-1}=nx^{n-1}$$

故知
$$(x^n)'=nx^{n-1}$$

**例 3** 求函数 $f(x)=\sqrt{x}$ 的导数.

**解** 由 $y=\sqrt{x}$,得 $\Delta y=\sqrt{x+\Delta x}-\sqrt{x}$,

因而
$$\frac{\Delta y}{\Delta x}=\frac{\sqrt{x+\Delta x}-\sqrt{x}}{\Delta x}$$

取极限得

$$y'=\lim_{\Delta x\to 0}\frac{\sqrt{x+\Delta x}-\sqrt{x}}{\Delta x}=\lim_{\Delta x\to 0}\frac{x+\Delta x-x}{\Delta x(\sqrt{x+\Delta x}+\sqrt{x})}=\frac{1}{2\sqrt{x}}=\frac{1}{2}x^{-\frac{1}{2}}$$

故知
$$\left(x^{\frac{1}{2}}\right)'=\frac{1}{2}x^{-\frac{1}{2}}$$

一般地,对于幂函数 $y=x^\mu$ ($\mu$ 为常数),有

$$(x^\mu)'=\mu x^{\mu-1} \tag{3}$$

这就是幂函数的导数公式.这个公式的证明将在以后给出.利用这个公式,可以很方便地求出幂函数的导数,例如:

$$\left(x^{\frac{1}{3}}\right)'=\frac{1}{3}x^{\frac{1}{3}-1}=\frac{1}{3}x^{-\frac{2}{3}}$$

$$\left(\frac{1}{x}\right)'=(x^{-1})'=(-1)x^{-1-1}=-x^{-2}$$

即
$$\left(\frac{1}{x}\right)'=-\frac{1}{x^2}$$

**例 4** 求导数 $f(x)=\sin x$ 的导数.

**解**　$f(x) = \lim\limits_{\Delta x \to 0} \dfrac{f(x + \Delta x) - f(x)}{\Delta x} = \lim\limits_{\Delta x \to 0} \dfrac{\sin(x + \Delta x) - \sin x}{\Delta x}$

$= \lim\limits_{\Delta x \to 0} \dfrac{2\cos\left(x + \dfrac{\Delta x}{2}\right)\sin\dfrac{\Delta x}{2}}{\Delta x} = \lim\limits_{\Delta x \to 0} \cos\left(x + \dfrac{\Delta x}{2}\right)\dfrac{\sin\dfrac{\Delta x}{2}}{\dfrac{\Delta x}{2}}$

$= \cos x.$

即 $(\sin x)' = \cos x.$ 　　　　(4)

用类似的方法,可求得 $(\cos x)' = -\sin x.$ 　　　　(5)

**例 5**　求对数函数 $y = \log_a x\,(a > 0,\ a \neq 1)$ 的导数.

**解**　$y' = \lim\limits_{\Delta x \to 0} \dfrac{\log_a(x + \Delta x) - \log_a x}{\Delta x} = \lim\limits_{\Delta x \to 0} \log_a\left(1 + \dfrac{\Delta x}{x}\right)^{\frac{1}{\Delta x}}$

$= \dfrac{1}{x} \lim\limits_{\Delta x \to 0} \log_a\left(1 + \dfrac{\Delta x}{x}\right)^{\frac{x}{\Delta x}} = \dfrac{1}{x} \lim\limits_{h \to 0} \log_a(1 + h)^{\frac{1}{h}} \quad \left(h = \dfrac{\Delta x}{x}\right)$

$= \dfrac{1}{x}\log_a \mathrm{e} = \dfrac{1}{x\ln a}$

故得 　　　　　　　　$(\log_a x)' = \dfrac{1}{x\ln a}$ 　　　　(6)

特别地 　　　　　　　$(\ln x)' = \dfrac{1}{x}$

**例 6**　求函数 $f(x) = a^x\,(a > 0,\ a \neq 1)$ 的导数.

**解**　$f'(x) = \lim\limits_{\Delta x \to 0} \dfrac{f(x + \Delta x) - f(x)}{\Delta x} = \lim\limits_{\Delta x \to 0} \dfrac{a^{x+\Delta x} - a^x}{\Delta x} = a^x \lim\limits_{\Delta x \to 0} \dfrac{a^{\Delta x} - 1}{\Delta x}.$

令 $a^{\Delta x} - 1 = \beta$,则 $\Delta x = \log_a(1 + \beta)$,且当 $\Delta x \to 0$ 时 $\beta \to 0$. 由此

$\lim\limits_{\Delta x \to 0} \dfrac{a^{\Delta x} - 1}{\Delta x} = \lim\limits_{\beta \to 0} \dfrac{\beta}{\log_a(1 + \beta)} = \lim\limits_{\beta \to 0} \dfrac{1}{\log_a(1 + \beta)^{\frac{1}{\beta}}} = \dfrac{1}{\log_a \mathrm{e}} = \ln a,$

因此 　　　　　　　　$f'(x) = a^x \ln a,$

即 　　　　　　　　　$(a^x)' = a^x \ln a.$ 　　　　(7)

特殊地,当 $a = \mathrm{e}$ 时,因 $\ln \mathrm{e} = 1$,故有

$(\mathrm{e}^x)' = \mathrm{e}^x$

上式表明,$\mathrm{e}^x$ 的导数就是它自己,这是指数函数 $\mathrm{e}^x$ 的一个重要特性.

上面是用导数定义求导数的例子.给出了几个基本初等函数的导数的公式,今后可以直接使用这些公式.

### 四、导数的几何意义

由曲线切线问题的讨论以及导数的定义可知：函数 $y=f(x)$ 在点 $x_0$ 处的导数 $f'(x_0)$ 在几何上表示曲线 $y=f(x)$ 在点 $M(x_0, f(x_0))$ 处的切线的斜率，即

$f'(x_0)=\tan \alpha \left(\alpha \neq \dfrac{\pi}{2}\right)$，其中 $\alpha$ 是切线的

倾角（见图 2-4）.

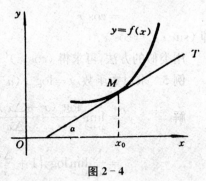

图 2-4

由导数的几何意义和直线的点斜式方程，立即可得曲线 $y=f(x)$ 在点 $(x_0, y_0)$ 处的切线方程为：

$$y-y_0=f'(x_0)(x-x_0).$$

由法线定义和直线垂直的充要条件可知，曲线 $y=f(x)$ 在点 $(x_0, y_0)$ 处的法线方程为

$$y-y_0=-\frac{1}{f'(x_0)}(x-x_0),\ f'(x_0)\neq 0.$$

**例 7** 求双曲线 $y=\dfrac{1}{x}$ 在点 $\left(\dfrac{1}{2}, 2\right)$ 处的切线方程和法线方程.

**解** 由例 2 和导数的几何意义知，所求切线的斜率为 $y'\big|_{x=\frac{1}{2}}=-\dfrac{1}{x^2}\Big|_{x=\frac{1}{2}}=-4$，

故切线方程为

$$y-2=-4\left(x-\frac{1}{2}\right),$$

即

$$4x+y-4=0.$$

法线方程为

$$y-2=\frac{1}{4}\left(x-\frac{1}{2}\right),$$

即

$$2x-8y+15=0.$$

**例 8** 在抛物线 $y=x^2$ 上取横坐标为 $x_1=1$ 及 $x_2=3$ 的两点，作过这两点的割线，问该抛物线上哪一点的切线平行于这条割线？

**解** 过两点 $(1, 1)$，$(3, 9)$ 的割线方程为

$$y-4x+3=0,$$

此直线的斜率为 4，根据两直线平行的条件，所求切线的斜率也应为 4.

由于 $y=x^2$ 的导数为

$$y'=(x^2)'=2x.$$

再由导数的几何意义，$y=x^2$ 的导数表示曲线 $y=x^2$ 上点 $M(x，y)$ 处的切线的斜率，因此问题就成为：当 $x$ 为何值时，导数值 $2x$ 等于 $4$，即

$$2x=4，$$

解得

$$x=2.$$

将 $x=2$ 代入抛物线方程，得 $y=2^2=4$，所以曲线 $y=x^2$ 上点 $(2，4)$ 的切线平行于这条割线.

## 五、可导与连续的关系

在讨论这个问题之前，我们先介绍一下左右导数.

与函数 $y=f(x)$ 在点 $x_0$ 的左右极限、左右连续相仿，也有函数 $y=f(x)$ 在点 $x_0$ 的左、右导数的概念，它们分别定义为

$$\lim_{\Delta x \to -0} \frac{f(x_0+\Delta x)-f(x_0)}{\Delta x} \text{ 及 } \lim_{\Delta x \to +0} \frac{f(x_0+\Delta x)-f(x_0)}{\Delta x}，$$

并且分别用记号 $f'_-(x_0)$ 及 $f'_+(x_0)$ 来表示.

函数在一点可导当且仅当它在该点的左、右导数存在而且相等.即 $f'(x_0)=A$ 的充要条件是

$$f'_-(x_0)=f'_+(x_0)=A.$$

若函数在开区间 $(a，b)$ 内处处可导，且在端点 $a$ 处存在右导数，在端点 $b$ 处存在左导数，则称函数在闭区间 $[a，b]$ 上可导.

设函数 $y=f(x)$ 在点 $x_0$ 处可导，即 $f'(x_0)=\lim\limits_{\Delta x \to 0}\dfrac{\Delta y}{\Delta x}$ 存在.由极限的性质可知

$$\frac{\Delta y}{\Delta x}=f'(x_0)+\alpha(\Delta x)，\text{其中}\lim_{\Delta x \to 0}\alpha(\Delta x)=0.$$

故

$$\Delta y=[f'(x_0)+\alpha(\Delta x)]\Delta x，$$

由此得

$$\lim_{\Delta x \to 0}\Delta y=0.$$

这个结果表明 $f(x)$ 在点 $x_0$ 连续.这样，得到一个重要结论：

**如果函数 $f(x)$ 在点 $x_0$ 可导，那么它在这点必定连续；反之，未必成立.**

例如：函数 $y=|x|$ 在 $x=0$ 是连续的，但它在 $x=0$ 不可导.因为 $f'_-(0)=-1$，$f'_+(0)=1$，$f'_-(0) \neq f'_+(0)$，所以在 $x=0$ 不可导.

再如：函数 $f(x)=\sqrt[3]{x}$ 在 $(-\infty，+\infty)$ 内连续，但在 $x=0$ 处不可导.

$$f'_+(0)=\lim_{\Delta x \to +0}\frac{\sqrt[3]{\Delta x}}{\Delta x}=\lim_{\Delta x \to +0}\frac{1}{\Delta x^{\frac{2}{3}}}=+\infty，$$

$$f'_-(0) = +\infty.$$

这时,虽然 $f(x)$ 在该点处没有有限的导数,即导数不存在,但曲线 $y=f(x)$ 有垂直于 $x$ 轴的切线(见图 2-5).

关于连续与可导的关系,可以这样说,连续是可导的必要条件但不是充分条件.根据同样的道理,如果函数在一点有左导数,那么它在这点必定左连续;如果有右导数,那么必定右连续.

**例9** 试确定常数 $a$ 和 $b$,使函数

$$f(x) = \begin{cases} 1 + \sin 2x, & x \leqslant 0, \\ a + be^x, & x > 0 \end{cases}$$

在 $x=0$ 可导.

**解** $f(0-0) = \lim_{x \to -0} f(x) = \lim_{x \to -0} (1 + \sin 2x) = 1 = f(0),$

$$f(0+0) = \lim_{x \to +0} f(x) = \lim_{x \to +0} (a + be^x) = a + b,$$

故当 $a+b=1$ 时,$f(x)$ 在 $x=0$ 连续.

$$f'_-(0) = \lim_{x \to -0} \frac{f(x) - f(0)}{x - 0} = \lim_{x \to -0} \frac{\sin 2x}{x} = 2,$$

$$f'_+(0) = \lim_{x \to +0} \frac{f(x) - f(0)}{x - 0} = \lim_{x \to +0} \frac{a + be^x - 1}{x} = b \lim_{x \to +0} \frac{e^x - 1}{x} = b,$$

当 $b=2$ 时,$f'_-(0) = f'_+(0)$,即 $f'(0)$ 存在.

故当 $a=-1$ 和 $b=2$ 时,$f(x)$ 在 $x=0$ 处可导,且 $f'(0)=2$.

注意:一般地,分段函数在区间分界点处的导数应由左右导数定义来求.

## 习题 2-1

1. 某质点沿直线运动,运动的规律是 $s=5t^2+6$,求:

(1) $2 \leqslant t \leqslant 2+\Delta t$ 这段时间内的平均速度,这里 $\Delta t$ 的值为 1;

(2) $t=2$ 时刻的瞬时速度.

2. 平均变化率 $\dfrac{\Delta y}{\Delta x} = \dfrac{f(x+\Delta x) - f(x)}{\Delta x}$ 和 $x$ 及 $\Delta x$ 有关吗?瞬时变化率 $\lim_{\Delta x \to 0} \dfrac{f(x+\Delta x) - f(x)}{\Delta x}$ 和 $x$ 及 $\Delta x$ 有关吗?在平均变化率取极限的过程中,$x$ 与 $\Delta x$ 哪个是变量?

3. 下列各题中都假定 $f'(x_0)$ 存在,按照导数定义观察下列极限,指出 $A$ 表示

什么：

(1) $\lim\limits_{h \to 0} \dfrac{f(x_0+h)-f(x_0)}{h}=A$；

(2) $\lim\limits_{\Delta x \to 0} \dfrac{f(x_0-\Delta x)-f(x_0)}{\Delta x}=A$；

(3) $\lim\limits_{x \to 0} \dfrac{f(x)}{x}=A$，其中 $f(0)=0$，且 $f'(0)$ 存在；

(4) $\lim\limits_{h \to 0} \dfrac{f(x_0+h)-f(x_0-h)}{h}=A$.

4. 根据导数的定义，求下列函数的导数：

(1) $f(x)=\mathrm{e}x^2$，求 $f'(-1)$；

(2) $f(x)=ax+b$，求 $f'(x)$（$a$，$b$ 为常数）；

(3) $f(x)=ax^2+bx+c$（$a$，$b$，$c$ 为常数），求 $f'(x)$.

5. 由已学过的导数公式，求下列函数的导数：

(1) $f(x)=\sqrt[3]{x^2}$，求 $f'(x)$；

(2) $f\left(\dfrac{1}{x}\right)=x^2+\dfrac{1}{x}+1$，求 $f'(x)$；

(3) $f(x)=x^{10}$，求 $f'(x)$；

(4) $f(x)=2\sqrt{x}\sin x$，求 $f(x)$.

6. 抛物线 $y=x^2$ 在哪一点的切线平行于直线 $y=4x-5$？ 又在哪一点的切线垂直于直线 $2x-6y+5=0$?

7. $f(x)=\begin{cases} x & x \geqslant 0 \\ -x & x < 0 \end{cases}$ 在 $x=0$ 处是否连续？是否可导？

8. $y=|\sin x|$ 在 $x=0$ 处是否连续？是否可导？

9. 试问如何选择 $a$、$b$，才能使函数

$$f(x)=\begin{cases} x^2, & x \leqslant x_0, \\ ax+b, & x > x_0, \end{cases}$$

在 $x_0$ 处可导.

10. 判断下列命题是否正确？为什么？

(1) 如果函数 $f(x)$ 在 $x=0$ 处可导，且 $f(0)=0$，则 $f'(0)=0$；

(2) 如果 $f'(0)=0$，则 $f(0)=0$；

(3) 如果 $f(x)$ 在 $x_0$ 处可导，则曲线 $y=f(x)$ 在 $x_0$ 处必有切线；

(4) 如果函数 $f(x)$ 在 $x_0$ 处不可导，则曲线 $y=f(x)$ 在 $x_0$ 处没有切线；

(5) 如果函数 $f(x)$ 和 $g(x)$ 都在区间 $(a,b)$ 内可导，且 $f(x) \geqslant g(x)$，则必有 $f'(x) \geqslant g'(x)$，$x \in (a,b)$.

\*11. 证明：

(1) 可导的偶函数，其导函数为奇函数；

(2) 可导的奇函数，其导函数为偶函数；

(3) 可导的周期函数，其导函数为周期函数.

12. 求曲线 $y=\dfrac{1}{1+x}$ 在点 $\left(1,\dfrac{1}{2}\right)$ 处的切线方程和法线方程.

13. 对于曲线 $y=\cos x\ (0<x<2\pi)$，问 $x$ 为何值时，有水平切线？$x$ 为何值时，切线的倾角是锐角？$x$ 为何值时，切线的倾角是钝角？

# 第二节　函数的和、差、积、商的导数

本节介绍函数的和、差、积、商的求导法则，为此，设函数 $u=u(x)$ 及 $v=v(x)$ 在点 $x$ 具有导数 $u'=u'(x)$ 及 $v'=v'(x)$.

**法则 1**　若函数 $u(x)$，$v(x)$ 在同一点 $x$ 处可导，则函数 $y=u(x)+v(x)$ 在点 $x$ 处也可导，并且

$$[u(x)+v(x)]'=u'(x)+v'(x).$$

函数和、差的求导法则可推广到任意有限项的情形，例如

$$(u+v-w)'=u'+v'-w'.$$

**例 1**　求 $y=x^5+x^2+\sin x$ 的导数.

**解**　　　　$y'=(x^5+x^2+\sin x)'=(x^5)'+(x^2)'+(\sin x)'$
$=5x^4+2x+\cos x.$

**例 2**　$f(x)=x^3+\cos x-\sin\dfrac{\pi}{2}$，求 $f'(x)$ 及 $f'\left(\dfrac{\pi}{2}\right)$.

**解**　　　　$f'(x)=(x^3)'+(\cos x)'-\left(\sin\dfrac{\pi}{2}\right)'=3x^2-\sin x,$

$$f'\left(\dfrac{\pi}{2}\right)=\dfrac{3}{4}\pi^2-1.$$

**法则 2**　若函数 $u(x)$、$v(x)$ 在同一点 $x$ 处可导，则函数 $y=u(x)v(x)$ 在点 $x$ 处也可导，并且

$$[u(x)v(x)]'=u'(x)v(x)+u(x)v'(x).$$

特殊地，如果 $v=c\ (c$ 为常数$)$，则因 $(c)'=0$，故有

$$(cu)'=cu',$$

这就是说，求一个常数与一个可导函数的乘积的导数时，常数因子可以提到求导记

**号外面去.**

积的求导法则也可以推广到任意有限个函数之积的情形,例如:

$$(uvw)' = [(uv)w]' = (uv)'w + (uv)w'$$
$$= (u'v + uv')w + uvw'$$
$$= u'vw + uv'w + uvw'.$$

**例 3** $y = (x^n + \cos x)\sin x$,求 $y'$.

**解** $y' = (x^n + \cos x)'\sin x + (x^n + \cos x)(\sin x)'$
$$= (nx^{n-1} - \sin x)\sin x + (x^n + \cos x)\cos x$$
$$= x^{n-1}(n\sin x + x\cos x) + \cos 2x.$$

**例 4** 设 $y = e^x(\sin x + \cos x)$,求 $y'$.

**解** $y' = [e^x(\sin x + \cos x)]'$
$$= (e^x)'(\sin x + \cos x) + e^x(\sin x + \cos x)'$$
$$= e^x(\sin x + \cos x) + e^x(\cos x - \sin x)$$
$$= 2e^x\cos x.$$

**例 5** 过点 $A(1, 2)$ 引抛物线 $y = 2x - x^2$ 的切线,求切线的方程.

**解** 设切点坐标为 $M(x_0, y_0)$,则在 $M$ 点的切线斜率为(见图 2-6)

$$k = y'\Big|_{x=x_0} = (2x - x^2)'\Big|_{x=x_0} = (2 - 2x)\Big|_{x=x_0} = 2 - 2x_0,$$

故切线方程为

$$y - y_0 = 2(1 - x_0)(x - x_0). \qquad (1)$$

因为点 $A(1, 2)$ 在切线上,切点 $M(x_0, y_0)$ 也是抛物线上的点,故有

$$\begin{cases} 2 - y_0 = 2(1 - x_0)^2, \\ y_0 = 2x_0 - x_0^2. \end{cases}$$

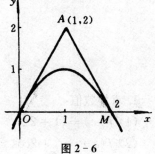

图 2-6

由上可得 $x_0 = 2$ 和 $x_0 = 0$,代入 $y_0 = 2x_0 - x_0^2$ 中得 $y_0 = 0$,因此,求得两个切点 $O(0, 0)$ 和 $M(2, 0)$,将 $O$ 和 $M$ 点的坐标代入(1)式,得切线方程

$$y = 2x \text{ 和 } y = -2x + 4.$$

**法则 3** 若函数 $u(x)$、$v(x)$ 在同一点 $x$ 处可导,并且 $v(x) \neq 0$,则函数 $y = \dfrac{u(x)}{v(x)}$ 在点 $x$ 处也可导,并且

$$\left[\frac{u(x)}{v(x)}\right]' = \frac{u'(x)v(x) - u(x)v'(x)}{[v(x)]^2}.$$

以上结果简单地写成

$$\left(\frac{u}{v}\right)' = \frac{u'v - uv'}{v^2}.$$

**例 6**　$y = \tan x$，求 $y'$.

**解**　$(\tan x)' = \left(\dfrac{\sin x}{\cos x}\right)' = \dfrac{(\sin x)'\cos x - (\sin x)(\cos x)'}{\cos^2 x}$

$$= \frac{\cos^2 x + \sin^2 x}{\cos^2 x} = \sec^2 x,$$

即

$$(\tan x)' = \sec^2 x.$$

用类似方法,可求得余切函数的导数公式

$$(\cot x)' = -\csc^2 x.$$

**例 7**　$y = \csc x$，求 $y'$.

**解**　$y' = \left(\dfrac{1}{\sin x}\right)' = \dfrac{(1)'\sin x - 1(\sin x)'}{(\sin x)^2}$

$$= -\frac{\cos x}{\sin^2 x} = -\cot x \cdot \csc x,$$

即

$$(\csc x)' = -\cot x \cdot \csc x.$$

用类似方法,可求得正割函数的导数公式

$$(\sec x)' = \tan x \cdot \sec x.$$

## 习题 2 - 2

1. 求导数值:

(1) $f(x) = (1 + 2x)^{100}$,求 $f'(1 + 2x)$;

(2) $f(x) = \mathrm{e}^x + 2\cos x - 7x$,求 $f'(0)$, $f'(\pi)$;

(3) $f(x) = a_0 x^n + a_1 x^{n-1} + \cdots + a_{n-1} x + a_n$,求 $f'(0)$, $f'(1)$;

(4) $f(x) = x^3 + 4\cos x - \sin \dfrac{\pi}{2}$,求 $f'\left(\dfrac{\pi}{2}\right)$.

2. 求导函数:

(1) $f(x) = \mathrm{e}^x \sin x - 7\cos x + 5x^2$;　　(2) $f(x) = (3x^2 + 2x - 1)\sin x$;

(3) $f(x) = \sin \ln\sqrt{2x + 1}$;　　(4) $f(x) = \dfrac{2 + \sin x}{x}$;

(5) $f(x) = x^2 \sqrt{\dfrac{1 + x}{1 - x}}$;　　(6) $f(x) = \sqrt{x + \sqrt{x}}$;

(7) $f(x) = e^{x^2}$；

(8) $f(x) = \dfrac{1}{x + \cos x}$；

(9) $f(x) = \arcsin x$；

(10) $f(x) = \dfrac{\sqrt{x} + \cos x}{x - 1} - 7x^2$．

3. 求曲线 $y + 1 = (x - 2)^2$ 在点 $(3, 0)$ 处的切线方程和法线方程．

# 第三节　反函数的导数
# 复合函数的导数

## 一、反函数的导数

第一章讨论反函数的连续性时，已经知道连续、单调增加（或单调减少）函数的反函数仍是连续、单调增加（或单调减少）函数．这一节建立反函数的求导公式．

**定理 1**　设函数 $x = \varphi(y)$ 在某区间 $I_y$ 内单调、可导，且 $\varphi'(y) \neq 0$，那么它的反函数 $y = f(x)$ 在对应区间 $I_x$ 内也可导，且有

$$f'(x) = \frac{1}{\varphi'(y)} \tag{1}$$

上述结论简单地说成：**反函数的导数等于直接函数导数的倒数**．

下面用反函数的求导公式求反三角函数的导数．

**例 1**　求 $y = \arccos x$ 的导数．

**解**　设 $x = \cos y$ 是直接函数，则 $y = \arccos x$ 是它的反函数．函数 $x = \cos y$ 在区间 $I_y = (0, \pi)$ 内单调、可导，且

$$(\cos y)' = -\sin y < 0.$$

因此，在对应区间 $(-1, 1)$ 内有

$$(\arccos x)' = \frac{1}{(\cos y)'} = -\frac{1}{\sin y}.$$

但 $\sin y = \sqrt{1 - \cos^2 y} = \sqrt{1 - x^2}$，所以得

$$(\arccos x)' = -\frac{1}{\sqrt{1 - x^2}}. \tag{2}$$

类似可得

$$(\arcsin x)' = \frac{1}{\sqrt{1 - x^2}}. \tag{3}$$

**例 2** 求 $y = \arctan x$ 的导数.

**解** 设 $x = \tan y$ 是直接函数,则 $y = \arctan x$ 是它的反函数.函数 $x = \tan y$ 在开区间 $I_y = \left( -\dfrac{\pi}{2}, \dfrac{\pi}{2} \right)$ 内单调、可导,且

$$(\tan y)' = \sec^2 y \neq 0.$$

因此,在对应区间 $I_x = (-\infty, +\infty)$ 内有

$$(\arctan x)' = \frac{1}{(\tan y)'} = \frac{1}{\sec^2 y}.$$

但 $\sec^2 y = 1 + \tan^2 y = 1 + x^2$,从而得反正切函数的导数公式:

$$(\arctan x)' = \frac{1}{1 + x^2}. \tag{4}$$

类似可得

$$(\operatorname{arccot} x)' = -\frac{1}{1 + x^2}. \tag{5}$$

如果利用三角学中的公式

$$\arcsin x = \frac{\pi}{2} - \arccos x \ \text{和} \ \operatorname{arccot} x = \frac{\pi}{2} - \arctan x,$$

那么从本节公式(2)和(4),也立刻可得公式(3)和(5).

## 二、复合函数的导数

我们已经介绍了函数的和、差、积、商的求导法则以及基本初等函数的导数公式,解决了一些函数的求导问题.但对于像 $\ln\tan x$,$\sin 2x$,$e^{x^3}$ 等复合函数,我们还不知道它们是否可导,可导的话如何求出它们的导数.这些问题借助于下面的重要定理可以得到解决,从而使可以求得导数的函数的范围得到很大补充.

**定理 2** 如果 $u = \varphi(x)$ 在点 $x_0$ 可导,而 $y = f(u)$ 在点 $u_0 = \varphi(x_0)$ 可导,则复合函数 $y = f[\varphi(x)]$ 在点 $x_0$ 可导,且其导数为

$$\left. \frac{\mathrm{d}y}{\mathrm{d}x} \right|_{x=x_0} = f'(u_0)\varphi'(x_0) \tag{6}$$

根据上述法则,如果 $u = \varphi(x)$ 在开区间 $I$ 内可导,$y = f(u)$ 在开区间 $I_1$ 内可导,且当 $x \in I$ 时,对应的 $u \in I_1$,那么复合函数 $y = f[\varphi(x)]$ 在区间 $I$ 内可导,且下式成立

$$\frac{\mathrm{d}y}{\mathrm{d}x} = \frac{\mathrm{d}y}{\mathrm{d}u} \cdot \frac{\mathrm{d}u}{\mathrm{d}x}$$

复合函数的求导法则,也称作<u>链式求导法则</u>或<u>链导法则</u>.

由链导法则我们可以看出,在求复合函数导数时,首先要分析所给函数由哪些基本初等函数复合而成,而基本初等函数的导数我们是会求的,那么应用链导法则就可以求出所给函数的导数.

**例 3**　$y = \ln\cot x$,求 $\frac{\mathrm{d}y}{\mathrm{d}x}$.

**解**　$y = \ln\cot x$ 可看作是由 $y = \ln u$, $u = \cot x$ 复合而成的,因此

$$\frac{\mathrm{d}y}{\mathrm{d}x} = \frac{\mathrm{d}y}{\mathrm{d}u} \cdot \frac{\mathrm{d}u}{\mathrm{d}x} = \frac{1}{u}(-\csc^2 x) = -\tan x \cdot \csc^2 x = \frac{-2}{\sin 2x}.$$

**例 4**　$y = \cos 2x$,求 $\frac{\mathrm{d}y}{\mathrm{d}x}$.

**解**　$y = \cos 2x$ 可看作由 $y = \cos u$, $u = 2x$ 复合而成,因此

$$\frac{\mathrm{d}y}{\mathrm{d}x} = \frac{\mathrm{d}y}{\mathrm{d}u} \cdot \frac{\mathrm{d}u}{\mathrm{d}x} = -\sin u \cdot 2 = -2\sin 2x.$$

**例 5**　设 $y = \mathrm{e}^{x^5}$,求 $\frac{\mathrm{d}y}{\mathrm{d}x}$.

**解**　$y = \mathrm{e}^{x^5}$ 可看作 $y = \mathrm{e}^u$, $u = x^5$ 复合而成,因此

$$\frac{\mathrm{d}y}{\mathrm{d}x} = \frac{\mathrm{d}y}{\mathrm{d}u} \cdot \frac{\mathrm{d}u}{\mathrm{d}x} = \mathrm{e}^u \cdot 5x^4 = 5x^4 \mathrm{e}^{x^5}.$$

在对复合函数的分解比较熟练后,就不必再写出中间变量,而可以采用下列例题的方法直接计算.

**例 6**　$y = \ln\cos x$,求 $\frac{\mathrm{d}y}{\mathrm{d}x}$.

**解**　$\frac{\mathrm{d}y}{\mathrm{d}x} = (\ln\cos x)' = \frac{1}{\cos x}(\cos x)' = -\frac{\sin x}{\cos x} = -\tan x.$

**例 7**　$y = \sqrt[3]{1 - 3x^2}$,求 $\frac{\mathrm{d}y}{\mathrm{d}x}$.

**解**
$$\frac{\mathrm{d}y}{\mathrm{d}x} = \left[(1 - 3x^2)^{\frac{1}{3}}\right]' = \frac{1}{3}(1 - 3x^2)^{\frac{1}{3}-1}(1 - 3x^2)'$$

$$= \frac{1}{3}(1 - 3x^2)^{-\frac{2}{3}}(-6x) = -\frac{2x}{\sqrt[3]{(1 - 3x^2)^2}}.$$

复合函数的求导法则可以推广到多个中间变量的情形.我们以两个中间变量为例,设 $y = f(u)$, $u = \varphi(v)$, $v = \psi(x)$,则

$$\frac{\mathrm{d}y}{\mathrm{d}x} = \frac{\mathrm{d}y}{\mathrm{d}u} \cdot \frac{\mathrm{d}u}{\mathrm{d}x},$$

而

$$\frac{\mathrm{d}u}{\mathrm{d}x} = \frac{\mathrm{d}u}{\mathrm{d}v} \cdot \frac{\mathrm{d}v}{\mathrm{d}x},$$

故复合函数 $y = f[\varphi[\psi(x)]]$ 的导数为

$$\frac{\mathrm{d}y}{\mathrm{d}x} = \frac{\mathrm{d}y}{\mathrm{d}u} \cdot \frac{\mathrm{d}u}{\mathrm{d}v} \cdot \frac{\mathrm{d}v}{\mathrm{d}x},$$

这里假定上式右端所出现的导数都存在.

**例 8** 设 $y = \ln\cos \mathrm{e}^x$,求 $\dfrac{\mathrm{d}y}{\mathrm{d}x}$.

**解** $y = \ln\cos \mathrm{e}^x$ 可以看作 $y = \ln u$,$u = \cos v$,$v = \mathrm{e}^x$ 复合而成,因此

$$\frac{\mathrm{d}y}{\mathrm{d}x} = \frac{\mathrm{d}y}{\mathrm{d}u} \cdot \frac{\mathrm{d}u}{\mathrm{d}v} \cdot \frac{\mathrm{d}v}{\mathrm{d}x} = \frac{1}{u} \cdot (-\sin v) \cdot \mathrm{e}^x = -\mathrm{e}^x + \cot \mathrm{e}^x$$

**例 9** 求 $y = \mathrm{e}^{\ln^2 \sin x}$ 的导数.

**解** $y' = (\mathrm{e}^{\ln^2 \sin x})' = \mathrm{e}^{\ln^2 \sin x} \cdot (\ln^2 \sin x)'$

$\qquad = \mathrm{e}^{\ln^2 \sin x} \cdot (2\ln\sin x) \cdot (\ln\sin x)'$

$\qquad = \mathrm{e}^{\ln^2 \sin x} \cdot (2\ln\sin x) \cdot \dfrac{1}{\sin x} \cdot (\sin x)'$

$\qquad = \mathrm{e}^{\ln^2 \sin x} \cdot (2\ln\sin x) \cdot \dfrac{1}{\sin x} \cdot (\cos x)$

$\qquad = 2\mathrm{e}^{\ln^2 \sin x} \ln\sin x \cdot \cot x.$

**例 10** 求双曲正弦和双曲余弦的导数.

**解** 由 $\mathrm{sh}\, x = \dfrac{\mathrm{e}^x - \mathrm{e}^{-x}}{2}$,得

$$(\mathrm{sh}\, x)' = \left(\frac{\mathrm{e}^x - \mathrm{e}^{-x}}{2}\right)' = \frac{\mathrm{e}^x + \mathrm{e}^{-x}}{2} = \mathrm{ch}\, x, \tag{7}$$

又由 $\mathrm{ch}\, x = \dfrac{\mathrm{e}^x + \mathrm{e}^{-x}}{2}$,得

$$(\mathrm{ch}\, x)' = \left(\frac{\mathrm{e}^x + \mathrm{e}^{-x}}{2}\right)' = \frac{\mathrm{e}^x - \mathrm{e}^{-x}}{2} = \mathrm{sh}\, x. \tag{8}$$

**例 11** 求双曲正切的导数.

**解** 因为 $\qquad\qquad\qquad \mathrm{th}\, x = \dfrac{\mathrm{sh}\, x}{\mathrm{ch}\, x},$

所以

$$(\operatorname{th} x)' = \frac{\operatorname{ch}^2 x - \operatorname{sh}^2 x}{\operatorname{ch}^2 x} = \frac{1}{\operatorname{ch}^2 x}, \tag{9}$$

最后，我们就 $x > 0$ 的情形证明幂函数的导数公式

$$(x^\mu)' = \mu x^{\mu-1}.$$

**证** 因为
$$x^\mu = (\operatorname{e}^{\ln x})^\mu = \operatorname{e}^{\mu \ln x},$$
所以

$$(x^\mu)' = (\operatorname{e}^{\mu \ln x})' = \operatorname{e}^{\mu \ln x} \cdot (\mu \ln x)'$$
$$= \operatorname{e}^{\mu \ln x} \cdot \mu \cdot \frac{1}{x} = \mu x^{\mu-1}.$$

到这里为止，已经推出了所有基本初等函数（常数、幂函数、指数函数、对数函数、三角函数和反三角函数）的导数公式，同时又建立了函数的和、差、积、商以及复合函数的求导法则，那么，初等函数的导数可以不必用定义去求，而是直接运用导数公式以及求导法则来解决.

**例 12** 求 $y = (4x + 7)^{10}$ 的导数.

**解** $y' = [(4x + y)^{10}]' = 10(4x + 7)^9 \cdot (4x + 7)'$
$= 10(4x + 7)^9 4 = 40(4x + 7)^9.$

此题如果将 $(4x + 7)^{10}$ 展开求导，将复杂得多.

**例 13** $y = \arctan \dfrac{1+x}{1-x}$，求 $y'$.

**解** $y' = \dfrac{1}{1 + \left(\dfrac{1+x}{1-x}\right)^2} \cdot \left(\dfrac{1+x}{1-x}\right)' = \dfrac{(1-x)^2}{2+2x^2} \cdot \dfrac{1-x+1+x}{(1-x)^2}$

$= \dfrac{1}{1+x^2}.$

**例 14** $y = x^{\sin x}$ $(x > 0)$，求 $y'$.

**解** $y = x^{\sin x} = \operatorname{e}^{\sin x \ln x}$

$y' = (\operatorname{e}^{\sin x \ln x})' = \operatorname{e}^{\sin x \ln x}[(\sin x) \cdot \ln x + \sin x (\ln x)']$
$= x^{\sin x}\left(\cos x \ln x + \dfrac{\sin x}{x}\right).$

**例 15** 设 $y = f(\operatorname{e}^x)$，其中 $f(u)$ 可导，求 $\dfrac{\mathrm{d}y}{\mathrm{d}x}$.

**解** 由于 $y = f(\operatorname{e}^x)$ 可分解为 $y = f(u)$，$u = \operatorname{e}^x$，
所以
$$\frac{\mathrm{d}y}{\mathrm{d}x} = \frac{\mathrm{d}y}{\mathrm{d}u} \cdot \frac{\mathrm{d}u}{\mathrm{d}x} = f'(u)\operatorname{e}^x = f'(\operatorname{e}^x)\operatorname{e}^x$$

**例 16** 求 $f(x) = \ln|x|$ $(x \neq 0)$ 的导数.

**解** 因为

$$f(x) = \begin{cases} \ln x, & x > 0, \\ \ln(-x), & x < 0, \end{cases}$$

所以,当 $x > 0$ 时,$(\ln x)' = \dfrac{1}{x}$;

当 $x < 0$ 时,$[\ln(-x)]' = \dfrac{1}{-x} \cdot (-x)' = \dfrac{1}{x}$.

综合起来,$[\ln|x|]' = \dfrac{1}{x}\ (x \neq 0)$.

## 习题 2-3

1. 求下列函数的导数:

(1) $y = (1 - x + x^2)^3$;

(2) $y = \dfrac{(x+1)^2(x+2)^3}{\sqrt{x+3}(x+4)}$;

(3) $y = \sin(4 - 3x)$;

(4) $y = \cos^2 x$;

(5) $y = \operatorname{arccot}(x^2 + y)$;

(6) $y = \dfrac{1 - \cos x}{1 + \cos x}$;

(7) $y = e^{-2x^3}$;

(8) $y = \log_a(2x^2 + x - 3)$;

(9) $y = \sqrt{2x - 1}$.

2. 求下列函数的导数:

(1) $y = \arccos(\sqrt{x})$;

(2) $y = \dfrac{x}{\sqrt{1 + x^2}}$;

(3) $y = e^{-\frac{x}{3}} \sin 2x$;

(4) $y = \arcsin \dfrac{1}{x}$;

(5) $y = \sqrt{1 + \sqrt{\ln x}}$;

(6) $y = \dfrac{\sin x}{x} + \dfrac{x}{\sin x}$;

(7) $y = \dfrac{\cos 3x}{x}$;

(8) $y = \dfrac{1}{1 + \sqrt{x}} + \dfrac{1}{1 - \sqrt{x}}$;

(9) $y = \ln(\sec x + \tan x)$;

(10) $y = \sqrt[3]{\dfrac{1}{1 + x^2}}$.

3. 求下列函数的导数:

(1) $y = \operatorname{arccot}(x^2 + y)$;

(2) $y = e^{\sin \frac{1}{x}}$;

(3) $y = \sqrt[3]{1 + \ln^2 x}$;

(4) $y = e^{\operatorname{arccot}\sqrt{x}}$;

(5) $y = \cos^n x \sin mx$;

(6) $y = \arcsin(1 - x)$;

(7) $y = \sin \dfrac{3x}{1 + x^2}$;

(8) $y = \arcsin \sqrt{\dfrac{2 - x}{2 + x}}$;

(9) $y = \dfrac{\sqrt{1+x} - \sqrt{1-x}}{\sqrt{1+x} + \sqrt{1-x}}$;  （10）$y = \ln\cos \mathrm{e}^x$.

4. 设 $f(x)$ 可导,求 $\dfrac{\mathrm{d}y}{\mathrm{d}x}$:

(1) $y = f(x^2)$;  （2）$y = f(\mathrm{e}^x) \cdot \mathrm{e}^{f(x)}$;

(3) $y = f(\sin^2 x) + f(\arcsin x)$;  （4）$y = f(f(f(x)))$.

5. 求下列函数的导数:

(1) $f(x) = \begin{cases} \sin x, & x < 0, \\ x, & x \geqslant 0; \end{cases}$

(2) $f(x) = \begin{cases} g(x)\sin \dfrac{1}{x}, & x \neq 0, \\ 0, & x = 0. \end{cases}$

其中 $g(x)$ 为可导函数,且 $g(0) = g'(0) = 0$.

# 第四节 初等函数求导法小结

本节把前面得到的基本初等函数的导数公式及求导法则列表如下,以备查阅.

## 一、导数基本公式

(1) $(c)' = 0$ （$c$ 为常数）,

(2) $(x^\mu)' = \mu x^{\mu-1}$ （$\mu$ 为常数）,

(3) $(\sin x)' = \cos x$,

(4) $(\cos x)' = -\sin x$,

(5) $(\tan x)' = \sec^2 x$,

(6) $(\cot x)' = -\csc^2 x$,

(7) $(\sec x)' = \sec x \cdot \tan x$,

(8) $(\csc x)' = -\csc x \cdot \cot x$,

(9) $(\arcsin x)' = \dfrac{1}{\sqrt{1-x^2}}$,

(10) $(\arccos x)' = -\dfrac{1}{\sqrt{1-x^2}}$,

(11) $(\arctan x)' = \dfrac{1}{1+x^2}$,

(12) $(\operatorname{arccot} x)' = -\dfrac{1}{1+x^2}$,

(13) $(a^x)' = a^x \ln a$,

(14) $(\mathrm{e}^x)' = \mathrm{e}^x$,

(15) $(\log_a x)' = \dfrac{1}{x \ln a}$,

(16) $(\ln x)' = \dfrac{1}{x}$,

(17) $(\operatorname{sh} x)' = \operatorname{ch} x$,

(18) $(\operatorname{ch} x)' = \operatorname{sh} x$.

## 二、函数的和、差、积、商的求导法则

设 $u = u(x)$，$v = v(x)$ 均可导，则：

(1) $(u \pm v)' = u' \pm v'$;  　　　(2) $(cu)' = cu'$（$c$ 是常数）;

(3) $(uv)' = u'v + uv'$;  　　　(4) $\left(\dfrac{u}{v}\right)' = \dfrac{u'v - uv'}{v^2}$（$v \neq 0$）;

(5) $\left(\dfrac{1}{v}\right)' = -\dfrac{v'}{v^2}$（$v \neq 0$）.

## 三、复合函数的求导法则

设 $y = f(u)$，而 $u = \varphi(x)$，则复合函数 $y = f[\varphi(x)]$ 的导数为

$$\frac{\mathrm{d}y}{\mathrm{d}x} = \frac{\mathrm{d}y}{\mathrm{d}u} \cdot \frac{\mathrm{d}u}{\mathrm{d}x},$$

或 　　　　　　　　　　$$y'(x) = f'(u)\varphi'(x).$$

# 第五节　高　阶　导　数

函数 $f(x)$ 的导数 $f'(x)$ 仍是 $x$ 的函数，因此我们又可以讨论 $f'(x)$ 的导数. 如果 $f'(x)$ 也是可导的，则称 $y = f(x)$ 为二阶可导，并称 $y' = f'(x)$ 的导数为函数 $y = f(x)$ 的二阶导数，记为

$$f''(x),\ y'',\ \frac{\mathrm{d}^2 y}{\mathrm{d}x^2}\ \text{或}\ \frac{\mathrm{d}^2 f}{\mathrm{d}x^2}.$$

按照一阶导数的定义,二阶导数定义为

$$f''(x) = \lim_{\Delta x \to 0} \frac{f'(x + \Delta x) - f'(x)}{\Delta x}.$$

例如,质点作变速直线运动,其运动规律为 $s = s(t)$. 我们知道在时刻 $t$ 的速度为

$$v = \frac{\mathrm{d}s}{\mathrm{d}t} = s'(t).$$

一般说来,速度 $v$ 仍是 $t$ 的函数,速度 $v$ 对时间 $t$ 的变化率是加速度 $a$,它反映了速度变化的快慢程度,因此

$$a = \frac{\mathrm{d}v}{\mathrm{d}t} = (s'(t))' = s''(t).$$

这就是说,力学上位移 $s$ 对时间 $t$ 的二阶导数就是加速度 $a$.

一般地,如果函数 $y = f(x)$ 的 $n-1$ 阶导数是可导的,则称函数 $y = f(x)$ 为 $n$ 阶可导,并称 $n-1$ 阶导数的导数为函数 $y = f(x)$ 的 $n$ 阶导数.把三阶以上的导数依次记为 $y'''$, $y^{(4)}$, $\cdots$, $y^{(n)}$.二阶及二阶以上的导数统称高阶导数.显然,求函数的高阶导数,只需将函数逐次求导.

**例 1** 分别求 $y = x^2 + 2x + 5$ 的一,二,三,四阶导数.

**解** $y = x^2 + 2x + 5$,

$y' = 2x + 2$,

$y'' = (y')' = (2x + 2)' = 2$,

$y''' = (y'')' = (2)' = 0$,

$y^{(4)} = (y''')' = (0)' = 0$.

**例 2** 设函数 $y = f(x)$ 二阶可导,求 $y = f(\sin x)$ 的二阶导数.

**解** 函数 $y = f(\sin x)$ 是函数 $y = f(u)$, $u = \sin x$ 的复合函数,根据复合函数求导法则有

$$y' = f'(u)(\sin x)' = \cos x \cdot f'(\sin x),$$

其中 $f'(\sin x)$ 还是复合函数.继续对 $y'$ 求导,得

$$\begin{aligned}
y'' &= (\cos x)' f'(\sin x) + \cos x [f'(\sin x)]' \\
&= (\cos x)' f'(\sin x) + \cos x f''(\sin x)(\sin x)' \\
&= -\sin x f'(\sin x) + \cos^2 x f''(\sin x).
\end{aligned}$$

下面介绍一些常见的初等函数的 $n$ 阶导数.

**例 3** 求函数 $y = e^x$ 的 $n$ 阶导数.

**解** $$y' = (e^x)' = e^x,$$

$$y'' = (e^x)' = e^x,$$

$$\cdots\cdots\cdots\cdots$$

得到

$$y^{(n)} = e^x.$$

**例4** 求余弦函数与正弦函数的 $n$ 阶导数.

**解** 对于余弦函数 $y = \cos x$,

$$y' = -\sin x = \cos\left(x + \frac{\pi}{2}\right),$$

$$y'' = -\sin\left(x + \frac{\pi}{2}\right) = \cos\left(x + 2 \cdot \frac{\pi}{2}\right),$$

$$y''' = -\sin\left(x + 2 \cdot \frac{\pi}{2}\right) = \cos\left(x + 3 \cdot \frac{\pi}{2}\right),$$

一般地,可得

$$y^{(n)} = \cos\left(x + n \cdot \frac{\pi}{2}\right),$$

即

$$(\cos x)^{(n)} = \cos\left(x + n \cdot \frac{\pi}{2}\right).$$

用类似方法,可得

$$(\sin x)^{(n)} = \sin\left(x + n \cdot \frac{\pi}{2}\right).$$

**例5** 求 $y = \dfrac{1}{1+x}$ 与 $y = \dfrac{1}{1-x}$ 的 $n$ 阶导数.

**解** 对于函数 $y = \dfrac{1}{1+x}$,

$$y' = -\frac{1}{(1+x)^2},$$

$$y'' = \frac{1 \cdot 2}{(1+x)^3},$$

$$y''' = -\frac{1 \cdot 2 \cdot 3}{(1+x)^4},$$

一般地,可得

$$y^{(n)} = (-1)^n \frac{n!}{(1+x)^{n+1}},$$

即

$$\left(\frac{1}{1+x}\right)^{(n)} = (-1)^n \frac{n!}{(1+x)^{n+1}}.$$

类似可得

$$\left(\frac{1}{1-x}\right)^{(n)} = \frac{n!}{(1-x)^{n+1}}.$$

又因 $[\ln(1+x)]' = \dfrac{1}{1+x}$,

利用例 5 的结论,得

$$[\ln(1+x)]^{(n)} = (-1)^{n-1}\frac{(n-1)!}{(1+x)^n}.$$

类似可得

$$[\ln(1-x)]^{(n)} = (-1)\frac{(n-1)!}{(1-x)^n}.$$

**例 6** 求幂函数的 $n$ 阶导数.

**解** 设 $y = x^\mu$ ($\mu$ 是任意常数),那么

$$y' = \mu x^{\mu-1},$$
$$y'' = \mu(\mu-1)x^{\mu-2},$$
$$y''' = \mu(\mu-1)(\mu-2)x^{\mu-3},$$

一般地,可得

$$y^{(n)} = \mu(\mu-1)(\mu-2)\cdots(\mu-n+1)x^{\mu-n},$$

即

$$(x^\mu)^{(n)} = \mu(\mu-1)(\mu-2)\cdots(\mu-n+1)x^{\mu-n}.$$

当 $\mu = n$ 时,得到

$$(x^n)^{(n)} = n(n-1)(n-2)\cdots3 \cdot 2 \cdot 1 = n!,$$

而

$$(x^n)^{(n+1)} = 0.$$

**例 7** 设函数 $u = u(x)$, $v = v(x)$ 都在点 $x$ 处具有 $n$ 阶导数,$y = u(x)v(x)$,求 $y^{(n)}$.

**解** $y' = u'v + uv'$,
$$y'' = u''v + u'v' + u'v' + uv'' = u''v + 2u'v' + v'',$$
$$y''' = u'''v + 3u''v' + 3u'v'' + uv''',$$
$$\cdots\cdots\cdots\cdots\cdots$$

如把上面各式中的 $u$, $v$ 看成 $u^{(0)}$, $v^{(0)}$(把它叫作 $u$, $v$ 的零阶导数),发现上面 $y'$, $y''$, $y'''$, $\cdots$ 的表示式,正好是将二项式 $(u+v)$, $(u+v)^2$, $(u+v)^3$, $\cdots$ 展开式中 $u$, $v$ 的乘幂换成相应的各阶导数后所得到的表示式.从而有

$$y^{(n)} = (uv)^{(n)} = u^{(n)}v + nu^{(n-1)}v' + \frac{n(n-1)}{2!}u^{(n-2)}v'' + \cdots +$$
$$nu'v^{(n-1)} + uv^{(n)}.$$

这个公式称为莱布尼兹公式(严格讲,应该用数学归纳法证明,此处省略).

**例8** $y = x^2 \cos x$,求 $y^{(10)}$.

**解** 应用莱布尼兹公式,得

$$y^{(10)} = x^2 (\cos x)^{(10)} + c_{10}^1 (x^2)' (\cos x)^{(9)} + c_{10}^2 (x^2)'' (\cos x)^{(8)}$$

$$= x^2 \cos\left(x + \frac{10\pi}{2}\right) + 10 \cdot 2x \cdot \cos\left(x + \frac{9\pi}{2}\right)$$

$$+ \frac{10 \times 9}{2} \cdot 2 \cdot \cos\left(x + \frac{8\pi}{2}\right)$$

$$= -x^2 \cos x - 20x \sin x + 90 \cos x.$$

### 习题 2-5

1. 求下列函数的二阶导数:

(1) $y = \dfrac{x}{\sqrt{1-x^2}}$;

(2) $y = x \ln x$;

(3) $y = e^{-x^2}$;

(4) $y = \dfrac{\arcsin x}{\sqrt{1-x^2}}$;

(5) $y = e^{-x} \cos x$;

(6) $y = (1+x^2) \arctan x$;

(7) $y = x \sin x$;

(8) $y = \ln(1+ax)(a \neq 0)$;

(9) $y = e^{ax}$.

2. 设 $f(x) = (x+8)^6$,求 $f'''(3)$.

3. 设 $f(u)$ 具有各阶导数,求 $y''$ 及 $y'''$:

(1) $y = f\left(\dfrac{1}{x}\right)$;

(2) $y = f(e^x)$;

(3) $y = f(\ln x)$.

4. 验证函数 $y = \dfrac{x-3}{x-4}$ 满足关系式

$$2y'^2 = (y-1)y''.$$

5. 验证函数 $y = e^{\sqrt{x}} + e^{-\sqrt{x}}$ 满足关系式

$$xy'' + \frac{1}{2}y' - \frac{1}{4}y = 0.$$

6. 试从 $\dfrac{\mathrm{d}x}{\mathrm{d}y} = \dfrac{1}{y'}$,导出:

(1) $\dfrac{\mathrm{d}^2 x}{\mathrm{d}y^2} = -\dfrac{y''}{(y')^3}$;

(2) $\dfrac{\mathrm{d}^3 x}{\mathrm{d}y^3} = \dfrac{3(y'')^2 - y'y'''}{(y')^5}$.

7. 若函数 $f(x)$ 有 $n$ 阶导数,则

$$\left[f(ax+b)\right]^{(n)}=a^{n}f^{(n)}(ax+b),$$

证明之.

8. 求下列函数的 $n$ 阶导数的一般表达式:

(1) $y=x^{n}+a_{1}x^{n-1}+a_{2}x^{n-2}+\cdots+a_{n-1}x+a_{n}$ ($a_{1}$, $a_{2}$,$\cdots$, $a_{n}$ 都是常数);

(2) $y=\cos^{2}x$;  (3) $y=\dfrac{1}{x(1-x)}$;

(4) $y=\dfrac{1}{x^{2}-3x+2}$;  (5) $y=a^{x}$;

(6) $y=\mathrm{e}^{ax}$;  (7) $y=\sqrt[m]{1+x}$.

9. 求下列函数的高阶导数:

(1) $y=x^{4}+\mathrm{e}^{x}$, 求 $y^{(4)}$.

(2) $y=(x^{2}+1)\sin x$, 求 $y^{(20)}$;

(3) $y=\ln x$, 求 $y^{(n)}$.

10. 设函数 $f(x)$ 于 $x\leqslant x_{0}$ 时有定义,并且二阶可导,应该如何选择系数 $a$、$b$ 和 $c$,才能使函数

$$F(x)=\begin{cases} f(x), & x\leqslant x_{0}, \\ a(x-x_{0})^{2}+b(x-x_{0})+c, & x>x_{0} \end{cases}$$

二阶可导?

# 第六节 隐函数的导数,由参数方程所确定的 函数的导数,相关变化率

## 一、隐函数的导数

函数 $y=f(x)$ 表示两个变量 $y$ 与 $x$ 之间的对应关系,这里的因变量 $y$ 是用自变量 $x$ 的解析式表示的,这种函数叫作显函数.如果函数 $y=f(x)$ 由某一方程 $F(x,y)=0$ 所确定,这种函数称为隐函数.把一个隐函数化成显函数,叫作隐函数的显化.例如从方程 $x+y^{3}-1=0$ 解出 $y=\sqrt[3]{1-x}$,就把隐函数化成了显函数,再求 $y$ 对 $x$ 的导数就容易了.但隐函数的显化并非易事.例如从方程 $y+\sin y+x=0$ 中解不出 $y$ 是 $x$ 的解析表达式,但却可以求得这个隐函数的导数.事实上,对于满足一定条件的隐函数,我们都可以求得它的导数.下面用例子来说明.

**例1** 求由方程 $y + \sin y + x = 0$ 所确定的隐函数 $y$ 对 $x$ 的导数 $\dfrac{\mathrm{d}y}{\mathrm{d}x}$.

**解** 把方程两边分别对 $x$ 求导数.注意 $y$ 是 $x$ 的函数,方程左边对 $x$ 求导得

$$\frac{\mathrm{d}}{\mathrm{d}x}(y + \sin y + x) = \frac{\mathrm{d}y}{\mathrm{d}x} + \cos y \frac{\mathrm{d}y}{\mathrm{d}x} + 1,$$

方程右边对 $x$ 求导得

$$(0)' = 0,$$

由于等式两边对 $x$ 的导数相等,所以

$$\frac{\mathrm{d}y}{\mathrm{d}x} + \cos y \frac{\mathrm{d}y}{\mathrm{d}x} + 1 = 0,$$

从而

$$\frac{\mathrm{d}y}{\mathrm{d}x} = \frac{-1}{1 + \cos y} \quad (1 + \cos y \neq 0).$$

在这个结果中,分母中的 $y$ 是由方程 $y + \sin y + x = 0$ 所确定的隐函数.

**例2** $xy - \mathrm{e}^x + \mathrm{e}^y = 0$,求 $\dfrac{\mathrm{d}y}{\mathrm{d}x}\Big|_{x=0}$.

**解** 方程两边对 $x$ 求导得

$$xy' + y - \mathrm{e}^x + \mathrm{e}^y \cdot y' = 0,$$

解得

$$y' = \frac{\mathrm{e}^x - y}{x + \mathrm{e}^y}.$$

因为当 $x = 0$ 时,从原方程解得 $y = 0$,所以

$$\frac{\mathrm{d}y}{\mathrm{d}x}\Big|_{x=0} = y'\Big|_{x=0} = 1.$$

**例3** 设 $y = \operatorname{arccot}(x^2 + y)$,求 $y'$.

**解** 方程两端同时对 $x$ 求导,得

$$y' = -\frac{1}{1 + (x^2 + y)^2}(2x + y'),$$

于是得

$$y' = \frac{-2x}{2 + (x^2 + y)^2}.$$

**例4** 求椭圆 $\dfrac{x^2}{16} + \dfrac{y^2}{9} = 1$ 在点 $\left(2, \dfrac{3}{2}\sqrt{3}\right)$ 处的切线方程(见图 2-7).

**解** 由导数的几何意义知道,所求切线的斜率为:

$$k = y'\Big|_{x=2}$$

把椭圆方程的两边分别对 $x$ 求导数,有

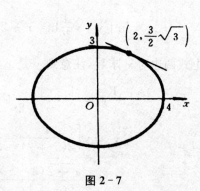

$$\frac{x}{8} + \frac{2y}{9}\frac{\mathrm{d}y}{\mathrm{d}x} = 0,$$

从而

$$\frac{\mathrm{d}y}{\mathrm{d}x} = -\frac{9x}{16y}.$$

当 $x = 2, y = \frac{3}{2}\sqrt{3}$ 时,代入上式得

图 2-7

$$\frac{\mathrm{d}y}{\mathrm{d}x}\Big|_{x=2} = -\frac{\sqrt{3}}{4},$$

于是所求的切线方程为

$$y - \frac{3}{2}\sqrt{3} = -\frac{\sqrt{3}}{4}(x - 2),$$

即 $\sqrt{3}x + 4y - 8\sqrt{3} = 0.$

在本节的最后,我们讨论幂指函数的求导法,即形如 $y = f(x)^{g(x)}$ 的函数的求导方法.我们采用的方法叫作对数求导法.

**例 5** 求幂指函数 $y = [u(x)]^{v(x)}$ 的导数,其中 $u(x)$,$v(x)$ 都是可导函数,且 $u(x) > 0$

**解** 直接不能求导,先对等式两边取对数,再应用复合函数求导数法则及函数乘积求导法则

取对数,得 $\ln y = v(x)\ln u(x).$

上式两边同时对 $x$ 求导,得:

$$\frac{1}{y}y' = v'(x)\ln u(x) + v(x)\cdot\frac{1}{u(x)}\cdot u'(x'),$$

于是得

$$\begin{aligned}
\frac{\mathrm{d}y}{\mathrm{d}x} &= [u(x)]^{v(x)}\left[v'(x)\ln(u(x) + v(x)\cdot\frac{1}{u(x)}\cdot u'(x))\right]\\
&= [u(x)]^{v(x)}v'(x)\ln u(x) + [u(x)]^{v(x)-1}v(x)u'(x).
\end{aligned}$$

有些函数由乘除、开方等运算组成,也可以采用对数求导法.

**例 6** 求 $y = \dfrac{\sqrt{x+2}(3-x)^3}{(x+1)^5}$ 的导数.

**解** 先在两边取对数(假定 $x \geqslant -2$,$x \neq -1$),得

$$\ln|y| = \frac{1}{2}\ln|x+2| + 3\ln|3-x| - 5\ln|x+1|,$$

上式两边对 $x$ 求导,注意到 $y$ 是 $x$ 的函数,得

$$\frac{1}{y}y' = \frac{1}{2} \cdot \frac{1}{x+2} + 3\frac{(-1)}{3-x} - 5\frac{1}{x+1},$$

$$y' = y\left[\frac{1}{2(x+2)} - \frac{3}{3-x} - \frac{5}{x+1}\right]$$

$$= \frac{\sqrt{x+2}(3-x)^3}{(x+1)^5}\left[\frac{1}{2(x+2)} - \frac{3}{3-x} - \frac{5}{x+1}\right].$$

## 二、由参数方程所确定的函数的导数

变量 $x$ 和 $y$ 之间的关系也可能由参数方程给出,设

$$\begin{cases} x = \varphi(t), \\ y = \psi(t). \end{cases} \tag{1}$$

如果 $x = \varphi(t)$ 存在反函数 $t = \varphi^{-1}(x)$,那么由 $y = \psi(t)$ 和 $t = \varphi^{-1}(x)$ 复合而成的复合函数为

$$y = \psi(\varphi^{-1}(x)) \tag{2}$$

这个函数是由参数方程(1)所确定的,我们来求(2)的导数.

如果 $x = \varphi(t)$,$y = \psi(t)$ 都是 $t$ 的可导函数,且 $\varphi'(t) \neq 0$,那么,根据复合函数和反函数的求导公式,对(2)求导,得到

$$\frac{\mathrm{d}y}{\mathrm{d}x} = \frac{\mathrm{d}\psi}{\mathrm{d}t} \cdot \frac{\mathrm{d}t}{\mathrm{d}x} = \frac{\mathrm{d}y}{\mathrm{d}t}\Big/\frac{\mathrm{d}x}{\mathrm{d}t},$$

即

$$\frac{\mathrm{d}y}{\mathrm{d}x} = \frac{\psi'(t)}{\varphi'(t)}, \tag{3}$$

(3)式就是由参数方程所确定的函数的求导公式.

如果 $x = \varphi(t)$,$y = \psi(t)$ 还是二阶可导的,重新构造一个新的参数方程,即

$$\begin{cases} x = \varphi(t), \\ Y = \dfrac{\mathrm{d}y}{\mathrm{d}x} = \dfrac{\psi'(t)}{\varphi'(t)}, \end{cases}$$

则直接应用公式(3),得

$$\frac{\mathrm{d}^2 y}{\mathrm{d}x^2} = \frac{\mathrm{d}}{\mathrm{d}x}\left(\frac{\mathrm{d}y}{\mathrm{d}x}\right) = \frac{\mathrm{d}Y}{\mathrm{d}x} = \left(\frac{\psi'(t)}{\varphi'(t)}\right)'_t\Big/\varphi'_t = \frac{\psi''(t)\varphi'(t) - \varphi''(t)\psi'(t)}{[\varphi'(t)]^3} \tag{4}$$

如果 $x = \varphi(t)$，$y = \psi(t)$ 还是三阶可导的，用类似的方法可以求出参数方程的三阶导数.

**例7** 求摆线 $\begin{cases} x = a(t - \sin t), \\ y = a(1 - \cos t) \end{cases}$ $(0 < t < 2\pi)$（见图2-8）在 $t = \dfrac{\pi}{2}$ 处的切线斜率.

**解** 当 $t = \dfrac{\pi}{2}$ 时，摆线上相应

点的坐标是 $x_0 = a\left(\dfrac{\pi}{2} - 1\right)$，$y_0 = a$，摆线在 $0 < t < 2\pi$ 的一拱上所作的切线，斜率等于函数在该点的导数值，因为

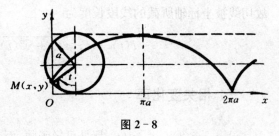

图 2-8

$$y' = \frac{y'_t}{x'_t} = \frac{[a(1 - \cos t)]'_t}{[a(t - \sin t)]'_t} = \frac{a(\sin t)}{a - a\cos t} = \frac{\sin t}{1 - \cos t} = \cot \frac{t}{2}.$$

所以
$$y'\Big|_{t = \frac{\pi}{2}} = \cot \frac{\pi}{4} = 1,$$

因此摆线在点 $\left(a\left(\dfrac{\pi}{2} - 1\right), a\right)$ 处的切线斜率等于 1.

**例8** 求由下列参数方程所确定的函数的导数 $\dfrac{dy}{dx}$.

$$\begin{cases} x = 1 + \sin t \\ y = t\cos t \end{cases}$$

**解** $\dfrac{dx}{dt} = \cos t$，$\dfrac{dy}{dt} = \cos t - t\sin t$，故

$$\frac{dy}{dx} = \frac{dy/dt}{dx/dt} = \frac{\cos t - t\sin t}{\cos t} = 1 - t\tan t$$

**例9** 试证星形线 $\begin{cases} x = a\cos^3 t \\ y = a\sin^3 t \end{cases}$ （见图 2-9），在任何点处的切线被坐标轴所截的线段长度等于常数.

**证** $\dfrac{dy}{dx} = \dfrac{(a\sin^3 t)'_t}{(a\cos^3 t)'_t} = -\dfrac{3a\sin^2 t\cos t}{3a\sin t\cos^2 t}$
$$= -\tan t,$$

星形线上对应于参数 $t$ 的点的切线方程为

$$y - a\sin^3 t = -\tan t (x - a\cos^3 t).$$

令 $y = 0$ 解出 $x$，得切线在 $x$ 轴上的截距为

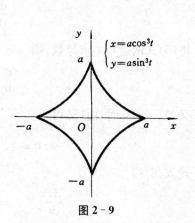

图 2-9

$$x_0(t) = a\cos^3 t + a\sin^2 t\cos t = a\cos t,$$

令 $x = 0$，得切线在 $y$ 轴上的截距为

$$y_0(t) = a\sin^3 t + a\cos^2 t\sin t = a\sin t.$$

故切线被坐标轴所截的线段长度为

$$l(t) = \sqrt{x_0^2(t) + y_0^2(t)} = a = 常数.$$

### 三、相关变化率

设 $x = x(t)$、$y = y(t)$ 都是可导函数，而变量 $x$ 与 $y$ 间存在某种对应关系，从而变化率 $\dfrac{\mathrm{d}x}{\mathrm{d}t}$ 与 $\dfrac{\mathrm{d}y}{\mathrm{d}t}$ 间也存在一定关系. 这两个相互依赖的变化率称为相关变化率. 我们所说的相关变化率问题就是研究 $\dfrac{\mathrm{d}y}{\mathrm{d}t}$ 与 $\dfrac{\mathrm{d}x}{\mathrm{d}t}$ 之间的关系，以便从其中一个变化率求出另一个变化率.

**例 10**　一点 $M$ 在半径为 $10~\mathrm{cm}$ 的圆周上运动，每秒钟走一圈. $M$ 点处的切线与过圆心的定直线相交于 $N$(见图 2 - 10). 问当 $N$ 距圆心 $O$ 为 $20~\mathrm{cm}$ 时，它在直线上移动的速率是多少？

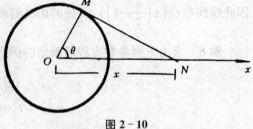

图 2 - 10

**解**　设 $OM$ 对 $ON$ 的倾角为 $\theta$，$ON = x$，则有

$$x = 10\sec\theta. \tag{5}$$

$M$ 点每秒钟转一圈，就是说 $\theta$ 的增加率为 $2\pi~\mathrm{rad/s}$，即

$$\frac{\mathrm{d}\theta}{\mathrm{d}t} = 2\pi \quad (\mathrm{rad/s})$$

将(5)式两边对 $t$ 求导数，则

$$\frac{\mathrm{d}x}{\mathrm{d}t} = 10\sec\theta\tan\theta\,\frac{\mathrm{d}\theta}{\mathrm{d}t}. \tag{6}$$

又当 $x = 20$ 时，由(5)得

$$\sec\theta = 2,\quad \tan\theta = \sqrt{\sec^2\theta - 1} = \sqrt{3},$$

代入(6)得

$$\left.\frac{\mathrm{d}x}{\mathrm{d}t}\right|_{x=20} = 20\sqrt{3}\cdot 2\pi \approx 217.7~\mathrm{cm/s}.$$

## 习题 2-6

1. 已知 $e^y - xy = e$，求 $\dfrac{dy}{dx}\Big|_{x=0}$.

2. 求由下列方程所确定的隐函数 $y$ 对 $x$ 的导数 $\dfrac{dy}{dx}$：

(1) $x = y + \arctan y$；

(2) $xy = e^{x+y}$；

(3) $x^{2/3} + y^{2/3} = a^{2/3}$；

(4) $\arctan \dfrac{y}{x} = \ln\sqrt{x^2 + y^2}$.

3. 证明曲线 $3y = 6x - 5x^3$ 在点 $M\left(1, \dfrac{1}{3}\right)$ 处的法线经过坐标原点.

4. 求由下列方程所确定的隐函数 $y$ 的二阶导数 $\dfrac{d^2y}{dx^2}$：

(1) $y = \cos(x + y)$；

(2) $xe^y - y + e = 0$；

(3) $\tan(x + y) - y = 0$；

(4) $y = 1 + xe^y$；

(5) $y = \sin(x + y)$.

5. 用对数求导法求下列函数的导数：

(1) $y = x^{\ln x}$；

(2) $y = \dfrac{(x+5)^2 (x-4)^{\frac{1}{3}}}{(x+2)^5 (x+4)^{\frac{1}{2}}} \ (x > 4)$；

(3) $y = (\tan 2x)^{\cot \frac{x}{2}}$；

(4) $y = \sqrt[3]{\dfrac{x(x^2+1)}{(x-1)^2}}$；

(5) $y = \sqrt{x \sin x \sqrt{1 - e^x}}$.

6. 求下列参数方程所确定的函数的导数 $\dfrac{dy}{dx}$ 及 $\dfrac{d^2y}{dx^2}$：

(1) $\begin{cases} x = \ln t, \\ y = e^{-t}; \end{cases}$

(2) $\begin{cases} x = \arctan t, \\ y = t - \ln(1 + t^2); \end{cases}$

(3) $\begin{cases} x = a\cos t, \\ y = b\sin t, \end{cases} (0 \leqslant t \leqslant 2\pi)$

7. 求下列曲线在给定点处的切线和法线方程：

(1) $\begin{cases} x = 2\sin t, \\ y = \cos t, \end{cases}$ 在 $t = \dfrac{\pi}{4}$ 处；

(2) $\begin{cases} x = \dfrac{3at}{1+t^2}, \\ y = \dfrac{3at^2}{1+t^2}, \end{cases}$ 在 $t = 2$ 处.

8. 求下列函数的导函数：

(1) $(\cos\theta)^{\varphi}=(\sin\varphi)^{\theta}$，求$\dfrac{\mathrm{d}\varphi}{\mathrm{d}\theta}$;　　　(2) $x=y\ln(xy)$，求$\dfrac{\mathrm{d}y}{\mathrm{d}x}$.

# 第七节　函数的微分

## 一、微分的概念

在实际问题中,有时需要考虑当自变量有较小的改变时,函数改变多少.但这并非容易的事情,因为对于较简单的函数,计算函数的改变量也是很复杂的.能否找到一个计算函数的改变量的近似方法,使得此方法既简便而结果又具有较好的精确度呢? 先来分析一个实例.

设有边长为 $x$ 的正方形金属薄片,受温度变化的影响,边长由 $x$ 增加到 $x+\Delta x$ (见图 2-11),问此薄片的面积改变了多少?

变化前薄片的面积 $A=x^2$, 薄片受温度变化的影响时面积的改变量即边长增加 $\Delta x$ 后面积的增加量 $\Delta A$, 即

$$\begin{aligned}\Delta A&=(x+\Delta x)^2-x^2\\&=2x\Delta x+(\Delta x)^2.\end{aligned}$$

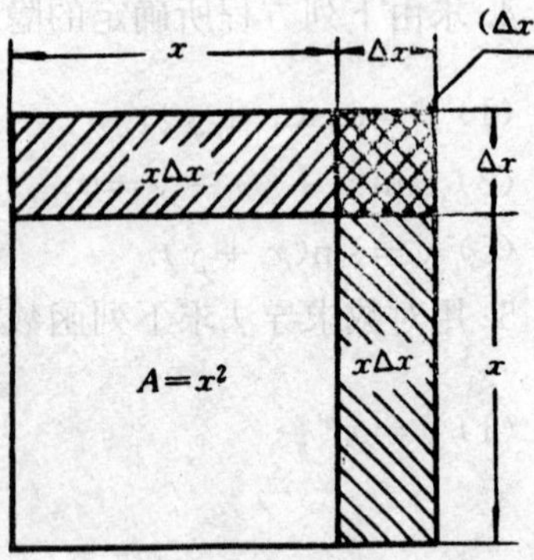

图 2-11

$\Delta A$ 由两部分组成:一部分是 $\Delta x$ 的线性函数 $2x\Delta x$(见图 2-11 中单线阴影部分的面积);另一部分是$(\Delta x)^2$(见图 2-11 中双线阴影部分的面积).

如果以 $2x\Delta x$ 作为 $\Delta A$ 的近似值,其误差为

$$\Delta A-2x\Delta x=(\Delta x)^2$$

当 $\Delta x\to 0$ 时有

$$\lim_{\Delta x\to 0}\frac{\Delta A-2x\cdot\Delta x}{\Delta x}=\lim_{\Delta x\to 0}\frac{(\Delta x)^2}{\Delta x}=\lim_{\Delta x\to 0}\Delta x=0$$

这就是说,当 $\Delta x\to 0$ 时,误差$(\Delta x)^2$ 是比 $\Delta x$ 高阶的无穷小量.因此, $\Delta A=2x\Delta x+(\Delta x)^2$ 的右边的两部分中,第一部分 $2x\Delta x$ 是主要部分.所以,当 $\Delta x$ 很小时,薄片面积的增加量 $\Delta A\approx 2x\Delta x$.

对于一般函数,我们给出函数微分的定义.

**定义**　设函数 $y=f(x)$ 在某区间内有定义, $x_0$ 及 $x_0+\Delta x$ 在此区间内,如果函

数的增量

$$\Delta y = f(x_0 + \Delta x) - f(x_0)$$

可以表示为

$$\Delta y = A\Delta x + o(\Delta x) \tag{1}$$

其中 $A$ 是不依赖于 $\Delta x$ 的常数,而 $o(\Delta x)$ 是比 $\Delta x$ 高阶的无穷小,则称函数 $y = f(x)$ 在点 $x_0$ 是可微分的(也称可微的),而 $A\Delta x$ 叫作函数 $y = f(x)$ 在点 $x_0$ 处相应于自变量 $\Delta x$ 的微分,记作 $dy$,

即
$$dy = A\Delta x.$$

下面讨论函数可微的条件.

设函数 $y = f(x)$ 在点 $x_0$ 可微,则有(1)式成立.将(1)式除以 $\Delta x$ 且令 $\Delta x \to 0$,则得

$$f'(x_0) = \lim_{\Delta x \to 0} \frac{\Delta y}{\Delta x} = \lim_{\Delta x \to 0} \frac{f(x_0 + \Delta x) - f(x_0)}{\Delta x}$$
$$= \lim_{\Delta x \to 0} \frac{A\Delta x + o(\Delta x)}{\Delta x} = A + \lim_{\Delta x \to 0} \frac{o(\Delta x)}{\Delta x} = A.$$

上式表明函数 $f(x)$ 在点 $x_0$ 可导(即 $f'(x_0)$ 存在),且 $A = f'(x_0)$.

反之,如果 $y = f(x)$ 在点 $x_0$ 可导,即

$$\lim_{\Delta x \to 0} \frac{\Delta y}{\Delta x} = f'(x_0)$$

存在,根据极限与无穷小的关系,上式可写成

$$\frac{\Delta y}{\Delta x} = f'(x_0) + \alpha,$$

其中 $\alpha \to 0$(当 $\Delta x \to 0$).由此得

$$\Delta y = [f'(x_0) + \alpha]\Delta x = f'(x_0)\Delta x + \alpha\Delta x,$$

因 $\alpha\Delta x = o(\Delta x)$,且 $f'(x_0)$ 不依赖于 $\Delta x$,故上式相当于(1)式,所以 $f(x)$ 在点 $x_0$ 也是可微的.

综合以上结论,我们得到如下重要的结论.

**定理** 函数 $y = f(x)$ 在点 $x_0$ 可微的充分必要条件是它在点 $x_0$ 可导.

正是由于可导与可微的这种关系,通常把求导数运算和求微分运算统称为微分法.通过以上推导,可以得到定义中的 $A$ 的明确意义,它等于 $f'(x_0)$.所以当 $f(x)$ 在点 $x_0$ 可微时,其微分一定是

$$dy = f'(x_0)\Delta x.$$

对于函数 $y=f(x)$ 的任意一点 $x$,当 $f'(x)$ 存在时,函数 $y=f(x)$ 在点 $x$ 的微分记作

$$\mathrm{d}y = f'(x)\Delta x.$$

根据上面的结果 $\Delta y = \mathrm{d}y + o(\Delta x)$,当 $f'(x) \neq 0$ 时

$$\lim_{\Delta x \to 0} \frac{\Delta y}{\mathrm{d}y} = \lim_{\Delta x \to 0} \frac{\mathrm{d}y + o(\Delta x)}{\mathrm{d}y} = \lim_{\Delta x \to 0} \left(1 + \frac{o(\Delta x)}{f'(x)\Delta x}\right)$$

$$= 1 + \frac{1}{f'(x)} \lim_{\Delta x \to 0} \frac{o(\Delta x)}{\Delta x} = 1.$$

即 $\mathrm{d}y$ 和 $\Delta y$ 是等价无穷小,称 $\mathrm{d}y$ 是 $\Delta y$ 的①主部.又因 $\mathrm{d}y$ 是 $\Delta x$ 的一次式,因此称 $\mathrm{d}y$ 是 $\Delta y$ 的线性主要部分,简称线性主部,从而当 $|\Delta x|$ 很小时 $\Delta y \approx \mathrm{d}y$.

当 $f'(x)=0$ 时,按定义仍有 $\mathrm{d}y = f'(x)\Delta x$,但这时已不能说明 $\mathrm{d}y$ 是 $\Delta y$ 的线性主部.

设 $y=\varphi(x)=x$,则按定义 $\mathrm{d}y = \varphi'(x)\Delta x = \Delta x = \mathrm{d}x$,因此,我们规定:自变量的微分就是自变量的增量.于是函数 $y=f(x)$ 的微分又可改写为:

$$\mathrm{d}y = f'(x)\mathrm{d}x, \tag{2}$$

即函数的微分等于函数的导数与自变量微分的乘积.

如果把(2)式改写成

$$\frac{\mathrm{d}y}{\mathrm{d}x} = f'(x),$$

这就是说,函数的微分 $\mathrm{d}y$ 与自变量的微分 $\mathrm{d}x$ 之商等于该函数的导数.因此,导数也叫作微商.

需要注意的是,引入导数记号 $\dfrac{\mathrm{d}y}{\mathrm{d}x}$ 时,强调它是一个整体,不能按分子、分母拆开.引入微分概念后赋予了它新的意义:$\dfrac{\mathrm{d}y}{\mathrm{d}x}$ 就是函数的微分与自变量微分之比.这给微分运算,尤其是将来的积分运算带来很大的便利.

**例 1** 求函数 $y=x^2$ 的改变量 $\Delta y$ 和微分 $\mathrm{d}y$:

(1) 当 $x$ 和 $\Delta x$ 为任意值时;

(2) 当 $x=20,\Delta x=0.1$ 时.

**解**

(1) $\Delta y = (x+\Delta x)^2 - x^2 = 2x\Delta x + (\Delta x)^2$,

　　$\mathrm{d}y = 2x\Delta x$;

---

① 设 $\alpha$ 及 $\beta$ 都是无穷小,如果 $\beta - \alpha = o(\beta)$,则称 $\alpha$ 是 $\beta$ 的主部.

（2）当 $x = 20$，$\Delta x = 0.1$ 时

$$\Delta y = 2 \times 20 \times 0.1 + (0.1)^2 = 4.01,$$
$$\mathrm{d}y = 2 \times 20 \times 0.1 = 4.$$

由此可以看出，如果用 $\mathrm{d}y$ 作为 $\Delta y$ 的近似值，所产生的误差为 0.01，它和 $\Delta y = 4.01$ 相比，可以认为是微小的，从而可以略去不计.

**例 2** 求摆线 $\begin{cases} x = a(\theta - \sin\theta), \\ y = a(1 - \cos\theta) \end{cases}$ 在 $\theta = \dfrac{\pi}{2}$ 处的切线的斜率.

**解** 上一节例 7，已用参数方程的求导公式做过此题，现在利用求微分的方法求出解.

由 $$\mathrm{d}x = a(1 - \cos\theta)\mathrm{d}\theta, \; \mathrm{d}y = a\sin\theta\mathrm{d}\theta,$$

得

$$\frac{\mathrm{d}y}{\mathrm{d}x} = \frac{\sin\theta}{1 - \cos\theta} = \cot\frac{\theta}{2}.$$

因此，当 $\theta = \dfrac{\pi}{2}$ 时，$\dfrac{\mathrm{d}y}{\mathrm{d}x} = 1$，即切线与 $x$ 轴相交成 $45°$ 角，切线的斜率为 1.

## 二、微分的几何意义

在 $y = f(x)$ 所表示的曲线上取点 $M(x，y)$，当自变量 $x$ 有微小增量 $\Delta x$ 时，得到另一点 $M'(x + \Delta x，y + \Delta y)$（见图 2-12），于是 $MN = \Delta x$，$NM' = \Delta y$. 过 $M$ 作曲线的切线 $MT$，设倾角为 $\alpha$，则

$$\tan\alpha = \frac{NQ}{MN},$$

即 $$NQ = \tan\alpha\Delta x = f'(x)\Delta x = \mathrm{d}y.$$

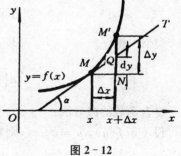

图 2-12

由此可见，当 $\Delta y = NM'$ 是曲线上的点 $M$ 的纵坐标增量时，$\mathrm{d}y = NQ$ 就表示曲线在点 $M(x，y)$ 处切线上点的纵坐标的相应增量. 当 $|\Delta x|$ 很小时，$|\Delta y - \mathrm{d}y|$ 比 $|\Delta x|$ 小得多，因此在点 $M$ 的附近，可以用切线段来近似代替曲线段.

## 三、基本初等函数的微分公式与微分运算法则

根据可导和可微的等价性与公式 $\mathrm{d}y = f'(x)\mathrm{d}x$，由基本初等函数的导数公式，可得基本初等函数的微分公式如下：

（1）$\mathrm{d}(x^{\mu}) = \mu x^{\mu-1}\mathrm{d}x$；

(2) $d(\log_a x) = \dfrac{1}{x \ln a} dx$，$d(\ln x) = \dfrac{1}{x} dx$；

(3) $d(a^x) = a^x \ln a \, dx$，$d(e^x) = e^x dx$；

(4) $d(\sin x) = \cos x \, dx$；

(5) $d(\cos x) = -\sin x \, dx$；

(6) $d(\tan x) = \sec^2 x \, dx$；

(7) $d(\cot x) = -\csc^2 x \, dx$；

(8) $d(\sec x) = \sec x \tan x \, dx$；

(9) $d(\csc x) = -\csc x \cot x \, dx$；

(10) $d(\arcsin x) = \dfrac{1}{\sqrt{1-x^2}} dx$；

(11) $d(\arccos x) = -\dfrac{1}{\sqrt{1-x^2}} dx$；

(12) $d(\arctan x) = \dfrac{1}{1+x^2} dx$；

(13) $d(\text{arccot}\, x) = -\dfrac{1}{1+x^2} dx$．

微分的运算法则：$(u = u(x),\ v = v(x))$

$$d[u(x) \pm v(x)] = [u'(x) \pm v'(x)]dx = u'(x)dx \pm v'(x)dx$$
$$= du(x) \pm dv(x),$$

即 $$d(u \pm v) = du \pm dv.$$

类似可得 $$d(uv) = u\,dv + v\,du,$$

$$d\left(\frac{u}{v}\right) = \frac{v\,du - u\,dv}{v^2}.$$

复合函数的微分法：

设 $y = f(u)$，$u = \varphi(x)$，则复合函数 $y = f[\varphi(x)]$ 的微分为

$$dy = y'_x dx = f'(u)\varphi'(x)dx,$$

由于 $\varphi'(x)dx = du$，所以复合函数 $y = f[\varphi(x)]$ 的微分公式也可以写成

$$dy = f'(u)du \quad \text{或} \quad dy = y'_u du.$$

由此可见，无论 $u$ 是自变量还是另一个变量的可微函数，微分形式 $dy = f'(u)du$ 保持不变，这一性质称为一阶微分形式的不变性.

**例 3** $y = \sin(2x + 1)$，求 $dy$.

**解** 把 $2x + 1$ 看作 $u$，利用微分形式的不变性得

$$\mathrm{d}y = \mathrm{d}\sin u = \cos u \mathrm{d}u = \cos(2x+1)\mathrm{d}(2x+1)$$
$$= 2\cos(2x+1)\mathrm{d}x.$$

在求复合函数的微分时,也可以不写出中间变量.请看下面的例子.

**例 4**　$y = \ln\sin\sqrt{x}$ , 求 $\mathrm{d}y$.

**解**　$\mathrm{d}y = \mathrm{d}\ln\sin\sqrt{x} = \dfrac{1}{\sin\sqrt{x}}\mathrm{d}\sin\sqrt{x} = \dfrac{1}{\sin\sqrt{x}} \cdot \cos\sqrt{x}\,\mathrm{d}\sqrt{x}$

$$= \frac{\cos\sqrt{x}}{\sin\sqrt{x}} \cdot \frac{1}{2\sqrt{x}}\mathrm{d}x = \frac{\cot\sqrt{x}}{2\sqrt{x}}\mathrm{d}x.$$

可以看出利用一阶微分形式的不变性求微分比用微分定义求微分简单,因为每一步都是在对基本初等函数求微分,再如

**例 5**　求 $y = \mathrm{e}^{\sin(ax+b)}$ 的微分.

**解**　由一阶微分形式不变性,可得

$$\mathrm{d}y = \mathrm{e}^{\sin(ax+b)}\mathrm{d}(\sin(ax+b))$$
$$= \mathrm{e}^{\sin(ax+b)}\cos(ax+b)\mathrm{d}(ax+b)$$
$$= a\mathrm{e}^{\sin(ax+b)}\cos(ax+b)\mathrm{d}x.$$

**例 6**　求由方程 $y = \mathrm{e}^{-\frac{x}{y}}$ 所确定的隐函数 $y = y(x)$ 的微分.

**解**　对方程两边同时求微分,有

$$\mathrm{d}y = \mathrm{d}(\mathrm{e}^{-\frac{x}{y}}) = \mathrm{e}^{-\frac{x}{y}}\mathrm{d}\left(-\frac{x}{y}\right) = y \cdot \frac{-y\mathrm{d}x - (-x)\mathrm{d}y}{y^2}$$

$$= -\mathrm{d}x + \frac{x}{y}\mathrm{d}y.$$

即

$$\left(\frac{x}{y} - 1\right)\mathrm{d}y = \mathrm{d}x.$$

所以

$$\mathrm{d}y = \frac{\mathrm{d}x}{\dfrac{x}{y} - 1} = \frac{y}{x - y}\mathrm{d}x$$

**例 7**　在下列等式左端的括号中填入适当的函数,使等式成立.

(1) $\mathrm{d}(\quad) = x\mathrm{d}x$ ;　(2) $\mathrm{d}(\quad) = \cos\omega t$.

**解**　(1) 我们知道, $\mathrm{d}(x^2) = 2x\mathrm{d}x$.

$$x\mathrm{d}x = \frac{1}{2}\mathrm{d}(x^2) = \mathrm{d}\left(\frac{1}{2}x^2\right),$$

可见

$$\mathrm{d}\left(\frac{1}{2}x^2\right) = x\mathrm{d}x.$$

一般地,有    $d\left(\dfrac{1}{2}x^{2}+C\right)=x\,dx$    （$C$ 为任意常数）.

（2）因为    $d(\sin\omega t)=\cos\omega t\cdot\omega dt$,

$$\cos\omega t\,dt=\dfrac{1}{\omega}d(\sin\omega t),$$

可见    $$d\left(\dfrac{1}{\omega}\sin\omega t\right)=\cos\omega t\,dt.$$

一般地,有    $d\left(\dfrac{1}{\omega}\sin\omega t+C\right)=\cos\omega t\,dt$    （$C$ 为任意常数）.

## 习题 2-7

1. 已知 $y=x^{3}-x$,计算在 $x=2$ 处当 $\Delta x$ 分别等于 $1,0.1,0.01$ 时的 $\Delta y$ 及 $dy$.

2. 设函数 $y=f(x)$ 的图形如图 2-13 所示,试在图 2-13(a)、(b)、(c)、(d)中分别标出在点 $x_{0}$ 的 $dy$、$\Delta y$ 及 $\Delta y-dy$,并说明其正负.

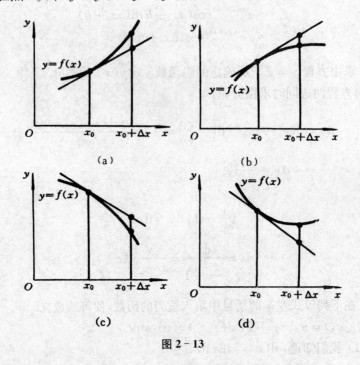

图 2-13

3. 利用一阶微分形式的不变性,求下列函数的微分:

（1）$y=\dfrac{x}{\sqrt{1+x^{2}}}$;

（2）$y=\dfrac{\ln x}{\sqrt{x}}$;

（3）$y=e^{-x}(1+x^{2})$;

（4）$y=\arcsin\sqrt{1-x^{2}}$;

(5) $y = e^{\sin x}$；　　　　　　　　　　(6) $y = \dfrac{1 + \ln x}{x - x \ln x}$.

4. 利用对方程两边求微分的方法，求由下列隐函数所确定的 $y$ 对 $x$ 的导数 $\dfrac{dy}{dx}$：

(1) $x^2 + 2xy - y^2 = a^2$；　　　　　　(2) $y e^x + \ln y = 1$.

5. 求由下列参数方程所确定的 $y$ 对 $x$ 的导数 $\dfrac{dy}{dx}$：

(1) $\begin{cases} x = \dfrac{t+1}{t}, \\[2mm] y = \dfrac{t-1}{t}; \end{cases}$　　　　　　(2) $\begin{cases} x = a \cos^3 t, \\ y = a \sin^3 t. \end{cases}$

6. 将适当的函数填入下列括号内，使等式成立.

(1) $d(\quad) = -3 dx$；　　　　　　(2) $d(\quad) = 4x^2 dx$；

(3) $d(\quad) = \dfrac{1}{1+x} dx$；　　　　(4) $d(\quad) = e^{-2x} dx$；

(5) $d(\quad) = \dfrac{1}{\sqrt{x}} dx$；　　　　(6) $d(\quad) = \dfrac{\ln x}{x} dx$.

# 第八节　微分在近似计算中的应用

## 一、微分应用于近似计算

上一节我们已经得到，如果 $y = f(x)$ 在点 $x_0$ 处的导数 $f'(x_0) \neq 0$，且 $|\Delta x|$ 很小时，有

$$\Delta y \approx dy = f'(x_0) dx,$$

将这个式子改写为

$$\Delta y = f(x_0 + \Delta x) - f(x_0) \approx f'(x_0) \Delta x \tag{1}$$

或

$$f(x_0 + \Delta x) \approx f(x_0) + f'(x_0) \Delta x \tag{2}$$

在(2)式中令 $x = x_0 + \Delta x$，即 $\Delta x = x - x_0$，(2)式变为

$$f(x) \approx f(x_0) + f'(x_0)(x - x_0). \tag{3}$$

如果 $f(x_0)$ 与 $f'(x_0)$ 都容易计算，则可以利用(1)式来近似计算 $\Delta y$，利用(2)

式来近似计算 $f(x_0+\Delta x)$,利用(3)式来近似计算 $f(x)$.在(3)式中我们看出这种近似计算的实质是用 $x$ 的线性函数近似表示 $f(x)$.从导数的几何意义可知,这也就是用曲线 $y=f(x)$ 在点 $(x_0,f(x_0))$ 处的切线来近似代替该曲线(就切点邻近部分来说).

**例1** 求 $\sin 33°$ 的近似值.

**解** 由于 $\sin 33°\approx\sin\left(\dfrac{\pi}{6}+\dfrac{\pi}{60}\right)$,因此取 $f(x)=\sin x$,$x_0=\dfrac{\pi}{6}$,$\Delta x=\dfrac{\pi}{60}$,由 $f(x)=f(x_0)=f'(x_0)(x-x_0)$,得

$$\sin 33°\approx\sin\frac{\pi}{6}+\cos\frac{\pi}{6}\cdot\frac{\pi}{60}=\frac{1}{2}+\frac{\sqrt{3}}{2}\cdot\frac{\pi}{60}\approx 0.545.$$

($\sin 33°$ 的真值为 $0.544\ 639\cdots$.)

**例2** 加工台形工件时,已知工件两头直径分别为 $D_1$ 和 $D_2$(见图 2-14),长度为 $l$,常用公式 $\alpha\approx 28.6°\times\dfrac{D_1-D_2}{l}$ 来计算斜角 $\alpha$.当 $\alpha$ 很小($\alpha<5°$)时,这个公式是较精确的.试推导之.

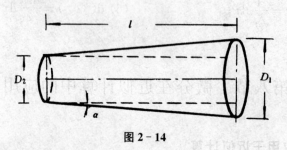

图 2-14

**解** 由图 2-14 可得

$$\tan\alpha=\frac{\dfrac{D_1-D_2}{2}}{l}=\frac{D_1-D_2}{2l}. \tag{4}$$

取函数 $y=\tan x$,则 $y'=\dfrac{1}{\cos^2 x}$,写成公式(2)的形式有

$$\tan(x_0+\Delta x)\approx\tan x_0+\frac{1}{\cos^2 x_0}\cdot\Delta x.$$

取 $x_0=0$,$\Delta x=\alpha-0=\alpha$,则

$$\tan\alpha\approx\tan 0+\frac{1}{\cos^2 0}\cdot\alpha=\alpha, \tag{5}$$

代入(4)式得

$$\alpha \approx \frac{D_1 - D_2}{2l} \quad (\text{rad})$$

因为

$$1 \text{ rad} = \frac{180°}{\pi} = 57.3°,$$

所以

$$\alpha \approx \frac{D_1 - D_2}{2l} \times 57.3° \approx 28.6° \times \frac{D_1 - D_2}{l}.$$

**例3**　假定 $|x|$ 是较小的数值,试推导下列近似公式:

(1) $\sqrt[n]{1+x} \approx 1 + \frac{1}{n}x$;

(2) $e^x \approx 1 + x$;

(3) $\sin x \approx x$ ($x$ 是角的弧度值);

(4) $\tan x \approx x$ ($x$ 是角的弧度值);

(5) $\ln(1+x) \approx x$.

**证**　(1) 在(3)式中取 $x_0 = 0$,于是

$$f(x) \approx f(0) + f'(0)x. \tag{6}$$

这里取 $f(x) = \sqrt[n]{1+x}$,那么 $f(0) = 1$,$f'(0) = \frac{1}{n}(1+x)^{\frac{1}{n}-1}\Big|_{x=0} = \frac{1}{n}$,代入
(6)式便得

$$\sqrt[n]{1+x} \approx 1 + \frac{1}{n}x.$$

(2) 取 $f(x) = \sin x$,那么 $f(0) = 0$,$f'(0) = \cos x\Big|_{x=0} = 1$,代入(6)式便得

$$\sin x \approx x.$$

其他几个近似公式可用类似方法证明.

利用公式 $\sqrt[n]{1+x} \approx 1 + \frac{1}{n}x$ 计算 $\sqrt[3]{1.05}$,可得 $\sqrt[3]{1.05} = \sqrt[3]{1+0.05} \approx 1 +$

$\frac{1}{3}(0.05) = 1.016\ 7$.如果直接开方,可得 $\sqrt[3]{1.05} \approx 1.016\ 8$. 将这两个结果比较一下,
可以看出,用 1.016 7 作为 $\sqrt[3]{1.05}$ 的近似值,其误差不超过 0.000 1,这样的近似值在
一般应用上已够精确了.如果开方次数较高,就更能体现出用微分作近似计算的优
越性.

## 二、误差的估计

在生产实践中,经常要测量各种数据,但是有的数据不易直接测量,这时我们就通过测量其他数据后,根据某种公式算出所要的数据.例如,要计算圆钢的截面积 $A$,可先用卡尺测量圆钢截面的直径,然后根据公式 $A = \frac{\pi}{4}D^2$ 算出 $A$.

由于测量仪器的精度、测量的条件和测量的方法等各种因素的影响,测得的数据往往带有误差,而根据带有误差的数据计算所得的结果也会有误差,我们把它叫作间接测量误差.

下面讨论怎样利用微分来估计间接测量误差.

先说明什么叫绝对误差,什么叫相对误差.

如果某个量的精确值为 $A$,它的近似值为 $a$,那么 $|A-a|$ 叫作 $a$ 的绝对误差,而绝对误差与 $|a|$ 的比值 $\frac{|A-a|}{|a|}$ 叫作 $a$ 的相对误差.

在实际工作中,某个量的精确值往往是无法知道的,于是绝对误差和相对误差也就无法求得.但是根据测量仪器的精度等因素,有时能够确定误差在某一个范围内,即

$$|A-a| \leqslant \delta_A$$

$\delta_A$ 叫作测量 $A$ 的绝对误差限,而 $\frac{\delta_A}{|a|}$ 叫作测量 $A$ 的相对误差限.

**例 4** 设测得一球体的直径为 42 cm,测量工具的精度为 0.05 cm,试求比此直径计算球体体积时所引起的误差.

**解** 由直径 $d$ 计算球体体积的函数式为:$V = \frac{1}{6}\pi d^3$.取 $d_0 = 42$,$\delta_d = 0.05$,求得:$V_0 = \frac{1}{6}\pi d_0^3 \approx 38\,792.39(\text{cm}^3)$ 得体积的绝对误差限和相对误差限分别为:

$$\delta_V = \left| \frac{1}{2}\pi d_0^2 \right| \cdot \delta_d = \frac{\pi}{2} \cdot 42^2 \cdot 0.05 \approx 138.54(\text{cm}^3),$$

$$\frac{\delta_V}{|V_0|} = \frac{\frac{1}{2}\pi d_0^2}{\frac{1}{6}\pi d_0^3} \cdot \delta_d = \frac{3}{d_0}\delta_d \approx 3.57\%.$$

一般地,根据直接测量的 $x$ 值按公式 $y = f(x)$ 计算 $y$ 值时,如果已知测量 $x$ 的绝对误差限是 $\delta_x$,即

$$|\Delta x| \leqslant \delta_x,$$

那么,当 $y' \neq 0$ 时,$y$ 的绝对误差

$$|\Delta y| \approx |dy| = |y'||\Delta x| \leqslant |y'|\delta_x,$$

即 $y$ 的绝对误差限约为

$$\delta_y = |y'|\delta_x;$$

$y$ 的相对误差

$$\left|\frac{\Delta y}{y}\right| \approx \left|\frac{dy}{y}\right| = \left|\frac{y'}{y}\right||\Delta x| \leqslant \left|\frac{y'}{y}\right|\delta_x,$$

即 $y$ 的相对误差限约为

$$\frac{\delta_y}{|y|} = \left|\frac{y'}{y}\right|\delta_x.$$

以后常把绝对误差限与相对误差限简称为绝对误差和相对误差.

**例5**　为了使计算球体体积的相对误差不超过 3%.问测量球半径 $r$ 时,所允许产生的相对误差最多约为多少?

**解**　由题意,球体体积 $V = \frac{4}{3}\pi r^3$,而它的相对误差 $\left|\frac{\Delta V}{V}\right| \leqslant 3\%$.

由公式
$$\left|\frac{\Delta V}{V}\right| = \left|\frac{4\pi r^2}{\frac{4}{3}\pi r^3}\right||\Delta r| = 3\frac{|\Delta r|}{|r|} \leqslant 3\%,$$

所以
$$\frac{|\Delta r|}{|r|} \leqslant 1\%$$

即测量球半径时所允许产生的相对误差最多为 1%.

## 习题 2-8

1. 水管壁的正截面是一个圆环(见图 2-15),设它的内半径为 $R_0$,壁厚为 $h$,利用微分来计算这个圆环面积的近似值.

2. 某球体的体积从 $972\pi$ cm$^3$ 增加到 $973\pi$ cm$^3$,试求其半径的改变量的近似值.

3. 利用微分计算当 $x$ 由 $45°$ 变到 $45°10'$ 时,函数 $y = \cos x$ 的增量的近似值 ($1° = 0.017\,453$ rad).

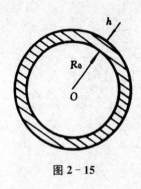

图 2-15

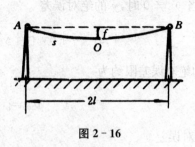

图 2-16

4. 如图 2-16 所示,电缆 $\overset{\frown}{AOB}$ 的长为 $s$,跨度为 $2l$,电缆的最低点 $O$ 与杆顶连线的距离为 $f$,则电缆长可按下面公式计算

$$s = 2l\left(1 + \frac{3f^2}{2l^2}\right).$$

当 $f$ 变化了 $\Delta f$ 时,电缆长的变化约为多少?

5. 已知单摆的振动周期 $T = 2\pi\sqrt{\dfrac{l}{g}}$,其中 $g = 980 \text{ cm/s}^2$,$l$ 为摆长(单位为 cm).设原摆长为 20 cm,为使周期 $T$ 增大 0.05 s,摆长约需加长多少?

6. 当 $|x|$ 很小时,证明下列近似公式成立:

(1) $\ln(1+x) \approx x$;

(2) $\arctan x \approx x$;

(3) $e^x \approx 1 + x$;

(4) $\cos x \approx 1 - \dfrac{1}{2}x^2$.

7. 利用微分计算下列各式的近似值:

(1) $\sin 29°$;

(2) $\arctan 1.05$;

(3) $\sqrt{1.05}$.

8. 已知 $f(x) = e^{0.1x(1-x)}$,计算 $f(1.05)$.

9. 已知 $f(x) = \dfrac{x}{\sqrt{x^2 - 9}}$,求 $f(5.03)$ 的近似值.

10. 一块正方形金属薄片受温度变化影响时,其边长由 $x_0$ 变到 $x_0 + \Delta x$(见图)问此薄片的面积改变了多少?

11. 有一立方形的铁箱,它的边长为 $70 \pm 0.1$ cm,求出它的体积,并估计绝对误差和相对误差.

12. 设用 $t$ 表示时间,$u$ 表示某物体的温度,$V$ 表示该物体的体积,温度 $u$ 随时间 $t$ 变化,变化规律为 $u = 1 + 2t$,体积 $V$ 随温度 $u$ 变化,变化规律为 $V = 10 + \sqrt{u-1}$,试求当 $t = 5$ 时,物体的体积增加的变化律.

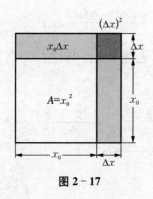

图 2-17

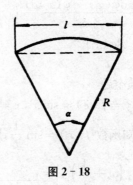

图 2-18

13. 某厂生产如图 2-18 所示的扇形板,半径 $R=200$ mm,要求中心角 $\alpha$ 为 $55°$.产品检验时,一般用测量弦长 $l$ 的办法来间接测量中心角 $\alpha$.如果测量弦长 $l$ 时的误差 $\delta_l=0.1$ mm,问由此而引起的中心角测量误差 $\delta_\alpha$ 是多少?

[提示:先求出中心角 $\alpha$ 与弦长 $l$ 的函数关系式.]

## 自 测 题

一、单项选择题

1. 设 $y=\cos\dfrac{\arcsin x}{2}$,则 $y'\left(\dfrac{\sqrt{3}}{2}\right)$ 的值等于(　　).

(A) $-\dfrac{1}{2}$;　　　　(B) $-\dfrac{\sqrt{3}}{2}$;　　　(C) $\dfrac{1}{2}$;　　　　(D) $\dfrac{\sqrt{3}}{2}$.

2. 若 $f(u)$ 可导,且 $y=f(e^x)$,则有(　　).

(A) $dy=f'(e^x)dx$;　　　　　　(B) $dy=f'(e^x)e^x dx$;

(C) $dy=f(e^x)e^x dx$;　　　　　　(D) $dy=[f(e^x)]'e^x dx$.

3. 设 $a$ 是实数,函数 $f(x)=\begin{cases}\dfrac{1}{(x-1)^a}\cos\dfrac{1}{x-1},&x>1,\\0,&x\leqslant 1,\end{cases}$ 则 $f(x)$ 在 $x=1$ 处可导时,必有(　　).

(A) $a<-1$;　　　　　　　　(B) $-1\leqslant a<0$;

(C) $0\leqslant a<1$;　　　　　　　(D) $a\geqslant 1$.

4. 对于 $y=f(x)$,如果 $f'(x_0)=1$,则当 $\Delta x\rightarrow 0$ 时,$dy\Big|_{x=x_0}$ 是 $\Delta y$ 的(　　).

(A) 同阶但不等价的无穷小;　　(B) 等价无穷小;

(C) 低阶无穷小;　　　　　　　(D) 高阶无穷小.

5. 设 $y=\dfrac{\varphi(x)}{x}$,$\varphi(x)$ 可导,则 $dy=($　　$)$.

(A) $\dfrac{x\,\mathrm{d}\varphi(x)-\varphi(x)\mathrm{d}x}{x^2}$;

(B) $\dfrac{\varphi(x)-\varphi(x)}{x^2}\mathrm{d}x$;

(C) $-\dfrac{\mathrm{d}\varphi(x)}{x^2}$;

(D) $\dfrac{x\,\mathrm{d}\varphi(x)-\mathrm{d}\varphi(x)}{x^2}$.

二、填空题

1. 设 $y=f(x)=\sin x$, $x=\varphi(t)=t^2$, 求 $\mathrm{d}^2 y=$ _____.

2. 已知函数 $f(x)=\sin\dfrac{1}{x}$, 则 $f'\left(\dfrac{1}{\pi}\right)=$ _____.

3. $\dfrac{\mathrm{d}}{\mathrm{d}x}\left[\left(x+\dfrac{1}{x}\right)^2\right]=$ _____.

4. 函数 $f(x)$ 在点 $x_0$ 处连续是 $f(x)$ 在点 $x_0$ 处可导的 _____ 条件.

5. 当 $|x|$ 很小, $\sqrt{1+x}\approx$ _____.

三、计算题

1. 设 $x-y^2+x\mathrm{e}^y=10$, 求 $\dfrac{\mathrm{d}y}{\mathrm{d}x}$.

2. 设 $f(x)$ 在 $x=0$ 处可微, 且有 $\mathrm{d}f(\sin 2x)\Big|_{x=0}=\mathrm{d}x$, 试求 $f'(0)$.

3. $y=y(x)$ 由方程 $y=f[x+\varphi(y)]$ 所确定, 其中 $f$ 与 $\varphi$ 都是可导函数, 求 $y'$.

4. 设 $f(x)=(x-a)g(x)$, 且 $g(x)$ 在点 $x=a$ 处连续, 求 $f'(a)$.

5. 设函数 $f(x)=\begin{cases} x^\alpha\sin\dfrac{1}{x} & x\neq 0, \\ 0 & x=0. \end{cases}$ ($\alpha$ 为实数)

试问 $\alpha$ 在什么范围时, 函数 $f(x)$ 在 $x=0$ 处可导, 并求它的导数.

6. 设函数 $f(x)$ 在 $x_0$ 点处有 $f(x_0)=f'(x_0)=0$, 而 $\varphi(0)$ 在 $x_0$ 点及其邻域有定义且有界. 试证明函数

$$F(x)=f(x)\varphi(x)$$

在 $x_0$ 点处可导, 并求 $F'(x_0)$.

7. 单摆的周期公式 $T=2\pi\sqrt{\dfrac{l}{g}}$, 其中 $l$ 是摆长(cm), $g$ 为重力加速度 ($980\ \mathrm{cm/s^2}$), 设钟摆的周期为 1 s, 在冬季摆长缩短了 $0.01\ \mathrm{cm}$, 求这个钟每天大约快多少?

# 第三章 微分中值定理与导数的应用

上一章里,我们引进了导数及微分的概念,并讨论了它们的计算方法.本章将应用导数来研究函数以及曲线的某些性态,并利用这些知识解决一些实际问题.为此,先介绍微分学的几个中值定理,它们是导数应用的理论基础.

## 第一节 微分中值定理

微分中值定理又称为微分学基本定理.它包括三个定理,即罗尔[①]定理、拉格朗日[②]中值定理和柯西[③]中值定理.我们先来证明一个引理.

**引理** 设函数 $f(x)$ 在区间 $(a, b)$ 内有定义,并且在区间内一点 $c$ 取得了最大值或最小值.又若 $f(x)$ 在 $c$ 点可导,则 $f'(c) = 0$.

此引理可以简单叙述为:

一个在 $c$ 点可导的函数 $f(x)$,如果在 $c$ 点取得最大值或最小值,则 $f'(c) = 0$.

此引理是由费尔马[④]提出的,也叫费尔马定理.下面我们介绍微分中值定理.

**罗尔定理** 如果函数 $f(x)$ 在闭区间 $[a, b]$ 上连续,在开区间 $(a, b)$ 内可导,且在区间端点的函数值相等,即 $f(a) = f(b)$,那么在 $(a, b)$ 内至少有一点 $\xi(a < \xi < b)$,使得函数 $f(x)$ 在该点的导数等于零:$f'(\xi) = 0$.

罗尔定理有明显的几何意义:若连续曲线 $y = f(x)$ 两端点 $A$、$B$ 的纵

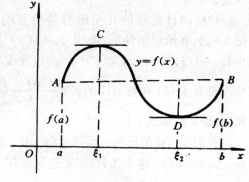

图 3-1

---

① 罗尔(M. Rolle,1652—1719) 法国数学家.
② 拉格朗日(J. L. Lagrange,1736—1813) 法国数学家.
③ 柯西(A. L. Cauchy,1789—1857) 法国数学家.
④ 费尔马(Pierre de Fermat,1601—1665) 法国数学家.

坐标相等，而且在$\overset{\frown}{AB}$上除端点外处处有不垂直于$x$轴的切线，则在$\overset{\frown}{AB}$上至少有一点，该点处的切线平行于$x$轴.图3-1中曲线有两点$C$、$D$，其切线平行于$x$轴.

需要说明的是罗尔定理的三个条件中如果有一个不满足，都可能使定理的结论不成立.图3-2的(a)、(b)、(c)中的曲线都没有平行于$x$轴的切线.

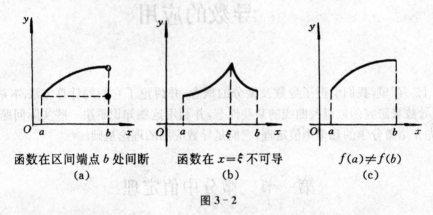

函数在区间端点$b$处间断　　　函数在$x=\xi$不可导　　　$f(a)\neq f(b)$
(a)　　　　　　　　　　(b)　　　　　　　　(c)

图3-2

**拉格朗日中值定理**　如果函数$f(x)$在闭区间$[a,b]$上连续，在开区间$(a,b)$内可导，那么在$(a,b)$内至少有一点$\xi$ $(a<\xi<b)$，使等式

$$f'(\xi)=\frac{f(b)-f(a)}{b-a} \tag{1}$$

成立.

特别地，当$f(a)=f(b)$时，$f'(\xi)=0$，这就是罗尔定理.

拉格朗日定理的几何解释是明显的（如图3-3）：在给定条件下，曲线$y=f(x)$上至少有一点$(\xi,f(\xi))$，$a<\xi<b$，曲线在该点的切线斜率$f'(\xi)$和弦$AB$的斜率$\dfrac{f(b)-f(a)}{b-a}$相同，即切线和弦平行.

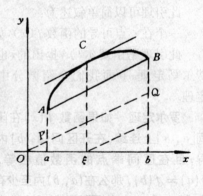

图3-3

我们作这样的分析：函数$f(x)$不一定满足$f(a)=f(b)$这个条件.如果过原点作一直线（见图3-3）平行于弦$AB$，由于弦$AB$的斜率为$\dfrac{f(b)-f(a)}{b-a}$，所以直线的方程为$y=\dfrac{f(b)-f(a)}{b-a}x$.那么函数$F(x)=f(x)-kx=f(x)-\dfrac{f(b)-f(a)}{b-a}x$在$x=a$和$x=b$的值分别等于$PA$、$QB$，而$PA=QB$，即$F(a)=F(b)$.这样就可以把拉格朗日定理的条件转化为罗尔定理所满足的条件.

拉格朗日定理也常写成

$$f(b) - f(a) = f'(\xi)(b-a) \quad (a < \xi < b). \tag{2}$$

公式(1)也称为微分中值公式.

读者还应注意到：拉格朗日公式(1)、(2)无论对于 $a < b$ 还是 $a > b$ 它都成立，而 $\xi$ 则是介于 $a$ 和 $b$ 之间的某一定数.

设 $x$、$x + \Delta x$ 为区间 $[a, b]$ 内二点，则公式(2)在区间 $[x, x + \Delta x]$（当 $\Delta x > 0$）或在区间 $[x + \Delta x, x]$（当 $\Delta x < 0$）上就成为

$$f(x + \Delta x) - f(x) = f'(x + \theta \Delta x) \cdot \Delta x \ (0 < \theta < 1). \tag{3}$$

因为 $\theta$ 在 0 与 1 之间，所以 $x + \theta \Delta x$ 在 $x$ 与 $x + \Delta x$ 之间.

记 $y = f(x)$，则(3)式又可写成

$$\Delta y = f'(x + \theta \Delta x) \Delta x \ (0 < \theta < 1). \tag{4}$$

我们知道，函数的微分 $\mathrm{d}y = f'(x)\Delta x$ 是函数的增量 $\Delta y$ 的近似表达式，而且 $\Delta y - \mathrm{d}y$ 当 $\Delta x \to 0$ 时才趋于零；而(4)式表示 $f'(x + \theta \Delta x) \cdot \Delta x$ 在 $\Delta x$ 为有限时就是增量 $\Delta y$ 的准确表达式.因此这个定理也叫作有限增量定理，它精确地表达了函数在一个区间上的增量与函数在这区间内某点处的导数之间的关系.

下面几个推论是中值定理的应用，同时也给出可导函数的一些重要的性态.

**推论1** 如果函数 $f(x)$ 在区间 $I$ 上的导数恒为零，那么 $f(x)$ 在区间 $I$ 上是一个常数.

**推论2** 若两函数 $f(x)$ 和 $g(x)$ 在区间 $I$ 上可导，并且

$$f'(x) = g'(x) \ x \in I,$$

那么在区间 $I$ 上 $f(x) = g(x) + c$，$c$ 是一个常数.

**例1** 证明：如果 $0 < a \leqslant b$，则 $\dfrac{b-a}{b} \leqslant \ln \dfrac{b}{a} \leqslant \dfrac{b-a}{a}$.

**证** 设 $f(x) = \ln x$，显然，$f(x)$ 在 $[a, b]$ 上连续，$(a, b)$ 内可导，根据拉格朗日中值定理，

有 $\qquad f(b) - f(a) = f'(\xi)(b - a) \quad (a < \xi < b).$

由于 $f'(x) = \dfrac{1}{x}$，因此上式即为：

$$\ln b - \ln a = \frac{b-a}{\xi}.$$

又由 $a < \xi < b$ 及 $a \leqslant b$，有 $a \leqslant \xi \leqslant b$

得
$$\frac{1}{b} \leqslant \frac{1}{\xi} \leqslant \frac{1}{a},$$

即
$$\frac{b-a}{b} \leqslant \frac{b-a}{\xi} \leqslant \frac{b-a}{a},$$

得
$$\frac{b-a}{b} \leqslant \ln\frac{b}{a} \leqslant \frac{b-a}{a}.$$

**例 2** 设函数 $f(x)$ 在 $[0, 1]$ 上可导,且 $0 < f(x) < 1$. 对于 $(0, 1)$ 内所有 $x$,$f'(x) \neq 1$. 证明在 $(0, 1)$ 内有且仅有一点 $x$ 使 $f(x) = x$,或者说方程 $f(x) = x$ 有唯一的实根.

**证** 存在性.令 $\varphi(x) = f(x) - x$,则 $\varphi(0) = f(0) > 0$, $\varphi(1) = f(1) - 1 < 0$. 故由零点定理知存在 $x_1 \in (0, 1)$,使 $\varphi(x_1) = 0$,由此即得 $f(x_1) = x_1$.

唯一性.假定在 $(0, 1)$ 内除点 $x_1$ 能使 $f(x_1) = x_1$ 外,还有一点 $x_2$ 也能使 $f(x_2) = x_2$.则由中值定理可知存在 $\xi \in (x_1, x_2)$,使
$$f'(\xi) = \frac{f(x_2) - f(x_1)}{x_2 - x_1} = \frac{x_2 - x_1}{x_2 - x_1} = 1,$$

这和假设 $f'(x) \neq 1$ 相矛盾.因此在 $(0, 1)$ 内有唯一 $x$,使 $f(x) = x$.

由拉格朗日中值定理可知,如果连续曲线弧 $\overset{\frown}{AB}$ 上除端点外处处具有不垂直于横轴的切线,那么这段弧上至少有一点 $C$,使曲线在点 $C$ 处的切线平行于弦 $AB$.设 $\overset{\frown}{AB}$ 由参数方程
$$\begin{cases} X = F(x), \\ Y = f(x) \end{cases} (a \leqslant x \leqslant b)$$

表示(见图 3-4),其中 $x$ 为参数.那么
$$\frac{\mathrm{d}Y}{\mathrm{d}X} = \frac{f'(x)}{F'(x)}$$

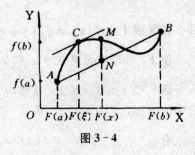

图 3-4

即为曲线上点 $(X, Y)$ 处切线的斜率.弦 $AB$ 的斜率为 $\dfrac{f(b) - f(a)}{F(b) - F(a)}$. 假定点 $C$ 对应于参数 $x = \xi$,那么曲线上点 $C$ 处的切线平行于弦 $AB$,可表示为
$$\frac{f(b) - f(a)}{F(b) - F(a)} = \frac{f'(\xi)}{F'(\xi)}.$$

与这一事实相应的就是

**柯西中值定理** 如果函数 $f(x)$ 及 $F(x)$ 在闭区间 $[a, b]$ 上连续,在开区间

$(a,b)$内可导,且$F'(x)$在$(a,b)$内的每一点处均不为零,那么在$(a,b)$内至少有一点$\xi$,使等式

$$\frac{f(b)-f(a)}{F(b)-F(a)}=\frac{f'(\xi)}{F'(\xi)} \tag{5}$$

成立.

很明显,如果取$F(x)=x$,那么$F(b)-F(a)=b-a$,$F'(x)=1$,因而公式(5)就可以写成:

$$f(b)-f(a)=f'(\xi)(b-a) \quad (a<\xi<b),$$

这就变成拉格朗日中值定理了.

应该指出的是:柯西中值定理并不是拉格朗日中值定理的简单组合.由于$f(x)$在$[a,b]$上连续,在$(a,b)$内可导,因而在$(a,b)$内至少有一点$\xi_1$,使$f(b)-f(a)=f'(\xi_1)(b-a)$;同理,在$(a,b)$内至少有一点$\xi_2$,使$F(b)-F(a)=F'(\xi_2)(b-a)$.因为两式中的$\xi$并不一定相同,两式相除,不符合柯西中值定理的结论.

另外,拉格朗日中值定理的证明,也可采用柯西中值定理的这种证明思路.

**例3** 设函数$f(x)$在$[a,b]$ $(a>0)$上连续,在$(a,b)$内可导,则存在$\xi\in(a,b)$,使得$f(b)-f(a)=\xi\ln\dfrac{b}{a}f'(\xi)$.

**证** 先将上式变形,$\dfrac{f(b)-f(a)}{\ln b-\ln a}=\xi f'(\xi)$.

由此可以看出,设$F(x)=\ln x$.显然,$F(x)$在$[a,b]$上连续,在$(a,b)$内可导,且$F'(x)=\dfrac{1}{x}\neq 0$.

根据柯西中值定理得出,有一点$\xi\in(a,b)$使

$$\frac{f(b)-f(a)}{\ln b-\ln a}=\frac{f'(\xi)}{\dfrac{1}{\xi}},$$

即

$$f(b)-f(a)=\xi\ln\frac{b}{a}f'(\xi).$$

## 习题 3-1

1. 针对函数$y=x^2-4x-5$,在区间$[1,3]$上验证罗尔定理的正确性.

2. 针对函数$y=\arccos x$,在区间$[-1,1]$上验证拉格朗日定理的正确性.

3. 针对函数$f(x)=x^2$,$F(x)=x^3$,在区间$[1,2]$上写出柯西公式,并求

出 $\xi$.

4. 验证罗尔定理对函数 $f(x)=x^3-2x^2+x-1$ 在区间 $[0,1]$ 上的正确性.

5. 设 $f(x)=px^2+qx+r$. 在区间 $[x_0,x_0+\Delta x]$ 上应用拉格朗日中值定理时,所求得的点 $\xi$ 总是 $x_0$ 与 $x_0+\Delta x$ 的中点.证明之.

6. 不用求出函数

$$f(x)=(x-1)(x-2)(x-3)(x-4)$$

的导数,说明方程 $f'(x)=0$ 有几个实根,并指出它们所在的区间.

7. 证明不等式: $\dfrac{b-a}{b}<\ln\dfrac{b}{a}<\dfrac{b-a}{a}$.其中 $0<a<b$.

8. 若方程 $a_0x^n+a_1x^{n-1}+\cdots+a_{n-1}x=0$ 有一个正根 $x=x_0$,证明方程 $a_0nx^{n-1}+a_1(n-1)x^{n-2}+\cdots+a_{n-1}=0$ 必有一个小于 $x_0$ 的正根.

9. 若函数 $f(x)$ 在 $(a,b)$ 内具有二阶导数,且 $f(x_1)=f(x_2)=f(x_3)$,其中 $a<x_1<x_2<x_3<b$,证明:在 $(x_1,x_3)$ 内至少有一点 $\xi$,使得 $f''(\xi)=0$.

10. 证明下列不等式:

(1) $\tan x>x-\dfrac{x^3}{3}$, $x\in\left(0,\dfrac{\pi}{2}\right)$;

(2) $|\arctan x_1-\arctan x_2|\leqslant|x_1-x_2|$.

11. 证明:

(1) 当 $x>0$ 时,$e^x>x$;

(2) $\dfrac{x}{1+x}<\ln(1+x)<x$, $(x>0)$;

(3) $\dfrac{2x}{\pi}<\sin x<x$, $x\in\left(0,\dfrac{\pi}{2}\right)$.

12. 设函数 $f(x)$ 在 $[1,e]$ 上可导,且 $0<f(x)<1$,在 $(1,e)$ 内 $f'(x)\neq\dfrac{1}{x}$.证明:在 $(1,e)$ 内有且仅有一个 $x$,使 $f(x)=\ln x$.

13. 设函数 $f(x)$ 在 $[a,b]$ 上恒正的连续函数,且在 $(a,b)$ 内可导.证明:一定存在 $\xi\in(a,b)$,使得 $(b-a)f'(\xi)=f(\xi)\ln\dfrac{f(b)}{f(a)}$.

14. 证明:若函数 $f(x)$ 在 $(-\infty,+\infty)$ 内满足关系式 $f'(x)=f(x)$,且 $f(0)=1$,则 $f(x)=e^x$.

[提示:考虑函数 $\varphi(x)=\dfrac{f(x)}{e^x}$,先证明 $\varphi(x)$ 为常数.]

15. 设函数 $f$ 在 $[a,b]$ 上连续,在 $(a,b)$ 内可导,证明:存在 $\xi\in(a,b)$,使得 $2\xi[f(b)-f(a)]=(b^2-a^2)f'(\xi)$.

# 第二节　罗必达法则

罗必达[①]法则是求极限的一种重要方法. 回忆一下，在求商的极限 $\lim \dfrac{f(x)}{g(x)}$（其中 $x \to x_0$ 或 $x \to \infty$）时，假定了 $\lim f(x)$ 和 $\lim g(x)$ 都存在，且 $\lim g(x) \neq 0$. 如果 $\lim\ g(x) = 0$，这时商的极限定理就不适用. 明显地，当 $\lim g(x) = 0$ 而 $\lim f(x)$ 存在且不为零时，则 $\lim \dfrac{f(x)}{g(x)} = \infty$；但当 $\lim f(x) = \lim g(x) = 0$ 时，$\lim \dfrac{f(x)}{g(x)}$ 可能存在，也可能不存在，通常把这种极限称为 $\dfrac{0}{0}$ 型不定式或简称 $\dfrac{0}{0}$ 型. 除此之外，如果 $\lim\ f(x) = \infty$，$\lim\ g(x) = \infty$，同样，极限 $\lim \dfrac{f(x)}{g(x)}$ 是否存在，也不能确定，这种类型称为 $\dfrac{\infty}{\infty}$ 型不定式或简称 $\dfrac{\infty}{\infty}$ 型. 罗必达法则为我们提供了求上述极限的一种相当有效的方法.

## 一、$\dfrac{0}{0}$ 型的极限

我们先讨论 $x \to x_0$ 时，$\dfrac{0}{0}$ 型的情形.

**法则 1**　设函数 $f(x)$ 和 $g(x)$ 在 $x_0$ 的某去心邻域 $\hat{U}(x_0, \delta)$ 内有定义，而且满足：

(1) $\lim\limits_{x \to x_0} f(x) = \lim\limits_{x \to x_0} g(x) = 0$；

(2) $x \in \hat{U}(x_0, \delta)$ 时 $f'(x)$ 和 $g'(x)$ 都存在，且 $g'(x) \neq 0$；

(3) $\lim\limits_{x \to x_0} \dfrac{f'(x)}{g'(x)} = A$（或 $\infty$）；

则
$$\lim_{x \to x_0} \frac{f(x)}{g(x)} = \lim_{x \to x_0} \frac{f'(x)}{g'(x)}.$$

注意：如果函数 $f(x)$ 和 $g(x)$ 只定义在 $x_0$ 的左邻域（或右邻域），而且定理中的条件都改为左邻域（或右邻域）上成立，则定理中的结论要改为左极限（或右极限）.

**例 1**　求下列极限：

---

① 罗必达(G. F. de L'Hospital；1661—1704)　法国数学家.

(1) $\lim\limits_{x \to 0} \dfrac{\sin 5x}{3x}$；        (2) $\lim\limits_{x \to 0} \dfrac{a^x - b^x}{\arcsin x}$；        (3) $\lim\limits_{x \to 1} \dfrac{\ln x}{(x-1)^2}$.

**解：**

(1) $\lim\limits_{x \to 0} \dfrac{\sin 5x}{3x} = \lim\limits_{x \to 0} \dfrac{(\sin 5x)'}{(3x)'} = \lim\limits_{x \to 0} \dfrac{5\cos 5x}{3} = \dfrac{5}{3} \lim\limits_{x \to 0} \cos 5x = \dfrac{5}{3}$；

(2) $\lim\limits_{x \to 0} \dfrac{a^x - b^x}{\arcsin x} = \lim\limits_{x \to 0} \dfrac{a^x \ln a - b^x \ln b}{\dfrac{1}{\sqrt{1-x^2}}} = \ln \dfrac{a}{b}$；

(3) $\lim\limits_{x \to 1} \dfrac{\ln x}{(x-1)^2} = \lim\limits_{x \to 1} \dfrac{\dfrac{1}{x}}{2(x-1)} = \lim\limits_{x \to 1} \dfrac{1}{2x(x-1)} = \infty$.

在用罗必达法则求 $\lim\limits_{x \to x_0} \dfrac{f(x)}{g(x)}$ 时,如果导数之比的极限仍属于 $\dfrac{0}{0}$ 型,那么只要导函数 $f'(x)$ 和 $g'(x)$ 仍满足定理中的条件,就可以继续用罗必达法则.另外,当分子分母求导后,如果有公因子,应及早约去,不要再留在以后的求导过程中.在整个求极限过程中,还可以应用其他技巧,比如等价无穷小代换等.总之,应使运算尽量简化.

**例2** 求 $\lim\limits_{x \to 0} \dfrac{x - \sin x}{x^3}$.

**解** 多次利用罗必达法则得

$$\lim_{x \to 0} \frac{x - \sin x}{x^3} = \lim_{x \to 0} \frac{1 - \cos x}{3x^2} = \lim_{x \to 0} \frac{\sin x}{6x} = \frac{1}{6}.$$

**例3** 求 $\lim\limits_{x \to 0} \dfrac{\mathrm{e}^{\sin^3 x} - 1}{x(1 - \cos x)}$.

**解** 因为 $1 - \cos x \sim \dfrac{1}{2}x^2 \cdot \mathrm{e}^x - 1 \sim x$ 从而 $\mathrm{e}^{\sin^3 x} - 1 \sim \sin^3 x$ 于是

$$\lim_{x \to 0} \frac{\mathrm{e}^{\sin^3 x} - 1}{x(1 - \cos x)} = \lim_{x \to 0} \frac{\sin^3 x}{x \cdot \dfrac{1}{2}x^2} = 2 \cdot \lim_{x \to 0} \frac{\sin^3 x}{x^3}$$

$$= 2 \lim_{x \to 0} \frac{3\sin^2 x \cos x}{3x^2} = 2 \lim_{x \to 0} \frac{\sin^2 x}{x^2}$$

$$= 2 \lim_{x \to 0} \frac{2\sin x \cos x}{2x} = 2 \lim_{x \to 0} \frac{\sin x}{x} = 2.$$

**例4** 求 $\lim\limits_{x \to 0} \dfrac{x\mathrm{e}^{2x} + x\mathrm{e}^x - 2\mathrm{e}^{2x} + 2\mathrm{e}^x}{(\mathrm{e}^x - 1)^3}$.

**解** 原式 $= \lim\limits_{x \to 0} \mathrm{e}^x \cdot \lim\limits_{x \to 0} \dfrac{x\mathrm{e}^x + x - 2\mathrm{e}^x + 2}{(\mathrm{e}^x - 1)^3} = \lim\limits_{x \to 0} \dfrac{x\mathrm{e}^x + x - 2\mathrm{e}^x + 2}{x^3}$

$$= \lim_{x \to 0} \frac{x e^x - e^x + 1}{3x^2} = \lim_{x \to 0} \frac{x e^x}{6x} = \frac{1}{6}.$$

**法则 1′**　设函数 $f(x)$ 和 $g(x)$ 在 $|x| > M$ 时有定义,而且满足:

**(1)** $\lim\limits_{x \to \infty} f(x) = \lim\limits_{x \to \infty} g(x) = 0$;

**(2)** 当 $|x| > M$ 时,$f'(x)$ 和 $g'(x)$ 都存在,且 $g'(x) \neq 0$;

**(3)** $\lim\limits_{x \to \infty} \dfrac{f'(x)}{g'(x)} = A$(或 $\infty$);

则
$$\lim_{x \to \infty} \frac{f(x)}{g(x)} = \lim_{x \to \infty} \frac{f'(x)}{g'(x)}.$$

**例 5**　求 $\lim\limits_{x \to +\infty} \dfrac{\dfrac{\pi}{2} - \arctan x}{\dfrac{1}{x}}$.

**解**　原式 $= \lim\limits_{x \to +\infty} \dfrac{-\dfrac{1}{1+x^2}}{-\dfrac{1}{x^2}} = \lim\limits_{x \to +\infty} \dfrac{x^2}{1+x^2} = 1.$

## 二、$\dfrac{\infty}{\infty}$ 型的极限

**法则 2**　设函数 $f(x)$ 和 $g(x)$ 在 $x_0$ 的某去心邻域内(或 $|x| > M$ 时)有定义,而且满足:

**(1)** 当 $x \to x_0$(或 $x \to \infty$)时,$f(x)$, $g(x)$ 都趋于无穷大;

**(2)** $0 < |x - x_0| < \delta$(或 $|x| > M$),$f(x)$, $g(x)$ 可导,且 $g'(x) \neq 0$;

**(3)** $\lim\limits_{\substack{x \to x_0 \\ (x \to \infty)}} \dfrac{f'(x)}{g'(x)} = A$(或 $\infty$);

则
$$\lim_{\substack{x \to x_0 \\ (x \to \infty)}} \frac{f(x)}{g(x)} = \lim_{\substack{x \to x_0 \\ (x \to \infty)}} \frac{f'(x)}{g'(x)}.$$

**例 6**　求 $\lim\limits_{x \to \frac{\pi}{2}} \dfrac{\tan x}{\tan 3x}$.

**解**　原式 $= \lim\limits_{x \to \frac{\pi}{2}} \dfrac{\dfrac{1}{\cos^2 x}}{\dfrac{3}{\cos^2 3x}} = \lim\limits_{x \to \frac{\pi}{2}} \dfrac{1}{3} \cdot \dfrac{\cos^2 3x}{\cos^2 x} = \dfrac{1}{3} \lim\limits_{x \to \frac{\pi}{2}} \dfrac{2 \cdot 3 \cos 3x \cdot \sin 3x}{2 \cos x \sin x}$

$= \lim\limits_{x \to \frac{\pi}{2}} \dfrac{\cos 3x}{\cos x} \cdot \lim\limits_{x \to \frac{\pi}{2}} \dfrac{\sin 3x}{\sin x} = -\lim\limits_{x \to \frac{\pi}{2}} \dfrac{\cos 3x}{\cos x} = -\lim\limits_{x \to \frac{\pi}{2}} \dfrac{3 \sin 3x}{\sin x}$

$= (-3) \cdot (-1) = 3.$

**例 7** 求：

(1) $\lim\limits_{x \to +\infty} \dfrac{\ln x}{x^n}$ $(n > 0)$;

(2) $\lim\limits_{x \to +\infty} \dfrac{x^n}{\mathrm{e}^{\lambda x}}$ ($n$ 为正整数, $\lambda > 0$).

**解:**

(1) $\lim\limits_{x \to +\infty} \dfrac{\ln x}{x^n} = \lim\limits_{x \to +\infty} \dfrac{\dfrac{1}{x}}{n x^{n-1}} = \lim\limits_{x \to +\infty} \dfrac{1}{n x^n} = 0$;

(2) $\lim\limits_{x \to +\infty} \dfrac{x^n}{\mathrm{e}^{\lambda x}} = \lim\limits_{x \to +\infty} \dfrac{n x^{n-1}}{\lambda \, \mathrm{e}^{\lambda x}} = \cdots = \lim\limits_{x \to +\infty} \dfrac{n!}{\lambda^n \, \mathrm{e}^{\lambda x}} = 0$.

事实上, 例 7(2) 中的 $n$ 为任何正实数时, 结论也成立. 例 7(1) 与例 7(2) 表明: 当 $x$ 增大时, 幂函数比对数函数增大得快, 而指数函数又比幂函数增大得快.

### 三、其他不定式的极限

不定式还有 $0 \cdot \infty, \infty - \infty, 0^0, 1^\infty, \infty^0$ 等类型. 在计算它们时, 可以通过适当变形, 将它们化为 $\dfrac{0}{0}$ 或 $\dfrac{\infty}{\infty}$ 型的不定式计算.

**例 8** $\lim\limits_{x \to 1}\left(\dfrac{1}{x-1} - \dfrac{1}{\ln x}\right)$.

**解** 这是一个 $\infty - \infty$ 型不定式极限, 通分后化为 $\dfrac{0}{0}$ 型的极限.

即 $\lim\limits_{x \to 1}\left(\dfrac{1}{x-1} - \dfrac{1}{\ln x}\right) = \lim\limits_{x \to 1} \dfrac{\ln x - x + 1}{(x-1)\ln x} = \lim\limits_{x \to 1} \dfrac{\dfrac{1}{x} - 1}{\dfrac{x-1}{x} + \ln x}$

$\qquad = \lim\limits_{x \to 1} \dfrac{1-x}{x-1+x\ln x} = \lim\limits_{x \to 1} \dfrac{-1}{2+\ln x} = -\dfrac{1}{2}$.

**例 9** 求 $\lim\limits_{x \to \infty} x(a^{\frac{1}{x}} - 1)$ $(a > 0, a \neq 1)$.

**解** 这是 $0 \cdot \infty$ 型不定式.

$$\lim\limits_{x \to \infty} x(a^{\frac{1}{x}} - 1) = \lim\limits_{x \to \infty} \dfrac{a^{\frac{1}{x}} - 1}{\dfrac{1}{x}} = \lim\limits_{x \to \infty} \dfrac{a^{\frac{1}{x}} \ln a \cdot \left(-\dfrac{1}{x^2}\right)}{-\dfrac{1}{x^2}}$$

$$= \lim\limits_{x \to \infty} a^{\frac{1}{x}} \ln a = \ln a.$$

**例 10** 求 $\lim\limits_{x \to +0} x^x$.

解　这是 $0^0$ 型不定式.

设 $y = x^x$, 取对数得

$$\ln y = x \ln x,$$

$$\lim_{x \to +0} \ln y = \lim_{x \to +0} x \ln x = \lim_{x \to +0} \frac{\ln x}{\frac{1}{x}} = \lim_{x \to +0} \frac{\frac{1}{x}}{-\frac{1}{x^2}} = 0,$$

所以

$$\lim_{x \to +0} x^x = e^0 = 1.$$

**例 11**　求　$\lim\limits_{x \to 0} \left( \dfrac{\sin x}{x} \right)^{\frac{1}{x^2}}$.

**解**　这是 $1^\infty$ 型不定式.

设 $y = \left( \dfrac{\sin x}{x} \right)^{\frac{1}{x^2}}$, 取对数得

$$\ln y = \frac{1}{x^2} \ln \frac{\sin x}{x} = \frac{\ln \dfrac{\sin x}{x}}{x^2}.$$

当 $x \to 0$ 时,上式右端是 $\dfrac{0}{0}$ 型,由罗必达法则,得

$$\lim_{x \to 0} \frac{\ln \dfrac{\sin x}{x}}{x^2} = \lim_{x \to 0} \frac{\ln|\sin x| - \ln|x|}{x^2} = \lim_{x \to 0} \frac{\dfrac{\cos x}{\sin x} - \dfrac{1}{x}}{2x}$$

$$= \lim_{x \to 0} \frac{x \cos x - \sin x}{2x^2 \sin x} = \lim_{x \to 0} \frac{x \cos x - \sin x}{2x^3}$$

$$= \lim_{x \to 0} \frac{\cos x - x \sin x - \cos x}{6x^2}$$

$$= -\lim_{x \to 0} \frac{\sin x}{6x} = -\frac{1}{6},$$

所以

$$\lim_{x \to 0} \left( \frac{\sin x}{x} \right)^{\frac{1}{x^2}} = e^{-\frac{1}{6}}.$$

**例 12**　求　$\lim\limits_{x \to +\infty} (x + \sqrt{1 + x^2})^{\frac{1}{\ln x}}$

**解**　这是一个 $\infty^0$ 型不定式极限,类似地先求其对数的极限 $\dfrac{\infty}{\infty}$ 型

$$\lim_{x \to +\infty} \frac{\ln(x + \sqrt{1 + x^2})}{\ln x} = \lim_{x \to +\infty} \frac{\dfrac{1}{\sqrt{1 + x^2}}}{\dfrac{1}{x}} = 1,$$

于是有 $\lim\limits_{x\to\infty}(x+\sqrt{1+x^2})^{\frac{1}{\ln x}}=\mathrm{e}$.

罗必达法则不仅能用来求函数极限,也可用来解决数列极限问题.

**例 13** 求 $\lim\limits_{n\to\infty}\dfrac{n^2}{\mathrm{e}^{n^2}}$.

**解** 因为

$$\lim_{x\to+\infty}\frac{x^2}{\mathrm{e}^{x^2}}=\lim_{x\to+\infty}\frac{2x}{2x\,\mathrm{e}^{x^2}}=\lim_{x\to+\infty}\frac{1}{\mathrm{e}^{x^2}}=0,$$

所以

$$\lim_{x\to\infty}\frac{n^2}{\mathrm{e}^{n^2}}=0.$$

最后,我们指出,罗必达法则是求不定式极限的一种相当有效的方法.当定理条件满足时,所求的极限当然存在(或为 $\infty$),但当定理条件不满足时,所求的极限却不一定不存在.这就是说,当 $\lim\dfrac{f'(x)}{g'(x)}$ 不存在时(等于 $\infty$ 的情况除外),$\lim\dfrac{f(x)}{g(x)}$ 仍可能存在(见本节习题第 2 题).

## 习题 3 - 2

1. 用罗必达法则求下列极限:

(1) $\lim\limits_{x\to0}\dfrac{\tan ax}{\sin bx}$;

(2) $\lim\limits_{x\to0}\dfrac{x-\sin x}{x^3}$;

(3) $\lim\limits_{x\to+\infty}\dfrac{\dfrac{\pi}{2}-\arctan x}{\sin\dfrac{1}{x}}$;

(4) $\lim\limits_{x\to\frac{\pi}{2}}\dfrac{\ln\sin x}{(\pi-2x)^2}$;

(5) $\lim\limits_{x\to a}\dfrac{x^m-a^m}{x^n-a^n}\ (a>0)$;

(6) $\lim\limits_{x\to0}\dfrac{(1+x)^\alpha-1}{x}$;

(7) $\lim\limits_{x\to0}\dfrac{\tan x-x}{x-\sin x}$;

(8) $\lim\limits_{x\to+\infty}\dfrac{\ln\left(1+\dfrac{1}{x}\right)}{\mathrm{arccot}\,x}$;

(9) $\lim\limits_{x\to0}\dfrac{\ln(1+x^2)}{\sec x-\cos x}$;

(10) $\lim\limits_{x\to1}\dfrac{x^3-3x+2}{x^3-x^2-x+1}$;

(11) $\lim\limits_{x\to\frac{\pi}{2}}(\sec x-\tan x)$;

(12) $\lim\limits_{x\to0}\left(\dfrac{1}{x^2}-\dfrac{1}{\sin^2 x}\right)$;

(13) $\lim\limits_{x\to\frac{\pi}{6}}\dfrac{1-2\sin x}{\cos 3x}$;

(14) $\lim\limits_{x\to1}x^{\frac{1}{1-x}}$;

(15) $\lim\limits_{x \to 0}\left(\dfrac{1}{x} - \dfrac{1}{e^x - 1}\right)$;　　　　　　(16) $\lim\limits_{x \to \infty} x\,\dfrac{\ln x + a}{x - a}$;

(17) $\lim\limits_{n \to \infty}\left(1 + \dfrac{1}{n} + \dfrac{1}{n^2}\right)^n$;（其中 $a_1, a_2, \cdots, a_n > 0$）;

(18) $\lim\limits_{x \to +\infty}\left(\dfrac{2}{\pi}\arctan x\right)^x$.

2. 验证下列极限存在,但不能用罗必达法则得出:

(1) $\lim\limits_{x \to +\infty} \dfrac{e^x + e^{-x}}{e^x - e^{-x}}$;　　　　　　(2) $\lim\limits_{x \to 0}\left(\cot x - \dfrac{1}{x}\right)$;

(3) $\lim\limits_{x \to +\infty} \dfrac{x + \sin x}{x - \sin x}$.

3. 设 $f(x) = \begin{cases} \dfrac{g(x)}{x}, & x \neq 0, \\ 0, & x = 0. \end{cases}$

其中 $g(0) = 0, g'(0) = 0,\ g''(0) = 10$, 求 $f'(0)$.

4. 设函数 $f(x) = \begin{cases} \dfrac{\varphi(x)}{x}, & x \neq 0, \\ -1 & x = 0, \end{cases}$ 其中函数 $\varphi(x)$ 在 $x = 0$ 处具有二阶导

数,且 $\varphi(0) = 0, \varphi'(0) = 1$, 证明函数 $f(x)$ 在 $x = 0$ 处连续且可导.

5. 用罗必达法则计算 $\lim\limits_{n \to \infty}\left(\dfrac{\sqrt[n]{a} + \sqrt[n]{b}}{2}\right)^n$, 其中 $a > 0, b > 0, a \neq 1, b \neq 1$.

# 第三节　泰勒定理及其应用

## 一、泰勒定理

我们知道在各类函数中,多项式是最简单的一类函数,只要对自变量进行有限次加、减、乘三种算术运算,便能求出它的函数值来.本节要研究的问题是,如何在一定条件下用多项式"逼近"(近似表达)给定的函数.这是近似计算与理论分析的一个重要内容.

在微分应用中,我们用 $x$ 的一次多项式近似表达过函数,即

$$f(x) \approx f(x_0) + f'(x_0)(x - x_0).$$

比如当 $|x|$ 很小时有如下的近似等式: $e^x \approx 1 + x$, $\ln(1 + x) \approx x$.

但这种近似表达存在着不足之处.首先是精确度不高,它所产生的误差仅是关

于 $x$ 的高阶无穷小.其次是用它来作近似计算时,不能具体估算出误差大小.因此,我们希望用某个 $n$ 次多项式

$$p_n(x) = a_0 + a_1(x - x_0) + a_2(x - x_0)^2 + \cdots + a_n(x - x_0)^n \tag{1}$$

在点 $x_0$ 附近近似表示函数 $f(x)$,其误差是比 $(x - x_0)^n$ 高阶的无穷小,并给出误差 $|f(x) - p_n(x)|$ 的具体表达式.

对于给定的函数 $f(x)$ 是否必定存在这样的多项式 $p_n(x)$ 呢? 如果存在,$p_n(x)$ 的具体形状怎么样,也就是系数 $a_i(i = 0, 1, \cdots, n)$ 如何确定呢?

下面就来讨论这个问题.首先假定 $p_n(x)$ 在 $x_0$ 处的函数值及它的直到 $n$ 阶导数在 $x_0$ 处的值依次与 $f(x_0), f'(x_0), \cdots, f^{(n)}(x_0)$ 相等,即满足等式

$$p_n(x_0) = f(x_0), \ p'_n(x_0) = f'(x_0),$$
$$p''_n(x_0) = f''(x_0), \ \cdots, \ p_n^{(n)}(x_0) = f^{(n)}(x_0).$$

按这些等式来确定多项式(1)的系数 $a_0, a_1, \cdots, a_n$ 的值.为此,对(1)式求各阶导数,然后分别代入以上等式,得

$$a_0 = f(x_0), \ 1 \cdot a_1 = f'(x_0),$$
$$2! \, a_2 = f''(x_0), \ \cdots, \ n! \, a_n = f^{(n)}(x_0),$$

即得

$$a_0 = f(x_0), \ a_1 = f'(x_0), \ a_2 = \frac{1}{2!} f''(x_0), \ \cdots,$$
$$a_n = \frac{1}{n!} f^{(n)}(x_0).$$

将求得的系数 $a_0, a_1, \cdots, a_n$ 代入(1)式,有

$$p_n(x) = f(x_0) + f'(x_0)(x - x_0) + \frac{f''(x_0)}{2!}(x - x_0)^2 \tag{2}$$
$$+ \cdots + \frac{f^{(n)}(x_0)}{n!}(x - x_0)^n.$$

下面的定理告诉我们,多项式(2)的确是我们所要找的 $n$ 次多项式.

**泰勒[①]中值定理** 如果函数 $f(x)$ 在含有 $x_0$ 的某个开区间 $(a, b)$ 内具有直到 $(n+1)$ 阶的导数,则当 $x$ 在 $(a, b)$ 内时,$f(x)$ 可以表示为 $(x - x_0)$ 的一个 $n$ 次多项式与一个余项 $R_n(x)$ 之和,

---

① 泰勒(B. Taylor,1685—1731) 英国数学家.

$$f(x) = f(x_0) + f'(x_0)(x - x_0) + \frac{f''(x_0)}{2!}(x - x_0)^2 +$$

$$\cdots + \frac{f^{(n)}(x_0)}{n!}(x - x_0)^n + R_n(x), \tag{3}$$

其中 
$$R_n(x) = \frac{f^{(n+1)}(\xi)}{(n+1)!}(x - x_0)^{n+1}, \tag{4}$$

这里 $\xi$ 是 $x_0$ 与 $x$ 之间的某个值.

多项式(2)称为函数 $f(x)$ 按 $(x-x_0)$ 的幂展开的 $n$ 次近似多项式,公式(3)称为 $f(x)$ 按 $(x-x_0)$ 的幂展开到 $n$ 阶的<u>泰勒公式</u>,而 $R_n(x)$ 的表达式(4)称为<u>拉格朗日型余项</u>.

当 $n = 0$ 时,泰勒公式变成拉格朗日中值定理,

$$f(x) = f(x_0) + f'(\xi)(x - x_0) \quad (\xi \text{ 在 } x_0 \text{ 与 } x \text{ 之间}).$$

可见,泰勒中值定理是拉格朗日中值定理的推广.

由泰勒中值定理可知,以多项式 $p_n(x)$ 近似表达函数 $f(x)$ 时,其误差为 $|R_n(x)|$.如果对于某个固定的 $n$,当 $x$ 在开区间 $(a, b)$ 内变动时,$|f^{(n+1)}(x)|$ 总不超过一个常数 $M$,则有估计式:

$$|R_n(x)| = \left| \frac{f^{(n+1)}(\xi)}{(n+1)!}(x - x_0)^{n+1} \right| \leqslant \frac{M}{(n+1)!} |x - x_0|^{n+1} \tag{5}$$

及 
$$\lim_{x \to x_0} \frac{R_n(x)}{(x - x_0)^n} = 0.$$

由此可见,误差是当 $x \to x_0$ 时比 $(x-x_0)^n$ 高阶的无穷小.这样,我们提出的问题完满地得到解决.

在泰勒公式(3)中,如果取 $x_0 = 0$,则 $\xi$ 在 $0$ 与 $x$ 之间.因此可令 $\xi = \theta x$ $(0 < \theta < 1)$,从而泰勒公式变成较简单的形式,称为<u>麦克劳林①公式</u>

$$f(x) = f(0) + f'(0)x + \frac{f''(0)}{2!}x^2 + \cdots + \frac{f^{(n)}(0)}{n!}x^n$$
$$+ \frac{f^{(n+1)}(\theta x)}{(n+1)!}x^{n+1} \quad (0 < \theta < 1). \tag{6}$$

由此得近似公式:

$$f(x) \approx f(0) + f'(0)x + \frac{f''(0)}{2!}x^2 + \cdots + \frac{f^{(n)}(0)}{n!}x^n,$$

---

① 麦克劳林(C. Maclaurin, 1698—1746) 苏格兰数学家.

误差估计式(5)相应地变成

$$|R_n(x)| \leqslant \frac{M}{(n+1)!} |x|^{n+1}.$$

如果余项 $R_n(x)$ 记为 $o(x^n)$，称这余项为皮亚诺[①]余项，写成这种形式便于应用.

## 二、一些常见的初等函数的泰勒公式

下面举例说明如何将函数展开为泰勒公式(余项用拉格朗日型).

**例1** 写出函数 $f(x) = e^x$ 展开到 $n$ 阶的麦克劳林公式，并估计误差.

**解** 因为

$$f(x) = f'(x) = \cdots = f^{(n)}(x) = e^x,$$

所以
$$f(0) = f'(0) = f''(0) = \cdots = f^{(n)}(0) = 1.$$

把这些值代入公式(6)，并注意到 $f^{(n+1)}(\theta x) = e^{\theta x}$ 便得

$$e^x = 1 + x + \frac{x^2}{2!} + \cdots + \frac{x^n}{n!} + \frac{e^{\theta x}}{(n+1)!} x^{n+1}, (0 < \theta < 1).$$

由这个公式可知，若把 $e^x$ 用它的 $n$ 次近似多项式表达则有

$$e^x \approx 1 + x + \frac{x^2}{2!} + \cdots + \frac{x^n}{n!},$$

这时所产生的误差为(设 $x > 0$)

$$|R_n(x)| = \left| \frac{e^{\theta x}}{(n+1)!} x^{n+1} \right| < \frac{e^x}{(n+1)!} x^{n+1} (0 < \theta < 1).$$

如果取 $x = 1$，则得无理数 e 的近似式为

$$e \approx 1 + 1 + \frac{1}{2!} + \cdots + \frac{1}{n!},$$

其误差
$$|R_n| < \frac{e}{(n+1)!} < \frac{3}{(n+1)!}.$$

当 $n = 10$ 时，可算出 $e \approx 2.718\ 282$，其误差不超过 $10^{-6}$.

**例2** 求 $f(x) = \sin x$ 展开到 $n$ 阶的麦克劳林公式.

**解** 因为

---

① 皮亚诺(G. Peano，1858—1932) 意大利数学家.

$$f'(x) = \cos x, \ f''(x) = -\sin x, \ f'''(x) = -\cos x,$$

$$f^{(4)}(x) = \sin x, \ \cdots, \ f^{(n)}(x) = \sin\left(x + \frac{n\pi}{2}\right).$$

所以

$$f(0) = 0, \ f'(0) = 1, \ f''(0) = 0, \ f'''(0) = -1, \ f^{(4)}(0) = 0$$

等等.它们顺序循环地取四个数 $0$,$1$,$0$,$-1$,于是按公式(6)得(令 $n = 2m$)

$$\sin x = x - \frac{x^3}{3!} + \frac{x^5}{5!} - \cdots + (-1)^{m-1} \frac{x^{2m-1}}{(2m-1)!} + R_{2m}(x),$$

其中

$$R_{2m}(x) = \frac{\sin\left[\theta x + (2m+1)\dfrac{\pi}{2}\right]}{(2m+1)!} x^{2m+1} \quad (0 < \theta < 1).$$

如果取 $m = 1$,则得近似公式

$$\sin x \approx x,$$

这时误差为

$$|R_2| = \left| \frac{\sin\left(\theta x + \dfrac{3}{2}\pi\right)}{3!} x^3 \right| \leqslant \frac{|x|^3}{6} \quad (0 < \theta < 1).$$

如果 $m$ 分别取 $2$ 和 $3$,则可得 $\sin x$ 的 $3$ 次和 $5$ 次近似多项式

$$\sin x \approx x - \frac{1}{3!}x^3 \ \text{和} \ \sin x \approx x - \frac{1}{3!}x^3 + \frac{1}{5!}x^5,$$

其误差的绝对值依次不超过 $\dfrac{1}{5!}|x|^5$ 和 $\dfrac{1}{7!}|x|^7$.以上三个近似多项式及正弦函数的图形都画在图 3-5 中,以便于比较.

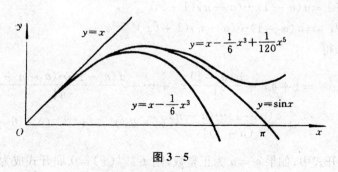

**图 3-5**

**例 3** 求 $f(x) = \ln(1+x)$ 的麦克劳林展开式.

**解** 因为

$$f(x) = \ln(1+x), \qquad f(0) = 0;$$

$$f'(x) = \frac{1}{1+x}, \qquad f'(0) = 1;$$

$$f''(x) = -\frac{1}{(1+x)^2}, \qquad f''(0) = -1;$$

$$f'''(x) = \frac{2!}{(1+x)^3}, \qquad f'''(0) = 2!;$$

······

$$f^{(n)}(x) = \frac{(-1)^{n-1}(n-1)!}{(1+x)^n}, \ f^{(n)}(0) = (-1)^{n-1}(n-1)!;$$

$$f^{(n+1)}(x) = \frac{(-1)^n n!}{(1+x)^{n+1}}, \ f^{(n+1)}(\theta x) = (-1)^n \frac{n!}{(1+\theta x)^{n+1}}.$$

代入公式(6)得

$$\ln(1+x) = x - \frac{x^2}{2} + \frac{x^3}{3} - \cdots + (-1)^{n-1}\frac{x^n}{n}$$

$$+ (-1)^n \frac{x^{n+1}}{(n+1)} \cdot \frac{1}{(1+\theta x)^{n+1}} \quad (0 < \theta < 1).$$

**例 4**  求 $f(x) = (1+x)^\alpha$（$\alpha$ 为任意实数）的麦克劳林展开式.

**解**  因为

$$f(x) = (1+x)^\alpha, \qquad f(0) = 1;$$

$$f'(x) = \alpha(1+x)^{\alpha-1}, \qquad f'(0) = \alpha;$$

$$f''(x) = \alpha(\alpha-1)(1+x)^{\alpha-2}, \qquad f''(0) = \alpha(\alpha-1);$$

······

$$f^{(n)}(x) = \alpha(\alpha-1)\cdots(\alpha-n+1)(1+x)^{\alpha-n},$$

$$f^{(n)}(0) = \alpha(\alpha-1)\cdots(\alpha-n+1);$$

$$f^{(n+1)}(x) = \alpha(\alpha-1)\cdots(\alpha-n)(1+x)^{\alpha-n-1},$$

$$f^{(n+1)}(\theta x) = \alpha(\alpha-1)\cdots(\alpha-n)(1+\theta x)^{\alpha-n-1}.$$

代入公式(6)得

$$(1+x)^\alpha = 1 + \alpha x + \frac{\alpha(\alpha-1)}{2!}x^2 + \cdots + \frac{\alpha(\alpha-1)\cdots(\alpha-n+1)}{n!}x^n$$

$$+ \frac{\alpha(\alpha-1)\cdots(\alpha-n)}{(n+1)!}(1+\theta x)^{\alpha-n-1}x^{n+1} \quad (0 < \theta < 1).$$

在此展开式中，如果 $\alpha = n$ 为正整数，则 $f^{(n+1)}(x) = 0$. 展开式成为 $(1+x)^n$ 的二项展开式

$$(1+x)^n = 1 + c_n^1 x + c_n^2 x^2 + \cdots + c_n^n x^n.$$

以上这些展开式应当记牢,可以作为公式来应用.

### 三、泰勒公式的应用

泰勒公式有很多方面的应用.在前一段,已介绍过近似计算、估计误差.这里主要介绍如何用泰勒公式求极限.

在这一段,展开式采用皮亚诺余项.

**例 5** 求 $\lim\limits_{x \to 0} \dfrac{\mathrm{e}^{-\frac{x^2}{2}} - \cos x}{x^4}$.

**解** 因为 $\mathrm{e}^x = 1 + x + \dfrac{x^2}{2!} + \cdots + \dfrac{x^n}{n!} + o(x^n)$,

所以 $\mathrm{e}^{-\frac{x^2}{2}} = 1 - \dfrac{x^2}{2} + \dfrac{1}{2!}\left(-\dfrac{x^2}{2}\right)^2 + o(x^4)$.

同理 $\cos x = 1 - \dfrac{x^2}{2!} + \dfrac{x^4}{4!} + o(x^4)$,

由此得

$$\lim_{x \to 0} \frac{\mathrm{e}^{-\frac{x^2}{2}} - \cos x}{x^4} = \lim_{x \to 0} \frac{1 - \dfrac{x^2}{2} + \dfrac{x^4}{8} + o(x^4) - \left[1 - \dfrac{x^2}{2!} + \dfrac{x^4}{4!} + o(x^4)\right]}{x^4}$$

$$= \lim_{x \to 0} \frac{\dfrac{1}{12}x^4 + o(x^4)}{x^4} = \frac{1}{12}$$

**例 6** 求 $\lim\limits_{x \to +\infty}\left[x - x^2 \ln\left(1 + \dfrac{1}{x}\right)\right]$.

**解** 因为 $\ln(1 + x) = x - \dfrac{1}{2}x^2 + \dfrac{1}{3}x^3 + \cdots + \dfrac{(-1)^{n-1}x^n}{n} + o(x^n)$,

所以 $\ln\left(1 + \dfrac{1}{x}\right) = \dfrac{1}{x} - \dfrac{1}{2x^2} + \dfrac{1}{3x^3} + o\left(\dfrac{1}{x^3}\right)$.

原式 $= \lim\limits_{x \to +\infty}\left[x - x^2\left(\dfrac{1}{x} - \dfrac{1}{2x^2} + \dfrac{1}{3x^3}\right) + o\left(\dfrac{1}{x^3}\right)\right]$

$= \lim\limits_{x \to +\infty}\left[x - x + \dfrac{1}{2} - \dfrac{1}{3x} + o\left(\dfrac{1}{x}\right)\right]$

$= \dfrac{1}{2}$.

**例 7** 设函数 $f(x)$ 在区间 $[-a, a]$ 上三阶导数存在,又 $f(a) = a^3$,$f(-a) = -a^3$,$f'(0) = \dfrac{a^2}{a}$.则至少存在一点 $\xi \in (-a, a)$,使 $f'''(\xi) \geqslant 3$.

**证　由**

$$f(x)=f(0)+f'(0)x+\frac{f''(0)}{2!}x^2+\frac{f'''(\xi)}{3!}x^3 \quad (-a<\xi<a),$$

得

$$f(a)=f(0)+f'(0)a+\frac{f''(0)}{2!}a^2+\frac{f'''(\xi_1)}{3!}a^3 \quad (-a<\xi_1<a),$$

$$f(-a)=f(0)-f'(0)a+\frac{f''(0)}{2!}a^2-\frac{f'''(\xi_2)}{3!}a^3 \quad (-a<\xi_2<a).$$

相减得

$$f(a)-f(-a)=2f'(0)a+\frac{a^3}{3!}[f'''(\xi_1)+f'''(\xi_2)],$$

将已知条件代入得

$$2a^3=a^3+\frac{a^3}{3!}[f'''(\xi_1)+f'''(\xi_2)],$$

即

$$f'''(\xi_1)+f'''(\xi_2)=6,$$

因此,至少存在一点 $\xi$(为 $\xi_1$ 或 $\xi_2$)$\in(-a,a)$,使 $f'''(\xi)\geqslant 3$.

## 习题 3-3

1. 按 $x+1$ 的乘幂展开多项式 $x^5+2x^4-x^2+x+1$.

2. 求 $\ln x$ 在 $x=2$ 处的泰勒公式.

3. 求函数 $f(x)=\tan x$ 的二阶麦克劳林公式.

4. 求函数 $f(x)=e^{\frac{x^2}{2}}$ 的 $n$ 阶麦克劳林公式.

5. 求函数 $f(x)=\ln(1-x^2)$ 的 $n$ 阶麦克劳林公式.

6. 计算 e 的值,使其误差不超过 $10^{-6}$.

7. 应用三阶泰勒公式求下列各数的近似值,并估计误差:

(1) $\sqrt[3]{30}$;　　　　　　　　(2) $\sin 18°$.

8. $\lim\limits_{x\to 0}\dfrac{e^x\sin x-x(1+x)}{x^3}$.

9. 求极限 $\lim\limits_{x\to 0}\dfrac{x(e^x+e^{-x}-2)}{x-\sin x}$.

\*10. 设函数 $f(x)$ 在区间 $[0,2]$ 上二阶可导,又 $|f(x)|\leqslant 1$ 及 $|f''(x)|\leqslant 1$,证明 $|f'(x)|\leqslant 2$.

# 第四节 函数单调性的判定

函数单调性概念颇具直观性,容易理解.结合函数的几何意义,从图 3-6 看出以下五个事实是等价的,即:$f(x)$ 不减;曲线上升;切线向上(即切线与 $x$ 轴正向夹角为锐角)或水平;切线斜率非负;$f'(x) \geqslant 0$.

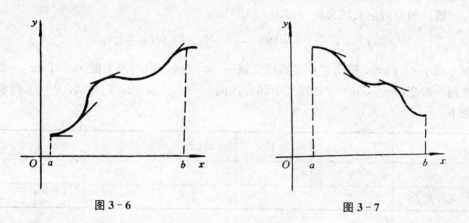

图 3-6                                         图 3-7

类似地,从图 3-7 看出下面五个事实是等价的,即:$f(x)$ 不增;曲线下降;切线向下(即切线与 $x$ 轴正向夹角为钝角)或水平;切线斜率非正;$f'(x) \leqslant 0$.

由此可见,导数的符号与曲线的单调性有密切关系,我们有下面的

**定理** 设函数 $f(x)$ 在区间 $[a, b]$ 上可导,

**(1)** 如果在 $(a, b)$ 内 $f'(x) > 0$,那么 $f(x)$ 在 $[a, b]$ 上单调增加;

**(2)** 如果在 $(a, b)$ 内 $f'(x) < 0$,那么 $f(x)$ 在 $[a, b]$ 上单调减少.

**注 1** 定理可以换成较弱的条件:函数 $f(x)$ 在闭区间 $[a, b]$ 上连续,在开区间 $(a, b)$ 内可导.

**注 2** 如果 $f'(x)$ 在 $[a, b]$ 内的有限个点处为零,结论仍成立.

**例 1** 讨论函数 $f(x) = x - \sin x$ 在 $[-2\pi, 2\pi]$ 上的单调性.

**解** $f'(x) = 1 - \cos x$.仅当 $x = 2k\pi$ $(k = 0, \pm 1)$ 时 $f'(x) = 0$;当 $x \neq 2k\pi$ $(k = 0, \pm 1)$ 时,$f'(x) > 0$.所以在 $[-2\pi, 2\pi]$ 上 $f(x) = x - \sin x$ 单调增加.如图 3-8 所示.

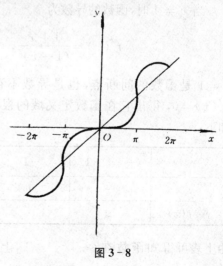

图 3-8

许多函数在其定义域上不是单调的,但可以将定义域分割成若干个小区间,使函数在各小区间上是单调的.如何分割定义域呢? 对于具有连续导数的函数来说,只要找出满足 $f'(x)=0$ 的点就可以了.因为在单调区间分界点的两侧 $f'(x)$ 异号,而 $f'(x)$ 连续,所以在分界点必有 $f'(x)=0$(但导数为零的点不一定是单调区间的分界点,如例1).如果函数在某些点不可导,导数不存在的点,也可能是单调区间的分界点.

**例 2** 确定函数 $f(x)=2x^3-9x^2+12x-3$ 的单调区间.

**解** 函数的定义域为 $(-\infty,+\infty)$.

$$f'(x)=6x^2-18x+12=6(x-1)(x-2),$$

解方程 $f'(x)=0$,得出它在函数定义域 $(-\infty,+\infty)$ 内的两个根 $x_1=1$,$x_2=2$.这两个根把 $(-\infty,+\infty)$ 分成三个部分区间 $(-\infty,1]$,$(1,2]$,$(2,+\infty)$.列表如下,

|  | $(-\infty,1)$ | 1 | $(1,2)$ | 2 | $(2,+\infty)$ |
|---|---|---|---|---|---|
| $y'$ | $+$ | 0 | $-$ | 0 | $+$ |
| $y=f(x)$ | ↗ |  | ↘ |  | ↗ |

从表中可得知 $y=f(x)$ 在 $(-\infty,1]$ 上单调增加(用↗表示),在 $[1,2]$ 上单调减少(用↘表示),在 $(2,+\infty)$ 上单调增加.函数 $y=f(x)$ 的图形如图 3-9 所示.

**例 3** 研究函数 $f(x)=\dfrac{x}{(1-x)^2}$ 的单调性.

**解** 函数的定义域为 $(-\infty,1)\bigcup(1,+\infty)$.

当 $x\neq 1$ 时,函数的导数为

$$f'(x)=\frac{1+x}{(1-x)^3},$$

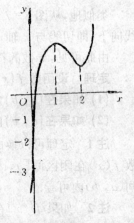

图 3-9

$x=1$ 是函数的间断点,也是导数不存在的点.解方程 $f'(x)=0$,得出它在函数定义域的根为 $x=-1$.列表如下:

|  | $(-\infty,-1)$ | $-1$ | $(-1,1)$ | 1 | $(1,+\infty)$ |
|---|---|---|---|---|---|
| $y'$ | $-$ | 0 | $+$ | 无 | $-$ |
| $y=f(x)$ | ↘ |  | ↗ |  | ↘ |

由上表可得知函数在 $(-\infty,-1]$ 上单调减少,在 $[-1,1)$ 上单调增加,在

[1，+∞)内单调减少.

函数 $y=f(x)$ 的图形如图 3-10 所示.

下面举例说明如何利用函数的单调性证明不等式.

**例 4**　证明：当 $x>1$ 时, $2\sqrt{x}>3-\dfrac{1}{x}$.

**证**　令 $f(x)=2\sqrt{x}-\left(3-\dfrac{1}{x}\right)$，则

$$f'(x)=\frac{1}{\sqrt{x}}-\frac{1}{x^2}=\frac{1}{x^2}(x\sqrt{x}-1).$$

$f(x)$ 在 $[1，+∞)$ 上连续，在 $(1，+∞)$ 内 $f'(x)>0$，因此在 $[1，+∞)$ 上 $f(x)$ 单调增加，从而当 $x>1$ 时, $f(x)>f(1)$.

由于 $f(1)=0$，故 $f(x)>f(1)=0$，即

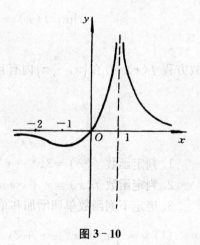

**图 3-10**

$$2\sqrt{x}-\left(3-\frac{1}{x}\right)>0,$$

亦即

$$2\sqrt{x}>3-\frac{1}{x}\ (x>1).$$

**例 5**　证明：当 $x>1$ 时,不等式 $\ln x>\dfrac{2(x-1)}{x+1}$ 恒成立.

**证**　研究函数 $f(x)=\ln x-\dfrac{2(x-1)}{x+1}$, $x\geqslant 1$，因为

$$f(1)=0,\ f'(x)=\frac{1}{x}-2\frac{2}{(x+1)^2}=\frac{(x-1)^2}{x(x+1)^2}.$$

当 $x>1$ 时 $f'(x)>0$, $f(x)$ 在区间 $[1，+∞)$ 上单调增加,故当 $x>1$ 时 $f(x)>f(1)=0$,所以当 $x>1$ 时

$$\ln x>\frac{2(x-1)}{x+1}.$$

**例 6**　试证方程 $\tan x=x$ 在 $\left(\pi,\dfrac{3}{2}\pi\right)$ 内只有一个实根.

**证**　设 $f(x)=\tan x-x$，则

$$f'(x)=\sec^2 x-1=\tan^2 x>0,$$

所以函数 $f(x)$ 在区间 $\left(\pi,\dfrac{3}{2}\pi\right)$ 内单调增加.

127

又 $$f(\pi)=\tan\pi-\pi=-\pi<0,$$

$$\lim_{x\to\frac{3}{2}\pi-0}f(x)=\lim_{x\to\frac{3}{2}\pi-0}(\tan x-x)=+\infty,$$

故方程 $f(x)=0$ 在 $\left(\pi,\dfrac{3}{2}\pi\right)$ 内有且仅有一个实根.

## 习题 3-4

1. 判定函数 $f(x)=3x^2-x^3$ 的单调性.

2. 判定函数 $f(x)=x+\cos x\ (0\leqslant x\leqslant 2\pi)$ 的单调性.

3. 确定下列函数单调增加和单调减少的区间:

(1) $y=\dfrac{1}{3}x^3-x^2+x+2$;      (2) $y=3x+\dfrac{9}{x}\ (x>0)$;

(3) $y=\dfrac{10}{4x^3-9x^2+6x}$;      (4) $y=\ln(x+\sqrt{1+x^2})$;

(5) $y=\mathrm{e}^{-x^2}$;      (6) $y=\dfrac{\ln x}{x}$;

(7) $y=x-2\sin x\ (0\leqslant x\leqslant 2\pi)$;    (8) $y=2\arctan x-x$.

4. 利用函数的单调性证明下列不等式:

(1) $\dfrac{\tan x}{x}>\dfrac{x}{\sin x},x\in\left(0,\dfrac{\pi}{2}\right)$;    (2) 当 $0<x<\dfrac{\pi}{2}$ 时,$\sin x+\tan x>2x$;

(3) $\dfrac{2x}{\pi}<\sin x<x,x\in\left(0,\dfrac{\pi}{2}\right)$;   (4) 当 $0<x<\dfrac{\pi}{2}$ 时,$\dfrac{2}{\pi}<\sin x<x$;

(5) 当 $x>1$ 时,$3-\dfrac{1}{x}<2\sqrt{x}$;

(6) $x-\dfrac{x^2}{2}<\ln(1+x)<x-\dfrac{x^2}{2(1+x)}\ (x>0)$.

5. 试证方程 $\sin x=x$ 只有一个实根.

6. 方程 $\ln x=ax$ (其中 $a>0$) 有几个实根?

7. 单调函数的导函数是否必为单调函数? 研究下面这个例子

$$f(x)=x+\sin x.$$

## 第五节　函数的极值及求法

在上节例 2 中,点 $x=1$ 及 $x=2$ 是函数单调区间的分界点.在点 $x=1$ 附近的函

数值小于 $f(1)$；在点 $x=2$ 附近的函数值大于 $f(2)$. 函数的这种性质在理论上和实际应用上都有重要价值. 下面给出一般定义和定理.

**定义** 设函数 $f(x)$ 在点 $x_0$ 的邻域内有定义. 若对于这邻域内的任何点 $x$ $(x \neq x_0)$ 均有 $f(x) < f(x_0)$，则称 $f(x_0)$ 为函数 $f(x)$ 的一个极大值；若对于这邻域内的任何点 $x$ $(x \neq x_0)$，均有 $f(x) > f(x_0)$，则称 $f(x_0)$ 为函数 $f(x)$ 的一个极小值.

函数的极大值与极小值统称为函数的极值，使函数取得极值的点称为极值点.

显然，上节例 2 中的函数，在 $x=1$ 处取得极大值 2；在 $x=2$ 处取得极小值 1.

值得注意的是，函数的极值概念是局部性的，它与函数在区间上的最大值、最小值不同. 另外，函数在一个区间上也可能有几个极值点，而且在这个区间上某个极小值可能大于某个极大值（见图 3-11）.

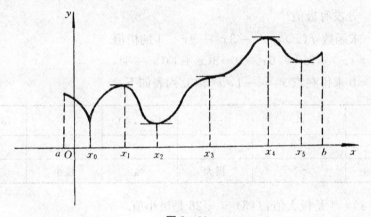

**图 3-11**

从图中我们还看到，在函数取得极值处，曲线上的切线是水平的. 但是，曲线上有水平切线的地方，函数不一定取得极值. 例如图中 $x=x_3$ 处，曲线上有水平切线，但 $f(x_3)$ 不是极值.

现在就来讨论函数取得极值的必要条件和充分条件.

**定理 1（必要条件）** 设函数 $f(x)$ 在点 $x_0$ 处可导，且在点 $x_0$ 处取得极值，那么该函数在 $x_0$ 处的导数等于零. 即 $f'(x_0) = 0$.

使导数为零的点（即方程 $f'(x)=0$ 的实根）叫作函数 $f(x)$ 的驻点. 定理 1 就是说：可导函数 $f(x)$ 的极值点必定是它的驻点. 但反过来，函数的驻点却不一定是极值点. 例如，$f(x)=x^3$，$f'(x)=3x^2$，$x=0$ 为 $f(x)=x^3$ 的驻点，但这点却不是函数的极值点. 因此，当我们求出了函数的驻点后，还需要判定求得的驻点是不是极值点，还要判定函数在该点究竟取得极大值还是极小值. 回想到函数单调性的判定法可以知道，如果在驻点的左侧邻近和右侧邻近函数的导数分别保持一定的符号，那么刚才提出的问题是容易解决的. 下面的定理 2 实质上就是利用单调性判定极值的.

定理 2(第一种充分条件)  设函数 $f(x)$ 在点 $x_0$ 的一个邻域内可导且 $f'(x_0)=0$.

(1) 如果当 $x$ 取 $x_0$ 左侧邻近的值时,$f'(x)$ 恒为正;当 $x$ 取 $x_0$ 右侧邻近的值时,$f'(x)$ 恒为负,那么函数 $f(x)$ 在 $x_0$ 处取得极大值;

(2) 如果当 $x$ 取 $x_0$ 左侧邻近的值时,$f'(x)$ 恒为负;当 $x$ 取 $x_0$ 右侧邻近的值时,$f'(x)$ 恒为正,那么函数 $f(x)$ 在 $x_0$ 处取得极小值;

(3) 如果当 $x$ 取 $x_0$ 左右两侧邻近的值时,$f'(x)$ 恒为正或恒为负,那么函数 $f(x)$ 在 $x_0$ 处没有极值.

定理 2 也可简单地叙述为:在 $x_0$ 的邻域内,当 $x$ 从 $x_0$ 的左侧经过 $x_0$ 到右侧时,如果 $f'(x)$ 的符号由正变负,那么 $f(x)$ 在 $x_0$ 处取得极大值;如果 $f'(x)$ 的符号由负变正,那么 $f(x)$ 在 $x_0$ 处取得极小值;如果 $f'(x)$ 的符号并不改变,那么 $f(x)$ 在 $x_0$ 处没有极值.

**例 1**  求函数 $f(x)=x^3-3x^2-9x-1$ 的极值.

**解**  $f'(x)=3x^2-6x-9=3(x+1)(x-3)$,

令 $f'(x)=0$ 求得驻点 $x_1=-1$, $x_2=3$. 列表如下:

|  | $(-\infty,-1)$ | $-1$ | $(-1,3)$ | $3$ | $(3,+\infty)$ |
|---|---|---|---|---|---|
| $f'(x)$ | $+$ | $0$ | $-$ | $0$ | $+$ |
| $y=f(x)$ | ↗ | 极大 | ↘ | 极小 | ↗ |

可知 $f(-1)=4$ 是极大值,$f(3)=-28$ 是极小值.

定理 2 中假定函数在所讨论的区间内可导.在此条件下,由定理 1 我们知道,函数的极值点一定是驻点,因此求出全部驻点后,再逐一考察各个驻点是否为极值点就行了.但如果函数在个别点处不可导,函数也可能取得极值,如图 3-11 在点 $x_0$ 取得极小值,但在 $x_0$ 处函数不可导.

**例 2**  求函数 $f(x)=(x-1)x^{\frac{2}{3}}$ 的极值.

**解**  $f'(x)=\dfrac{5x-2}{3x^{\frac{1}{3}}}$.

令 $f'(x)=0$,解得驻点为 $x=\dfrac{2}{5}$.$x=0$ 是一阶导数 $f'(x)$ 不存在的点.列表如下:

|  | $(-\infty,0)$ | $0$ | $\left(0,\dfrac{2}{5}\right)$ | $\dfrac{2}{5}$ | $\left(\dfrac{2}{5},+\infty\right)$ |
|---|---|---|---|---|---|
| $f'(x)$ | $+$ | 无 | $-$ | $0$ | $+$ |
| $y=f(x)$ | ↗ | 极大 | ↘ | 极小 | ↗ |

可知 $f(0)=0$ 是极大值，$f\left(\dfrac{2}{5}\right)=-\dfrac{3}{5}\sqrt[3]{\dfrac{4}{25}}$ 是极小值.

函数的可能极值点是驻点和一阶导数不存在的点.

当函数 $f(x)$ 在驻点处的二阶导数存在且不为零时，也可以利用下列定理判定 $f(x)$ 在驻点处取得极大值还是极小值.

**定理 3(第二种充分条件)**　**设函数 $f(x)$ 在点 $x_0$ 处具有二阶导数且 $f'(x_0)=0$，$f''(x_0)\neq 0$，那么**

**(1) 当 $f''(x_0)>0$ 时，函数 $f(x)$ 在 $x_0$ 处取得极小值；**

**(2) 当 $f''(x_0)<0$ 时，函数 $f(x)$ 在 $x_0$ 处取得极大值.**

定理 3 说明，如果函数 $f(x)$ 在驻点 $x_0$ 处的二阶导数 $f''(x_0)\neq 0$，那么该驻点一定是极值点，并且可以按二阶导数 $f''(x_0)$ 的符号来判定 $f(x_0)$ 是极大值还是极小值.

当 $f''(x_0)=0$ 时，不能判定 $f(x_0)$ 是否极值. 事实上，当 $f'(x_0)=0$，$f''(x_0)=0$ 时，$f(x)$ 在 $x_0$ 处可能有极大值，也可能有极小值，也可能没有极值. 例如，$f_1(x)=-x^4$，$f_2(x)=x^4$，$f_3(x)=x^3$ 这三个函数在 $x=0$ 处就分别属于这三种情况. 因此，如果函数在驻点处的二阶导数为零，那么还得用定理 2 来判别.

**例 3**　求函数 $f(x)=(x^2-1)^3+1$ 的极值.

**解**　$f'(x)=6x(x^2-1)^2$.

令 $f'(x)=0$，解得驻点 $x_1=-1$，$x_2=0$，$x_3=1$.

$$f''(x)=6(x^2-1)(5x^2-1).$$

因 $f''(0)=6>0$，所以函数在 $x=0$ 处取得极小值，极小值为 $f(0)=0$.

因 $f''(-1)=f''(1)=0$，用定理 3 无法判别，改用定理 2 判别.

当 $x$ 取 $-1$ 左侧邻近的值时，$f'(x)<0$；当 $x$ 取 $-1$ 右侧邻近的值时，$f'(x)<0$. 因为 $f'(x)$ 的符号没有改变，所以 $f(x)$ 在 $x=-1$ 处没有极值. 同理，$f(x)$ 在 $x=1$ 处也没有极值(见图 3-12).

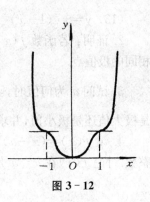

图 3-12

**例 4**　求 $f(x)=\mathrm{e}^{|x-1|}$ 的极值.

**解**　$f(x)=\begin{cases}\mathrm{e}^{x-1}, & x\geqslant 1,\\ \mathrm{e}^{1-x}, & x<1.\end{cases}$

下面求 $f(x)$ 的导数，关键是分段点 $x=1$ 处的导数. 因为

$$f'_+(1)=\lim_{x\to 1+0}\frac{f(x)-f(1)}{x-1}=\lim_{x\to 1+0}\frac{\mathrm{e}^{x-1}-1}{x-1}=\lim_{x\to 1+0}\mathrm{e}^{x-1}=1,$$

$$f'_-(1) = \lim_{x \to 1-0} \frac{f(x) - f(1)}{x - 1} = \lim_{x \to 1-0} \frac{e^{1-x} - 1}{x - 1}$$

$$= \lim_{x \to 1-0} -e^{1-x} = -1,$$

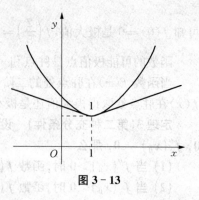

故在 $x = 1$ 处 $f'(x)$ 不存在.

$$f'(x) = \begin{cases} e^{x-1}, & x > 1, \\ -e^{1-x}, & x < 1. \end{cases}$$

图 3-13

在 $x = 1$ 附近 $f'(x)$ 的值由负到正,所以 $f(1) = 1$ 是极小值(见图 3-13).

### 习题 3-5

1. 求下列函数的极值:

(1) $y = \sqrt{2x - x^2}$ ;

(2) $y = 2x^3 - 6x^2 - 18x + 7$ ;

(3) $y = (2x - 5)\sqrt[3]{x^2}$ ;

(4) $y = \cos x + \sin x$ ;

(5) $y = -x^4 + 2x^2$ ;

(6) $y = x + \sqrt{1 - x}$ ;

(7) $y = 3 - 2(x + 1)^{\frac{1}{3}}$ ;

(8) $y = x^2 + \frac{432}{x}$ ;

(9) $y = e^x \sin x$ ;

(10) $y = x^{\frac{1}{x}}$ ;

(11) $y = x^4(x - 1)^3$ ;

(12) $y = e^x \cos x \quad x \in [0, 2\pi]$ ;

(13) $y = x^{\frac{1}{3}}(1 - x)^{\frac{2}{3}}$ ;

(14) $y = \tan x$ .

2. 证明:若函数 $f(x)$ 不为负,则函数 $F(x) = cf^2(x)(c > 0)$ 与函数 $f(x)$ 有相同的极值点.

3. 试问 $a$ 为何值时,函数 $f(x) = a\sin x + \frac{1}{3}\sin 3x$ 在 $x = \frac{\pi}{3}$ 处取得极值? 它是极大值还是极小值,并求此极值.

4. 设 $f(x) = (x - a)^n \varphi(x)$ ,其中 $\varphi(x)$ 在 $x = a$ 处连续并且 $\varphi(a) \neq 0$,$n$ 是正整数.讨论 $f(x)$ 在 $x = a$ 是否有极值以及是极大值还是极小值.

## 第六节　最大值、最小值问题

在工农业生产、工程技术及科学实验中,常常遇到这样一类问题:在一定条件下,怎样使"产品最多"、"用料最省"、"成本最低"、"效率最高"? 这类问题在数学上有时可归结为求某一函数的最大值或最小值问题.

假定函数 $f(x)$ 在闭区间 $[a,b]$ 上连续、可导(或除去有限个点外可导),并且至多在有限个点处导数为零.在上述条件下,我们来讨论 $f(x)$ 在 $[a,b]$ 上的最大值和最小值的求法.

首先,由闭区间上连续函数的性质,$f(x)$ 在 $[a,b]$ 上的最大值和最小值一定存在.

其次,如果最大值(或最小值)在区间的内部取得,那么这个最大值(或最小值)一定也是函数的极大值(或极小值).又 $f(x)$ 的最大值和最小值也可能在区间的端点处取得.因此,可用如下方法求 $f(x)$ 在 $[a,b]$ 上的最大值和最小值.

设 $f(x)$ 在 $(a,b)$ 内的驻点与导数不存在的点为 $x_1,x_2,\cdots,x_n$,则比较

$$f(a),f(x_1),\cdots,f(x_n),f(b)$$

的大小,其中最大的便是 $f(x)$ 在 $[a,b]$ 上的最大值,最小的便是 $f(x)$ 在 $[a,b]$ 上的最小值.

**例 1**　求函数 $y=x^4-2x^2+5$ 在区间 $[-2,2]$ 上的最大值和最小值.

**解**　$y'=4x^3-4x$.令 $y'=0$,求得驻点为 $x_1=-1$,$x_2=0$,$x_3=1$.驻点处与区间端点处的函数值为

$$y\Big|_{x=0}=5,\ y\Big|_{x=\pm1}=4,\ y\Big|_{x=\pm2}=13.$$

比较以上函数值的大小,知道最大值为 13,最小值为 4.

一些特殊情形如下.

(1) 如果函数 $f(x)$ 在闭区间 $[a,b]$(开区间或无穷区间)内只有一个极值点,而在该点有极大(小)值时,它就是最大(小)值,不需要再求区间端点的函数值.图 3-14 的(a)、(b)就属这种情况.

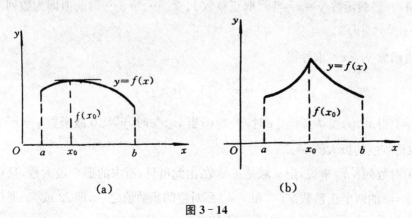

**图 3-14**

(2) 实际问题中,往往根据问题的性质就可以断定可导函数 $f(x)$ 确有最大值或最小值,而且一定在定义区间内部取得.这时如果 $f(x)$ 在定义区间内又只有一

个可能的极值点(驻点或一阶导数不存在的点),那么不必讨论 $f(x_0)$ 是不是极值,就可断定 $f(x_0)$ 是最大值或最小值.

**例 2** 设有一边长为 $a$ 的正方形钢板,在它的四个角切去一边长为 $x$ 的正方形,然后把它沿虚线折起(见图 3-15),做成一个无盖的盒子.试问 $x$ 取什么值时它的容积最大,并求其最大值.

**解** 由于小正方形的边长为 $x$,故盒底的边长为 $a-2x$,它的容积为

$$V(x)=x(a-2x)^2, x \in \left(0, \frac{a}{2}\right).$$

求导得

$$V'(x)=(a-2x)(a-6x).$$

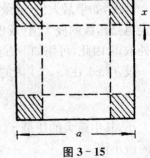

图 3-15

令 $V'(x)=0$,解得驻点 $x_1=\dfrac{a}{2}$,$x_2=\dfrac{a}{6}$.由于点 $\dfrac{a}{2}$ 超出了函数的定义域,故知 $V(x)$ 在定义域 $\left(0, \dfrac{a}{2}\right)$ 内只有唯一驻点 $x=\dfrac{a}{6}$.另一方面,根据实际问题的性质可以判断 $V(x)$ 必有最大值,故当 $x=\dfrac{a}{6}$ 时,$V$ 取最大值,且最大值为

$$V\left(\frac{a}{6}\right)=\frac{a}{6}\left(a-2 \cdot \frac{a}{6}\right)^2=\frac{2a^3}{27}.$$

**例 3** 求数列 $1, \sqrt{2}, \sqrt[3]{3}, \cdots, \sqrt[n]{n}, \cdots$ 中的最大的一个数.

**解** 显然函数 $y=x^{\frac{1}{x}}$ 当 $x$ 取正整数 1、2、$\cdots$、$n$、$\cdots$ 时的值即为数列 $1, \sqrt{2}$, $\sqrt[3]{3}, \cdots, \sqrt[n]{n}, \cdots$.

将函数 $y=x^{\frac{1}{x}}$ 求导得

$$y'=x^{\frac{1}{x}-2}(1-\ln x),$$

令 $y'=0$ 得 $x=\mathrm{e}$.当 $0<x<\mathrm{e}$ 时,$y'>0$;当 $x>\mathrm{e}$ 时,$y'<0$.故函数 $y=x^{\frac{1}{x}}$ 在 $x=\mathrm{e}$ 处取得唯一的极大值 $\mathrm{e}^{\frac{1}{\mathrm{e}}}$.

但对数列 $\{\sqrt[n]{n}\}$ 来说,定义域是正整数.由此可见,所求的那个最大数,只可能是接近 $x=\mathrm{e}$ 的两个正整数 $x=2$ 和 $x=3$ 所对应的函数值之一,即 $\sqrt{2}$ 或 $\sqrt[3]{3}$.通过直接比较可知 $\sqrt[3]{3} > \sqrt{2}$.所以,数列 $\{\sqrt[n]{n}\}$ 中的最大的一个数是 $\sqrt[3]{3}$.

**例 4** 一重量为 $W$ 的物体放在一粗糙平面上,加力使它恰能移动,问作用力应与平面成何角度最省力?

**解** 设作用力 $F$ 与水平面成 $\theta$ 角（见图 3-16），摩擦力 $f$ 的方向与物理移动方向相反.我们知道使物体恰能移动的作用力的水平分力 $F_x = F\cos\theta$ 应该与摩擦力相等,也就是与正压力 $W - F_y = W - F\sin\theta$ 成正比,因此我们有

$$\mu(W - F\sin\theta) = F\cos\theta,$$

$\mu$ 是比例常数（即该物体与平面的摩擦系数）.故

$$F = \frac{\mu W}{\cos\theta + \mu\sin\theta}.$$

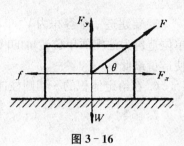

**图 3-16**

现在的问题是 $\theta$ 应取 $\left[0, \dfrac{\pi}{2}\right]$ 中何值才能使 $F$ 最小,也就是使

$$g(\theta) = \cos\theta + \mu\sin\theta \quad \left(0 \leqslant \theta \leqslant \frac{\pi}{2}\right)$$

为最大? 令

$$g'(\theta) = -\sin\theta + \mu\cos\theta = 0,$$

解得 $\theta = \arctan\mu$.

由于实际问题确有最大值,且最大值只能在区间 $\left(0, \dfrac{\pi}{2}\right)$ 的内部取到,所以 $g(\theta)$ 在 $\theta = \arctan\mu$ 时出现最大值,从而知道 $F$ 在 $\theta = \arctan\mu$ 时最小.

## 习题 3-6

1. 求下列函数在所给区间内的最大值和最小值:

(1) $f(x) = \dfrac{a^2}{x} + \dfrac{b^2}{1-x}$ $(a > b > 0)x \in (0, 1)$;

(2) $f(x) = \sqrt{5 - 4x}$, $x \in [-1, 1]$;

(3) $f(x) = x + \cos x$, $x \in [0, 2\pi]$;

(4) $f(x) = x + \sqrt{1-x}$ $x \in [-5, 1]$;

(5) $f(x) = e^x\sin x$, $x \in [0, \pi]$.

2. 如图 3-17,设 $AB = AC$, $D$ 为 $BC$ 边的中点, $P$ 为高 $AD$ 上的一点, $\angle BAC < 120°$.试证:当 $PA + PB + PC$ 最小时, $\angle APB = \angle BPC = \angle CPA = 120°$.

3. 在半径为 $R$ 的圆桌中心上空挂一盏灯,问需挂多高时,才能使圆桌边缘照得最亮?（已知光线亮度 $T$ 和光线投射角 $\alpha$ 的余弦成正比,和光源距离 $d$ 的平

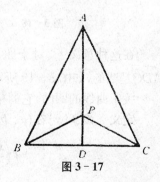

**图 3-17**

方成反比,即 $T=K\dfrac{\cos\alpha}{d^2}$,其中 $K$ 为比例常数.)

4. 设扇形的周长 $P$ $(P>0)$ 为常数,问当扇形的半径为何值时,使扇形的面积最大?

5. 要建造一个容积为 $V$(单位:$\text{m}^3$)($V$ 为正常数)的圆柱形蓄水池,已知池底单位造价为池侧面单位造价的两倍,问应如何选择蓄水池的底半径 $r$ 和高 $h$,才能使造价最低?

6. 在给定体积的一切圆柱体中,求出表面积最小的圆柱体.

7. 函数 $y=x^2-\dfrac{54}{x}$ $(x<0)$ 在何处取得最小值?

8. 函数 $y=2\tan x-\tan^2 x$ $x\in\left[0,\dfrac{\pi}{2}\right)$ 在何时取得最大值?

# 第七节 曲线的凹凸与拐点

我们曾用一阶导数的符号来研究函数的增减性,本节要用二阶导数来研究函数图形的凹凸性.凹凸是随人们的立足点不同而改变的.按照习惯上的说法,图 3-18 中曲线弧 $\overset{\frown}{ABC}$ 是凹的,此时,曲线弧 $\overset{\frown}{ABC}$ 上任意一点的切线都在此弧段的下方;曲线弧 $\overset{\frown}{CDE}$ 是凸的,此时,曲线弧 $\overset{\frown}{CDE}$ 上任意一点的切线都在此弧段的上方.

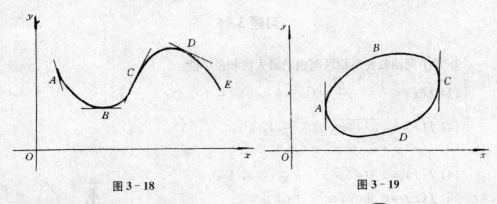

图 3-18　　　　　　　　　　　　图 3-19

在这种意义下,对于卵形曲线,我们容易理解,曲线弧 $\overset{\frown}{ABC}$ 是凸的,曲线弧 $\overset{\frown}{ADC}$ 是凹的,如图 3-19 所示.

关于曲线的凹凸,它的精确定义如下.

**定义** 设 $f(x)$ 在 $(a,b)$ 内连续,如果对 $(a,b)$ 内任意两点 $x_1,x_2$,恒有

$$f\left(\frac{x_1+x_2}{2}\right)<\frac{f(x_1)+f(x_2)}{2},$$

那么称 $f(x)$ 在 $(a,b)$ 内的图形是凹的(或凹弧);如果恒有

$$f\left(\frac{x_1+x_2}{2}\right)>\frac{f(x_1)+f(x_2)}{2},$$

那么称 $f(x)$ 在 $(a,b)$ 内的图形是凸的(或凸弧).如果 $f(x)$ 在 $[a,b]$ 上连续,且在 $(a,b)$ 内的图形是凹(或凸)的,那么称 $f(x)$ 在 $[a,b]$ 上的图形是凹(凸)的.

图 3-20 直观地显现了凹弧、凸弧的性质.

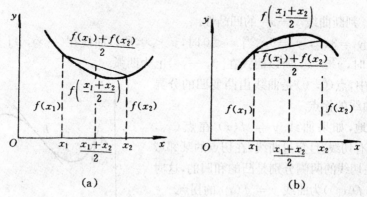

图 3-20

要从定义来判别一条曲线的凹凸并非易事.如果函数 $f(x)$ 在 $(a,b)$ 内具有二阶导数,那么我们可以利用二阶导数的符号来判定曲线的凹凸,这就是下面的曲线凹凸的判定定理.

**定理** 设函数 $f(x)$ 在 $[a,b]$ 上连续,在 $(a,b)$ 内具有一阶和二阶导数,那么

(1) 若在 $(a,b)$ 内 $f''(x)>0$,则 $f(x)$ 在 $[a,b]$ 上的图形是凹的;

(2) 若在 $(a,b)$ 内 $f''(x)<0$,则 $f(x)$ 在 $[a,b]$ 上的图形是凸的.

对于任意区间,函数 $f(x)$ 在其上图形凹凸的定义及判定定理与上类同.

从函数单调性的判别法可知,若在 $(a,b)$ 内 $f''(x)>0$,则 $f'(x)$ 在 $(a,b)$ 内单调增加,这就表明曲线 $y=f(x)$ 的切线的斜率随 $x$ 的增加而增加;若在 $(a,b)$ 内 $f''(x)<0$,则 $f'(x)$ 在 $(a,b)$ 内单调减少,这就表明曲线 $y=f(x)$ 的切线的斜率随 $x$ 的增加而减少.事实上,对于光滑曲线[①]$y=f(x)$ 来说,曲线的凹凸和 $f(x)$ 的导数之间有如下关系.

曲线是凹弧(或凸弧)的充要条件是:曲线的切线的斜率 $f'(x)$ 是单调增加(或单调减少)的(见图 3-21).

---

① 当曲线上每一点处都具有切线,且切线随切点的移动而连续转动,这样的曲线称为光滑曲线.例如当 $f'(x)$ 在 $[a,b]$ 上连续时,函数 $y=f(x)$ 在 $[a,b]$ 上的图形就是光滑曲线弧.

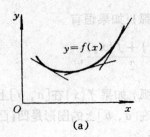 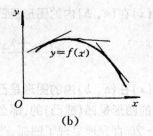

(a)　　　　　　　　　　　(b)

图 3 - 21

**例 1** 判断曲线 $y = x^3$ 的凹凸性.

**解** $y' = 3x^2$，$y'' = 6x$. 当 $x < 0$ 时，$y'' < 0$，所以曲线在 $(-\infty, 0]$ 上为凸弧；当 $x > 0$ 时，$y'' > 0$，所以曲线在 $[0, +\infty)$ 上为凹弧.

本例中，点 $(0, 0)$ 是曲线由凸变凹的分界点，称为曲线的**拐点**.

一般地，如果曲线 $y = f(x)$ 在点 $(x_0, f(x_0))$ 处有切线，且穿过曲线，在切点的某邻域内，曲线在切线的两侧分别是凸的和凹的，这时称点 $(x_0, f(x_0))$ 为曲线 $y = f(x)$ 的**拐点**.

由此可见，拐点正是曲线凹凸的分界点，如图 3 - 22 中的 $B$ 点.

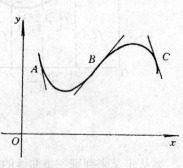

图 3 - 22

**例 2** 求曲线 $y = (x - 1)x^{\frac{2}{3}}$ 的拐点.

**解**
$$y = x^{\frac{5}{3}} - x^{\frac{2}{3}},$$
$$y' = \frac{5}{3}x^{\frac{2}{3}} - \frac{2}{3}x^{-\frac{1}{3}} = \frac{5x - 2}{3x^{\frac{1}{3}}},$$
$$y'' = \frac{10}{9}x^{-\frac{1}{3}} + \frac{2}{9}x^{-\frac{4}{3}} = \frac{2(5x + 1)}{9x^{\frac{4}{3}}}.$$

令 $y'' = 0$，得 $x = -\dfrac{1}{5}$.

当 $x = 0$ 时，$y''$ 不存在. $x = 0$ 也使得一阶导数为无穷大（即有垂直于 $x$ 轴的切线）. 故可能拐点的横坐标为 $x_1 = -\dfrac{1}{5}$，$x_2 = 0$；它们把区间 $(-\infty, +\infty)$ 分成三个部分区间 $\left(-\infty, -\dfrac{1}{5}\right]$、$\left[-\dfrac{1}{5}, 0\right]$、$[0, +\infty)$. 列表如下.

| $x$ | $\left(-\infty, -\dfrac{1}{5}\right)$ | $-\dfrac{1}{5}$ | $\left(-\dfrac{1}{5}, 0\right)$ | $0$ | $(0, +\infty)$ |
|---|---|---|---|---|---|
| $y''$ | $-$ | $0$ | $+$ | 无 | $+$ |

所以 $\left(-\dfrac{1}{5},\ \dfrac{-6\sqrt[3]{5}}{25}\right)$ 是拐点,而$(0,\ 0)$不是拐点.

**例 3**　求曲线 $y=\sqrt[3]{x}$ 的拐点.

**解**　函数在$(-\infty,\ +\infty)$内连续.当 $x\neq 0$ 时

$$y'=\frac{1}{3\sqrt[3]{x^2}},\ y''=-\frac{2}{9x\sqrt[3]{x^2}}.$$

当 $x=0$ 时,$y'$、$y''$ 都不存在.$x=0$ 把$(-\infty,\ +\infty)$分成两个部分区间$(-\infty,\ 0]$、$[0,\ +\infty)$.列表如下.

| $x$ | $(-\infty,\ 0)$ | $0$ | $(0,\ +\infty)$ |
|---|---|---|---|
| $y''$ | $+$ | 无 | $-$ |

所以$(0,\ 0)$是这曲线的一个拐点.

由上述两个例子可以看出,可能拐点的横坐标为函数 $y=f(x)$ 的二阶导数为零的点和二阶导数不存在的点.需要注意:如果 $f''(x)$ 在 $x_0$ 点不存在,但在$(x_0,\ f(x_0))$处存在唯一切线,也要利用判定定理,考察 $x_0$ 的左、右两侧邻近,$f''(x)$是否异号,若异号,也是拐点.

## 习题 3-7

1. 判定下列曲线的凹凸性:

(1) $y=4x-x^2$;

(2) $y=\operatorname{sh} x$;

(3) $y=x+\dfrac{1}{x}\ (x>0)$;

(4) $y=\dfrac{1}{1+x^2}$.

2. 求下列函数图形的拐点及凹或凸的区间:

(1) $y=2x^3-3x^2-36x+25$;

(2) $y=x\mathrm{e}^{-x}$;

(3) $y=(x+1)^4+\mathrm{e}^x$;

(4) $y=\arctan x$;

(5) $y=x^2+\dfrac{1}{x}$;

(6) $y=\mathrm{e}^{\arctan x}$.

3. 利用函数图形的凹凸性证明下列不等式:

(1) $\dfrac{1}{2}(x^n+y^n)>\left(\dfrac{x+y}{2}\right)^n\ (x>0,\ y>0,\ x\neq y,\ n>1)$;

(2) $(abc)^{\frac{a+b+c}{3}}\leqslant a^ab^bc^c\ (a,\ b,\ c\in\mathbf{N}^+)$;

(3) $x\ln x+y\ln y>(x+y)\ln\dfrac{x+y}{2}\ (x>0,\ y>0)$.

4. 求下列曲线的拐点:

(1) $\begin{cases} x = t^2, \\ y = 3t + t^3; \end{cases}$ \qquad\qquad (2) $\begin{cases} x = t, \\ y = t\ln t. \end{cases}$

5. 求曲线 $y = \dfrac{x^2}{1 + x^2}$ 在拐点处的切线方程.

6. 如何选择参数 $h > 0$,使得曲线

$$y = \frac{h}{\sqrt{\pi}} e^{-h^2 x^2}$$

在 $x = \pm\sigma \ (\sigma > 0, \sigma$ 是给定的常数)处有拐点?

7. 证明曲线 $y = \dfrac{x - 1}{x^2 + 1}$ 有三个拐点位于同一直线上.

8. 讨论曲线

$$g(x) = \begin{cases} \sqrt{x}, & x \geqslant 0, \\ \sqrt{-x}, & x < 0 \end{cases}$$

的凹凸区间和拐点.

9. 设 $y = f(x)$ 在 $x = x_0$ 的某邻域内具有三阶连续导数,如果 $f'(x_0) = 0$,$f''(x_0) = 0$,而 $f'''(x_0) \neq 0$,试问 $x = x_0$ 是否为极值点? 为什么? 又 $(x_0, f(x_0))$ 是否为拐点? 为什么?

# 第八节　渐近线,函数图形的描绘

## 一、曲线的渐近线

为了更全面地了解函数 $y = f(x)$ 的性质,往往还要研究 $|x|$ 或 $|y|$ 无限增大时函数的变化情况.而这正是曲线上的点无限远离原点时曲线的变化情形.

**定义**　如果存在直线 $L$,当曲线 $y = f(x)$ 上的点无限远离原点时,这个点与 $L$ 的距离趋于零,则称 $L$ 为曲线 $y = f(x)$ 的渐近线.

在第一章中,曾提出过:如果 $\lim\limits_{x \to \infty} f(x) = a$,则直线 $y = a$ 是曲线 $y = f(x)$ 的水平渐近线.

例如 $y = 1$ 是曲线 $y = \dfrac{(x + 1)^2}{x^2 + 1}$ 的水平渐近线,因为 $\lim\limits_{x \to \infty} y = 1$(见图 3 - 23).

如果 $\lim\limits_{x \to x_0} f(x) = \infty$,则直线 $x = x_0$ 是曲线 $y = f(x)$ 的铅直渐近线.

例如 $x = 2$ 是曲线 $y = \dfrac{1}{(x - 2)^2}$ 的铅直渐近线.因为 $\lim\limits_{x \to 2} y = +\infty$(见图 3 - 24).

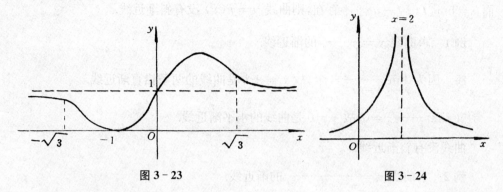

图 3-23　　　　　　　　　　　　　图 3-24

除了以上两种渐近线之外,现在要讨论曲线 $y=f(x)$ 是否有斜渐近线 $y=ax+b\ (a\neq 0)$.

设曲线的斜渐近线是存在的,由渐近线定义及几何学(见图 3-25)

$$|MP|=|MN|\cos\alpha,$$

而
$$\tan\alpha=a,$$
则曲线上的点到直线 $y=ax+b$ 的距离为

$$|MP|=\frac{|MN|}{\sec\alpha}=\frac{|f(x)-ax-b|}{\sqrt{1+a^2}}.$$

因为曲线有斜渐近线,所以

$$\lim_{x\to\infty}|MP|=\lim_{x\to\infty}\frac{|f(x)-ax-b|}{\sqrt{1+a^2}}=0,$$

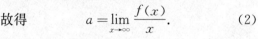

即
$$\lim_{x\to\infty}[f(x)-ax-b]=0.\qquad(1)$$

因此有　$\lim_{x\to\infty}\dfrac{f(x)-ax-b}{x}=0,$

故得　　　$a=\lim_{x\to\infty}\dfrac{f(x)}{x}.\qquad(2)$

再由(1)式得

$$b=\lim_{x\to\infty}[f(x)-ax].\qquad(3)$$

图 3-25

于是,若曲线 $y=f(x)$ 有斜渐近线 $y=ax+b$,则其中常数 $a$ 与 $b$ 可由(2)、(3)式来确定.反之,如果 $a=\lim_{x\to\infty}\dfrac{f(x)}{x}\ (\neq 0)$,$b=\lim_{x\to\infty}[f(x)-ax]$ 存在,则(1)式成立,这表明 $y=f(x)$ 有斜渐近线.但是如果 $a=\lim_{x\to\infty}\dfrac{f(x)}{x}$ 不存在,或者虽然 $a$ 存在

而 $b = \lim\limits_{x \to \infty} [f(x) - ax]$ 不存在,则曲线 $y = f(x)$ 没有斜渐近线.

**例1** 求曲线 $y = \dfrac{x}{1 - x^2}$ 的渐近线.

**解** 因为 $\lim\limits_{x \to \pm 1} \dfrac{x}{1 - x^2} = \infty$,故 $x = \pm 1$ 是曲线的两条铅直渐近线.

又 $\lim\limits_{x \to \infty} \dfrac{x}{1 - x^2} = 0$,故 $y = 0$ 是曲线的水平渐近线.

曲线没有斜渐近线.

**例2** 求曲线 $y = \dfrac{x^3}{x^2 - 3x + 2}$ 的渐近线.

**解** $y = \dfrac{x^3}{x^2 - 3x + 2} = \dfrac{x^3}{(x - 1)(x - 2)}$,

容易看出 $x = 1$ 及 $x = 2$ 是曲线的铅直渐近线.

曲线没有水平渐近线.

由(2)式得

$$a = \lim_{x \to \infty} \frac{y}{x} = \lim_{x \to \infty} \frac{x^2}{x^2 - 3x + 2} = 1.$$

由(3)式得

$$b = \lim_{x \to \infty} (y - ax) = \lim_{x \to \infty} \left( \frac{x^3}{x^2 - 3x + 2} - x \right) = 3,$$

因此曲线有斜渐近线 $y = x + 3$.

**例3** 求曲线 $y = x + \ln x$ 的渐近线.

**解** 注意到函数的定义域为 $x > 0$,且有

$$\lim_{x \to +0} y = -\infty,$$

故有铅直渐近线 $x = 0$. 因为

$$\lim_{x \to +\infty} (x + \ln x) = +\infty,$$

故曲线没有水平渐近线.

下面考虑斜渐近线.

因为 $a = \lim\limits_{x \to +\infty} \dfrac{y}{x} = \lim\limits_{x \to +\infty} \left( 1 + \dfrac{\ln x}{x} \right) = 1,$

$b = \lim\limits_{x \to +\infty} (y - ax) = \lim\limits_{x \to +\infty} \ln x = +\infty,$

故曲线也没有斜渐近线.

## 二、函数图形的描绘

我们曾学过描点法作图.一般来说,点描得越多,作出的图形越准确.但描点法

有两条缺陷：一是取点带有相当大的盲目性，可能漏掉一些关键的、具有特殊重要性的点；二是当描点较少时，常常难以确定曲线的弯曲方向.当描点增多时，计算量自然增大.因此，有必要寻找一种好的描绘函数图形的方法.

利用导数知识搞清函数在区间上和某些关键点上的性质，再根据函数性态作出图形，这种"导数作图法"正好弥补了描点法的缺陷.函数在区间上的性态主要指单调性和凹凸性，关键点主要是极值点和拐点.某些函数在间断点附近及 $x \to \infty$ 时的变化趋势，对于作图也是十分重要的.导数作图法要点就是把握上面说的"二性（单调性、凹凸性）"、"二点（极值点、拐点）"、"一线（渐近线）".

导数作图法的一般步骤如下：

(1) 确定函数的定义域、连续区间及间断点，函数的奇偶性及周期性.

(2) 求出函数的一阶导数及二阶导数，并求出使一阶导数、二阶导数为 0 的点及一、二阶导数不存在的点，用这些点及间断点（如果有的话）将函数的定义域划分成几个部分区间.

(3) 确定这些部分区间内一阶导数和二阶导数的符号，并由此确定函数图形的升降和凹凸、极值点和拐点.

(4) 确定函数图形的水平、铅直渐近线以及斜渐近线.

(5) 计算出(2)所求出的特殊点的函数值，定出图形上的点.再适当补充一些点，联结这些点，作出函数 $y = f(x)$ 的图形.

**例 4** 画出函数 $y = \dfrac{1}{3}x^3 - x^2 + 2$ 的图形.

**解** (1) 所给函数 $y = f(x)$ 的定义域为 $(-\infty, +\infty)$.

(2) $f'(x) = x^2 - 2x$，令 $f'(x) = 0$，得 $x_1 = 0$，$x_2 = 2$.

$f''(x) = 2x - 2$，令 $f''(x) = 0$，得 $x_3 = 1$.

将 0、1、2 由小到大排列，并划分定义域得四个部分区间

$$(-\infty, 0], \ [0, 1], \ [1, 2], \ [2, +\infty).$$

(3) 列表如下.

| $x$ | $(-\infty, 0)$ | 0 | $(0, 1)$ | 1 | $(1, 2)$ | 2 | $(2, +\infty)$ |
|---|---|---|---|---|---|---|---|
| $y'$ | $+$ | 0 | $-$ | | $-$ | 0 | $+$ |
| $y''$ | $-$ | | $-$ | 0 | $+$ | | $+$ |
| $y = f(x)$ 的图形 | ↗ | 极大值 2 | ↘ | 拐点 $\left(1, \dfrac{4}{3}\right)$ | ↘ | 极小值 $\dfrac{2}{3}$ | ↗ |

这里记号 ⌒ 表示曲线弧上升而且是凸的,其他记号作类似理解.

（4）此曲线无渐近线.

（5）算出 $f(0)=2$, $f(-1)=\dfrac{2}{3}$, $f(3)=2$,

从而得曲线上的点 $\left(-1,\dfrac{2}{3}\right)$、$(0,2)$、$(3,2)$.结合表中的讨论,描出函数的图形(见图3-26).

**例5** 作函数 $y=\mathrm{e}^{-x^2}$ 的图形.

**解** （1）定义域 $(-\infty,+\infty)$.它是偶函数,图形关于 $y$ 轴对称.下面我们只讨论它在 $[0,+\infty)$ 的图形.

（2）$y'=-2x\mathrm{e}^{-x^2}$,令 $y'=0$,得 $x=0$.

$y''=2\mathrm{e}^{-x^2}(2x^2-1)$,令 $y''=0$,得 $x=\pm\dfrac{\sqrt{2}}{2}$（负值舍去）.划分区间 $[0,+\infty)$ 为

$$\left[0,\dfrac{\sqrt{2}}{2}\right],\left[\dfrac{\sqrt{2}}{2},+\infty\right).$$

（3）列表如下:

| $x$ | $0$ | $\left(0,\dfrac{\sqrt{2}}{2}\right)$ | $\dfrac{\sqrt{2}}{2}$ | $\left(\dfrac{\sqrt{2}}{2},+\infty\right)$ |
|---|---|---|---|---|
| $y'$ | $0$ | $-$ | | $-$ |
| $y''$ | | $-$ | $0$ | $+$ |
| $y=f(x)$ 的图形 | 极大值1 | ⌒ 下降 | 拐点 $\left(\dfrac{\sqrt{2}}{2},\mathrm{e}^{-\frac{1}{2}}\right)$ | ⌣ 下降 |

（4）因为 $\lim\limits_{x\to+\infty}f(x)=0$,所以直线 $y=0$ 是曲线的水平渐近线.

（5）算出 $f(0)=1$, $f\left(\dfrac{\sqrt{2}}{2}\right)=\mathrm{e}^{-\frac{1}{2}}$, $f(1)=\mathrm{e}^{-1}$.从而得图形上的点 $(0,1)$、$\left(\dfrac{\sqrt{2}}{2},\mathrm{e}^{-\frac{1}{2}}\right)$、$(1,\mathrm{e}^{-1})$.结合表中对图形的讨论,画出函数 $y=\mathrm{e}^{-x^2}$ 在 $[0,+\infty)$ 上的图形.利用对称性,可得函数在 $(-\infty,0]$ 上的图形(见图3-27).

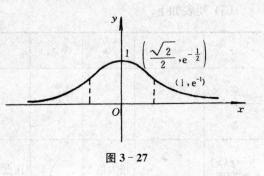

图3-26 图3-27

这条曲线称为概率曲线.

**例6**　讨论 $y=(2+x)\mathrm{e}^{\frac{1}{x}}$ 的单调性、极值、凹凸性、拐点和渐近线，并作图.

**解**　(1) 函数的定义域为 $(-\infty,0)\bigcup(0,+\infty)$，$x=0$ 为间断点.

(2) $y'=\dfrac{\mathrm{e}^{\frac{1}{x}}}{x^2}(x+1)(x-2)$，令 $y'=0$ 得 $x=-1,2$.

$y''=\dfrac{\mathrm{e}^{\frac{1}{x}}}{x^4}(5x+2)$，令 $y''=0$ 得 $x=-\dfrac{2}{5}$.

定义区间分为 $(-\infty,-1]$，$\left[-1,-\dfrac{2}{5}\right]$，$\left[-\dfrac{2}{5},0\right)$，$(0,2]$，$[0,+\infty)$.

(3) 列表如下：

| $x$ | $(-\infty,-1)$ | $-1$ | $\left(-1,-\dfrac{2}{5}\right)$ | $-\dfrac{2}{5}$ | $\left(-\dfrac{2}{5},0\right)$ | $0$ | $(0,2)$ | $2$ | $(2,+\infty)$ |
|---|---|---|---|---|---|---|---|---|---|
| $y'$ | $+$ | $0$ | $-$ | | $-$ | | $-$ | $0$ | $+$ |
| $y''$ | $-$ | | $-$ | $0$ | $+$ | | $+$ | | $+$ |
| $y=f(x)$ 的图形 | ↗ | 极大 | ↘ | 拐点 | ↘ | | ↘ | 极小 | ↗ |

$$f(-1)=\frac{1}{\mathrm{e}},\ f\left(-\frac{2}{5}\right)=\frac{8}{5}\mathrm{e}^{-\frac{5}{2}},\ f(2)=4\mathrm{e}^{\frac{1}{2}},\ f(-2)=0.$$

(4) $\lim\limits_{x\to+0}(2+x)\mathrm{e}^{\frac{1}{x}}=+\infty.$

$\lim\limits_{x\to-0}(2+x)\mathrm{e}^{\frac{1}{x}}=0,$

又

$$\lim_{x\to\infty}\frac{y}{x}=\lim_{x\to\infty}\frac{(2+x)\mathrm{e}^{\frac{1}{x}}}{x}=1,$$

而

$$\lim_{x\to\infty}(y-x)=\lim_{x\to\infty}\left[(2+x)\mathrm{e}^{\frac{1}{x}}-x\right]$$

令 $x=\dfrac{1}{t}$，则

$$\lim_{x\to\infty}\left[(2+x)\mathrm{e}^{\frac{1}{x}}-x\right]=\lim_{t\to0}\left[\left(2+\frac{1}{t}\right)\mathrm{e}^{t}-\frac{1}{t}\right]=\lim_{t\to0}\frac{(2t+1)\mathrm{e}^{t}-1}{t}$$

$$=\lim_{t\to0}\frac{2\mathrm{e}^{t}+(2t+1)\mathrm{e}^{t}}{1}=\lim_{t\to0}(2t+3)\mathrm{e}^{t}=3,$$

所以 $x=0$ 是曲线 $y=(2+x)\mathrm{e}^{\frac{1}{x}}$ 在 $x=0$ 右边的铅直渐近线；$y=x+3$ 是曲线 $y=(2+x)\mathrm{e}^{\frac{1}{x}}$ 的斜渐近线.

(5) 作图如下.

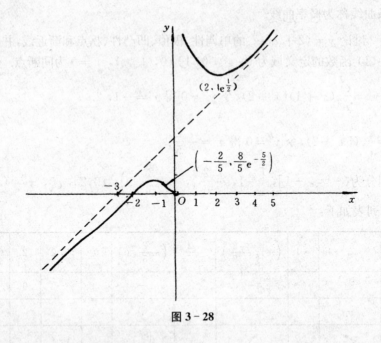

$$\left(2,1e^{\frac{1}{2}}\right)$$

$$\left(-\frac{2}{5}, \frac{8}{5}e^{-\frac{5}{2}}\right)$$

图 3 - 28

## 习题 3 - 8

讨论下列函数的单调性、极值、凹凸性、拐点和渐近线，并画出它们的图形.

1. $y = x^3 - 6x$.

2. $y = \dfrac{x}{1 + x^2}$.

3. $y = \dfrac{e^x + e^{-x}}{2}$.

4. $y = \ln(x^2 + 1)$.

5. $y = x + \arctan x$.

6. $y = \arccos \dfrac{1 - x^2}{1 + x^2}$.

7. $y = \dfrac{(x - 3)^2}{4(x - 1)}$.

8. $y = (x + 2)^{\frac{2}{3}} - (x - 2)^{\frac{2}{3}}$.

# 第九节 曲　率

工程技术中，有时需要研究曲线的弯曲程度.例如，各种梁在荷载作用下都要产生弯曲变形，因此，设计房屋、桥梁时都要考虑允许的弯曲程度，否则就要造成质量事故.工程技术上就是用曲率来表达曲线的弯曲程度的.为了计算曲率，我们先介绍弧微分的概念.

## 一、弧微分

设函数 $f(x)$ 在区间 $(a, b)$ 内具有连续导数.在曲线 $y = f(x)$ 上取固定点 $M_0(x_0, y_0)$ 作为度量弧长的基点(见图 3-29),并规定依 $x$ 增大的方向作为曲线的正向.对曲线上任一点 $M(x, y)$,规定有向弧段[①] $\overset{\frown}{M_0M}$ 的值 $s$(简称为弧 $s$)如下:$s$ 的绝对值等于这弧段的长度,当有向弧段 $\overset{\frown}{M_0M}$ 的方向与曲线的正向一致时 $s > 0$,相反时 $s < 0$.显然,弧 $s = \overset{\frown}{M_0M}$ 是 $x$ 的函数:$s = s(x)$,而且 $s(x)$ 是 $x$ 的单调增加函数.下面来求 $s(x)$ 的导数及微分.

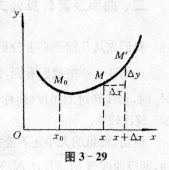

图 3-29

设 $x$,$x + \Delta x$ 为 $(a, b)$ 内两个邻近的点,它们在曲线 $y = f(x)$ 上的对应点为 $M$,$M'$(见图 3-29),并设对应于 $x$ 的增量 $\Delta x$,弧 $s$ 的增量为 $\Delta s$,那么

$$\Delta s = \overset{\frown}{M_0M'} - \overset{\frown}{M_0M} = \overset{\frown}{MM'},$$

于是

$$\left(\frac{\Delta s}{\Delta x}\right)^2 = \left(\frac{\overset{\frown}{MM'}}{\Delta x}\right)^2 = \left(\frac{\overset{\frown}{MM'}}{|MM'|}\right)^2 \cdot \frac{|MM'|^2}{(\Delta x)^2}$$

$$= \left(\frac{\overset{\frown}{MM'}}{|MM'|}\right)^2 \cdot \frac{(\Delta x)^2 + (\Delta y)^2}{(\Delta x)^2}$$

$$= \left(\frac{\overset{\frown}{MM'}}{|MM'|}\right)^2 \cdot \left[1 + \left(\frac{\Delta y}{\Delta x}\right)^2\right],$$

$$\frac{\Delta s}{\Delta x} = \pm\sqrt{\left(\frac{\overset{\frown}{MM'}}{|MM'|}\right)^2 \cdot \left[1 + \left(\frac{\Delta y}{\Delta x}\right)^2\right]}.$$

令 $\Delta x \to 0$ 取极限,由于 $\Delta x \to 0$ 时 $M' \to M$,这时弧的长度与弦的长度之比的极限等于 1,即

$$\lim_{M' \to M} \frac{|\overset{\frown}{MM'}|}{|MM'|} = 1,$$

又

$$\lim_{\Delta x \to 0} \frac{\Delta y}{\Delta x} = y',$$

因此得

$$\frac{\mathrm{d}s}{\mathrm{d}x} = \pm\sqrt{1 + y'^2}.$$

---

① 我们常把有向弧段 $\overset{\frown}{M_0M}$ 的值也记作 $\overset{\frown}{M_0M}$,即记号 $\overset{\frown}{M_0M}$ 既表示有向弧段,又表示有向弧段的值.

由于 $s = s(x)$ 是单调增加函数,从而根号前应取正号,于是有

$$ds = \sqrt{1 + y'^2}\, dx.$$

这就是**弧微分公式**.

## 二、曲率及其计算公式

我们先从几何图形上分析哪些量与曲线弯曲程度有关系.

在图 3 – 30 中我们看到,弧段 $\overset{\frown}{M_1 M_2}$ 比较平直,当动点沿这弧段从 $M_1$ 移动到 $M_2$ 时,切线转过的角度(简称转角)$\Delta \alpha_1$ 不大,而弧段 $\overset{\frown}{M_2 M_3}$ 弯曲得比较厉害,转角 $\Delta \alpha_2$ 就比较大.

但是,转角的大小还不能完全反映曲线弯曲的程度.例如,在图 3 – 31 中我们看到,两段曲线弧 $\overset{\frown}{M_1 M_2}$ 及 $\overset{\frown}{N_1 N_2}$ 尽管它们的转角 $\Delta \alpha$ 相同,然而弯曲程度并不相同,短弧段比长弧段弯得厉害些.由此可见,曲线弧的弯曲程度还与弧段的长度有关.

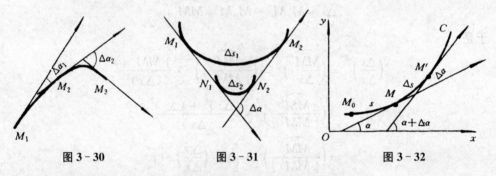

图 3 – 30            图 3 – 31            图 3 – 32

按上面的分析,我们引入描述曲线弯曲程度的曲率概念如下.

设曲线 $C$ 是光滑的,在曲线 $C$ 上选定一点 $M_0$ 作为度量弧 $s$ 的基点.设曲线上点 $M$ 对应于弧 $s$,切线的倾角为 $\alpha$,曲线上另外一点 $M'$ 对应于弧 $s + \Delta s$,切线的倾角为 $\alpha + \Delta \alpha$(见图 3 – 32),那么,弧段 $\overset{\frown}{MM'}$ 的长度为 $|\Delta s|$,当动点从 $M$ 移动到 $M'$ 时切线转过的角度为 $|\Delta \alpha|$.

我们用比值 $\dfrac{|\Delta \alpha|}{|\Delta s|}$,即单位弧段上切线转角的大小来表达弧段 $\overset{\frown}{MM'}$ 的平均弯曲程度,把这比值叫作弧段 $\overset{\frown}{MM'}$ 的**平均曲率**,并记作 $\overline{K}$,即

$$\overline{K} = \left| \frac{\Delta \alpha}{\Delta s} \right|.$$

类似于从平均速度引进瞬时速度的方法,当 $\Delta s \to 0$ 时(即 $M' \to M$ 时),上述平均曲率的极限叫作曲线 $C$ 在 $M$ 点处的**曲率**,记作 $K$,即

$$K = \lim_{\Delta s \to 0} \left| \frac{\Delta \alpha}{\Delta s} \right|.$$

在 $\lim\limits_{\Delta s \to 0} \dfrac{\Delta \alpha}{\Delta s} = \dfrac{d\alpha}{ds}$ 存在的条件下，$K$ 也可表示为

$$K = \left| \frac{d\alpha}{ds} \right|.$$

对于直线来说，切线与直线本身重合，当点沿直线移动时，切线的倾角 $\alpha$ 不变（见图 3-33），$\Delta \alpha = 0$，$\dfrac{\Delta \alpha}{\Delta s} = 0$，从而 $K = \left| \dfrac{d\alpha}{ds} \right| = 0$. 这就是说，直线上任意点 $M$ 处的曲率都等于 0，这与我们直觉认识到的"直线不弯曲"一致.

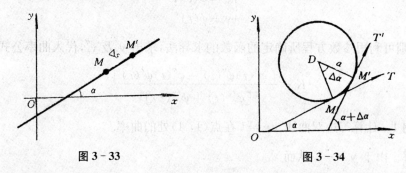

图 3-33         图 3-34

设圆的半径为 $a$. 由图 3-34 可见在点 $M$、$M'$ 处圆的切线所夹的角 $\Delta \alpha$ 等于中心角 $MDM'$. 但 $\angle MDM' = \dfrac{\Delta s}{a}$，于是

$$\frac{\Delta \alpha}{\Delta s} = \frac{\dfrac{\Delta s}{a}}{\Delta s} = \frac{1}{a},$$

得

$$K = \left| \frac{d\alpha}{ds} \right| = \frac{1}{a}.$$

因为点 $M$ 是圆上任意取定的一点，上述结论表示圆上各点处的曲率都等于半径 $a$ 的倒数 $\dfrac{1}{a}$. 这就是说，圆的弯曲程度到处都一样，且半径越小曲率越大，即圆弯曲得越厉害.

在一般情况下，我们根据 $K = \left| \dfrac{d\alpha}{ds} \right|$ 来导出便于实际计算曲率的公式.

设曲线的直角坐标方程是 $y = f(x)$，且 $f(x)$ 具有二阶导数（这时 $f'(x)$ 连续，从而曲线是光滑的）. 因为 $\tan \alpha = y'$，所以

$$\sec^2 \alpha \frac{d\alpha}{dx} = y'',$$

$$\frac{d\alpha}{dx} = \frac{y''}{1 + \tan^2 \alpha} = \frac{y''}{1 + (y')^2},$$

于是
$$\mathrm{d}\alpha = \frac{y''}{1+(y')^2}\mathrm{d}x.$$

又因为
$$\mathrm{d}s = \sqrt{1+(y')^2}\,\mathrm{d}x.$$

所以,根据曲率定义,有
$$K = \frac{|y''|}{[1+(y')^2]^{\frac{3}{2}}}.$$

如果曲线由参数方程

$$\begin{cases} x = \varphi(t), \\ y = \psi(t) \end{cases}$$

给出,则可利用参数方程所确定的函数的求导法,求出 $y_x'$ 及 $y_x''$,代入曲率公式得

$$K = \frac{|\varphi'(t)\psi''(t) - \varphi''(t)\psi'(t)|}{[\varphi'^2(t) + \psi'^2(t)]^{\frac{3}{2}}}.$$

**例 1**  计算等边双曲线 $xy = 1$ 在点 $(1,1)$ 处的曲率.

**解**  由于 $y = \dfrac{1}{x}$,从而

$$y'\Big|_{x=1} = -\frac{1}{x^2}\Big|_{x=1} = -1, \quad y''\Big|_{x=1} = \frac{2}{x^3}\Big|_{x=1} = 2.$$

因此曲线 $xy = 1$ 在点 $(1,1)$ 处的曲率为

$$K = \frac{2}{[1+(-1)^2]^{\frac{3}{2}}} = \frac{\sqrt{2}}{2}.$$

**例 2**  抛物线 $y = ax^2 + bx + c$ 上哪一点处的曲率最大?

**解**  由 $y = ax^2 + bx + c$,得

$$y' = 2ax + b, \quad y'' = 2a.$$

代入曲率公式,得

$$K = \frac{|2a|}{[1+(2ax+b)^2]^{\frac{3}{2}}}.$$

因为 $K$ 的分子是常数 $|2a|$,所以只要分母最小 $K$ 就最大.容易看出,当 $2ax + b = 0$,即 $x = -\dfrac{b}{2a}$ 时,$K$ 的分母最小,因而 $K$ 有最大值 $|2a|$.而 $x = -\dfrac{b}{2a}$ 所对应的点为抛物线的顶点.因此,抛物线在顶点处的曲率最大.

在有些实际问题中,$|y'|$ 同 1 比较起来是很小的(记为 $|y'|\ll 1$),可以忽略不计.这时,由

$$1+y'^2 \approx 1,$$

可得曲率的近似计算公式

$$K = \frac{|y''|}{(1+y'^2)^{\frac{3}{2}}} \approx |y''|.$$

经过这样简化之后,对一些复杂问题的计算和讨论就方便多了.

## 三、曲率圆与曲率半径

设曲线 $y=f(x)$ 在点 $M(x, y)$ 处的曲率为 $K(K\neq 0)$.在点 $M$ 处的曲线的法线上,在凹的一侧取一点 $D$,使 $|DM| = \frac{1}{K} = \rho$. 以 $D$ 为圆心,$\rho$ 为半径作圆(见图3-35),我们把这个圆叫作曲线在点 $M$ 处的曲率圆,把曲率圆的圆心 $D$ 叫做曲线在点 $M$ 处的曲率中心,把曲率圆的半径 $\rho$ 叫作曲线在点 $M$ 处的曲率半径.

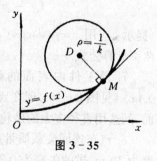

图 3-35

按上述规定可知,曲率圆与曲线在点 $M$ 有相同的切线和曲率,且在点 $M$ 邻近有相同的凹向.因此,在实际问题中,常常用曲率圆在点 $M$ 邻近的一段圆弧来近似代替曲线弧,以使问题简化.

按上述规定,曲线在点 $M$ 处的曲率 $K(K\neq 0)$ 与曲线在点 $M$ 处的曲率半径 $\rho$ 有如下关系:

$$\rho = \frac{1}{K}, \quad K = \frac{1}{\rho}.$$

这就是说:曲线上一点处的曲率半径与曲线在该点处的曲率互为倒数.

由此可见,当曲线上一点处的曲率半径 $\rho$ 比较大时,曲线在该点处的曲率 $K$ 就比较小,即曲线在该点附近比较平直;当曲率半径 $\rho$ 比较小时,曲率 $K$ 就比较大,即曲线在该点附近弯曲得较厉害.

### 习题 3-9

1. 求抛物线 $y=x^2+x$ 在(0, 0)点处的曲率.
2. 求曲线 $y=\ln(\sec x)$ 在点 $(x, y)$ 处的曲率及曲率半径.

3. 对数曲线 $y=\ln x$ 上哪一点处的曲率半径最小? 求出该点处的曲率半径.

4. 求下列曲线在指定点的曲率和曲率半径:

(1) $y=x^3$ 在点 $(0,0)$ 处;

(2) $\begin{cases} x=a(t-\sin t), \\ y=a(1-\cos t), \end{cases}$ 当 $t=\pi$ 时;

(3) $\begin{cases} x=a\cos^3 t, \\ y=a\sin^3 t, \end{cases}$ $(a>0)$ 当 $t=t_0$ 时;

(4) $y=\operatorname{ch} x$ 在点 $(0,1)$ 处.

5. $y=e^x$ 在哪一点曲率最大?

6. 设曲线是由极坐标方程

$$\rho=\rho(\theta)$$

给出的,证明它的曲率是

$$K=\frac{\rho^2+2\rho'^2-\rho\rho''}{(\rho^2+\rho'^2)^{\frac{3}{2}}}.$$

(提示:应用 $x=\rho(\theta)\cos\theta$, $y=\rho(\theta)\sin\theta$ 以及曲率计算公式.)

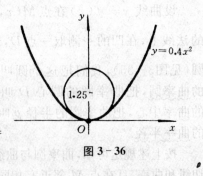

图 3-36

7. 设工件内表面的截线为抛物线 $y=0.4x^2$ (见图 3-36).现在要用砂轮磨削其内表面,问选用直径多大的砂轮较为合适?

8. 汽车连同装载质量共 5 t,在抛物线拱桥上行驶,速度为 21.6 km/h,桥的跨度为 10 m,拱的矢高为 0.25 m(见图 3-37).求汽车越过桥顶时对桥的压力.

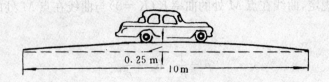

0.25 m
10 m

图 3-37

(提示:汽车越过桥顶时,受到向心加速度 $a=\dfrac{v^2}{\rho}$ 的作用,这里 $v$ 是速度,$\rho$ 是曲率半径.)

## 第十节　方程的近似解

要想得到高次代数方程的实根的精确值是十分困难的,有必要给出方程的近似解的求法.

求方程的近似解,可分两步来做.

第一步是确定根的大致范围.具体地说,就是确定一个区间$[a,b]$,使所求的根是位于这个区间内的唯一实根.这一步工作称为<u>根的隔离</u>,区间$[a,b]$称为所求实根的隔离区间.由于方程$f(x)=0$的实根在几何上表示曲线$y=f(x)$与$x$轴交点的横坐标,因此为了确定根的隔离区间,可以先较精确地画出$y=f(x)$的图形,然后从图上定出它与$x$轴交点的大概位置.由于作图和读数的误差,这种做法得不出根的高精确度的近似值,但一般已可以确定出根的隔离区间.

第二步是以根的隔离区间的端点作为根的初始近似解,逐步改善根的近似值的精确度,直至求得满足精确度要求的近似解.完成这一步工作有多种方法,这里我们介绍两种常用的方法——二分法和切线法.

## 一、二分法

设$f(x)$在区间$[a,b]$上连续,$f(a)\cdot f(b)<0$,且方程$f(x)=0$在$(a,b)$内仅有一个实根$\xi$,于是$[a,b]$即是这个根的一个隔离区间.

取$[a,b]$的中点$\xi_1=\dfrac{a+b}{2}$,计算$f(\xi_1)$.

如果$f(\xi_1)=0$,那么$\xi=\xi_1$;

如果$f(\xi_1)$与$f(a)$同号,那么取$a_1=\xi_1$,$b_1=b$,由$f(a_1)\cdot f(b_1)<0$,即知$a_1<\xi<b_1$,且$b_1-a_1=\dfrac{1}{2}(b-a)$;

如果$f(\xi_1)$与$f(b)$同号,那么取$a_1=a$,$b_1=\xi_1$,也有$a_1<\xi<b_1$及$b_1-a_1=\dfrac{1}{2}(b-a)$;

总之,当$\xi\neq\xi_1$时,可求得$a_1<\xi<b_1$,且$b_1-a_1=\dfrac{1}{2}(b-a)$.

以$[a_1,b_1]$作为新的隔离区间,重复上述做法,当$\xi\neq\xi_2=\dfrac{1}{2}(a_1+b_1)$时,可求得$a_2<\xi<b_2$,且$b_2-a_2=\dfrac{1}{2^2}(b-a)$.

如此重复$n$次,求得$a_n<\xi<b_n$,且$b_n-a_n=\dfrac{1}{2^n}(b-a)$.由此可知,如果以$a_n$或$b_n$作为$\xi$的近似值,那么其误差小于$\dfrac{1}{2^n}(b-a)$.

**例1** 用二分法求$x^3+1.1x^2+0.9x-1.4=0$的实根的近似值,精确到$10^{-3}$

153

（即误差不超过 $10^{-3}$）.

**解** 记 $f(x)=x^3+1.1x^2+0.9x-1.4$，显然 $f(x)$ 在 $(-\infty,+\infty)$ 内连续.

由 $f'(x)=3x^2+2.2x+0.9$，根据判别式 $\left(\dfrac{B}{2}\right)^2-AC=1.1^2-3\times0.9=-1.49<0$，知 $f'(x)>0$. 故 $f(x)$ 在 $(-\infty,+\infty)$ 内单调增加，$f(x)=0$ 至多有一个实根.

由 $f(0)=-1.4<0$，$f(1)=1.6>0$，知 $f(x)=0$ 在 $[0,1]$ 内有唯一的实根. 取 $a=0$，$b=1$，$[0,1]$ 即是一个隔离区间.

计算得：

$\xi_1=0.5$，$f(\xi_1)=-0.55<0$，故 $a_1=0.5$，$b_1=1$；

$\xi_2=0.75$，$f(\xi_2)=0.32>0$，故 $a_2=0.50$，$b_2=0.75$；

$\xi_3=0.625$，$f(\xi_3)=-0.16<0$，故 $a_3=0.625$，$b_3=0.75$；

$\xi_4=0.687$，$f(\xi_4)=0.062>0$，故 $a_4=0.625$，$b_4=0.687$；

$\xi_5=0.656$，$f(\xi_5)=-0.054<0$，故 $a_5=0.656$，$b_5=0.687$；

$\xi_6=0.672$，$f(\xi_6)=0.005>0$，故 $a_6=0.656$，$b_6=0.672$；

$\xi_7=0.664$，$f(\xi_7)=-0.025<0$，故 $a_7=0.664$，$b_7=0.672$；

$\xi_8=0.668$，$f(\xi_8)=-0.010<0$，故 $a_8=0.668$，$b_8=0.672$；

$\xi_9=0.670$，$f(\xi_9)=-0.002<0$，故 $a_9=0.670$，$b_9=0.672$；

$\xi_{10}=0.671$，$f(\xi_{10})=0.001>0$，故 $a_{10}=0.670$，$b_{10}=0.671$.

于是 $$0.670<\xi<0.671.$$

即 0.670 作为根的不足近似值，0.671 作为根的过剩近似值，其误差都小于 $10^{-3}$.

二分法具有简单和易操作的优点. 其计算步骤如下：

(1) 输入有根区间的端点 $a$，$b$ 及预先给定的精度 $\xi$；

(2) $(a+b)/2\Rightarrow x$；

(3) 若 $f(a)\cdot f(x)<0$，则 $x\Rightarrow b$，转向 4；否则 $x\Rightarrow a$，转向 4；

(4) 若 $b-a<\xi$，则输出方程满足精度的根 $x$ 结束；否则转向 2.

计算框图如图 3-38.

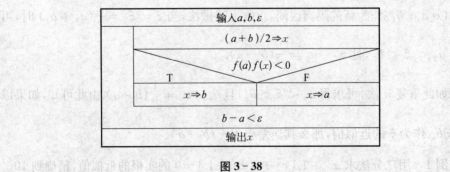

**图 3-38**

## 二、切线法

设 $f(x)$ 在 $[a,b]$ 上具有二阶导数，$f(a) \cdot f(b) < 0$ 且 $f'(x)$ 及 $f''(x)$ 在 $[a,b]$ 上保持定号.在上述条件下，方程 $f(x)=0$ 在 $(a,b)$ 内有唯一的实根 $\xi$，$[a,b]$ 为根的一个隔离区间.此时，$y=f(x)$ 在 $[a,b]$ 上的图形 $\overset{\frown}{AB}$ 只有如图 3-39 所示的四种不同情形.

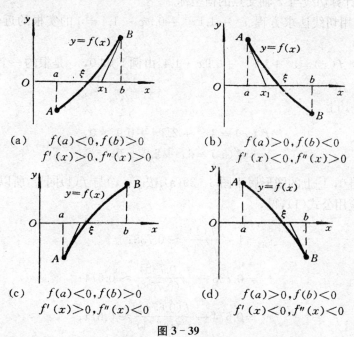

$$
\begin{array}{ll}
\text{(a)} & f(a)<0, f(b)>0 \\
& f'(x)>0, f''(x)>0 \\[4pt]
\text{(b)} & f(a)>0, f(b)<0 \\
& f'(x)<0, f''(x)>0 \\[8pt]
\text{(c)} & f(a)<0, f(b)>0 \\
& f'(x)>0, f''(x)<0 \\[4pt]
\text{(d)} & f(a)>0, f(b)<0 \\
& f'(x)<0, f''(x)<0
\end{array}
$$

图 3-39

我们用曲线弧一端的切线来代替曲线弧，从而求出方程实根的近似值，这种方法叫作切线法.从图 3-39 看出，如果在纵坐标与 $f''(x)$ 同号的那个端点(此端点记作 $(x_0, f(x_0))$)作切线，这切线与 $x$ 轴的交点的横坐标 $x_1$ 就比 $x_0$ 更接近方程的根 $\xi$.

下面以图 3-39(c)的情形为例进行讨论.此时因为 $f(a)$ 与 $f''(x)$ 同号，所以令 $x_0=a$，在端点 $(x_0, f(x_0))$ 作切线，这切线的方程为

$$
y-f(x_0)=f'(x_0)(x-x_0).
$$

令 $y=0$，从上式中解出 $x$，就得到切线与 $x$ 轴交点的横坐标为

$$
x_1=x_0-\frac{f(x_0)}{f'(x_0)},
$$

它比 $x_0$ 更接近方程的根 $\xi$.

再在点 $(x_1, f(x_1))$ 作切线，可得根的近似值 $x_2$. 如此继续，一般地，在点 $(x_{n-1}, f(x_{n-1}))$ 作切线，得根的近似值

$$x_n = x_{n-1} - \frac{f(x_{n-1})}{f'(x_{n-1})}. \tag{1}$$

此公式也称为牛顿迭代法.

如果 $f(b)$ 与 $f''(x)$ 同号，切线作在端点 $B$（如情形(a)及(d)），可记 $x_0 = b$，仍按公式(1)计算切线与 $x$ 轴交点的横坐标.

**例 2** 用切线法求方程 $x^3 + 1.1x^2 + 0.9x - 1.4 = 0$ 的实根的近似值，精确到 $10^{-3}$.

**解** 令 $f(x) = x^3 + 1.1x^2 + 0.9x - 1.4$. 由例 1 知 $[0, 1]$ 是根的一个隔离区间. $f(0) < 0$, $f(1) > 0$.

在 $[0, 1]$ 上

$$f'(x) = 3x^2 + 2.2x + 0.9 > 0,$$
$$f''(x) = 6x + 2.2 > 0,$$

故 $f(x)$ 在 $[0, 1]$ 上的图形属于图 3-39(a). 按 $f''(x)$ 与 $f(1)$ 同号，所以令 $x_0 = 1$.

连续应用公式(1)，得

$$x_1 = 1 - \frac{f(1)}{f'(1)} \approx 0.738;$$

$$x_2 = 0.738 - \frac{f(0.738)}{f'(0.738)} \approx 0.674;$$

$$x_3 = 0.674 - \frac{f(0.674)}{f'(0.674)} \approx 0.671;$$

$$x_4 = 0.671 - \frac{f(0.671)}{f'(0.671)} \approx 0.671.$$

至此，计算不能再继续，$|x_4 - x_3| < \xi$. 注意到 $f(x_i)$ $(i = 0, 1, \cdots)$ 与 $f''(x)$ 同号，知 $f(0.671) > 0$，经计算可知 $f(0.670) < 0$，于是有

$$0.670 < \xi < 0.671.$$

以 0.670 或 0.671 作为根的近似值，其误差都小于 $10^{-3}$.

切线法是非线性方程线性化的方法. 其计算步骤为：

(1) 给出初始值 $x_0$ 及精度 $\varepsilon$；

(2) 计算 $x_0 - \dfrac{f(x_0)}{f'(x_0)} \Rightarrow x_1$；

(3) 若 $|x_1 - x_0| < \varepsilon$，则转向 4；否则 $x_1 \Rightarrow x_0$，转向 2；

(4) 输出满足精度的根 $x_1$，结束.

切线法的计算框图,如图 3-40 所示.

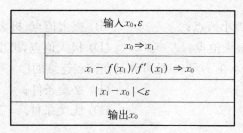

图 3-40

## 习题 3-10

1. 试证明方程 $x^3 - 3x^2 + 6x - 1 = 0$ 在区间 $(0,1)$ 内有唯一的实根,并用二分法求这个根的近似值,使误差不超过 0.01.

2. 求 $x = 0.538\sin x + 1$ 的根的近似值,精确到 0.001.

3. 求方程 $x^3 + 3x - 1 = 0$ 的近似根,使误差不超过 0.01.

4. 求方程 $x^3 - 2x^2 - 4x - 7 = 0$ 的近似根,使误差不超过 0.01.

## 自 测 题

一、单项选择题

1. 曲线 $y = \mathrm{e}^{-x^2}$ ( ).

(A) 没有拐点;  (B) 有一个拐点;

(C) 有两个拐点;  (D) 有三个拐点.

2. 设函数 $f(x)$ 在 $x = x_0$ 处及邻域四阶连续可导,且 $f'(x_0) = f''(x_0) = f'''(x_0) = 0$,$f^{(4)}(x_0) > 0$,则有结论( ).

(A) $y = f(x)$ 在 $x = x_0$ 有极大值;

(B) $y = f(x)$ 在 $x = x_0$ 有极小值;

(C) $y = f(x)$ 在 $x = x_0$ 有拐点;

(D) $y = f(x)$ 在 $x = x_0$ 无极值也无拐点.

3. 设曲线的方程为 $y = \dfrac{\sin x}{x} + \arctan(1 - \sqrt{x})$,则( ).

(A) 曲线没有渐近线;  (B) $y = -\dfrac{\pi}{2}$ 是曲线的渐近线;

(C) $x = 0$ 是曲线的渐近线;  (D) $y = \dfrac{\pi}{2}$ 是曲线的渐近线.

4. 已知 $x_1 < x_2$ 均为 $f(x) = x^3 + ax^2 + bx + c$ 的驻点，则 $x_1$，$x_2$ 分别是 $f(x)$ 的（    ）.

(A) 极小值点，极小值点；　　　　(B) 极大值点，极大值点；

(C) 极小值点，极大值点；　　　　(D) 极大值点，极小值点.

5. 函数 $y = f(x)$ 在 $x = x_0$ 处可导是在该点连续的（    ）.

(A) 充分不必要；　　　　　　　　(B) 必要条件；

(C) 充要条件；　　　　　　　　　(D) 无关条件.

二、填空题

1. $\lim\limits_{x \to +\infty} \dfrac{\ln x}{x^n}$ $(n > 0)$ 的值_____.

2. 写出 $y = \ln(1-x)$ 在 $x = 0$ 处的 $n$ 阶泰勒多项式 $P_n(x) = $_____.

3. 曲线 $y = e^{2x} - 2x$ 在极值点处的曲率半径是_____.

4. $y = x^3$ 的拐点坐标_____.

5. "$f(x)$ 在 $(x_0 - \delta, x_0 + \delta)$ 内二阶连续可导，$f''(x_0) = 0$，则对于满足 $0 < \varepsilon < \delta$ 的任意一 $\varepsilon$，有 $f''(x_0 - \varepsilon) f''(x_0 + \varepsilon) < 0$"，是曲线 $y = f(x)$ 在 $(x_0, f(x_0))$ 有拐点的_____条件.

三、求极限

1. $\lim\limits_{x \to 1} \dfrac{x^5 - 1}{2x^5 - x - 1}$；　　　　　　2. $\lim\limits_{x \to 0} \left[ \tan\left(\dfrac{\pi}{4} - x\right) \right]^{\cot x}$.

四、证明题

1. 设 $F(x) = (x-1)f(x)$，其中 $f(x)$ 在 $[1, 2]$ 具有一阶连续导数，在 $(1, 2)$ 内二阶可导，且 $f(1) = f(2) = 0$，试证明存在 $\xi \in (1, 2)$，使 $F''(\xi) = 0$.

2. 证明　当 $x > 1$ 时，$x \ln x > \arctan(x - 1)$.

3. 设可导函数 $y = f(x)$ 由方程 $x^3 - 3xy^2 + 2y^3 = 32$ 所确定，试讨论并求出 $f(x)$ 的极大值与极小值.

4. 设函数 $f(x)$ 在 $[a, b]$ 上连续，$(a, b)$ 内可导，试证明存在 $\xi \in (a, b)$，便得

$$2\xi[f(b) - f(a)] = (b^2 - a^2)f'(\xi).$$

5. 讨论曲线 $y = \ln\left| \dfrac{1+x}{1-x} \right|$ 的性态，并作其图形.

6. 甲、乙两条直的河正交，两河的宽度分别为 $a$ 米和 $b$ 米，问在正交处能拐弯的船只中，允许的船长限度为多少？

# 第四章 不定积分

前面介绍了一元函数的微分学,重点讨论了如何求一个函数的导数问题.本章开始介绍一元函数的积分学,将讨论如何寻求一个可导函数,使它的导函数等于已知函数,这是不定积分解决的问题.

## 第一节 不定积分的概念与性质

### 一、原函数与不定积分的概念

**定义1** 在区间 $I$ 内,导数等于 $f(x)$ 或微分等于 $f(x)\mathrm{d}x$ 的函数 $F(x)$,称为 $f(x)$ 在该区间 $I$ 内的原函数.

例如,因 $(x^3)'=3x^2$,故 $x^3$ 是 $3x^2$ 在 $(-\infty,+\infty)$ 内的原函数.

又如,当 $x>0$ 时,$(\ln x)'=\dfrac{1}{x}$,故 $\ln x$ 是 $\dfrac{1}{x}$ 在区间 $(0,+\infty)$ 内的原函数;又当 $x<0$ 时,$[\ln(-x)]'=\dfrac{1}{x}$,故 $\ln(-x)$ 是 $\dfrac{1}{x}$ 在 $(-\infty,0)$ 内的原函数.这说明原函数是随区间的改变而变化的.

当然,任意函数不一定都有原函数.在下一章中我们将证明,在区间 $I$ 内连续的函数,在该区间内一定有原函数.而在第一章中我们已经指出,一切初等函数在其定义区间内都是连续的,因此初等函数在其定义区间内都有原函数.

由定义,我们说明以下两点.

(1) 如果 $f(x)$ 在区间 $I$ 内有原函数 $F(x)$,即对任一 $x\in I$,都有 $F'(x)=f(x)$,则对任意常数 $C$,有

$$[F(x)+C]'=f(x).$$

所以 $F(x)+C$ 也是 $f(x)$ 在区间 $I$ 内的原函数,即 $f(x)$ 在该区间内有无限多个原函数.

(2) 如果在区间 $I$ 内,$F(x)$ 与 $\Phi(x)$ 都是 $f(x)$ 的原函数,即对任一 $x\in I$,都

有 $F'(x) = f(x), \Phi'(x) = f(x)$，于是

$$[\Phi(x) - F(x)]' = \Phi'(x) - F'(x) = f(x) - f(x) = 0.$$

又因为，导数恒为零的函数必为常数，故有 $\Phi(x) - F(x) = C_0(C_0$ 为某一常数)，即

$$\Phi(x) = F(x) + C_0.$$

这说明虽然 $f(x)$ 的原函数有无限多个，但任意两个原函数之间最多只差一个常数。这样 $f(x)$ 的所有的原函数都可以写成 $F(x) + C$ 的形式。

**定义 2**　在区间 $I$ 内，函数 $f(x)$ 有原函数 $F(x)$，则称 $f(x)$ 的原函数的一般表达式 $F(x) + C$ 为 $f(x)$ 或 $f(x)\mathrm{d}x$ 在区间 $I$ 内的不定积分，记作

$$\int f(x)\mathrm{d}x.$$

其中 $\int$ 称为积分号，$f(x)$ 称为被积函数，$f(x)\mathrm{d}x$ 称为被积表达式，$x$ 称为积分变量。

由定义，有

$$\int f(x)\mathrm{d}x = F(x) + C,$$

其中 $C$ 为积分常数。

**例 1**　求 $\int \cos x \, \mathrm{d}x$.

**解**　由于 $(\sin x)' = \cos x$，所以 $\sin x$ 是 $\cos x$ 的一个原函数，因此 $\cos x$ 的原函数的一般表达式为 $\sin x + C$，即

$$\int \cos x \, \mathrm{d}x = \sin x + C.$$

**例 2**　求 $\int \dfrac{1}{x}\mathrm{d}x$.

**解**　由前面的例子已经知道，$\ln x$ 是 $\dfrac{1}{x}$ 在 $(0, +\infty)$ 内的一个原函数；$\ln(-x)$ 是 $\dfrac{1}{x}$ 在 $(-\infty, 0)$ 内的一个原函数。由不定积分的定义，有

$$\int \frac{1}{x}\mathrm{d}x = \ln|x| + C.$$

**例 3**　设曲线上任意一点 $(x, y)$ 处的切线斜率为该点的横坐标 $x$，且曲线过点 $(2, 1)$，求此曲线方程。

**解**　设所求的曲线方程为 $y = f(x)$，由导数的几何意义与已知条件得，

$$f'(x) = x,$$

即 $f(x)$ 是 $x$ 的一个原函数,故问题转化为求 $x$ 的不定积分,因为 $\left(\dfrac{1}{2}x^2\right)' = x$,所以

$$\int x \, \mathrm{d}x = \frac{1}{2}x^2 + C.$$

故一定有某个常数 $C$,使得 $f(x) = \dfrac{1}{2}x^2 + C$.

又曲线过点 $(2, 1)$,则当 $x = 2$ 时,$y = 1$, 即

$$1 = \frac{1}{2} \times 2^2 + C, \ C = -1.$$

因此,所求的曲线方程为 $y = \dfrac{1}{2}x^2 - 1$(见图 4-1).

显然 $f(x)$ 的原函数的图形是一族曲线,这族曲线的共同特点是在横坐标 $x$ 相同的各点上的切线斜率都相等,都等于 $f(x)$,因此切线也互相平行,我们把函数 $f(x)$ 的原函数的图形称为 $f(x)$ 的积分曲线.这样 $f(x)$ 的不定积分在几何上表示 $f(x)$ 的一族积分曲线,它们可以由其中一条沿 $y$ 轴上下平行移动而得到(见图 4-2).例 3 中所求的曲线,就是在点 $(x, y)$ 处切线斜率为 $x$ 的一族积分曲线中过点 $(2, 1)$ 的一条(如图 4-1).

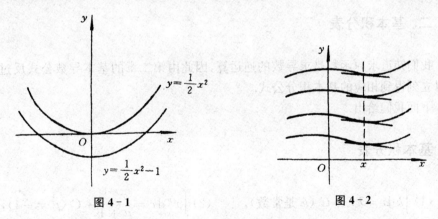

图 4-1　　　　　　　　　　　　　　图 4-2

**例 4**　已知自由落体的速度 $v = gt$,并且当 $t = 0$ 时,位移 $s = s_0$,求位移 $s$ 与时间 $t$ 的函数关系.

**解**　设自由落体的位移 $s$ 与时间 $t$ 的函数关系为 $s = s(t)$,故由导数的物理意义与题设可知

$$s' = \frac{\mathrm{d}s}{\mathrm{d}t} = v = gt.$$

所以

$$s = \int gt\, \mathrm{d}t = \frac{1}{2}gt^2 + C.$$

这个关系式概括了速度为 $gt$ 的所有运动规律，我们所求的那个函数也在其中．将 $t=0$ 时，$s=s_0$ 代入上式，即得

$$s_0 = 0 + C, \quad C = s_0.$$

所以 $s = \dfrac{1}{2}gt^2 + s_0$ 就是我们要求的位移 $s$ 与时间 $t$ 的函数关系式．

由不定积分的定义，我们直接获得下面两个结论：

(1) $\dfrac{\mathrm{d}}{\mathrm{d}x}\int f(x)\mathrm{d}x = f(x)$，或 $\quad \mathrm{d}\int f(x)\mathrm{d}x = f(x)\mathrm{d}x$； (1)

(2) $\int f'(x)\mathrm{d}x = f(x) + C$，或记作 $\quad \int \mathrm{d}f(x) = f(x) + C.$ (2)

这两个事实说明微分运算 d 与积分运算 $\int$ 是"互逆"的两种运算，当记号 $\int$ 与 d 连在一起时，如果先作积分运算再作微分运算，则它们可以互相抵消；如果先作微分运算再作积分运算，这时两种运算互相抵消后，要加上一个任意常数，其原因在于不定积分是原函数的一般表达式．

## 二、基本积分表

我们知道求原函数是求导数的逆运算，因此由第二章的基本导数公式反过来可以立刻得到相应的基本积分公式．

下面我们给出

### 基本积分表

(1) $\int k\,\mathrm{d}x = kx + C$ ($k$ 是常数)，　(2) $\int x^\mu\,\mathrm{d}x = \dfrac{x^{\mu+1}}{\mu+1} + C$ ($\mu \neq -1$)，

(3) $\int \dfrac{1}{x}\mathrm{d}x = \ln|x| + C$，　(4) $\int \dfrac{\mathrm{d}x}{1+x^2} = \arctan x + C$，

(5) $\int \dfrac{\mathrm{d}x}{\sqrt{1-x^2}} = \arcsin x + C$，　(6) $\int \cos x\,\mathrm{d}x = \sin x + C$，

(7) $\int \sin x\,\mathrm{d}x = -\cos x + C$，　(8) $\int \dfrac{\mathrm{d}x}{\cos^2 x} = \int \sec^2 x\,\mathrm{d}x = \tan x + C$，

(9) $\int \dfrac{\mathrm{d}x}{\sin^2 x} = \int \csc^2 x\,\mathrm{d}x = -\cot x + C,$

(10) $\int \sec x \tan x\,\mathrm{d}x = \sec x + C,$     (11) $\int \csc x \cot x\,\mathrm{d}x = -\csc x + C,$

(12) $\int \mathrm{e}^x\,\mathrm{d}x = \mathrm{e}^x + C,$     (13) $\int a^x\,\mathrm{d}x = \dfrac{a^x}{\ln a} + C,$

(14) $\int \mathrm{sh}\,x\,\mathrm{d}x = \mathrm{ch}\,x + C,$     (15) $\int \mathrm{ch}\,x\,\mathrm{d}x = \mathrm{sh}\,x + C.$

下面验证表中的公式(3)和(13),由于 $\big[\ln|x|\big]' = \dfrac{1}{x}$,故得公式(3).由于

$\left(\dfrac{a^x}{\ln a}\right)' = \dfrac{1}{\ln a} \cdot a^x \cdot \ln a = a^x$,故得公式(13).上述基本积分公式,是求不定积分时经常要用的公式,必须熟记.下面利用基本积分表计算一些简单函数的不定积分.

**例 5** 求 $\int x^7\,\mathrm{d}x.$

**解** $\int x^7\,\mathrm{d}x = \dfrac{1}{8}x^8 + C.$

**例 6** 求 $\int x^5 \sqrt{x}\,\mathrm{d}x.$

**解** $\int x^5 \sqrt{x}\,\mathrm{d}x = \int x^{5+\frac{1}{2}}\,\mathrm{d}x = \int x^{\frac{11}{2}}\,\mathrm{d}x = \dfrac{x^{\frac{11}{2}+1}}{\frac{11}{2}+1} + C = \dfrac{2}{13}x^{\frac{13}{2}} + C$

$$= \dfrac{2}{13}x^6\sqrt{x} + C.$$

**例 7** 求 $\int \dfrac{\mathrm{d}x}{x^7 \sqrt[3]{x}}.$

**解** $\int \dfrac{\mathrm{d}x}{x^7 \sqrt[3]{x}} = \int x^{-7} x^{-\frac{1}{3}}\,\mathrm{d}x = \int x^{-\frac{22}{3}}\,\mathrm{d}x = \dfrac{x^{-\frac{22}{3}+1}}{-\frac{22}{3}+1} + C = -\dfrac{3}{19}x^{-\frac{19}{3}} + C$

$$= -\dfrac{3}{19}\dfrac{1}{x^6\sqrt[3]{x}} + C.$$

**例 8** 求 $\int 2^x\,\mathrm{d}x.$

**解** $\int 2^x\,\mathrm{d}x = \dfrac{2^x}{\ln 2} + C.$

**例 9** 求 $\int \dfrac{x^2-1}{x^2+1}\mathrm{d}x.$

**解** $\displaystyle\int \frac{x^2+1-2}{x^2+1} = \int \left(1 - \frac{2}{x^2+1}\right) \mathrm{d}x = \int \mathrm{d}x - 2\int \frac{1}{x^2+1} \mathrm{d}x$

$$= x - 2\arctan x + C.$$

以上例子表明,当被积函数为幂函数的积或商时,首先应把被积函数化成 $x^\mu$ 的形式,再利用积分公式进行计算;当被积函数是指数函数的积或商时,应先把被积函数化成 $a^x$ 的形式,再利用基本积分公式进行计算.

### 三、不定积分的性质

**性质 1** 不为零的常数因子可以提到积分号外面来,即

$$\int kf(x)\mathrm{d}x = k\int f(x)\mathrm{d}x \quad (k \neq 0 \text{ 且为常数}).$$

**性质 2** 两个函数和的不定积分,等于这两个函数不定积分的和,即

$$\int [f(x) + g(x)]\mathrm{d}x = \int f(x)\mathrm{d}x + \int g(x)\mathrm{d}x. \tag{4}$$

**推论** 有限个函数和的不定积分,等于这些函数不定积分的和.

**例 10** 求 $\displaystyle\int (\sqrt{x} + 2)^2 \mathrm{d}x$.

**解** $\displaystyle\int (\sqrt{x} + 2)^2 \mathrm{d}x = \int (x + 4\sqrt{x} + 4)\mathrm{d}x = \int x\,\mathrm{d}x + \int 4\sqrt{x}\,\mathrm{d}x + \int 4\mathrm{d}x$

$$= \frac{x^2}{2} + 4\int \sqrt{x}\,\mathrm{d}x + 4\int \mathrm{d}x = \frac{x^2}{2} + 4 \cdot \frac{2}{3} x^{\frac{3}{2}} + 4x + C$$

$$= \frac{x^2}{2} + \frac{8}{3} x\sqrt{x} + 4x + C.$$

**例 11** 求 $\displaystyle\int (2\mathrm{e}^x - \cos x + \sin x)\mathrm{d}x$.

**解** $\displaystyle\int (2\mathrm{e}^x - \cos x + \sin x)\mathrm{d}x = 2\int \mathrm{e}^x \mathrm{d}x - \int \cos x\ \mathrm{d}x + \int \sin x\,\mathrm{d}x$

$$= 2\mathrm{e}^x - \sin x - \cos x + C.$$

**例 12** 求不定积分 $\displaystyle\int \frac{1}{x^2 + 2x - 3}\mathrm{d}x$.

**解** 因为分母可分解因式: $x^2 + 2x - 3 = (x+3)(x-1)$,于是有

$$\frac{1}{x^2 + 2x - 3} = \frac{1}{(x+3)(x-1)} = \frac{1}{4}\left(\frac{1}{x-1} - \frac{1}{x+3}\right),$$

则 $\displaystyle\int \frac{1}{x^2 + 2x - 3}\mathrm{d}x = \frac{1}{4}\int \frac{1}{x-1}\mathrm{d}x - \frac{1}{4}\int \frac{1}{x+3}\mathrm{d}x$

$$= \frac{1}{4}\int \frac{1}{x-1}\mathrm{d}(x-1) - \frac{1}{4}\int \frac{1}{x+3}\mathrm{d}(x+3)$$

$$= \frac{1}{4}\ln|x-1| - \frac{1}{4}\ln|x+3| + C.$$

**例 13**　求　$\int \frac{1+2x^2}{x^2(1+x^2)}\mathrm{d}x$.

**解**　基本积分表中也没有这种类型的积分，与上例一样，我们需对被积函数作恒等变形.

$$\int \frac{1+2x^2}{x^2(1+x^2)}\mathrm{d}x = \int \left(\frac{1}{x^2} + \frac{1}{1+x^2}\right)\mathrm{d}x = \int \frac{\mathrm{d}x}{x^2} + \int \frac{\mathrm{d}x}{1+x^2}$$

$$= -\frac{1}{x} + \arctan x + C.$$

**例 14**　求　$\int \left(x^a + a^x + \frac{1}{x}\right)\mathrm{d}x$　（$a$ 为常数，且 $a>0$, $a\neq 1$）.

**解**　　　$\int \left(x^a + a^x + \frac{1}{x}\right)\mathrm{d}x = \int x^a\mathrm{d}x + \int a^x\mathrm{d}x + \int \frac{1}{x}\mathrm{d}x$

$$= \frac{x^{a+1}}{a+1} + \frac{a^x}{\ln a} + \ln|x| + C.$$

**例 15**　求　$\int \tan^2 x\,\mathrm{d}x$.

**解**　基本积分表中没有这种类型的积分，因此我们也需对被积函数作恒等变形.

$$\int \tan^2 x\,\mathrm{d}x = \int (\sec^2 x - 1)\mathrm{d}x = \int \sec^2 x\,\mathrm{d}x - \int \mathrm{d}x$$

$$= \tan x - x + C.$$

**例 16**　求　$\int (2\cot^2 x + 3\sec x\tan x)\mathrm{d}x$.

**解**　$\int (2\cot^2 x + 3\sec x\tan x)\mathrm{d}x = 2\int \cot^2 x\,\mathrm{d}x + 3\int \sec x\tan x\,\mathrm{d}x$

$$= 2\int \csc^2 x\,\mathrm{d}x - 2\int \mathrm{d}x + 3\int \sec x\tan x\,\mathrm{d}x$$

$$= -2\cot x - 2x + 3\sec x + C.$$

**例 17**　求　$\int \cos^2 \frac{x}{2}\mathrm{d}x$.

**解**　$\int \cos^2 \frac{x}{2}\mathrm{d}x = \int \frac{1+\cos x}{2}\mathrm{d}x = \frac{1}{2}\int \mathrm{d}x + \frac{1}{2}\int \cos x\,\mathrm{d}x$

$$= \frac{1}{2}x + \frac{1}{2}\sin x + C.$$

三角函数类型的不定积分,一般先要利用三角恒等式,对被积函数作恒等变形,变为基本积分表中所列的积分,方可求出.对于这一类型的积分,在以后各节中仍将继续介绍它的求解方法.

### 习题 4-1

1. 验证 $\int 2\sin x \cos x \, dx = \sin^2 x + C$ 与 $\int 2\sin x \cos x \, dx = -\cos^2 x + C$,能否说明 $2\sin x \cos x$ 有两类不同的原函数?为什么?

2. 证明函数 $\dfrac{1}{2}e^{2x}$,$e^x \operatorname{sh} x$ 和 $e^x \operatorname{ch} x$ 都是 $\dfrac{e^x}{\operatorname{ch} x - \operatorname{sh} x}$ 的原函数.

3. 求下列不定积分:

(1) $\displaystyle\int \frac{dx}{x^4}$;

(2) $\displaystyle\int \left(1 - \frac{1}{u}\right)^2 du$;

(3) $\displaystyle\int \frac{1}{x^2(1+x^2)} dx$;

(4) $\displaystyle\int \left(e^x + \frac{1}{x}\right) dx$;

(5) $\displaystyle\int (1 + \sin x + 2\cos x) dx$;

(6) $\displaystyle\int x(x^2+7)^2 dx$;

(7) $\displaystyle\int \frac{x^2 - 2\sqrt{2}x + 2}{x - \sqrt{2}} dx$;

(8) $\displaystyle\int \frac{x^3}{9+x^2} dx$;

(9) $\displaystyle\int \frac{x^2 - x - 2}{x + 1} dx$;

(10) $\displaystyle\int \frac{(1+x)^2}{x(1+x^2)} dx$;

(11) $\displaystyle\int \frac{x^3 - 27}{x - 3} dx$;

(12) $\displaystyle\int \frac{\sqrt{1+x^2}}{\sqrt{1-x^4}} dx$;

(13) $\displaystyle\int 3^{-x} e^{x+1} dx$;

(14) $\displaystyle\int \sin^2 \frac{x}{2} dx$;

(15) $\displaystyle\int \cot^2 x \, dx$;

(16) $\displaystyle\int \left(\frac{\sin x}{2} + \frac{1}{\sin^2 x}\right) dx$;

(17) $\displaystyle\int \frac{\cos 2x}{\cos^2 x \sin^2 x} dx$;

(18) $\displaystyle\int \frac{\cos 2x}{\cos x - \sin x} dx$;

(19) $\displaystyle\int \frac{1 + \cos^2 x}{1 + \cos 2x} dx$;

(20) $\displaystyle\int \frac{(\sqrt{x})^3 + 1}{\sqrt{x} + 1} dx$;

(21) $\displaystyle\int \left(a^{\frac{2}{3}} + x^{\frac{2}{3}}\right)^2 dx$;

(22) $\displaystyle\int \frac{dx}{\sin^2 \frac{x}{2} \cos^2 \frac{x}{2}}$;

(23) $\displaystyle\int (5 \cdot 3^x + 3 \cdot 5^x)^2 dx$;

(24) $\displaystyle\int \frac{\sec x - \tan x}{\cos x} dx$;

(25) $\displaystyle\int\left(\sin\frac{x}{2}\cos\frac{x}{2}-\frac{1}{2}\mathrm{e}^{x}\right)\mathrm{d}x$；　　　　(26) $\displaystyle\int\left(\sin\frac{x}{2}+\cos\frac{x}{2}\right)^{2}\mathrm{d}x$.

4. 一曲线过原点，且在曲线上每一点$(x,y)$处的切线斜率等于$x^{3}$，求这曲线的方程.

5. 一物体由静止开始运动，经$t$秒后的速度是$3t^{2}$（米/秒），问：

(1) 在 3 s 后物体离开出发点的距离是多少?

(2) 物体走完 360 m 需要多少时间?

6. 设在区间$I$内，$F(x)$与$\Phi(x)$都是$f(x)$的原函数，试证：对区间$I$内的任意两点$a,b$，恒有

$$F(b)-F(a)=\Phi(b)-\Phi(a).$$

# 第二节　不定积分的换元法

利用基本积分表与积分的性质可以计算的不定积分是很有限的，如$\displaystyle\int\sin^{2}x\cos x\,\mathrm{d}x$就无法求出.因此还需要进一步研究不定积分的计算方法.本节我们介绍不定积分的两类换元法.换元法又叫**变量代换法**，是求不定积分最常用的方法之一，它依据的原理却是很简单的.下面先介绍第一类换元法.

## 一、第一类换元法

我们知道求不定积分与求导数是互逆的两种运算.第一类换元法就是把复合函数的求导法则反过来用于解决复合函数的不定积分，先看例子.

**例 1**　求　$\displaystyle\int\sin x\cos x\,\mathrm{d}x$.

**解**　直接利用基本积分表中的公式，本题是无法求出的，但是我们可以引入代换$u=\sin x$，则$\mathrm{d}u=\cos x\,\mathrm{d}x$，于是

$$\int\sin x\cos x\,\mathrm{d}x=\int u\,\mathrm{d}u=\frac{1}{2}u^{2}+C=\frac{1}{2}\sin^{2}x+C.$$

我们立即可以验证，用这种方法计算出来的不定积分是正确的，因为有

$$\left(\frac{1}{2}\sin^{2}x+C\right)'=\frac{1}{2}\cdot 2\sin x\cos x=\sin x\cos x.$$

**例 2**　求　$\displaystyle\int\frac{\mathrm{d}x}{(1+x)^{2}}$.

**解** 同上例一样,我们作代换 $u=1+x$, $\mathrm{d}u=\mathrm{d}x$,于是

$$\int \frac{\mathrm{d}x}{(1+x)^2} = \int \frac{\mathrm{d}u}{u^2} = -\frac{1}{u} + C = -\frac{1}{1+x} + C.$$

可以验证这个结果也是正确的.

求解上述两例的一个关键步骤是引入了中间变量 $u=\varphi(x)$,从而把被积函数转化成为基本积分表中所列的函数.这种解题的方法可以推广到一般的情形.

**定理1** 设 $f(u)$ 具有原函数 $F(u)$, $u=\varphi(x)$ 是可微函微,则有第一类换元公式

$$\int f[\varphi(x)]\varphi'(x)\mathrm{d}x = F[\varphi(x)] + C = [F(u)+C]_{u=\varphi(x)} \tag{1}$$
$$= \left[\int f(u)\mathrm{d}u\right]_{u=\varphi(x)}.$$

利用公式(1)来计算不定积分,首先要选择适当的变量代换 $u=\varphi(x)$,把被积函数分为两部分 $f[\varphi(x)]$ 与 $\varphi'(x)$ 的乘积,从而 $\varphi'(x)\mathrm{d}x$ 可以凑成$u$的微分 $\mathrm{d}u=\varphi'(x)\mathrm{d}x$,即不定积分表达式中的符号 $\mathrm{d}x$ 可以看作是自变量的微分加以理解(实际上,上一节中我们已经这样用了,那里把积分 $\int f'(x)\mathrm{d}x$ 记作 $\int \mathrm{d}f(x)$,其次是 $f(u)$ 的原函数 $F(u)$ 又容易求得.这种计算不定积分的方法称为第一类换元法,也称为凑微分法.

**例3** 求 $\displaystyle\int \frac{1}{x-5}\mathrm{d}x$.

**解** $\displaystyle\int \frac{1}{x-5}\mathrm{d}x = \int \frac{1}{x-5}\mathrm{d}(x-5) \xrightarrow{\text{令}\,x-5=u} \int \frac{1}{u}\mathrm{d}u = \ln|u| + C \xrightarrow[\text{代入}]{\text{令}\,x-5=u}$ $\ln|x-5| + C$.

一般地,对于积分 $\int f(ax+b)\mathrm{d}x\,(a\neq0)$ 总可以作变量代换 $u=ax+b$,使之转化为

$$\int f(ax+b)\mathrm{d}x = \frac{1}{a}\int f(ax+b)\mathrm{d}(ax+b)$$
$$= \frac{1}{a}\left[\int f(u)\mathrm{d}u\right]_{u=ax+b}.$$

**例4** 求 $\displaystyle\int 2x\sin x^2 \mathrm{d}x$.

**解** 被积函数可以看成是 $\sin x^2$ 与 $2x$ 的乘积,从而 $2x\mathrm{d}x$ 可以凑成 $\mathrm{d}x^2$,所以我们作变量代换 $u=x^2$,于是

$$\int 2x \sin x^2 \, \mathrm{d}x = \int \sin u \, \mathrm{d}u = -\cos u + C$$
$$= -\cos x^2 + C.$$

**例 5** 求 $\displaystyle\int \frac{x}{1+x^4} \, \mathrm{d}x$.

**解** 被积函数可以看成是 $\dfrac{1}{1+x^4}$ 与 $x$ 的乘积,而 $x \, \mathrm{d}x$ 可以凑成微分 $\dfrac{1}{2} \, \mathrm{d}x^2$,因此我们作变量代换 $u = x^2$,于是

$$\int \frac{x}{1+x^4} \, \mathrm{d}x = \frac{1}{2} \int \frac{\mathrm{d}u}{1+u^2} = \frac{1}{2} \arctan u + C$$
$$= \frac{1}{2} \arctan x^2 + C.$$

一般地,对于积分 $\displaystyle\int f(ax^2 + b) x \, \mathrm{d}x \ (a \neq 0)$,总可以作变量代换 $u = ax^2 + b$,使之转化为

$$\int f(ax^2 + b) x \, \mathrm{d}x = \frac{1}{2a} \Big[ \int f(u) \, \mathrm{d}u \Big]_{u=ax^2+b}.$$

**例 6** $\displaystyle\int \frac{\mathrm{d}x}{\sqrt{a^2 - x^2}} \ (a > 0)$.

**解** $\displaystyle\int \frac{\mathrm{d}x}{\sqrt{a^2 - x^2}} = \int \frac{1}{a \sqrt{1 - \left(\dfrac{x}{a}\right)^2}} \, \mathrm{d}x = \int \frac{1}{\sqrt{1 - \left(\dfrac{x}{a}\right)^2}} \, \mathrm{d}\frac{x}{a} = \arcsin \frac{x}{a} + C.$

**例 7** 求 $\displaystyle\int \frac{\ln x + 1}{x} \, \mathrm{d}x$.

**解** 同上例一样,被积函数可以看成是 $(\ln x + 1)$ 与 $\dfrac{1}{x}$ 的乘积,因此我们须作变量代换 $u = \ln x + 1$, $\mathrm{d}u = \dfrac{1}{x} \, \mathrm{d}x$,于是

$$\int \frac{\ln x + 1}{x} \, \mathrm{d}x = \int u \, \mathrm{d}u = \frac{1}{2} u^2 + C = \frac{1}{2} (\ln x + 1)^2 + C.$$

本例也可以作变量代换 $u = \ln x$,我们有

$$\int \frac{\ln x + 1}{x} \, \mathrm{d}x = \int (u+1) \, \mathrm{d}u = \int u \, \mathrm{d}u + \int \mathrm{d}u = \frac{1}{2} u^2 + u + C$$
$$= \frac{1}{2} \ln^2 x + \ln x + C.$$

以上两种解法结果形式虽不一样,但都是正确的.因为不定积分是被积函数的原函数的一般表达式,而原函数之间最多只差一个常数.

一般地,对于积分 $\int f(\ln x)\dfrac{1}{x}\mathrm{d}x$,我们总可以作变量代换 $u=\ln x$,使之转化为

$$\int f(\ln x)\frac{1}{x}\mathrm{d}x=\left[\int f(u)\mathrm{d}u\right]_{u=\ln x}.$$

对变量代换比较熟练后,就不一定写出中间变量.下面我们再举一些例子.

**例8** 求 $\int\sec x\,\mathrm{d}x$

**解** $\displaystyle\int\sec x\,\mathrm{d}x=\int\frac{\sec x(\sec x+\tan x)}{\tan x+\sec x}\mathrm{d}x=\int\frac{\sec^2 x+\sec x+\tan x}{\tan x+\sec x}\mathrm{d}x$

$\displaystyle=\int\frac{1}{\tan x+\sec}\mathrm{d}(\tan x+\sec x)=\ln(\sec x+\tan x)+C$

**例9** 求 $\displaystyle\int\frac{\mathrm{d}x}{a^2+x^2}$ $(a\neq0)$.

**解** $\displaystyle\int\frac{\mathrm{d}x}{a^2+x^2}=\int\frac{1}{a^2}\cdot\frac{\mathrm{d}x}{1+\left(\frac{x}{a}\right)^2}=\frac{1}{a}\int\frac{\mathrm{d}\left(\frac{x}{a}\right)}{1+\left(\frac{x}{a}\right)^2}=\frac{1}{a}\arctan\left(\frac{x}{a}\right)+C.$

**例10** 求 $\displaystyle\int\frac{\mathrm{d}x}{\sqrt{a^2-x^2}}$ $(a>0)$.

**解** $\displaystyle\int\frac{\mathrm{d}x}{\sqrt{a^2-x^2}}=\int\frac{1}{a}\cdot\frac{\mathrm{d}x}{\sqrt{1-\left(\frac{x}{a}\right)^2}}=\int\frac{1}{\sqrt{1-\left(\frac{x}{a}\right)^2}}\mathrm{d}\left(\frac{x}{a}\right)=\arcsin\frac{x}{a}+C.$

**例11** 求 $\displaystyle\int\frac{\mathrm{d}x}{x^2-a^2}$ $(a\neq0)$.

**解** $\displaystyle\int\frac{\mathrm{d}x}{x^2-a^2}=\int\frac{1}{2a}\cdot\left(\frac{1}{x-a}-\frac{1}{x+a}\right)\mathrm{d}x=\frac{1}{2a}\int\frac{\mathrm{d}x}{x-a}-\frac{1}{2a}\int\frac{\mathrm{d}x}{x+a}$

$\displaystyle=\frac{1}{2a}\int\frac{\mathrm{d}(x-a)}{x-a}-\frac{1}{2a}\int\frac{\mathrm{d}(x+a)}{x+a}$

$\displaystyle=\frac{1}{2a}\ln|x-a|-\frac{1}{2a}\ln|x+a|+C$

$\displaystyle=\frac{1}{2a}\ln\left|\frac{x-a}{x+a}\right|+C.$

利用此结果,可得

$$\int\frac{\mathrm{d}x}{a^2-x^2}=\frac{1}{2a}\ln\left|\frac{x+a}{x-a}\right|+C.$$

**例 12**　求 $\displaystyle\int \frac{\mathrm{d}x}{4\mathrm{e}^x + \mathrm{e}^{-x}}$.

**解**　分子、分母同乘以 $\mathrm{e}^x$，得

$$\int \frac{\mathrm{d}x}{4\mathrm{e}^x + \mathrm{e}^{-x}} = \int \frac{\mathrm{e}^x\mathrm{d}x}{4\mathrm{e}^{2x} + 1} = \frac{1}{2}\int \frac{\mathrm{d}(2\mathrm{e}^x)}{1 + (2\mathrm{e}^x)^2}$$

$$= \frac{1}{2}\arctan(2\mathrm{e}^x) + C.$$

一般地，被积函数为 $f(\mathrm{e}^x)$ 的形式时，要凑 $\mathrm{e}^x$ 到微分号 $\mathrm{d}$ 之后，然后再进行计算.

**例 13**　求 $\displaystyle\int \frac{\mathrm{d}x}{x(x^8 + 4)}$.

**解**　
$$\int \frac{\mathrm{d}x}{x(x^8 + 4)} = \int \frac{x^7\mathrm{d}x}{x^8(x^8 + 4)} = \int \frac{1}{8} \cdot \frac{\mathrm{d}x^8}{x^8(x^8 + 4)}$$

$$= \frac{1}{8} \cdot \frac{1}{4}\int \left(\frac{1}{x^8} - \frac{1}{x^8 + 4}\right)\mathrm{d}x^8$$

$$= \frac{1}{32}\left(\int \frac{\mathrm{d}x^8}{x^8} - \int \frac{\mathrm{d}(x^8 + 4)}{x^8 + 4}\right)$$

$$= \frac{1}{32}[\ln x^8 - \ln(x^8 + 4)] + C$$

$$= \frac{1}{32}\ln \frac{x^8}{x^8 + 4} + C.$$

**例 14**　求 $\displaystyle\int \frac{\arctan\sqrt{x}}{\sqrt{x}(1 + x)}\mathrm{d}x$.

**解**　作变量代换 $u = \sqrt{x}$，$\mathrm{d}u = \dfrac{1}{2\sqrt{x}}\mathrm{d}x$，于是

$$\int \frac{\arctan\sqrt{x}}{\sqrt{x}(1 + x)}\mathrm{d}x = \int \frac{2\arctan u}{1 + u^2}\mathrm{d}u = 2\int \arctan u\,\mathrm{d}(\arctan u)$$

$$= 2 \cdot \frac{1}{2}(\arctan u)^2 + C$$

$$= (\arctan\sqrt{x})^2 + C.$$

下面再举一些被积函数中含有三角函数的例子.由于三角函数本身有一系列的恒等变形公式，因此计算这一类函数的积分方法更多，更灵活，相应地也有一定的难度.

**例 15**　求 $\displaystyle\int \frac{\mathrm{d}x}{\sin x \cos x}$.

**解** 因为 $\dfrac{\mathrm{d}x}{\cos^2 x} = \sec^2 x \, \mathrm{d}x = \mathrm{d}\tan x$，所以

$$\int \frac{\mathrm{d}x}{\sin x \cos x} = \int \frac{\mathrm{d}x}{\tan x \cos^2 x} = \int \frac{1}{\tan x} \mathrm{d}(\tan x)$$
$$= \ln |\tan x| + C.$$

**例 16** 求 $\displaystyle\int \csc x \, \mathrm{d}x$.

**解** $\displaystyle\int \csc x \, \mathrm{d}x = \int \frac{\mathrm{d}x}{\sin x} = \int \frac{\mathrm{d}x}{2\sin \dfrac{x}{2} \cos \dfrac{x}{2}} = \int \frac{1}{\sin \dfrac{x}{2} \cos \dfrac{x}{2}} \mathrm{d}\left(\frac{x}{2}\right).$

利用例 15 的结果，于是

$$\int \csc x \, \mathrm{d}x = \ln \left| \tan \frac{x}{2} \right| + C.$$

因为 $\tan \dfrac{x}{2} = \dfrac{\sin \dfrac{x}{2}}{\cos \dfrac{x}{2}} = \dfrac{2\sin^2 \dfrac{x}{2}}{2\sin \dfrac{x}{2} \cos \dfrac{x}{2}} = \dfrac{1 - \cos x}{\sin x} = \dfrac{1}{\sin x} - \dfrac{\cos x}{\sin x}$

$$= \csc x - \cot x,$$

所以以上结果也可写为

$$\int \csc x \, \mathrm{d}x = \ln |\csc x - \cot x| + C.$$

**例 17** 求 $\displaystyle\int \sec x \, \mathrm{d}x$.

**解** $\displaystyle\int \sec x \, \mathrm{d}x = \int \frac{\mathrm{d}x}{\cos x} = \int \frac{\mathrm{d}\left(x + \dfrac{\pi}{2}\right)}{\sin\left(x + \dfrac{\pi}{2}\right)}.$

利用例 16 的结果，于是

$$\int \sec x \, \mathrm{d}x = \ln \left| \csc\left(x + \frac{\pi}{2}\right) - \cot\left(x + \frac{\pi}{2}\right) \right| + C$$
$$= \ln |\sec x + \tan x| + C.$$

**例 18** 求 $\displaystyle\int \sin^3 x \, \mathrm{d}x$.

**解** $\displaystyle\int \sin^3 x \, \mathrm{d}x = -\int \sin^2 x \, \mathrm{d}(\cos x) = \int (\cos^2 x - 1) \mathrm{d}(\cos x)$

$$= \frac{1}{3}\cos^3 x - \cos x + C.$$

**例 19** 求 $\displaystyle\int \sin^2 x \cos^3 x \, \mathrm{d}x$.

**解** $\displaystyle\int \sin^2 x \cos^3 x \, \mathrm{d}x = \int \sin^2 x \cos^2 x \, \mathrm{d}(\sin x) = \int \sin^2 x (1 - \sin^2 x) \, \mathrm{d}(\sin x)$

$$= \int (\sin^2 x - \sin^4 x) \, \mathrm{d}(\sin x) = \frac{1}{3} \sin^3 x - \frac{1}{5} \sin^5 x + C.$$

**例 20** 求 $\displaystyle\int \sin^4 x \, \mathrm{d}x$.

**解** $\displaystyle\int \sin^4 x \, \mathrm{d}x = \int (\sin^2 x)^2 \, \mathrm{d}x = \int \left( \frac{1 - \cos 2x}{2} \right)^2 \mathrm{d}x$

$$= \frac{1}{4} \int (1 - 2\cos 2x + \cos^2 2x) \, \mathrm{d}x$$

$$= \frac{1}{4} \int \left( 1 - 2\cos 2x + \frac{1 + \cos 4x}{2} \right) \mathrm{d}x$$

$$= \frac{1}{4} \left( \frac{3}{2} x - \sin 2x + \frac{1}{8} \sin 4x \right) + C$$

$$= \frac{3}{8} x - \frac{1}{4} \sin 2x + \frac{1}{32} \sin 4x + C.$$

**例 21** 求 $\displaystyle\int \sin 5x \cos 3x \, \mathrm{d}x$.

**解** 利用三角函数积化和差公式得

$$\sin 5x \cos 3x = \frac{1}{2} (\sin 8x + \sin 2x)$$

于是

$$\int \sin 5x \cos 3x \, \mathrm{d}x = \frac{1}{2} \int (\sin 8x + \sin 2x) \, \mathrm{d}x$$

$$= \frac{1}{2} \int \sin 8x \, \mathrm{d}x + \frac{1}{2} \int \sin 2x \, \mathrm{d}x$$

$$= -\frac{1}{16} \cos 8x - \frac{1}{4} \cos 2x + C.$$

**例 22** 求 $\displaystyle\int \tan^3 x \sec x \, \mathrm{d}x$.

**解** $\displaystyle\int \tan^3 x \sec x \, \mathrm{d}x = \int \tan^2 x \cdot \sec x \tan x \, \mathrm{d}x = \int \tan^2 x \, \mathrm{d}(\sec x)$

$$= \int (\sec^2 x - 1) \, \mathrm{d}(\sec x) = \frac{1}{3} \sec^3 x - \sec x + C.$$

对于如下形式的不定积分

$$\int \sin^m x \cos^n x \, \mathrm{d}x \quad (m, n \text{ 为正整数或零}),$$

当 $m$ , $n$ 中有一个是奇数时,可由例 18,例 19 知其一般方法;当 $m$ , $n$ 都是偶数时,可由例 20 知其一般方法,即降幂法.

对于积分

$$\int \sin mx \cos nx \, dx , \int \sin mx \sin nx \, dx \ \text{及} \int \cos mx \cos nx \, dx ,$$

可先利用积化和差公式,然后再求不定积分.

上述例子表明,换元法的应用是非常广泛的,但要熟练掌握这一方法,除了学习上述这些典型的例子外,还要通过多做练习来提高解题的能力.方法熟练后,在计算中就不必写出中间变量 $u$ ,而用凑微分的方法直接计算即可.

## 二、第二类换元法

用第一类换元法能够求出许多不定积分,但有些不定积分用这个方法并不能求出,例如 $\int \sqrt{a^2 - x^2} \, dx$ . 但是这个积分可以用与第一类换元法变换方式相反的换元法求解出来,这就是我们下面将要介绍的第二类换元法.

**定理 2** 设 $x = \psi(t)$ 是单调的、可微的函数,并且 $\psi'(t) \neq 0$. 又设 $f[\psi(t)]\psi'(t)$ 具有原函数 $\Phi(t)$ ,则有第二类换元公式

$$\int f(x) \, dx = \left[ \int f[\psi(t)]\psi'(t) \, dt \right]_{t = \psi^{-1}(x)} = [\Phi(t) + C]_{t = \psi^{-1}(x)} \tag{2}$$
$$= \Phi[\psi^{-1}(x)] + C.$$

其中 $t = \psi^{-1}(x)$ 是 $x = \psi(t)$ 的反函数.

利用公式(2)计算不定积分,可分三步进行:

① 根据被积函数的结构,选择适当的变量代换 $x = \psi(t)$ ;

② 把所确定的代换 $x = \psi(t)$ 代入被积表达式进行化简,然后对新变量计算不定积分,即

$$\int f(x) \, dx = \int f[\psi(t)]\psi'(t) \, dt = \Phi(t) + C;$$

③ 求出 $x = \psi(t)$ 的反函数 $t = \psi^{-1}(x)$ ,将②所得结果返回原变量,即

$$\int f(x) \, dx = \Phi[\psi^{-1}(x)] + C.$$

下面我们举例说明具体如何应用第二类换元法.

**例 23** 求 $\int \sqrt{a^2 - x^2} \, dx$ $(a > 0)$.

**解** 被积函数中如果含有根式,一般我们要作变量代换使根号去掉,再进行

计算.

作三角代换 $x = a\sin t\ \left(-\dfrac{\pi}{2} < t < \dfrac{\pi}{2}\right)$，$\sqrt{a^2-x^2} = \sqrt{a^2-a^2\sin^2 t} = a\cos t$，$\mathrm{d}x = a\cos t\,\mathrm{d}t$，于是

$$\int \sqrt{a^2-x^2}\,\mathrm{d}x = \int a\cos t \cdot a\cos t\,\mathrm{d}t = a^2\int\cos^2 t\,\mathrm{d}t = \frac{a^2}{2}\int(1+\cos 2t)\,\mathrm{d}t$$

$$= \frac{a^2}{2}\left(t+\frac{1}{2}\sin 2t\right)+C = \frac{a^2}{2}\left[\arcsin\frac{x}{a}+\frac{x}{a}\sqrt{1-\frac{x^2}{a^2}}\right]+C$$

$$= \frac{a^2}{2}\arcsin\frac{x}{a}+\frac{x}{2}\sqrt{a^2-x^2}+C.$$

把变量 $t$ 换回原来的变量 $x$，可以借助于辅助三角形（如图 4 - 3）.

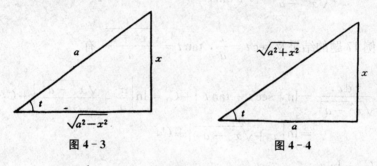

图 4 - 3　　　　　　　　　　　　　图 4 - 4

**例 24**　求　$\displaystyle\int\frac{\mathrm{d}x}{\sqrt{x^2+a^2}}$　$(a > 0)$.

**解**　与上例一样，首先要利用三角代换 $x = a\tan t\ \left(-\dfrac{\pi}{2} < t < \dfrac{\pi}{2}\right)$，使分母中的根号去掉，则有 $\sqrt{x^2+a^2} = \sqrt{a^2\tan^2 t+a^2} = a\sec t$，$\mathrm{d}x = a\sec^2 t\,\mathrm{d}t$，于是

$$\int\frac{\mathrm{d}x}{\sqrt{x^2+a^2}} = \int\frac{1}{a\sec t}\cdot a\sec^2 t\,\mathrm{d}t = \int\sec t\,\mathrm{d}t.$$

再利用例 17 题的结果有

$$\int\frac{\mathrm{d}x}{\sqrt{x^2+a^2}} = \ln|\sec t+\tan t|+C_1.$$

又借助辅助三角形（见图 4 - 4），由 $x = a\tan t$ 有 $\sec t = \dfrac{\sqrt{x^2+a^2}}{a}$，$\tan t = \dfrac{x}{a}$，因此

$$\int\frac{\mathrm{d}x}{\sqrt{x^2+a^2}} = \ln\left|\frac{\sqrt{x^2+a^2}}{a}+\frac{x}{a}\right|+C_1$$

$$= \ln(\sqrt{x^2+a^2}+x)+C,$$

其中 $C = C_1 - \ln a$.

**例 25** 求 $\displaystyle\int \frac{\mathrm{d}x}{\sqrt{x^2 - a^2}}$ $(a > 0)$.

**解** 同上两例一样,利用三角恒等式

$$\sec^2 t = 1 + \tan^2 t$$

作变量代换 $x = a\sec t$ $\left(0 < t < \dfrac{\pi}{2}, \text{此时 } x > a\right)$,那么 $\sqrt{x^2 - a^2} = \sqrt{(a\sec t)^2 - a^2} = a\tan t$,$\mathrm{d}x = a\sec t\tan t\,\mathrm{d}t$,于是

$$\int \frac{\mathrm{d}x}{\sqrt{x^2 - a^2}} = \int \frac{1}{a\tan t} \cdot a\sec t\tan t\,\mathrm{d}t = \int \sec t\,\mathrm{d}t.$$

利用例 17 题的结果及 $\sec t = \dfrac{x}{a}$,$\tan t = \dfrac{\sqrt{x^2 - a^2}}{a}$ 有

$$\int \frac{\mathrm{d}x}{\sqrt{x^2 - a^2}} = \ln|\sec t + \tan t| + C_1 = \ln\left| \frac{x}{a} + \frac{\sqrt{x^2 - a^2}}{a} \right| + C_1$$
$$= \ln\left| x + \sqrt{x^2 - a^2} \right| + C,$$

其中 $C = C_1 - \ln a$.

当 $x < -a$ 时,可设 $x = -a\sec t$ $\left(0 < t < \dfrac{\pi}{2}\right)$,计算可得

$$\int \frac{\mathrm{d}x}{\sqrt{x^2 - a^2}} = \ln|-x - \sqrt{x^2 - a^2}| + C$$
$$= \ln|x + \sqrt{x^2 - a^2}| + C.$$

因此不论 $x > a$ 或 $x < -a$,我们都有

$$\int \frac{\mathrm{d}x}{\sqrt{x^2 - a^2}} = \ln|x + \sqrt{x^2 - a^2}| + C.$$

上面三例所用的方法称为三角代换法,现将常用的几种代换归纳如下:

若被积函数中含有根式 $\sqrt{a^2 - x^2}$,则令 $x = a\sin t$(或 $x = a\cos t$);若被积函数中含有根式 $\sqrt{x^2 + a^2}$,则可令 $x = a\tan t$(或 $x = a\cot t$,$x = a\mathrm{sh}\,t$);若被积函数中含有根式 $\sqrt{x^2 - a^2}$,则令 $x = a\sec t$(或 $x = a\csc t$,$x = a\mathrm{ch}\,t$)(其中 $a \neq 0$).

本节中有一些例子,在以后的积分中经常会遇到,所以它们通常也被当作公式使用.这样,常用的积分公式,除了基本积分表中的十五个外,再添加下面十个.

(16) $\int \tan x \, dx = -\ln | \cos x | + C$,

(17) $\int \cot x \, dx = \ln | \sin x | + C$,

(18) $\int \sec x \, dx = \ln | \sec x + \tan x | + C$,

(19) $\int \csc x \, dx = \ln | \csc x - \cot x | + C$,

(20) $\int \dfrac{dx}{a^2 + x^2} = \dfrac{1}{a} \arctan \dfrac{x}{a} + C \quad (a \neq 0)$,

(21) $\int \dfrac{dx}{x^2 - a^2} = \dfrac{1}{2a} \ln \left| \dfrac{x - a}{x + a} \right| + C \quad (a \neq 0)$,

(22) $\int \dfrac{dx}{a^2 - x^2} = \dfrac{1}{2a} \ln \left| \dfrac{x + a}{x - a} \right| + C \quad (a \neq 0)$,

(23) $\int \dfrac{dx}{\sqrt{a^2 - x^2}} = \arcsin \dfrac{x}{a} + C \quad (a \neq 0)$,

(24) $\int \dfrac{dx}{\sqrt{x^2 + a^2}} = \ln(x + \sqrt{x^2 + a^2}) + C \quad (a \neq 0)$,

(25) $\int \dfrac{dx}{\sqrt{x^2 - a^2}} = \ln | x + \sqrt{x^2 - a^2} | + C \quad (a \neq 0)$.

**例 26** 求 $\int \dfrac{dx}{\sqrt{x^2 + 2x}}$.

**解** 积分表中没有相应的公式可查,因此我们必须先对被积函数作恒等变形.

$$\int \frac{dx}{\sqrt{x^2 + 2x}} = \int \frac{dx}{\sqrt{(x+1)^2 - 1}} = \int \frac{d(x+1)}{\sqrt{(x+1)^2 - 1}},$$

再利用公式(25)得

$$\int \frac{dx}{\sqrt{x^2 + 2x}} = \ln | (x+1) + \sqrt{(x+1)^2 - 1} | + C$$

$$= \ln | x + 1 + \sqrt{x^2 + 2x} | + C.$$

**例 27** 求 $\int \dfrac{dx}{x^2 + x + 1}$.

**解** 积分表中也没有相应的公式可查,对于被积函数 $\dfrac{1}{x^2 + x + 1}$,由于 $x^2 + x + 1$ 不可约(即 $\Delta = 1 - 4 = -3 < 0$),因此我们须对分母进行配方,再利用公式(20).

$$\int \frac{\mathrm{d}x}{x^2+x+1} = \int \frac{\mathrm{d}\left(x+\frac{1}{2}\right)}{\left(x+\frac{1}{2}\right)^2+\frac{3}{4}} = \frac{2}{\sqrt{3}}\arctan\left[\frac{2}{\sqrt{3}}\left(x+\frac{1}{2}\right)\right]+C$$

$$= \frac{2\sqrt{3}}{3}\arctan\frac{2x+1}{\sqrt{3}}+C.$$

一般地,若被积函数为 $\dfrac{1}{ax^2+bx+c}$ 或 $\dfrac{1}{\sqrt{ax^2+bx+c}}$ $(a\neq 0)$ 形式时,应先把二次项与一次项配成完全平方,然后再利用公式进行计算.

**例 28**　求 $\displaystyle\int \frac{\mathrm{d}x}{\sqrt{1-2x-x^2}}$.

**解**　$\displaystyle\int \frac{\mathrm{d}x}{\sqrt{1-2x-x^2}} = \int \frac{\mathrm{d}(x+1)}{\sqrt{2-(x+1)^2}} = \arcsin\frac{x+1}{\sqrt{2}}+C.$

**例 29**　求 $\displaystyle\int \frac{\mathrm{d}x}{x^2\sqrt{x^2+1}}$.

**解**　作变量代换 $x=\dfrac{1}{t}$, $\mathrm{d}x=-\dfrac{1}{t^2}\mathrm{d}t$,

$$\sqrt{x^2+1} = \sqrt{\frac{1}{t^2}+1} = \frac{\sqrt{1+t^2}}{|t|}.$$

当 $x>0$ 即 $t>0$ 时,我们有

$$\int \frac{\mathrm{d}x}{x^2\sqrt{x^2+1}} = \int t^2 \cdot \frac{t}{\sqrt{1+t^2}} \cdot \left(-\frac{1}{t^2}\right)\mathrm{d}t = -\int \frac{t}{\sqrt{1+t^2}}\mathrm{d}t$$

$$= -\frac{1}{2}\int(1+t^2)^{-\frac{1}{2}}\mathrm{d}(1+t^2) = -\frac{1}{2}\cdot 2(1+t^2)^{\frac{1}{2}}+C$$

$$= -\sqrt{1+t^2}+C = -\sqrt{1+\frac{1}{x^2}}+C = -\frac{\sqrt{1+x^2}}{x}+C.$$

当 $x<0$ 即 $t<0$ 时,也有相同形式的结果,即

$$\int \frac{\mathrm{d}x}{x^2\sqrt{x^2+1}} = \int \frac{t}{\sqrt{1+t^2}}\mathrm{d}t = \sqrt{1+t^2}+C = \sqrt{1+\frac{1}{x^2}}+C$$

$$= -\frac{\sqrt{1+x^2}}{x}+C.$$

综上所述,我们有

$$\int \frac{\mathrm{d}x}{x^2\sqrt{x^2+1}} = -\frac{\sqrt{1+x^2}}{x} + C.$$

本题用的这种变量代换,习惯上称为倒代换,也是计算不定积分时常用的一种代换.

## 习题 4 - 2

1. 在下列各式等号右端的空白处填入适当的系数,使等式成立(例如:$\mathrm{d}x = \frac{1}{2}\mathrm{d}(2x-3)$):

(1) $\mathrm{d}x = \qquad \mathrm{d}(7x+3)$;

(2) $x\,\mathrm{d}x = \qquad \mathrm{d}(1-x^2)$;

(3) $x\,\mathrm{d}x = \qquad \mathrm{d}(2x^2+1)$;

(4) $\dfrac{\mathrm{d}x}{\sqrt{x}} = \qquad \mathrm{d}\sqrt{x}$;

(5) $x^2\,\mathrm{d}x = \qquad \mathrm{d}(x^3-1)$;

(6) $\mathrm{e}^{-2x}\,\mathrm{d}x = \qquad \mathrm{d}(\mathrm{e}^{-2x}+1)$;

(7) $\cos\dfrac{2}{3}x\,\mathrm{d}x = \qquad \mathrm{d}\left(\sin\dfrac{2}{3}x\right)$;

(8) $\dfrac{\mathrm{d}x}{1+9x^2} = \qquad \mathrm{d}(\arctan 3x)$;

(9) $\dfrac{\mathrm{d}x}{x} = \qquad \mathrm{d}(4\ln|x|+1)$;

(10) $\dfrac{\mathrm{d}x}{\sqrt{1-x^2}} = \qquad \mathrm{d}(2-\arcsin x)$;

(11) $\dfrac{\mathrm{d}x}{\sqrt{1-x^2}} = \qquad \mathrm{d}(2\arccos x+1)$;

(12) $\dfrac{x\,\mathrm{d}x}{\sqrt{1-x^2}} = \qquad \mathrm{d}(\sqrt{1-x^2})$.

2. 求下列不定积分(其中 $a$,$w$,$\varphi$ 均为常数):

(1) $\displaystyle\int x^3\ln x\,\mathrm{d}x$;

(2) $\displaystyle\int (1+2x)^8\,\mathrm{d}x$;

(3) $\displaystyle\int \frac{\mathrm{d}x}{2x+3}$;

(4) $\displaystyle\int \frac{\mathrm{d}x}{\sqrt[3]{3x+1}}$;

(5) $\displaystyle\int (a^{2x}+\mathrm{e}^{2x})\,\mathrm{d}x$;

(6) $\displaystyle\int \frac{\mathrm{d}x}{1+\sqrt{x+1}}$;

(7) $\mathrm{d}x\displaystyle\int \frac{x}{\sqrt{a^4-x^4}}\,\mathrm{d}x$;

(8) $\displaystyle\int \sqrt{\frac{a+x}{a-x}}\,\mathrm{d}x\ (a>0)$;

(9) $\displaystyle\int \tan^{10}x\cdot\sec^2x\,\mathrm{d}x$;

(10) $\displaystyle\int \frac{x^2}{\sqrt{x^6-1}}\,\mathrm{d}x$;

(11) $\int \tan\sqrt{1+x^2} \cdot \dfrac{x}{\sqrt{1+x^2}}\mathrm{d}x$;

(12) $\int \dfrac{\mathrm{d}x}{1+\sin x}$;

(13) $\int \dfrac{\mathrm{d}x}{\mathrm{e}^x+\mathrm{e}^{-x}}$;

(14) $\int x\,\mathrm{e}^{-x^2}\mathrm{d}x$;

(15) $\int x\cos x^2\,\mathrm{d}x$;

(16) $\int \dfrac{x^4}{(1-x^5)^3}\mathrm{d}x$;

(17) $\int \dfrac{x\,\mathrm{d}x}{x^2+2}$;

(18) $\int x^2\sqrt{1+x^3}\,\mathrm{d}x$;

(19) $\int \dfrac{3x^3}{1-x^4}\mathrm{d}x$;

(20) $\int \dfrac{2t\,\mathrm{d}t}{2-5t^2}$;

(21) $\int \dfrac{\mathrm{d}x}{\sin x\cos x}$;

(22) $\int \dfrac{\sqrt{x+1}-1}{\sqrt{x+1}+1}\mathrm{d}x$;

(23) $\int \cos^5 x\,\mathrm{d}x$;

(24) $\int \dfrac{\sin x+\cos x}{\sqrt[3]{\sin x-\cos x}}\mathrm{d}x$;

(25) $\int \dfrac{2x-1}{\sqrt{1-x^2}}\mathrm{d}x$;

(26) $\int \dfrac{\sqrt{x}}{1-\sqrt[3]{x}}\mathrm{d}x$;

(27) $\int \dfrac{x^3}{9+x^2}\mathrm{d}x$;

(28) $\int \dfrac{\mathrm{d}x}{4-x^2}$;

(29) $\int \dfrac{1}{\sqrt{2gh}}\mathrm{d}h$（$g$ 为常数）;

(30) $\int \dfrac{\mathrm{d}x}{(x+1)(x-2)}$;

(31) $\int \dfrac{\mathrm{d}x}{x(x^6+4)}$;

(32) $\int \cos^3 x\,\mathrm{d}x$;

(33) $\int \cos^2(\omega t+\varphi)\mathrm{d}t$;

(34) $\int \dfrac{1}{1+\cos 2x}\mathrm{d}x$;

(35) $\int \cos x\cos\dfrac{x}{2}\mathrm{d}x$;

(36) $\int \sin 5x\sin 7x\,\mathrm{d}x$;

(37) $\int \cot^3 x\csc x\,\mathrm{d}x$;

(38) $\int \dfrac{10^{2\arccos x}}{\sqrt{1-x^2}}\mathrm{d}x$;

(39) $\int \dfrac{\operatorname{arccot}\sqrt{x}}{\sqrt{x}\,(1+x)}\mathrm{d}x$;

(40) $\int \dfrac{\sec x-\tan x}{\cos x}\mathrm{d}x$;

(41) $\int 3^{2x}\mathrm{e}^x\,\mathrm{d}x$;

(42) $\int \dfrac{\ln\tan x}{\cos x\sin x}\mathrm{d}x$;

(43) $\int \dfrac{x^2}{\sqrt{a^2-x^2}}\mathrm{d}x$;

(44) $\int \dfrac{\mathrm{d}x}{x\sqrt{x^2-1}}$;

(45) $\int \dfrac{2^t-3^t}{5^t}\mathrm{d}t$;

(46) $\int \dfrac{\sqrt{x^2-9}}{x}\mathrm{d}x$;

(47) $\displaystyle\int \frac{\mathrm{d}x}{1+\sqrt{2x}}$;

(48) $\displaystyle\int \frac{\mathrm{d}x}{1+\sqrt{1-x^2}}$;

(49) $\displaystyle\int \frac{\mathrm{d}x}{\sqrt{1+\mathrm{e}^x}}$;

(50) $\displaystyle\int \frac{\mathrm{d}x}{x+\sqrt{1-x^2}}$;

(51) $\displaystyle\int \frac{\arcsin x}{x^2}\mathrm{d}x$;

(52) $\displaystyle\int \frac{1+2x^2}{x^2(1+x^2)}\mathrm{d}x$.

## 第三节 不定积分的分部积分法

分部积分法与换元积分法一样,是求不定积分的又一种常用方法,它的基本原理是由乘积的求导法则导出的.

设 $u=u(x)$ 及 $v=v(x)$ 具有连续导数,由乘积的求导公式

$$(uv)'=u'v+uv',$$

得

$$uv'=(uv)'-u'v.$$

对这个式子两边求不定积分,得

$$\int uv'\mathrm{d}x =uv-\int u'v\mathrm{d}x, \tag{1}$$

或写成

$$\int u\mathrm{d}v =uv-\int v\mathrm{d}u. \tag{2}$$

公式(1)与(2)称为**分部积分公式**.当 $\displaystyle\int v\mathrm{d}u$ 容易求得,而求 $\displaystyle\int u\mathrm{d}v$ 很困难时,用它来计算不定积分就显得非常方便.下面我们举例说明如何运用这个重要公式.

**例 1** 求 $\displaystyle\int x\mathrm{e}^x\mathrm{d}x$.

**解** 这个积分用换元法无法求得,现在我们利用分部积分公式(2).可设 $u=x$, $\mathrm{d}v=\mathrm{e}^x\mathrm{d}x=\mathrm{d}\mathrm{e}^x$,则 $\mathrm{d}u=\mathrm{d}x$, $v=\mathrm{e}^x$.
于是

$$\int x\mathrm{e}^x\mathrm{d}x =\int x\mathrm{d}\mathrm{e}^x =x\mathrm{e}^x-\int \mathrm{e}^x\mathrm{d}x =x\mathrm{e}^x-\mathrm{e}^x+C.$$

在本例中,如设 $u=\mathrm{e}^x$, $\mathrm{d}v=x\mathrm{d}x=\mathrm{d}\left(\dfrac{x^2}{2}\right)$,运用分部积分则使问题更加复杂.因此,选择恰当的 $u$ 和 $\mathrm{d}v$ 是非常重要的.我们通过下面的例子来说明如何恰当地选择 $u$ 及 $\mathrm{d}v$.

**例 2**　求　$\int x^2 e^x \, dx$.

**解**　设 $u = x^2$，$dv = e^x \, dx = de^x$，则 $du = 2x \, dx$，$v = e^x$，利用公式(2)得

$$\int x^2 e^x \, dx = \int x^2 \, de^x = x^2 e^x - \int e^x 2x \, dx$$
$$= x^2 e^x - 2 \int x e^x \, dx.$$

对于 $\int x e^x \, dx$，利用例 1 的结果，于是

$$\int x^2 e^x \, dx = x^2 e^x - 2x e^x + 2e^x + C.$$

**例 3**　求　$\int x \cos x \, dx$.

**解**　设 $u = x$，$dv = \cos x \, dx = d\sin x$，则 $du = dx$，$v = \sin x$，于是

$$\int x \cos x \, dx = \int x \, d\sin x = x \sin x - \int \sin x \, dx$$
$$= x \sin x + \cos x + C.$$

**例 4**　求　$\int x \tan^2 x \, dx$.

**解**　先对被积函数作恒等变形

$$\int x \tan^2 x \, dx = \int x(\sec^2 x - 1) \, dx = \int x \sec^2 x \, dx - \int x \, dx$$
$$= \int x \sec^2 x \, dx - \frac{x^2}{2}.$$

对于积分 $\int x \sec^2 x \, dx$，可设 $u = x$，$dv = \sec^2 x \, dx = d\tan x$，那么 $du = dx$，$v = \tan x$，再利用分部积分公式(2)得

$$\int x \sec^2 x \, dx = \int x \, d\tan x = x \tan x - \int \tan x \, dx$$
$$= x \tan x + \ln |\cos x| + C,$$

于是

$$\int x \tan^2 x \, dx = x \tan x + \ln |\cos x| - \frac{x^2}{2} + C.$$

总结上面的四个例子可知，如果被积函数是幂函数与指数函数的乘积或幂函数与三角函数的乘积，一般可设 $u$ 为幂函数，即幂函数保持不动，而把指数函数或三角函数凑到微分号 d 之后. 再利用分部积分公式进行计算. 这样每进行一次分部

积分,幂函数的幂次(这里我们假定幂指数是正整数)就降低一次,有限次后就可算出不定积分.

**例5** 求 $\int x\ln x\,\mathrm{d}x$.

**解** 设 $u=\ln x$, $\mathrm{d}v=x\,\mathrm{d}x=\mathrm{d}\left(\dfrac{x^2}{2}\right)$,则 $\mathrm{d}u=\dfrac{1}{x}\mathrm{d}x$, $v=\dfrac{x^2}{2}$, 于是利用分部积分公式(2)得

$$\int x\ln x\,\mathrm{d}x=\int\ln x\,\mathrm{d}\left(\frac{x^2}{2}\right)=\frac{x^2}{2}\ln x-\int\frac{x^2}{2}\cdot\frac{1}{x}\mathrm{d}x$$
$$=\frac{x^2}{2}\ln x-\frac{1}{2}\int x\,\mathrm{d}x=\frac{x^2}{2}\ln x-\frac{x^2}{4}+C.$$

**例6** 求 $\int\dfrac{\ln x}{x^2}\mathrm{d}x$.

**解** 设 $u=\ln x$, $\mathrm{d}v=\dfrac{\mathrm{d}x}{x^2}=\mathrm{d}\left(-\dfrac{1}{x}\right)$,则 $\mathrm{d}u=\dfrac{1}{x}\mathrm{d}x$, $v=-\dfrac{1}{x}$, 由分部积分公式(2)可得

$$\int\frac{\ln x}{x^2}\mathrm{d}x=\int\ln x\,\mathrm{d}\left(-\frac{1}{x}\right)=-\frac{\ln x}{x}+\int\frac{1}{x}\cdot\frac{1}{x}\mathrm{d}x$$
$$=-\frac{\ln x}{x}+\int\frac{\mathrm{d}x}{x^2}=-\frac{\ln x}{x}-\frac{1}{x}+C.$$

**例7** 求 $\int\arctan x\,\mathrm{d}x$.

**解** 设 $u=\arctan x$, $\mathrm{d}v=\mathrm{d}x$,那么 $\mathrm{d}u=\dfrac{1}{1+x^2}\mathrm{d}x$, $v=x$. 利用分部积分公式(2),于是

$$\int\arctan x\,\mathrm{d}x=x\arctan x-\int\frac{x}{1+x^2}\mathrm{d}x$$
$$=x\arctan x-\frac{1}{2}\int\frac{\mathrm{d}(1+x^2)}{1+x^2}$$
$$=x\arctan x-\frac{1}{2}\ln(1+x^2)+C.$$

**例8** 求 $\int 2x\arcsin x\,\mathrm{d}x$.

**解** 设 $u=\arcsin x$, $\mathrm{d}v=2x\,\mathrm{d}x=\mathrm{d}x^2$,则 $\mathrm{d}u=\dfrac{1}{\sqrt{1-x^2}}\mathrm{d}x$, $v=x^2$. 利用分部积分公式(2),于是

$$\int 2x \arcsin x \, dx = \int \arcsin x \, dx^2 = x^2 \arcsin x - \int \frac{x^2}{\sqrt{1-x^2}} dx$$

$$= x^2 \arcsin x + \int \frac{-1+1-x^2}{\sqrt{1-x^2}} dx$$

$$= x^2 \arcsin x + \int \left( \sqrt{1-x^2} - \frac{1}{\sqrt{1-x^2}} \right) dx$$

$$= x^2 \arcsin x + \int \sqrt{1-x^2} \, dx - \arcsin x.$$

对于积分 $\int \sqrt{1-x^2} \, dx$，利用第二节中例 23 的结果，有

$$\int \sqrt{1-x^2} \, dx = \frac{1}{2} \arcsin x + \frac{x}{2} \sqrt{1-x^2} + C,$$

于是

$$\int 2x \arcsin x \, dx = x^2 \arcsin x + \frac{1}{2} \arcsin x + \frac{x}{2} \sqrt{1-x^2} + C - \arcsin x$$

$$= \left( x^2 - \frac{1}{2} \right) \arcsin x + \frac{x}{2} \sqrt{1-x^2} + C.$$

　　总结上面的四个例子可知，如果被积函数是幂函数与对数函数的乘积或幂函数与反三角函数的乘积，一般可设 $u$ 为对数函数或反三角函数即对数函数与反三角函数保持不动，而把幂函数凑到微分号 d 之后. 然后再利用分部积分公式进行计算，这样分部积分后对数函数与反三角函数就不再出现.

　　下面我们再介绍一类函数的不定积分，它须经过分部积分与解方程两个步骤才能计算出来.

　　**例 9**　求 $\int \sec^3 x \, dx$.

　　**解**　设 $u = \sec x$，$dv = \sec^2 x \, dx = d\tan x$，则 $du = \sec x \tan x \, dx$，$v = \tan x$，利用分部积分公式 (2)，于是

$$\int \sec^3 x \, dx = \int \sec x \, d\tan x = \sec x \tan x - \int \tan^2 x \sec x \, dx$$

$$= \sec x \tan x - \int (\sec^2 x - 1) \sec x \, dx$$

$$= \sec x \tan x - \int (\sec^3 x - \sec x) \, dx$$

$$= \sec x \tan x - \int \sec^3 x \, dx + \int \sec x \, dx$$

$$= \sec x \tan x - \int \sec^3 x \, dx + \ln | \sec x + \tan x |,$$

由于上式右端又出现了原来的积分 $\int \sec^3 x \, dx$，因此把它移项到等号的左端，再两端各除以 2，便可得

$$\int \sec^3 x \, dx = \frac{1}{2} \sec x \tan x + \frac{1}{2} \ln |\sec x + \tan x| + C.$$

因上式右端已不再含有积分项，所以必须加上任意常数 $C$.

对于被积函数是 $\sec x$ 或 $\csc x$ 奇数次幂的不定积分均可采用此方法.

**例 10** 求 $\int e^x \cos x \, dx$.

**解** 设 $u = \cos x$, $dv = e^x dx = de^x$，那么 $du = -\sin x \, dx$, $v = e^x$. 利用分部积分公式(2)得

$$\int e^x \cos x \, dx = \int \cos x \, de^x = e^x \cos x + \int e^x \sin x \, dx,$$

等式右端的积分与左端的积分是同一类型的，难度未减，但对积分 $\int e^x \sin x \, dx$ 再使用一次分部积分公式(2)便得

$$\int e^x \cos x \, dx = e^x \cos x + \int \sin x \, de^x$$
$$= e^x \cos x + e^x \sin x - \int e^x \cos x \, dx,$$

上式右端又出现了原来的积分 $\int e^x \cos x \, dx$，通过解方程，把它移项到左端，两边再同时除以 2，便得所求积分

$$\int e^x \cos x \, dx = \frac{1}{2} e^x (\sin x + \cos x) + C.$$

除了以上这几类函数的积分需用分部积分外，还有另外一些函数的积分也可以利用分部积分法进行计算.

**例 11** 求 $\int \sqrt{a^2 + x^2} \, dx$.

**解** 设 $u = \sqrt{a^2 + x^2}$, $dv = dx$，那么 $du = \dfrac{x \, dx}{\sqrt{a^2 + x^2}}$, $v = x$, 于是

$$\int \sqrt{a^2 + x^2} \, dx = x \sqrt{a^2 + x^2} - \int \frac{x^2}{\sqrt{a^2 + x^2}} \, dx$$
$$= x \sqrt{a^2 + x^2} - \int \sqrt{a^2 + x^2} \, dx + a^2 \int \frac{dx}{\sqrt{a^2 + x^2}},$$

对于积分 $\displaystyle\int \frac{\mathrm{d}x}{\sqrt{a^2+x^2}}$ 利用公式(24)得

$$\int \frac{\mathrm{d}x}{\sqrt{a^2+x^2}} = \ln(x+\sqrt{x^2+a^2})+C_1,$$

于是

$$2\int \sqrt{a^2+x^2}\,\mathrm{d}x = x\sqrt{a^2+x^2}+a^2\ln(x+\sqrt{x^2+a^2})+a^2 C_1,$$

所以

$$\int \sqrt{a^2+x^2}\,\mathrm{d}x = \frac{x}{2}\sqrt{a^2+x^2}+\frac{a^2}{2}\ln(x+\sqrt{x^2+a^2})+C.$$

类似地,我们可以得到

$$\int \sqrt{x^2-a^2}\,\mathrm{d}x = \frac{x}{2}\sqrt{x^2-a^2}-\frac{a^2}{2}\ln|x+\sqrt{x^2-a^2}|+C.$$

有些不定积分的计算,经常兼用换元法与分部积分法.

**例 12** 求 $\displaystyle\int \cos\sqrt{x}\,\mathrm{d}x$.

**解** 先用换元法,设 $u=\sqrt{x}$,那么 $x=u^2$,$\mathrm{d}x=2u\,\mathrm{d}u$,于是

$$\int \cos\sqrt{x}\,\mathrm{d}x = \int \cos u \cdot 2u\,\mathrm{d}u = 2\int u\cos u\,\mathrm{d}u.$$

再用分部积分公式(2)得

$$\int u\cos u\,\mathrm{d}u = \int u\,\mathrm{d}\sin u = u\sin u - \int \sin u\,\mathrm{d}u$$

$$= u\sin u + \cos u + \frac{C}{2},$$

因此,所求积分为

$$\int \cos\sqrt{x}\,\mathrm{d}x = 2u\sin u + 2\cos u + C$$

$$= 2\sqrt{x}\sin\sqrt{x} + 2\cos\sqrt{x} + C.$$

## 习题 4-3

求下列不定积分.

1. $\displaystyle\int x\mathrm{e}^{-x}\,\mathrm{d}x$.

2. $\displaystyle\int x\sin x\,\mathrm{d}x$.

3. $\int (x^2+1)\ln x\,dx$.

4. $\int \arccos x\,dx$.

5. $\int \dfrac{\ln x}{x^3}\,dx$.

6. $\int \sec^3 x\,dx$.

7. $\int e^{2x}\cos 3x\,dx$.

8. $\int x^5 \sin x^2\,dx$.

9. $\int (x^2+x)\cos 2x\,dx$.

10. $\int \dfrac{\arctan e^x}{e^x}\,dx$.

11. $\int (\arcsin x)^2\,dx$.

12. $\int e^x \sin^2 x\,dx$.

13. $\int x^2 \cos x\,dx$.

14. $\int \dfrac{1}{(x^2-4)^{\frac{3}{2}}}\,dx$.

15. $\int x\sin x\cos x\,dx$.

16. $\int x^2 e^{2x}\,dx$.

17. $\int \dfrac{\ln x}{\sqrt{x}}\,dx$.

18. $\int e^{\sqrt[3]{x}}\,dx$.

19. $\int \sin x\ln\tan x\,dx$.

20. $\int \sec^5 x\,dx$.

21. $\int x^3 e^{-x^2}\,dx$.

22. $\int \sqrt{x^2\pm a^2}\,dx\ (a>0)$.

23. $\int \sin(\ln x)\,dx$.

24. $\int \left[\ln(\ln x)+\dfrac{1}{\ln x}\right]\,dx$.

# 第四节　有理式的积分法

## 一、有理函数的积分

设 $P(x)$ 与 $Q(x)$ 分别是 $n$ 次与 $m$ 次多项式，我们称形如

$$\frac{P(x)}{Q(x)} \tag{1}$$

的函数为有理函数. 例如：$x^2+1$，$\dfrac{x^3}{x^2+x+1}$ 及 $\dfrac{3x}{2x^2-1}$ 都是有理函数.

一般我们总假定 $P(x)$ 与 $Q(x)$ 没有公因式. 当分子的多项式次数 $n$ 小于分母的多项式次数 $m$ 时，称这种有理式为真分式；当分子的多项式次数 $n$ 大于或等于分母的多项式次数 $m$ 时，称这种有理式为假分式.

对于 $n\geqslant m$ 的情形，利用多项式的除法，总可以把一个假分式化为一个多项式

与一个真分式之和的形式,例如

$$\frac{x^2+x+2}{x+1}=x+\frac{2}{x+1}.$$

而多项式的积分我们很容易求得,因此,对于有理函数的积分,我们的中心问题就是要解决真分式的积分.

对于真分式 $\frac{P(x)}{Q(x)}$,我们可以假定 $Q(x)$ 的最高次项的系数为 1.代数学告诉我们: $Q(x)$ 总可以在实数范围内有下述因式分解.设

$$Q(x)=(x-a)^\alpha\cdots(x-b)^\beta(x^2+px+q)^\lambda\cdots(x^2+rx+s)^\mu,$$

其中 $a$、$b$、$p$、$q$、$r$、$s$ 为实数,$\alpha$、$\beta$、$\lambda$、$\mu$ 为正整数,且 $p^2-4q<0$,$\cdots$,$r^2-4s<0$,则真分式 $\frac{P(x)}{Q(x)}$ 可以分解为如下部分分式之和:

$$
\begin{aligned}
\frac{P(x)}{Q(x)}=&\left[\frac{A_1}{x-a}+\frac{A_2}{(x-a)^2}+\cdots+\frac{A_\alpha}{(x-a)^\alpha}\right]\\
&+\cdots+\left[\frac{B_1}{x-b}+\frac{B_2}{(x-b)^2}+\cdots+\frac{B_\beta}{(x-b)^\beta}\right]\\
&+\left[\frac{C_1x+D_1}{x^2+px+q}+\frac{C_2x+D_2}{(x^2+px+q)^2}+\cdots\right.\\
&\left.+\frac{C_\lambda x+D_\lambda}{(x^2+px+q)^\lambda}\right]+\cdots+\left[\frac{M_1x+N_1}{x^2+rx+s}\right.\\
&\left.+\frac{M_2x+N_2}{(x^2+rx+s)^2}+\cdots+\frac{M_\mu x+N_\mu}{(x^2+rx+s)^\mu}\right],
\end{aligned}
\tag{2}
$$

其中 $A_1$,$A_2$,$\cdots$,$A_\alpha$;$B_1$,$B_2$,$\cdots$,$B_\beta$;$C_1$,$C_2$,$\cdots$,$C_\lambda$;$D_1$,$D_2$,$\cdots$,$D_\lambda$;$M_1$,$M_2$,$\cdots$,$M_\mu$;$N_1$,$N_2$,$\cdots$,$N_\mu$ 都为待定常数,通过下面例子我们来说明这些待定常数该如何确定.

例如,真分式 $\dfrac{x-7}{x^2-2x-3}=\dfrac{x-7}{(x-3)(x+1)}$ 可以分解成

$$\frac{x-7}{(x-3)(x+1)}=\frac{A}{x-3}+\frac{B}{x+1},$$

其中 $A$、$B$ 为待定常数.可以用如下方法来确定待定常数.

第一种方法　将上式右端通分得

$$\frac{x-7}{(x-3)(x+1)}=\frac{A(x+1)+B(x-3)}{(x-3)(x+1)},$$

去分母得

$$x-7=A(x+1)+B(x-3),\tag{3}$$

整理得

$$x-7=(A+B)x+A-3B,\tag{4}$$

由于(4)为恒等式,因此等式两端同次幂的系数对应相等,于是有

$$\begin{cases}A+B=1,\\A-3B=-7,\end{cases}$$

从而解得 $\qquad\qquad A=-1,\ B=2.$

第二种方法 在恒等式(3)中代入适当的值,求出 $A$ 与 $B$.

在(3)中,令 $x=3$,得 $A=-1$;再令 $x=-1$,得 $B=2$. 所以

$$\frac{x-7}{(x^2-2x-3)}=\frac{-1}{x-3}+\frac{2}{x+1}.$$

又如, $\dfrac{2x+2}{(x-1)(x^2+1)^2}=\dfrac{A}{x-1}+\dfrac{Bx+C}{x^2+1}+\dfrac{Dx+E}{(x^2+1)^2}$,其中 $A$、$B$、$C$、$D$、$E$ 为待定常数.

将上式右端通分,等式两端分子相等,即可得

$$2x+2=(A+B)x^4+(C-B)x^3+(2A+B+D-$$
$$C)x^2+(C+E-B-D)x+(A-C-E).$$

比较两端同次幂的系数得方程组

$$\begin{cases}A+B=0,\\C-B=0,\\2A+B+D-C=0,\\C+E-B-D=2,\\A-C-E=2.\end{cases}$$

解得 $A=1$, $B=-1$, $C=-1$, $D=-2$, $E=0$. 所以

$$\frac{2x+2}{(x-1)(x^2+1)^2}=\frac{1}{x-1}-\frac{x+1}{x^2+1}-\frac{2x}{(x^2+1)^2}.$$

由上面的讨论可知,真分式总可以分解为下面四种类型的部分分式之和.

(1) $\dfrac{b}{x-a}$;

(2) $\dfrac{b}{(x-a)^n}$ $(n=2,\ 3,\ \cdots)$;

(3) $\dfrac{bx+c}{x^2+px+q}$;

(4) $\dfrac{bx+c}{(x^2+px+q)^n}$ $(n=2,\ 3,\ \cdots)$.

于是每一个真分式的不定积分都可以化为以上四种部分分式的不定积分,现在逐一给出它们的求法.

(1) $\displaystyle\int\dfrac{b}{x-a}\mathrm{d}x=b\ln\mid x-a\mid+C$;

(2) $\displaystyle\int\dfrac{b}{(x-a)^n}\mathrm{d}x=\dfrac{b}{1-n}\cdot\dfrac{1}{(x-a)^{n-1}}+C$ $(n=2,\ 3,\ \cdots)$;

(3) $\displaystyle\int\dfrac{bx+c}{x^2+px+q}\mathrm{d}x$ $(p^2-4q<0)$.将分母 $x^2+px+q$ 配成完全平方,得

$$x^2+px+q=\left(x+\dfrac{p}{2}\right)^2+\left(q-\dfrac{p^2}{4}\right).$$

由于 $p^2-4q<0$,所以 $q-\dfrac{p^2}{4}>0$,可设 $q-\dfrac{p^2}{4}=a^2(a>0)$,那么

$$\int\dfrac{bx+c}{x^2+px+q}\mathrm{d}x=\int\dfrac{bx+c}{\left(x+\dfrac{p}{2}\right)^2+a^2}\mathrm{d}x.$$

作变量代换 $t=x+\dfrac{p}{2}$,于是

$$\int\dfrac{bx+c}{x^2+px+q}\mathrm{d}x=b\int\dfrac{t\,\mathrm{d}t}{t^2+a^2}+\left(c-\dfrac{bp}{2}\right)\int\dfrac{\mathrm{d}t}{t^2+a^2}$$

$$=\dfrac{b}{2}\ln(t^2+a^2)+\dfrac{1}{a}\left(c-\dfrac{bp}{2}\right)\cdot\arctan\dfrac{t}{a}+C$$

$$=\dfrac{b}{2}\ln(x^2+px+q)+\dfrac{2c-bp}{\sqrt{4q-p^2}}\cdot\arctan\dfrac{2x+p}{\sqrt{4q-p^2}}+C;$$

(4) $\displaystyle\int\dfrac{bx+c}{(x^2+px+q)^n}\mathrm{d}x$ $(n=2,\ 3,\ \cdots)$. 和(3)完全一样,可得

$$\int\dfrac{bx+c}{(x^2+px+q)^n}\mathrm{d}x=b\int\dfrac{t\,\mathrm{d}t}{(t^2+a^2)^n}+\left(c-\dfrac{bp}{2}\right)\int\dfrac{\mathrm{d}t}{(t^2+a^2)^n}$$

$$=\dfrac{b}{2(1-n)}\cdot\dfrac{1}{(t^2+a^2)^{n-1}}+\dfrac{2c-bp}{2}\int\dfrac{\mathrm{d}t}{(t^2+a^2)^n}.$$

记 $I_n=\displaystyle\int\dfrac{\mathrm{d}t}{(t^2+a^2)^n}$,利用分部积分公式,可以求得 $I_n$ 的递推公式.

$$I_n = \frac{1}{a^2} \int \frac{t^2 + a^2 - t^2}{(t^2 + a^2)^n} \mathrm{d}t = \frac{1}{a^2} \int \frac{\mathrm{d}t}{(t^2 + a^2)^{n-1}} - \frac{1}{a^2} \int \frac{t^2}{(t^2 + a^2)^n} \mathrm{d}t$$

$$= \frac{1}{a^2} I_{n-1} + \frac{1}{2a^2(n-1)} \int t \, \mathrm{d} \frac{1}{(t^2 + a^2)^{n-1}}$$

$$= \frac{1}{a^2} I_{n-1} + \frac{1}{2a^2(n-1)} \cdot \frac{t}{(t^2 + a^2)^{n-1}} - \frac{1}{2a^2(n-1)} \int \frac{\mathrm{d}t}{(t^2 + a^2)^{n-1}}$$

$$= \frac{1}{2a^2(n-1)} \cdot \frac{t}{(t^2 + a^2)^{n-1}} + \frac{2n-3}{2a^2(n-1)} I_{n-1}.$$

我们已经知道，$I_1 = \int \frac{\mathrm{d}t}{t^2 + a^2} = \frac{1}{a} \arctan \frac{t}{a} + C$. 由上面的递推公式，由 $I_1$ 可得 $I_2$，由 $I_2$ 可得 $I_3$，依此类推可得我们要求的积分.

由于任何一个有理函数都可以分解为多项式与以上四类部分分式之和，因此从理论上说，我们已经掌握了任何有理函数的积分了.下面举些例子.

**例1** 求 $\int \frac{x-7}{x^2 - 2x - 3} \mathrm{d}x$.

**解** 由前面的分解可知

$$\frac{x-7}{x^2 - 2x - 3} = \frac{-1}{x-3} + \frac{2}{x+1},$$

于是

$$\int \frac{x-7}{x^2 - 2x - 3} \mathrm{d}x = -\int \frac{\mathrm{d}x}{x-3} + \int \frac{2\mathrm{d}x}{x+1}$$

$$= -\ln|x-3| + 2\ln|x+1| + C$$

$$= \ln \frac{(x+1)^2}{|x-3|} + C.$$

**例2** 求 $\int \frac{2x+2}{(x-1)(x^2+1)^2} \mathrm{d}x$.

**解** 由前面的分解可知

$$\frac{2x+2}{(x-1)(x^2+1)^2} = \frac{1}{x-1} - \frac{x+1}{x^2+1} - \frac{2x}{(x^2+1)^2},$$

于是

$$\int \frac{2x+2}{(x-1)(x^2+1)^2} \mathrm{d}x$$

$$= \int \frac{\mathrm{d}x}{x-1} - \int \frac{x+1}{x^2+1} \mathrm{d}x - 2\int \frac{x}{(x^2+1)^2} \mathrm{d}x$$

$$= \ln|x-1| - \frac{1}{2}\int \frac{d(x^2+1)}{x^2+1} - \int \frac{dx}{x^2+1} - \int \frac{d(x^2+1)}{(x^2+1)^2}$$

$$= \ln|x-1| - \frac{1}{2}\ln(x^2+1) - \arctan x + \frac{1}{x^2+1} + C$$

$$= \ln \frac{|x-1|}{\sqrt{1+x^2}} - \arctan x + \frac{1}{x^2+1} + C.$$

**例 3** 求 $\displaystyle\int \frac{1}{(1+2x)(1+x^2)}dx$.

**解** 因为被积函数有如下分解

$$\frac{1}{(1+2x)(1+x^2)} = \frac{\frac{4}{5}}{1+2x} + \frac{-\frac{2}{5}x+\frac{1}{5}}{1+x^2},$$

所以

$$\int \frac{dx}{(1+2x)(1+x^2)} = \int \left[ \frac{\frac{4}{5}}{1+2x} + \frac{-\frac{2}{5}x+\frac{1}{5}}{1+x^2} \right]dx$$

$$= \frac{2}{5}\int \frac{2}{1+2x}dx - \frac{1}{5}\int \frac{2x}{1+x^2}dx + \frac{1}{5}\int \frac{1}{1+x^2}dx$$

$$= \frac{2}{5}\int \frac{1}{1+2x}d(1+2x) - \frac{1}{5}\int \frac{1}{1+x^2}d(1+x^2) + \frac{1}{5}\int \frac{dx}{1+x^2}$$

$$= \frac{2}{5}\ln|1+2x| - \frac{1}{5}\ln(1+x^2) + \frac{1}{5}\arctan x + C$$

$$= \frac{1}{5}\ln \frac{(1+2x)^2}{1+x^2} + \frac{1}{5}\arctan x + C.$$

虽然从理论上讲,有理函数总可以分解为部分分式然后再积分.但是实际上,不能机械地套用这个原理.要根据情况,把积分尽量简化.看下例.

**例 4** 求 $\displaystyle\int \frac{dx}{x(x^{10}+1)^2}$.

**解** $\displaystyle\int \frac{dx}{x(x^{10}+1)^2} = \int \frac{x^9 dx}{x^{10}(x^{10}+1)^2} = \frac{1}{10}\int \frac{dx^{10}}{x^{10}(x^{10}+1)^2}$,

作变量代换 $t = x^{10}$, 于是

$$\int \frac{dx}{x(x^{10}+1)^2} = \frac{1}{10}\int \frac{dt}{t(t+1)^2},$$

而被积函数可以分解为

$$\frac{1}{t(t+1)^2} = \frac{1}{t} - \frac{1}{t+1} - \frac{1}{(t+1)^2}.$$

所以

$$\int \frac{\mathrm{d}x}{x(x^{10}+1)^2} = \frac{1}{10} \int \left[ \frac{1}{t} - \frac{1}{t+1} - \frac{1}{(t+1)^2} \right] \mathrm{d}t$$

$$= \frac{1}{10} \left[ \ln t - \ln(t+1) + \frac{1}{t+1} \right] + C$$

$$= \frac{1}{10} \ln \frac{x^{10}}{x^{10}+1} + \frac{1}{10(x^{10}+1)} + C.$$

## 二、三角函数有理式的积分

以下讨论形如 $\int R(\cos x, \sin x) \mathrm{d}x$ 的积分,其中 $R(u, v)$ 表示两个变量 $u$、$v$ 的有理式函数.由于 $\tan x$,$\cot x$,$\sec x$,$\csc x$ 都可以化为 $\cos x$ 和 $\sin x$ 的有理式,所以凡是由三角函数组成的有理式都可以化为由 $\cos x$ 和 $\sin x$ 组成的有理式. 下面我们只讨论形如 $\int R(\cos x, \sin x) \mathrm{d}x$ 的积分.

对于形如 $\int R(\cos x, \sin x) \mathrm{d}x$ 的积分,通常我们采用万能代换,即令

$$\tan \frac{x}{2} = t,$$

于是

$$\sin x = \frac{2\sin \frac{x}{2} \cos \frac{x}{2}}{\cos^2 \frac{x}{2} + \sin^2 \frac{x}{2}} = \frac{2\tan \frac{x}{2}}{1 + \tan^2 \frac{x}{2}} = \frac{2t}{1+t^2},$$

$$\cos x = \frac{\cos^2 \frac{x}{2} - \sin^2 \frac{x}{2}}{\cos^2 \frac{x}{2} + \sin^2 \frac{x}{2}} = \frac{1 - \tan^2 \frac{x}{2}}{1 + \tan^2 \frac{x}{2}} = \frac{1-t^2}{1+t^2},$$

$$\mathrm{d}x = \frac{2}{1+t^2} \mathrm{d}t.$$

从而

$$\int R(\cos x, \sin x) \mathrm{d}x = \int R\left( \frac{1-t^2}{1+t^2}, \frac{2t}{1+t^2} \right) \frac{2}{1+t^2} \mathrm{d}t.$$

这样上式右端就化为有理函数的积分. 从理论上说, 这一类型的积分, 在本节一中已得到彻底的解决.

**例 5** 求 $\displaystyle\int \frac{\mathrm{d}x}{2\sin x - \cos x - 1}$.

**解** 设 $\tan \dfrac{x}{2} = t$, 于是

$$\int \frac{\mathrm{d}x}{2\sin x - \cos x - 1} = \int \frac{1}{2\,\dfrac{2t}{1+t^2} - \dfrac{1-t^2}{1+t^2} - 1} \cdot \frac{2}{1+t^2}\mathrm{d}t$$

$$= \int \frac{1}{2t-1}\mathrm{d}t = \frac{1}{2}\int \frac{1}{2t-1}\mathrm{d}(2t-1)$$

$$= \frac{1}{2}\ln|\,2t-1\,| + C$$

$$= \frac{1}{2}\ln\left|\,2\tan\frac{x}{2} - 1\,\right| + C.$$

但是, 由于三角函数本身有许多的恒等变形方式, 所以积分的方法也非常之多. 对于某些积分来说, 用万能代换的方法来计算不一定就是最简捷的. 下面我们举例来说明.

**例 6** 求 $\displaystyle\int \frac{\mathrm{d}x}{1+\sin x}$.

**解** 分子、分母同乘以 $1-\sin x$, 得

$$\int \frac{\mathrm{d}x}{1+\sin x} = \int \frac{1-\sin x}{1-\sin^2 x}\mathrm{d}x = \int \frac{1-\sin x}{\cos^2 x}\mathrm{d}x$$

$$= \int \sec^2 x\,\mathrm{d}x - \int \tan x \sec x\,\mathrm{d}x$$

$$= \tan x - \sec x + C.$$

**例 7** 求 $\displaystyle\int \frac{3\sin x + 2\cos x}{\sin x + \cos x}\mathrm{d}x$.

**解** 本题既可以采用半角代换(即万能代换), 也可以采用如下的方法: 把被积函数的分子拆成 $a$ 倍的分母与 $b$ 倍的分母的导数之和(其中 $a$、$b$ 为待定常数), 而且这类被积函数总可以这样拆. 于是可设

$$3\sin x + 2\cos x = a(\sin x + \cos x) + b(\sin x + \cos x)',$$

即

$$3\sin x + 2\cos x = a(\sin x + \cos x) + b(\cos x - \sin x),$$

整理得

$$3\sin x + 2\cos x = (a-b)\sin x + (a+b)\cos x.$$

由于上式为恒等式，于是

$$\begin{cases} a-b=3, \\ a+b=2, \end{cases}$$

解之得 $a=\dfrac{5}{2}$，$b=-\dfrac{1}{2}$，因此

$$\begin{aligned}
\int \frac{3\sin x + 2\cos x}{\sin x + \cos x}\mathrm{d}x &= \int\left[\frac{5}{2}-\frac{1}{2}\left(\frac{\cos x-\sin x}{\sin x+\cos x}\right)\right]\mathrm{d}x \\
&= \frac{5}{2}x - \frac{1}{2}\int\frac{\mathrm{d}(\sin x+\cos x)}{\sin x+\cos x} \\
&= \frac{5}{2}x - \frac{1}{2}\ln|\sin x+\cos x|+C.
\end{aligned}$$

**例 8** 求 $\displaystyle\int\frac{1}{\sin^2 x+5\cos^2 x}\mathrm{d}x$.

**解** 被积函数为 $\dfrac{1}{a\sin^2 x+b\cos^2 x}$ 形式时，我们总可以分子、分母同除以 $\cos^2 x$.于是

$$\begin{aligned}
\int\frac{\mathrm{d}x}{\sin^2 x+5\cos^2 x} &= \int\frac{\sec^2 x\,\mathrm{d}x}{5+\tan^2 x}=\int\frac{\mathrm{d}\tan x}{5+\tan^2 x}=\frac{1}{\sqrt{5}}\arctan\left(\frac{1}{\sqrt{5}}\tan x\right)+C \\
&= \frac{\sqrt{5}}{5}\arctan\left(\frac{\sqrt{5}}{5}\tan x\right)+C.
\end{aligned}$$

**例 9** 求 $\displaystyle\int\frac{\mathrm{d}x}{\sin x+\cos x}$.

**解** $\displaystyle\int\frac{\mathrm{d}x}{\sin x+\cos x}=\int\frac{\mathrm{d}x}{\sqrt{2}\sin\left(x+\frac{\pi}{4}\right)}=\frac{\sqrt{2}}{2}\int\csc\left(x+\frac{\pi}{4}\right)\mathrm{d}\left(x+\frac{\pi}{4}\right)$

$$=\frac{\sqrt{2}}{2}\ln\left|\csc\left(x+\frac{\pi}{4}\right)-\cot\left(x+\frac{\pi}{4}\right)\right|+C.$$

**例 10** 求 $\displaystyle\int\frac{x+\sin x}{1+\cos x}\mathrm{d}x$.

**解** $\displaystyle\int\frac{x+\sin x}{1+\cos x}\mathrm{d}x=\int\frac{x+\sin x}{2\cos^2\frac{x}{2}}\mathrm{d}x=\frac{1}{2}\int\frac{x}{\cos^2\frac{x}{2}}\mathrm{d}x+\frac{1}{2}\int\frac{\sin x}{\cos^2\frac{x}{2}}\mathrm{d}x$

$$=\frac{1}{2}\int x\sec^2\frac{x}{2}\mathrm{d}x+\int\tan\frac{x}{2}\mathrm{d}x=\int x\,\mathrm{d}\tan\frac{x}{2}+\int\tan\frac{x}{2}\mathrm{d}x$$

$$= x\tan\frac{x}{2} - \int \tan\frac{x}{2}\mathrm{d}x + \int \tan\frac{x}{2}\mathrm{d}x$$

$$= x\tan\frac{x}{2} + C.$$

**例 11** 求 $\displaystyle\int \frac{1+\cos x}{x+\sin x}\mathrm{d}x$.

**解** $\displaystyle\int \frac{1+\cos x}{x+\sin x}\mathrm{d}x = \int \frac{\mathrm{d}(x+\sin x)}{x+\sin x} = \ln|x+\sin x| + C.$

## 习题 4－4

1. 求下列不定积分：

(1) $\displaystyle\int \frac{x^2+1}{(x^2-2x+2)^2}\mathrm{d}x$ ;

(2) $\displaystyle\int \frac{\sqrt{x}-2\sqrt[3]{x}-1}{\sqrt[4]{x}}\mathrm{d}x$ ;

(3) $\displaystyle\int \frac{\mathrm{d}x}{3x^2+4x-7}$ ;

(4) $\displaystyle\int \frac{\mathrm{d}x}{9x^2+12x+9}$ ;

(5) $\displaystyle\int \mathrm{e}^x\left(\frac{1-x}{1+x^2}\right)^2\mathrm{d}x$ ;

(6) $\displaystyle\int \frac{\mathrm{d}x}{(a-x)(x-b)}$ ;

(7) $\displaystyle\int \frac{x\,\mathrm{d}x}{(1+x)(x^2+1)}$ ;

(8) $\displaystyle\int \frac{\mathrm{d}x}{x(x^2+1)}$ ;

(9) $\displaystyle\int \frac{\mathrm{d}x}{(1+x)\sqrt{2+x-x^2}}$ ;

(10) $\displaystyle\int \frac{x^3}{x-1}\mathrm{d}x$ ;

(11) $\displaystyle\int \frac{\mathrm{d}x}{x^4+x^2+1}$ ;

(12) $\displaystyle\int \frac{\mathrm{d}x}{(x^2+1)(x^2+x+1)}$ ;

(13) $\displaystyle\int \frac{x-2}{(2x^2+2x+1)^2}\mathrm{d}x$ ;

(14) $\displaystyle\int \frac{\mathrm{e}^{2x}-5\mathrm{e}^x}{\mathrm{e}^{3x}-3\mathrm{e}^{2x}+4}\mathrm{d}x$ ;

(15) $\displaystyle\int \frac{1}{a^x+a^{2x}}\mathrm{d}x$ ;

(16) $\displaystyle\int \frac{x^{3n-1}}{(x^{2n}+1)^2}\mathrm{d}x$.

2. 求下列三角函数有理式的积分：

(1) $\displaystyle\int \frac{\arcsin x}{x^2}\mathrm{d}x$ ;

(2) $\displaystyle\int \frac{\mathrm{d}x}{3+\cos x}$ ;

(3) $\displaystyle\int \frac{\tan x}{1+\tan x+\tan^2 x}\mathrm{d}x$ ;

(4) $\displaystyle\int \frac{\mathrm{d}x}{4\sec x+5}$ ;

(5) $\displaystyle\int \frac{\mathrm{d}x}{3+\sin^2 x}$ ;

(6) $\displaystyle\int \frac{1+\sin x}{\sin x(1+\cos x)}\mathrm{d}x$ ;

(7) $\displaystyle\int \frac{\mathrm{d}x}{a^2\sin^2 x+b^2\cos^2 x}$ ;

(8) $\displaystyle\int \frac{\sin x-2\cos x}{\sin x+\cos x}\mathrm{d}x$.

# 第五节 无理式的积分法

对于无理式的积分,一般要经过适当的变量代换,将无理式化为有理函数再去积分.

下面首先讨论形如

$$\int R(x, \sqrt[n]{ax+b})\,dx \ \text{及} \int R\Big(x, \sqrt[n]{\frac{ax+b}{cx+d}}\Big)dx$$

的积分,其中 $R(x, u)$ 表示 $x, u$ 两个变量的有理函数.这一类型的积分,为了去掉根号,一般作变量代换 $\sqrt[n]{ax+b}=t$ 或 $\sqrt[n]{\dfrac{ax+b}{cx+d}}=t$.下面我们举例来说明这类积分的求法.

**例 1** 求 $\displaystyle\int x\sqrt{x-1}\,dx$.

**解** 为了去掉根号,作代换 $\sqrt{x-1}=t$,则

$$x=1+t^2, \ dx=2t\,dt,$$

于是

$$\int x\sqrt{x-1}\,dx = \int(1+t^2)t \cdot 2t\,dt = 2\int(t^2+t^4)\,dt$$

$$=2\Big(\frac{t^3}{3}+\frac{t^5}{5}\Big)+C = \frac{2}{3}(x-1)^{\frac{3}{2}}+\frac{2}{5}(x-1)^{\frac{5}{2}}+C.$$

**例 2** 求 $\displaystyle\int\frac{dx}{1+\sqrt[3]{x+1}}$.

**解** 为了去掉根式,作代换 $\sqrt[3]{x+1}=t$,则

$$x=t^3-1, \ dx=3t^2\,dt,$$

于是

$$\int\frac{dx}{1+\sqrt[3]{x+1}} = \int\frac{3t^2}{1+t}\,dt = 3\int\frac{t^2+t-t-1+1}{1+t}\,dt$$

$$=3\int\Big(t-1+\frac{1}{1+t}\Big)\,dt = 3\Big(\frac{t^2}{2}-t+\ln|1+t|\Big)+C$$

$$=\frac{3}{2}\sqrt[3]{(x+1)^2}-3\sqrt[3]{x+1}+3\ln|1+\sqrt[3]{x+1}|+C.$$

**例 3** 求 $\displaystyle\int\frac{\mathrm{d}x}{(1+\sqrt[3]{x})\sqrt{x}}$.

**解** 为了同时去掉被积函数中的两个根式, 作代换 $\sqrt[6]{x}=t$, 那么 $x=t^6$, $\mathrm{d}x=6t^5\mathrm{d}t$, $\sqrt[3]{x}=t^2$, $\sqrt{x}=t^3$, 于是

$$\int\frac{\mathrm{d}x}{(1+\sqrt[3]{x})\sqrt{x}}=\int\frac{6t^5\mathrm{d}t}{(1+t^2)t^3}=\int\frac{6t^2}{1+t^2}\mathrm{d}t=6\int\left(1-\frac{1}{1+t^2}\right)\mathrm{d}t$$

$$=6(t-\arctan t)+C=6(\sqrt[6]{x}-\arctan\sqrt[6]{x})+C$$

$$=6\sqrt[6]{x}-6\arctan\sqrt[6]{x}+C.$$

**例 4** 求 $\displaystyle\int\frac{\mathrm{d}x}{\sqrt[3]{x^2(x+1)}}$.

**解** $\displaystyle\int\frac{\mathrm{d}x}{\sqrt[3]{x^2(x+1)}}=\int\frac{1}{x}\sqrt[3]{\frac{x}{x+1}}\mathrm{d}x$.

为了去掉根式, 作代换 $\displaystyle\sqrt[3]{\frac{x}{x+1}}=t$, 则

$$x=\frac{t^3}{1-t^3},\quad \mathrm{d}x=\frac{3t^2\mathrm{d}t}{(1-t^3)^2},$$

于是

$$\int\frac{\mathrm{d}x}{\sqrt[3]{x^2(x+1)}}=\int\frac{1-t^3}{t^3}\cdot t\cdot\frac{3t^2}{(1-t^3)^2}\mathrm{d}t=\int\frac{3}{1-t^3}\mathrm{d}t$$

$$=\int\frac{-3}{t^3-1}\mathrm{d}t=\int\frac{-3}{(t-1)(t^2+t+1)}\mathrm{d}t$$

$$=\int\left(\frac{-1}{t-1}+\frac{t+2}{t^2+t+1}\right)\mathrm{d}t$$

$$=-\ln|t-1|+\frac{1}{2}\int\frac{2t+1}{t^2+t+1}\mathrm{d}t+\frac{3}{2}\int\frac{\mathrm{d}t}{t^2+t+1}$$

$$=-\ln|t-1|+\frac{1}{2}\ln(t^2+t+1)+\frac{3}{2}\int\frac{\mathrm{d}t}{\left(t+\frac{1}{2}\right)^2+\frac{3}{4}}$$

$$=-\ln|t-1|+\frac{1}{2}\ln(t^2+t+1)+$$

$$\frac{3}{2}\cdot\frac{2}{\sqrt{3}}\arctan\frac{2t+1}{\sqrt{3}}+C$$

$$=-\ln\left|\sqrt[3]{\frac{x}{x+1}}-1\right|+\frac{1}{2}\ln\left(\sqrt[3]{\left(\frac{x}{x+1}\right)^2}+\sqrt[3]{\frac{x}{x+1}}+1\right)$$

$$+\sqrt{3}\arctan\left[\frac{\sqrt{3}}{3}\left(2\sqrt[3]{\frac{x}{x+1}}+1\right)\right]+C.$$

接着讨论形如 $\int R(x,\sqrt{ax^2+bx+c})\mathrm{d}x$ 的积分($a\neq0$),对于这类积分,一般先将 $ax^2+bx+c$ 进行配方,然后选取适当的三角代换,将其化为三角函数有理式,再积分.在本章第二类换元法中已经举了一些例题.再看下例.

**例 5** 求 $\displaystyle\int\frac{\mathrm{d}x}{(x^2+2x+10)^{\frac{3}{2}}}$

**解** 由于 $x^2+2x+10=(x+1)^2+9$,故设 $x+1=3\tan t$,则 $x^2+2x+10=9\sec^2 t$,$\mathrm{d}x=3\sec^2 t\,\mathrm{d}t$. 于是得

$$\int\frac{\mathrm{d}x}{(x^2+2x+10)^{\frac{3}{2}}}=\int\frac{3\sec^2 t}{27\sec^3 t}\mathrm{d}t=\frac{1}{9}\int\cos t\,\mathrm{d}t=\frac{1}{9}\sin t+C$$

$$=\frac{x+1}{9\sqrt{x^2+2x+10}}+C.$$

## 习题 4-5

1. 求下列不定积分:

(1) $\displaystyle\int\frac{1+x}{(1-x)^2}\mathrm{d}x$;

(2) $\displaystyle\int\frac{\mathrm{d}x}{\sqrt{x}+\sqrt[3]{x}}$;

(3) $\displaystyle\int\frac{(\sqrt{x})^3+1}{1+\sqrt{x}}\mathrm{d}x$;

(4) $\displaystyle\int\frac{\sqrt{x+1}-1}{\sqrt{x+1}+1}\mathrm{d}x$;

(5) $\displaystyle\int x\tan^2 x\,\mathrm{d}x$;

(6) $\displaystyle\int\cos\sqrt{x+1}\,\mathrm{d}x$;

(7) $\displaystyle\int\frac{\mathrm{d}x}{\sqrt{x(1+x)}}$;

(8) $\displaystyle\int\frac{x+\ln^3 x}{(x\ln x)^2}\mathrm{d}x$;

(9) $\displaystyle\int\frac{1}{x^2}\sqrt{x^2-1}\,\mathrm{d}x$;

(10) $\displaystyle\int\frac{\sqrt{x^2-2x}}{x}\mathrm{d}x$.

2. 利用以前学过的方法求下列不定积分:

(1) $\displaystyle\int\frac{x}{(1-x)^3}\mathrm{d}x$;

(2) $\displaystyle\int\frac{x^2}{a^6-x^6}\mathrm{d}x\ (a>0)$;

(3) $\displaystyle\int\left(\frac{2}{x}+\frac{x}{3}\right)^2\mathrm{d}x$;

(4) $\displaystyle\int\frac{\mathrm{d}x}{(4-x^2)^{5/2}}$;

(5) $\displaystyle\int\frac{\mathrm{d}x}{x^4\sqrt{1+x^2}}$;

(6) $\displaystyle\int(2\cos x-3\sin x+4\mathrm{e}^x+\pi)\mathrm{d}x$;

(7) $\int e^{x-3} dx$ ;

(8) $\int \dfrac{x^{11}}{x^8 + 3x^4 + 2} dx$ ;

(9) $\int \dfrac{dx}{16 - x^4}$ ;

(10) $\int \dfrac{dx}{\sqrt[3]{3 - 2x}}$ ;

(11) $\int \dfrac{e^x - e^{-x}}{e^x + e^{-x}} dx$ ;

(12) $\int \dfrac{1}{(1 + e^x)^2} dx$ ;

(13) $\int \dfrac{dx}{\cos^2 x \sqrt{\tan x}}$ ;

(14) $\int \ln(x + \sqrt{1 + x^2}) dx$ ;

(15) $\int \tan^3 x \sec^3 x \, dx$ ;

(16) $\int \dfrac{1}{x^2} \cos^2 \dfrac{1}{x} dx$ ;

(17) $\int \tan^4 x \sec^4 x \, dx$ ;

(18) $\int \sin \dfrac{x}{4} \cos \dfrac{3}{4} x \, dx$ ;

(19) $\int \dfrac{dx}{\sqrt{4 - 9x^2}}$ ;

(20) $\int x \arctan \sqrt{x^2 - 1} \, dx$ ;

(21) $\int \cos 4x \cos x \, dx$ ;

(22) $\int \dfrac{\arctan \sqrt{x}}{\sqrt{x}\,(1 + x)} dx$ ;

(23) $\int \sqrt{2x - x^2} \, dx$ ;

(24) $\int x^2 \sqrt{4 - x^2} \, dx$ ;

(25) $\int \dfrac{f'(x)}{1 + f^2(x)} dx$ ;

(26) $\int \dfrac{\cot x}{1 + \sin x} dx$ ;

(27) $\int \dfrac{dx}{5\sin^2 x + \cos^2 x}$ ;

(28) $\int \dfrac{x^2}{\sqrt{2} - x} dx$ ;

(29) $\int x e^{10x} dx$ ;

(30) $\int \dfrac{\sin x \cos x}{\sin x + \cos x} dx$ ;

(31) $\int \dfrac{x \, dx}{(1 + x)^{100}}$ ;

(32) $\int x f''(x) \, dx$ .

# 第六节　积分表的使用

我们知道,求积分需要一定的技巧,有时还需要做许多复杂的计算.为了应用上的方便,人们已将一些函数的不定积分汇编成表,这种表叫作积分表.在本书最后给出了一个常用的积分表.本节简单说明一下积分表的使用法.

(1) 本书所附的积分表是按被积函数的类型排列的.因此使用积分表时,应先熟悉积分表的排列顺序,当求某个不定积分时,可根据这个不定积分的被积函数的类型,在积分表同类型函数中查出相应的积分公式来.

**例 1** 求 $\displaystyle\int \frac{x}{(x+2)^2}\mathrm{d}x$.

**解** 被积函数为含有 $ax+b$ 的积分,在积分表(一)中查出相应的积分公式为

$$(7)\ \int \frac{x\,\mathrm{d}x}{(ax+b)^2}=\frac{1}{a^2}\Big(\ln|ax+b|+\frac{b}{ax+b}\Big)+C.$$

从而得

$$\int \frac{x}{(x+2)^2}\mathrm{d}x=\ln|x+2|+\frac{2}{x+2}+C.$$

**例 2** 求 $\displaystyle\int \sqrt{(x^2-4)^3}\,\mathrm{d}x$.

**解** 被积函数为含有 $\sqrt{x^2-a^2}$ 的积分,在积分表(七)中查出相应的积分公式为

$$(54)\ \int \sqrt{(x^2-a^2)^3}\,\mathrm{d}x=\frac{x}{8}(2x^2-5a^2)\sqrt{x^2-a^2}$$

$$+\frac{3}{8}a^4\ln|x+\sqrt{x^2-a^2}|+C.$$

现在令 $a=2$.
从而得

$$\int \sqrt{(x^2-4)^3}\,\mathrm{d}x=\frac{x}{8}(2x^2-20)\sqrt{x^2-4}+\frac{3}{8}\cdot 16\ln|x+\sqrt{x^2-4}|+C$$

$$=\frac{x}{4}(x^2-10)\sqrt{x^2-4}+6\ln|x+\sqrt{x^2-4}|+C.$$

(2) 使用积分表时应注意积分公式中所含常数的取值范围,要根据这些常数的取值范围正确选择相应的积分公式.否则将发生错误.

**例 3** 求 $\displaystyle\int \frac{\mathrm{d}x}{3-\cos x}$.

**解** 被积函数为含有三角函数的积分,在积分表(十一)中查出相应的公式.

$$(105)\ \int \frac{\mathrm{d}x}{a+b\cos x}=\frac{2}{a+b}\sqrt{\frac{a+b}{a-b}}\arctan\Big(\sqrt{\frac{a-b}{a+b}}\tan\frac{x}{2}\Big)+C\ (a^2>b^2).$$

现在令 $a=3$, $b=-1$.
从而得

$$\int \frac{\mathrm{d}x}{3-\cos x}=\frac{\sqrt{2}}{2}\arctan\Big(\sqrt{2}\tan\frac{x}{2}\Big)+C.$$

(3) 有时所求的不定积分不能在表中直接查出,需要经过一次或几次变换才

能化为相应的积分公式形式.有时所求的不定积分在积分表中为递推公式,那就需要重复使用几次这个公式才能求得最后的结果.

**例 4** 求 $\displaystyle\int \frac{x\,\mathrm{d}x}{\sqrt{x^4+2x^2+3}}$.

**解** 作变量代换 $x^2=u$, $x=\sqrt{u}$, 于是

$$\int \frac{x\,\mathrm{d}x}{\sqrt{x^4+2x^2+3}}=\frac{1}{2}\int \frac{\mathrm{d}u}{\sqrt{u^2+2u+3}}.$$

再利用积分表(九)中公式(73),令 $a=1$, $b=2$, $c=3$. 从而得

$$\int \frac{\mathrm{d}u}{\sqrt{u^2+2u+3}}=\ln \mid 2u+2+2\sqrt{u^2+2u+3} \mid +C_1,$$

所以

$$\int \frac{x\,\mathrm{d}x}{\sqrt{x^4+2x^2+3}}=\frac{1}{2}\ln \mid 2x^2+2+2\sqrt{x^4+2x^2+3} \mid +\frac{1}{2}C_1$$

$$=\frac{1}{2}\ln \mid x^2+1+\sqrt{x^4+2x^2+3} \mid +C.$$

**例 5** 求 $\displaystyle\int \frac{1}{\cos^4 x}\mathrm{d}x$.

**解** 在积分表(十一)中查出相应的积分公式为

$$(98)\int \frac{\mathrm{d}x}{\cos^n x}=\frac{1}{n-1}\frac{\sin x}{\cos^{n-1}x}+\frac{n-2}{n-1}\int \frac{\mathrm{d}x}{\cos^{n-2}x},$$

从而得

$$\int \frac{\mathrm{d}x}{\cos^4 x}=\frac{1}{3}\frac{\sin x}{\cos^3 x}+\frac{2}{3}\int \frac{\mathrm{d}x}{\cos^2 x}=\frac{1}{3}\frac{\sin x}{\cos^3 x}+\frac{2}{3}\int \sec^2 x\,\mathrm{d}x$$

$$=\frac{1}{3}\tan x\sec^2 x+\frac{2}{3}\tan x+C.$$

一般说来,查积分表可以节省计算积分的时间.但是,只有掌握了前面学过的基本积分方法才能灵活地使用积分表,而且对于一些较简单的积分,应用基本积分方法来计算比查表更快些.所以,求积分时究竟是直接计算,还是查表,或是两者结合使用,应该作具体分析,不能一概而论.

最后,我们需要说明的是,在第一节中已经知道只要被积函数是初等函数,在其定义区间内它的原函数一定存在.但并不是任何原函数都能用初等函数来表达.例如

$$\int \mathrm{e}^{-x^2}\mathrm{d}x,\ \int \frac{\sin x}{x}\mathrm{d}x,\ \int \frac{\mathrm{d}x}{\ln x}$$

等就不是初等函数.由此可见,初等函数的导数仍为初等函数,但初等函数的不定

积分不一定是初等函数.有些这样的函数在工程技术和科学研究中也是十分重要的,以后我们还可以用别的数学方法表示和讨论它们.

### 习题 4-6

利用积分表计算下列不定积分:

1. $\displaystyle\int \frac{\mathrm{d}x}{\sqrt{4x^2-9}}$;

2. $\displaystyle\int (x^{20}+4\mathrm{e}^x+5\sin x+6\cos x)\mathrm{d}x$;

3. $\displaystyle\int [(2x-1)^{10}+4\mathrm{e}^{2x}+3\sin 2x]\mathrm{d}x$;

4. $\displaystyle\int \sqrt{2x^2+9}\,\mathrm{d}x$;

5. $\displaystyle\int \sqrt{3x^2-2}\,\mathrm{d}x$;

6. $\displaystyle\int x^{1\,000}\ln x\,\mathrm{d}x$;

7. $\displaystyle\int \left(\mathrm{e}^{\sqrt{x}}+1\right)\mathrm{d}x$;

8. $\displaystyle\int \frac{\mathrm{d}x}{(x^2+9)^2}$;

9. $\displaystyle\int \frac{\mathrm{d}x}{\sin^3 x}$;

10. $\displaystyle\int \sin 5x\,\mathrm{d}x$;

11. $\displaystyle\int \frac{\ln 2x}{x}\mathrm{d}x$;

12. $\displaystyle\int \ln^3 x\,\mathrm{d}x$;

13. $\displaystyle\int \frac{\tan x}{\cos^2 x}\mathrm{d}x$;

14. $\displaystyle\int \frac{\sqrt{x-1}}{x}\mathrm{d}x$;

15. $\displaystyle\int \frac{\mathrm{d}x}{(1+x^2)^2}$;

16. $\displaystyle\int \frac{1}{x^2}\cos \frac{1}{x}\mathrm{d}x$;

17. $\displaystyle\int \frac{\arctan\sqrt{x}}{(1+x)\sqrt{x}}\mathrm{d}x$;

18. $\displaystyle\int \cos^6 x\,\mathrm{d}x$;

19. $\displaystyle\int \frac{f'(x)}{1+f^2(x)}\mathrm{d}x$;

20. $\displaystyle\int \frac{1}{2+5\cos x}\mathrm{d}x$;

21. $\displaystyle\int \frac{\mathrm{d}x}{x^2\sqrt{2x-1}}$;

22. $\displaystyle\int \frac{\mathrm{d}x}{x^2\sqrt{1+x^2}}$;

23. $\displaystyle\int \frac{x+5}{x^2-2x-1}\mathrm{d}x$;

24. $\displaystyle\int \frac{x\,\mathrm{d}x}{\sqrt{1+x-x^2}}$;

25. $\displaystyle\int \sqrt{4x^2}\,\mathrm{d}x$.

## 自 测 题

一、填空题

1. $\displaystyle\int (x^3+2\mathrm{e}^x)\mathrm{d}x = $ _____.

2. $\int \cot^5 x \, \mathrm{d}x = $ _____ .

3. $\int f'\left(\dfrac{x}{5}\right) \mathrm{d}x = $ _____ .

4. $\int \dfrac{1}{10 - 6x + x^2} \mathrm{d}x = $ _____ .

5. $\left(\int f(x) \mathrm{d}x\right)' = $ _____ .

二、计算题

1. 求 $\displaystyle\int \dfrac{\mathrm{d}x}{(x^2 + a^2)^{\frac{3}{2}}}$ .

2. 求 $\displaystyle\int (x+1)(x-1) \mathrm{d}x$ .

3. 求 $\displaystyle\int \sin^2 2x \cos^2 3x \, \mathrm{d}x$ .

4. 求 $\displaystyle\int \mathrm{e}^x \ln(1 + \mathrm{e}^x) \mathrm{d}x$ .

5. 求 $\displaystyle\int \dfrac{x \ln(x + \sqrt{1 + x^2})}{\sqrt{1 + x^2}} \mathrm{d}x$ .

6. 求 $\displaystyle\int \dfrac{\mathrm{d}x}{x^2 \sqrt{x^2 - 9}}$ .

7. 求 $\displaystyle\int \dfrac{x^2}{\sqrt{x^2 - 2}} \mathrm{d}x$ .

8. $I_n = \displaystyle\int x^n \sin x \, \mathrm{d}x$ ，求 $I_n$ 关于下标的递推公式（$n$ 为自然数，$n \geqslant 2$），并求 $\displaystyle\int x^5 \sin x \, \mathrm{d}x$ .

# 第五章 定积分

在上一章不定积分以及各种积分法的基础上,本章将讨论积分学的另一个基本问题——定积分问题.我们先从几个典型的实例出发,引进定积分的概念,然后揭示定积分与原函数(或不定积分)的关系,从而解决定积分的计算问题.至于定积分在实际中的应用,将在下一章进行讨论.

## 第一节 定积分的概念

### 一、引例

**1. 曲边梯形的面积** 在初等数学中,我们已经学会了计算规则平面图形的面积,但在生产实际中,有些问题的计算常常归结为要计算一个由曲线围成的平面图形的面积.我们先来讨论这类图形中最简单的一种——曲边梯形的面积.所谓曲边梯形是指如图 5-1 所表示的那种图形.在直角坐标系 $xOy$ 中,它是由两条平行直线 $x=a$,$x=b$ 以及连续曲线弧 $y=f(x)$ 与 $x$ 轴所围成的图形,这里假定 $a<b$,$f(x)\geqslant 0$.区间 $[a,b]$ 叫作曲边梯形的底边,$y=f(x)$ 所表示的曲线弧叫作曲边梯形的曲边.这条曲边与任何一条垂直于底边的直线至多只交于一点.因为,一般曲线所围成的平面图形的面积都可以化为两个曲边梯形的面积之差.例如,图 5-2 中由曲线围成的图形的面积 $A$ 可以化为曲边梯形的面积 $A_1$ 与 $A_2$ 之差,即

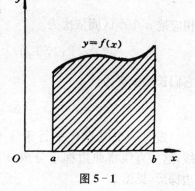

图 5-1

$$A=A_1-A_2.$$

因此,解决了曲边梯形面积的计算问题,也就能够计算一般曲线所围成的平面图形的面积.

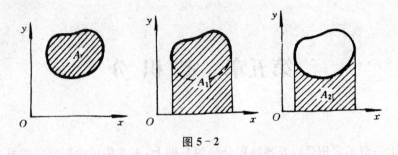

图 5-2

下面我们来讨论如何定义图 5-1 所示的曲边梯形的面积以及它的计算法.

曲边梯形与矩形的主要差别在于：曲边梯形的高度是变化的，而矩形的高度是不变的.因此，就不能简单地像矩形那样用底乘高来求曲边梯形的面积.但由于 $f(x)$ 在区间 $[a, b]$ 上是连续变化的，在很小一段区间上它的变化很小，近似于不变.因此，我们将区间 $[a, b]$ 分割成若干个小区间，过每个分点作 $y$ 轴的平行线，对应的曲边梯形也分成若干个小曲边梯形.对于每个小曲边梯形，由于底很窄，故 $f(x)$ 在底上变化不大，这时用区间中的某一点的高 $f(x)$ 来代替该小区间上对应的小曲边梯形的变高，那么每个小曲边梯形的面积就可以近似地用小矩形的面积(即底边的长度乘以选定的高)来代替.把所有的小曲边梯形的面积的近似值累加起来，就得到整个曲边梯形面积的近似值.把区间 $[a, b]$ 无限细分，使得每个小区间都缩向一点，即其长度趋于零，这时所有小曲边梯形面积的近似值之和的极限就可定义为曲边梯形的面积.这个定义同时也给出了计算曲边梯形面积的方法.现详述于下.

(1) 任意分割区间 $[a, b]$ 为 $n$ 个小区间，分点依次为

$$a = x_0 < x_1 < x_2 < \cdots < x_{n-1} < x_n = b,$$

相应地 $n$ 个小区间依次为

$$[x_0, x_1], [x_1, x_2], \cdots, [x_{n-1}, x_n],$$

它们长度依次为

$$\Delta x_1 = x_1 - x_0, \Delta x_2 = x_2 - x_1, \cdots, \Delta x_n = x_n - x_{n-1}.$$

过每一个分点作平行于 $y$ 轴的直线，这些直线将曲边梯形分成 $n$ 个小曲边梯形(见图 5-3).

(2) 在每个小区间 $[x_{i-1}, x_i]$ 上任取一点 $\xi_i (i = 1, 2, \cdots, n)$.以区间 $[x_{i-1}, x_i]$ 为底，$f(\xi_i)$ 为高的矩形的面积来代替第 $i$ 个小曲边梯形的面积，则第 $i$ 个小曲边梯形面积 $\Delta A_i$ 的近似值为

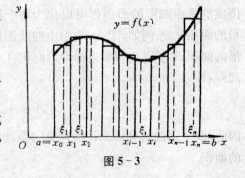

图 5-3

$$\Delta A_i \approx f(\xi_i)\Delta x_i = f(\xi_i)(x_i - x_{i-1}).$$

（3）求和.将所有的小曲边梯形面积的近似值加起来，就得到所求曲边梯形的面积 $A$ 的近似值，即

$$A = \sum_{i=1}^{n}\Delta A_i \approx f(\xi_1)\Delta x_1 + f(\xi_i)\Delta x_2 + \cdots + f(\xi_n)\Delta x_n$$

$$= \sum_{i=1}^{n} f(\xi_i)\Delta x_i.$$

（4）取极限.由以上分析，要得到曲边梯形面积 $A$ 的精确值，区间 $[a,b]$ 必须无限地细分，因此我们令 $n$ 个小区间长度的最大值为 $\lambda$，即 $\lambda = \max\{\Delta x_1, \Delta x_2, \cdots, \Delta x_n\}$，则当 $\lambda$ 趋于零时（此时 $n\to\infty$，每个小区间的长度无限地缩小，每个小区间也缩向一点），取上述和式的极限，就得到曲边梯形面积 $A$ 的精确值，即

$$A = \lim_{\lambda\to 0}\sum_{i=1}^{n} f(\xi_i)\Delta x_i$$

**2. 变速直线运动的位移**　在第二章中我们已经知道，如果物体作变速直线运动，位移随时间的变化规律为 $s=s(t)$，那么任意时刻 $t$ 的瞬时速度为 $v(t)=s'(t)$.与此问题相反的另一问题是，如果已知物体运动的速度随时间的变化规律 $v = v(t)$，并且它是时间间隔 $[T_0, T_1]$ 内的一个连续函数，且 $v(t)\geqslant 0$，那么试问在这段时间间隔内物体的位移 $s$ 为多少？

我们知道，物体作匀速直线运动时，

$$位移＝速度\times 时间.$$

但是在我们提出的问题中，物体做变速直线运动，速度 $v$ 是随时间 $t$ 的变化而变化的，因此就不能直接用上面的公式来计算位移.我们把时间间隔 $[T_0, T_1]$ 分成若干小段，由于速度 $v(t)$ 是连续函数，则在每小段内，速度变化不大，可以近似地看作是等速的，即可以取这个小间隔内某一时刻的速度来代替该段内的速度，于是可以用该速度乘以这一小段的时间间隔来做为该时间间隔内物体的位移的近似值，将所有的这些近似值加起来，就得到整段时间间隔 $[T_0, T_1]$ 内位移 $s$ 的近似值.$[T_0, T_1]$ 分割得越细，上述所求的和就越接近于 $s$.通过取极限（无限地细分 $[T_0, T_1]$）就得出整段时间间隔 $[T_0, T_1]$ 内位移 $s$ 的精确值.

我们也把以上的分析归结为以下四步：

（1）任意分割时间间隔 $[T_0, T_1]$ 为 $n$ 个小段.分点依次为

$$T_0 = t_0 < t_1 < t_2 < \cdots < t_{n-1} < t_n = T_1$$

对应的 $n$ 个小段的时间间隔为

$$[t_0, t_1], [t_1, t_2], \cdots, [t_{n-1}, t_n]$$

各小段的时间长依次为

$$\Delta t_1 = t_1 - t_0, \ \Delta t_2 = t_2 - t_1, \ \cdots, \ \Delta t_n = t_n - t_{n-1},$$

相应地，$n$ 个小段的位移依次记为

$$\Delta s_1, \ \Delta s_2, \ \cdots, \ \Delta s_n.$$

(2) 在每个时间段 $[t_{i-1}, t_i]$ 内任取一值 $\tau_i(t_{i-1} \leqslant \tau_i \leqslant t_i)(i=1, 2, \cdots, n)$，用 $v(\tau_i)$ 代替这段时间内物体运动的速度，那么在这段时间内物体的位移 $\Delta s_i$ 就可以近似表达为

$$\Delta s_i \approx v(\tau_i)\Delta t_i = v(\tau_i)(t_i - t_{i-1}).$$

(3) 求和.把各段时间内位移的近似值累加起来，就得到总位移 $s$ 的近似值，即

$$s = \sum_{i=1}^{n} \Delta s_i \approx \sum_{i=1}^{n} v(\tau_i)\Delta t_i.$$

(4) 取极限.由以上分析，要得到位移 $s$ 的精确值，时间间隔 $[T_0, T_1]$ 必须无限地细分.因此，我们令 $\lambda = \max\{\Delta t_1, \Delta t_2, \cdots, \Delta t_n\}$，则当 $\lambda$ 趋于零时(此时 $n \to \infty$)，取上述和式的极限，就得到位移 $s$ 的精确值，即

$$s = \lim_{\lambda \to 0} \sum_{i=1}^{n} v(\tau_i)\Delta t_i.$$

## 二、定积分的概念及几何意义

上述所讨论的两个例子，虽然一个是几何问题，另一个是物理问题，但是解决问题所用的方法却是相同的.所求的量都归结为具有相同结构的一种特定和式的极限.我们还可以举出许多其他实际问题的例子，所求的量也都是这种和式的极限.数学上将这些具体问题进行概括、抽象，便建立了一个新的重要的概念，这就是下面我们将要叙述的定积分.

**定义** 设 $f(x)$ 是定义在区间 $[a, b]$ 上的有界函数，在 $[a, b]$ 中任意插入 $n-1$ 个分点

$$a = x_0 < x_1 < x_2 < \cdots < x_{n-1} < x_n = b,$$

相应地把区间 $[a, b]$ 分成 $n$ 个小区间

$$[x_0, x_1], [x_1, x_2], \cdots, [x_{n-1}, x_n],$$

各个小区间的长度依次为

$$\Delta x_1 = x_1 - x_0, \ \Delta x_2 = x_2 - x_1, \cdots, \ \Delta x_n = x_n - x_{n-1}.$$

在每个小区间 $[x_{i-1}, x_i]$ 上任取一点 $\xi_i(x_{i-1} \leqslant \xi_i \leqslant x_i)$，作函数值 $f(\xi_i)$ 与小区间长度 $\Delta x_i$ 的乘积 $f(\xi_i)\Delta x_i(i=1, 2, \cdots, n)$，并作出和式

$$\sum_{i=1}^{n} f(\xi_i)\Delta x_i \tag{1}$$

记 $\lambda = \max\{\Delta x_1, \Delta x_2, \cdots, \Delta x_n\}$，如果当 $\lambda \to 0$ 时，此和式总趋于确定的极限 $I$，且此极限值 $I$ 不依赖于区间 $[a, b]$ 的分法，也不依赖于 $\xi_i$ 的选取，这时我们称此极限值 $I$ 为函数 $f(x)$ 在区间 $[a, b]$ 上的定积分(简称积分)，记作 $\int_a^b f(x)\mathrm{d}x$，即

$$\int_a^b f(x)\mathrm{d}x = I = \lim_{\lambda \to 0} \sum_{i=1}^{n} f(\xi_i)\Delta x_i \tag{2}$$

其中 $\int$ 叫作积分号，$f(x)$ 叫作被积函数，$f(x)\mathrm{d}x$ 叫作被积表达式，$x$ 叫作积分变量，$a$ 叫作积分下限，$b$ 叫作积分上限，$[a, b]$ 叫作积分区间，$\sum_{i=1}^{n} f(\xi_i)\Delta x_i$ 叫作积分和.

这时，我们也称 $f(x)$ 在区间 $[a, b]$ 上可积. 这个定义也可用"$\varepsilon$-$\delta$"语言叙述如下：

设有常数 $I$，如果对于任意给定的正数 $\varepsilon$，总存在正数 $\delta$，使得无论如何分割区间 $[a, b]$，也无论 $\xi_i$ 在 $[x_{i-1}, x_i]$ 中如何选取，只要当 $\lambda < \delta$ 时，总有

$$\left| \sum_{i=1}^{n} f(\xi_i)\Delta x_i - I \right| < \varepsilon$$

成立，则称 $I$ 是函数 $f(x)$ 在区间 $[a, b]$ 上的定积分，记作 $\int_a^b f(x)\mathrm{d}x$.

利用定积分的定义，前面所讨论的两个实际问题都可以用定积分来表示.

第一个例子中，曲边梯形的面积 $A$ 可以表示为

$$A = \int_a^b f(x)\mathrm{d}x.$$

第二个例子中，作变速直线运动的物体经过的位移可表示为

$$s = \int_{T_0}^{T_1} v(t)\mathrm{d}t.$$

值得注意的是，区间 $[a, b]$ 上 $f(x)$ 的定积分是一个和式的极限，它与 $[a, b]$ 的分法无关，也与 $\xi_i$ 的选取无关，只与被积函数和积分变量所在的区间有关. 这样一来，$\int_a^b f(x)\mathrm{d}x$ 与积分变量用什么字母表示无关，它是一个确定的数值，即

$$\int_a^b f(x)\mathrm{d}x = \int_a^b f(t)\mathrm{d}t = \int_a^b f(u)\mathrm{d}u = I.$$

这里我们再介绍一下定积分的几何意义.

由前面的引例我们知道,如果函数 $f(x)$ 在 $[a,b]$ 上连续,且 $f(x) \geqslant 0$ 时,定积分 $\int_a^b f(x)\mathrm{d}x$ 在几何上表示由直线 $x=a$, $x=b$ 及曲线 $y=f(x)$ 与 $x$ 轴所围成的曲边梯形的面积(见图 5-3).

如果函数 $f(x)$ 在 $[a,b]$ 上连续,且 $f(x) \leqslant 0$ 时,我们有

$$\int_a^b f(x)\mathrm{d}x = \lim_{\lambda \to 0} \sum_{i=1}^n f(\xi_i)\Delta x_i$$

$$= -\lim_{\lambda \to 0} \sum_{i=1}^n |f(\xi_i)|\Delta x_i$$

$$= -\int_a^b |f(x)|\mathrm{d}x.$$

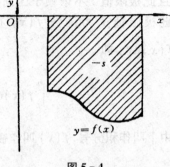

图 5-4

而上式右端表示由直线 $x=a$, $x=b$ 及曲线 $y=|f(x)|=-f(x)$ 与 $x$ 轴所围成的曲边梯形面积的负值(见图 5-4).

对于区间 $[a,b]$ 上的函数 $f(x)$ 来说,$f(x)$ 满足什么样的条件,$f(x)$ 才可积呢? 对于这个问题我们不作深入的讨论,而只给出以下两个充分条件,但都不给予证明.

**定理 1** 设 $f(x)$ 在区间 $[a,b]$ 上连续,则 $f(x)$ 在 $[a,b]$ 上可积.

定理的条件也可以适当放宽.

**定理 2** 设 $f(x)$ 在区间 $[a,b]$ 上有界,且只有有限个间断点,则 $f(x)$ 在 $[a,b]$ 上可积.

为了以后计算及应用方便起见,我们对定积分作如下规定:

(1) 当 $a=b$ 时,$\int_a^b f(x)\mathrm{d}x = 0$;

(2) 当 $a>b$ 时,$\int_a^b f(x)\mathrm{d}x = -\int_b^a f(x)\mathrm{d}x$.

最后我们举一个用定积分的定义计算积分的例子.

**例** 利用定义计算定积分 $\int_0^1 \mathrm{e}^x \mathrm{d}x$.

**解** 由于被积函数 $f(x)=\mathrm{e}^x$ 在积分区间 $[0,1]$ 上连续,而由定理 1 可知连续函数是可积的,所以积分存在且与区间 $[0,1]$ 的分法及 $\xi_i$ 的取法无关.为了计算方便,不妨把区间 $[0,1]$ 分成 $n$ 等份,分点为 $x_i = \dfrac{i}{n}$, $i=0,1,\cdots,n$,这样每个小区

间 $[x_{i-1}, x_i]$ 的长度均为 $\frac{1}{n}$,即 $\Delta x_1 = \Delta x_2 = \cdots = \Delta x_n = \frac{1}{n}$,取 $\xi_i = x_i = \frac{i}{n}$,那么 $f(\xi_i) = \mathrm{e}^{\xi_i} = \mathrm{e}^{\frac{i}{n}}$. 于是,得和式

$$\sum_{i=1}^{n} f(\xi_i)\Delta x_i = \sum_{i=1}^{n} \mathrm{e}^{\frac{i}{n}} \cdot \frac{1}{n} = \frac{1}{n}\sum_{i=1}^{n} \mathrm{e}^{\frac{i}{n}}$$

$$= \frac{1}{n}\sum_{i=1}^{n}(\mathrm{e}^{\frac{1}{n}})^i = \frac{1}{n} \cdot \frac{\mathrm{e}^{\frac{1}{n}} - \mathrm{e}^{\frac{n+1}{n}}}{1 - \mathrm{e}^{\frac{1}{n}}}.$$

当 $\lambda = \frac{1}{n} \to 0$ 即 $n \to \infty$ 时,取上式右端的极限,得

$$\lim_{n\to\infty} \frac{1}{n} \cdot \frac{\mathrm{e}^{\frac{1}{n}} - \mathrm{e}^{\frac{n+1}{n}}}{1 - \mathrm{e}^{\frac{1}{n}}} = \lim_{n\to\infty} \frac{\mathrm{e}^{\frac{1}{n}}(1-\mathrm{e})}{n(1-\mathrm{e}^{\frac{1}{n}})} = \mathrm{e} - 1,$$

所以,由定积分的定义得所求积分

$$\int_0^1 \mathrm{e}^x \,\mathrm{d}x = \mathrm{e} - 1.$$

### 习题 5-1

利用定积分的定义计算:

1. $\displaystyle\int_0^1 x^2 \,\mathrm{d}x$.　　　　　　　　　2. $\displaystyle\int_0^1 2x \,\mathrm{d}x$.

# 第二节　定积分的性质和中值定理

本节我们讨论定积分的性质.在下面的各性质中,积分上、下限的大小,如不特别指明,均不加限制.并且为了简化讨论,我们假定各性质中所列出的定积分都是存在的.

**性质 1**　被积函数中的常数因子可以提到积分号外面来,即

$$\int_a^b kf(x)\,\mathrm{d}x = k\int_a^b f(x)\,\mathrm{d}x \quad (k \text{ 为常数}).$$

**性质 2**　两个函数和的定积分等于它们定积分的和,即

$$\int_a^b [f(x) + g(x)]\,\mathrm{d}x = \int_a^b f(x)\,\mathrm{d}x + \int_a^b g(x)\,\mathrm{d}x.$$

性质 2 对有限个函数都是成立的,即有

**推论 1**　有限个函数和的定积分等于它们定积分的和.

**性质 3**　若把区间$[a,b]$分为两部分$[a,c]$和$[c,b]$,则在整个区间$[a,b]$上的定积分等于这两部分区间上定积分之和,即

$$\int_a^b f(x)\mathrm{d}x = \int_a^c f(x)\mathrm{d}x + \int_c^b f(x)\mathrm{d}x.$$

**推论 2**　不论 $c$ 的位置如何,

$$\int_a^b f(x)\mathrm{d}x = \int_a^c f(x)\mathrm{d}x + \int_c^b f(x)\mathrm{d}x$$

恒成立.

这个性质表明定积分对于积分区间是具有可加性的.

同时这个性质也可以用来解释定积分 $\int_a^b f(x)\mathrm{d}x$ 的几何意义.上节我们已经

知道了,当 $f(x)\geqslant 0$ 或 $f(x)\leqslant 0$ 且 $f(x)$ 在积分区间上连续时 $\int_a^b f(x)\mathrm{d}x$ 的几何

意义;一般地当 $f(x)$ 在区间
$[a,b]$上连续且它的函数值有正
有负时,定积分 $\int_a^b f(x)\mathrm{d}x$ 在几何
上表示由直线 $x=a$, $x=b$ 及曲
线 $y=f(x)$ 与 $x$ 轴所围成的几
块曲边梯形中,在 $x$ 轴上方各图
形面积之和减去在 $x$ 轴下方各图
形面积之和.如图 5-5 所表示的
函数 $f(x)$,就有

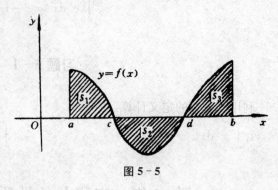

图 5-5

$$\int_a^b f(x)\mathrm{d}x = \int_a^c f(x)\mathrm{d}x + \int_c^d f(x)\mathrm{d}x + \int_d^b f(x)\mathrm{d}x$$
$$= s_1 + s_2 + s_3.$$

**性质 4**　如果在区间$[a,b]$上 $f(x)\geqslant 0$, 则

$$\int_a^b f(x)\mathrm{d}x \geqslant 0 \ (a<b).$$

该性质称为定积分的保号性.

**推论 3**　如果在区间$[a,b]$上 $f(x)\geqslant g(x)$, 则

$$\int_a^b f(x)\mathrm{d}x \geqslant \int_a^b g(x)\mathrm{d}x \ (a<b).$$

**推论 4** $\left|\int_a^b f(x)\mathrm{d}x\right| \leqslant \int_a^b |f(x)|\,\mathrm{d}x \quad (a<b).$

注：$f(x)$可积,则有$|f(x)|$可积.这里我们不作证明.

性质 4 以及它的两个推论的几何意义是十分明显的,请读者自己思考.

**性质 5** 如果在区间$[a,b]$上$f(x)=k$,则

$$\int_a^b k\,\mathrm{d}x = k(b-a) \quad (k\text{ 为常数}).$$

这个性质的证明非常简单,请读者自己完成.实际上$\int_a^b k\,\mathrm{d}x$在几何上表示由直线$x=a$,$x=b$以及$y=k$与$x$轴围成的底为$b-a$,高为$k$的矩形的面积,因此就有$\int_a^b k\,\mathrm{d}x=k(b-a)$.

**性质 6(估值定理)** 设$M$,$m$分别是函数$f(x)$在区间$[a,b]$上的最大值与最小值,则

$$m(b-a) \leqslant \int_a^b f(x)\mathrm{d}x \leqslant M(b-a) \ (a<b).$$

这个性质可由被积函数在积分区间上的最大值、最小值来估计其积分值,这个不等式就称为积分估值公式.

最后我们介绍定积分中值定理.

**性质 7(定积分中值定理)** 如果函数$f(x)$在闭区间$[a,b]$上连续,则在积分区间$[a,b]$上至少存在一点$\xi$,使下式成立：

$$\int_a^b f(x)\mathrm{d}x = f(\xi)(b-a) \quad (a\leqslant \xi \leqslant b).$$

这个公式叫作积分中值公式.

定积分中值定理的几何解释是：在闭区间$[a,b]$上至少存在一点$\xi$,使得以$[a,b]$为底,$f(\xi)$为高的矩形的面积,等于以$[a,b]$为底,曲线$y=f(x)$为曲边(这里设$f(x)\geqslant 0$)的曲边梯形的面积(见图$5-6$).

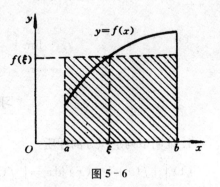

图 5-6

**例 1** 证明 $6\leqslant \int_1^4 (x^2+1)\mathrm{d}x \leqslant 51.$

**证** 设$f(x)=x^2+1$,则$f(x)$在区间$[1,4]$上连续,且在$(1,4)$上有,$f'(x)=2x>0$,因此$f(x)$在该区间上单调递增.于是

$$2=f(1)\leqslant x^2+1 \leqslant f(4)=17,$$

因此

$$2 \cdot (4-1) \leqslant \int_1^4 (x^2+1)\mathrm{d}x \leqslant 17 \cdot (4-1).$$

亦即

$$6 \leqslant \int_1^4 (x^2+1)\mathrm{d}x \leqslant 51.$$

**例 2**　证明　$\lim\limits_{n \to +\infty} \int_0^{\frac{1}{2}} \dfrac{x^n}{1+x}\mathrm{d}x = 0.$

**证**　因为被积函数 $\dfrac{x^n}{1+x}$ 在闭区间 $\left[0, \dfrac{1}{2}\right]$ 上连续，根据积分中值定理，所以

对每一个 $n$ 在 $\left[0, \dfrac{1}{2}\right]$ 上都至少存在一点 $\xi(n)$，使得

$$\int_0^{\frac{1}{2}} \frac{x^n}{1+x}\mathrm{d}x = \frac{\xi^n(n)}{1+\xi(n)} \cdot \frac{1}{2} \quad \left(0 \leqslant \xi(n) \leqslant \frac{1}{2}\right).$$

其中 $\xi(n)$ 是随 $n$ 变化而变化的.因此我们不能直接对上式取极限，但我们有

$$0 \leqslant \frac{\xi^n(n)}{2[1+\xi(n)]} \leqslant \frac{1}{2^{n+1}},$$

故

$$0 \leqslant \int_0^{\frac{1}{2}} \frac{x^n}{1+x}\mathrm{d}x \leqslant \frac{1}{2^{n+1}}.$$

而 $\lim\limits_{n \to +\infty} \dfrac{1}{2^{n+1}} = 0$，由夹逼准则有

$$\lim_{n \to +\infty} \int_0^{\frac{1}{2}} \frac{x^n}{1+x}\mathrm{d}x = 0.$$

## 习题 5−2

1. 证明下列定积分的性质：

(1) $\displaystyle\int_a^b [f(x)+g(x)]\mathrm{d}x = \int_a^b f(x)\mathrm{d}x + \int_a^b g(x)\mathrm{d}x$；

(2) $\displaystyle\int_a^b k\mathrm{d}x = k(b-a)$（$k$ 为常数）.

2. 利用定积分的几何意义求定积分：

(1) $\displaystyle\int_a^b x\,\mathrm{d}x$；

(2) $\displaystyle\int_1^{\mathrm{e}} \sin(\ln x)\mathrm{d}x$；

(3) $\displaystyle\int_{-1}^1 \mathrm{e}^{-x}\mathrm{d}x$；

(4) $\displaystyle\int_{-\pi}^{\pi} \cos x\,\mathrm{d}x$.

3. 根据定积分的几何意义,判断下列积分的正负(不必计算):

(1) $\int_0^{\frac{\pi}{2}} \sin x \, dx$;  (2) $\int_{-\pi}^{\pi} \dfrac{x^2 \sin x}{1+x^2} dx$;

(3) $\int_0^1 x(x^2+1)^5 dx$;  (4) $\int_{-1}^2 x^3 dx$.

4. 估计下列积分值:

(1) $\int_1^2 (x^3+1) dx$;  (2) $\int_{-1}^1 e^{-x^2} dx$;

(3) $\int_2^0 e^{x^2-x} dx$.

5. 设 $f(x)$ 在 $[a,b]$ 上连续,$f(x) \geqslant 0$ 并且 $f(x)$ 不恒为零,证明

$$\int_a^b f(x) dx > 0.$$

6. 设 $f(x)$ 在 $[a,b]$ 上连续,$\int_a^b f^2(x) dx = 0$,证明函数 $f(x)$ 在 $[a,b]$ 上恒为零.

7. 说明下列积分哪一个较大:

(1) $\int_0^1 x^2 dx$ 与 $\int_0^1 x^3 dx$;  (2) $\int_{-1}^1 x^2 dx$ 与 $\int_{-1}^1 x^2 \sin x \, dx$;

(3) $\int_3^4 \ln x \, dx$ 与 $\int_3^4 (\ln x)^2 dx$;  (4) $\int_0^1 e^x dx$ 与 $\int_0^1 e^{x^2} dx$;

(5) $\int_0^1 x \, dx$,$\int_0^1 x^2 dx$ 及 $\int_0^1 x^3 dx$.

8. 利用定积分中值定理证明 $\lim\limits_{n \to +\infty} \int_0^{\frac{\pi}{4}} \sin^n x \, dx = 0$.

# 第三节　微积分基本定理

在第一节中,我们已经看到,直接用定义来计算定积分是相当复杂的,因此我们有必要寻求一种计算定积分的简单而又有效的方法.本节将介绍微积分基本定理,它揭示了定积分与不定积分之间的关系,把求定积分的问题转化成求原函数的问题,从而给出了求定积分的一般方法.

## 一、积分上限的函数及其导数

设函数 $f(x)$ 在区间 $[a,b]$ 上连续,对任意的 $x \in [a,b]$,$f(x)$ 在 $[a,x]$ 上

仍然连续,从而可积,于是变上限的定积分 $\int_a^x f(x)\mathrm{d}x$ 存在.为了避免混淆,由定积分与积分变量记号无关的性质,把积分变量改写成 $t$,于是变上限定积分就写作 $\int_a^x f(t)\mathrm{d}t$.显然,当积分上限 $x$ 在区间 $[a,b]$ 上任意变动时,对于每一个取定的 $x$,都有一个确定的积分值与之对应,所以 $\int_a^x f(t)\mathrm{d}t$ 是积分上限 $x$ 的函数,此函数定义在 $[a,b]$ 上,我们记这个函数为 $\Phi(x)$,即

$$\Phi(x) = \int_a^x f(t)\mathrm{d}t \quad (a \leqslant x \leqslant b).$$

积分上限的函数 $\Phi(x)$ 在几何上表示右端线可变动的曲边梯形的面积(见图 5-7).

这个函数 $\Phi(x)$ 有下面重要性质.

**定理 1**　如果函数 $f(x)$ 在 $[a,b]$ 上连续,则积分上限的函数

$$\Phi(x) = \int_a^x f(t)\mathrm{d}t$$

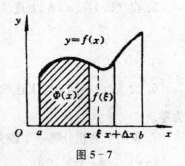

图 5-7

在 $[a,b]$ 上具有导数,并且它的导数是

$$\Phi'(x) = \frac{\mathrm{d}}{\mathrm{d}x}\int_a^x f(t)\mathrm{d}t = f(x) \quad (a \leqslant x \leqslant b). \tag{1}$$

这个定理表明,变上限 $x$ 的函数 $\Phi(x)$ 的导数等于被积函数在上限 $x$ 处的值,从而 $\Phi(x)$ 是被积函数的一个原函数,因此我们有下面的原函数存在定理.

**定理 2**　如果函数 $f(x)$ 在区间 $[a,b]$ 上连续,则积分上限的函数

$$\Phi(x) = \int_a^x f(t)\mathrm{d}t \tag{2}$$

是 $f(x)$ 在 $[a,b]$ 上的一个原函数.

这个定理,一方面解决了上一章的遗留问题,说明了连续函数一定存在原函数;另一方面也说明了定积分与原函数(或不定积分)之间的关系.从而我们有可能用原函数来计算定积分.这样,就可以大大简化定积分的计算.

## 二、牛顿-莱布尼兹公式

**定理 3**　如果函数 $F(x)$ 是连续函数 $f(x)$ 在区间 $[a,b]$ 上的一个原函数,则

$$\int_a^b f(x)\mathrm{d}x = F(b) - F(a). \tag{3}$$

这个公式叫作牛顿(Newton)-莱布尼兹(Leibniz)公式,通常也叫作微积分基本公式.

为了方便起见,记 $F(b)-F(a)=[F(x)]_a^b$,于是(3)式又可写成

$$\int_a^b f(x)\mathrm{d}x = [F(x)]_a^b \tag{4}$$

公式(3)进一步揭示了定积分与原函数(或不定积分)之间的关系.有了这个公式,定积分的计算就变成计算被积函数的原函数在积分区间端点处的增量,从而使定积分的计算问题转化为求不定积分的问题,大大简化了定积分的计算.

**例 1** 求 $\displaystyle\int_0^{\frac{1}{2}} \mathrm{e}^{2x}\mathrm{d}x$.

**解** 由于 $\dfrac{1}{2}\mathrm{e}^{2x}$ 是 $\mathrm{e}^{2x}$ 在区间 $\left[0,\dfrac{1}{2}\right]$ 上的一个原函数,所以由牛顿-莱布尼兹公式有

$$\int_0^{\frac{1}{2}} \mathrm{e}^{2x}\mathrm{d}x = \left[\frac{1}{2}\mathrm{e}^{2x}\right]_0^{\frac{1}{2}} = \frac{1}{2}\mathrm{e}^1 - \frac{1}{2}\mathrm{e}^0 = \frac{1}{2}\mathrm{e} - \frac{1}{2}.$$

**例 2** 求 $\displaystyle\int_0^1 (x^2+1)\mathrm{d}x$.

**解** 由于 $\dfrac{1}{3}x^3 + x$ 是 $x^2+1$ 在区间 $[0,1]$ 上的一个原函数,所以有

$$\int_0^1 (x^2+1)\mathrm{d}x = \left[\frac{1}{3}x^3 + x\right]_0^1 = \frac{1}{3} + 1 - 0 = \frac{4}{3}.$$

**例 3** 求 $\displaystyle\int_{-2}^{-1} \frac{1}{x}\mathrm{d}x$.

**解** $\displaystyle\int_{-2}^{-1} \frac{1}{x}\mathrm{d}x = [\ln|x|]_{-2}^{-1} = \ln 1 - \ln 2 = -\ln 2.$

**例 4** 求 $\displaystyle\int_{-\frac{\pi}{2}}^{\frac{\pi}{2}} \cos x\,\mathrm{d}x$.

**解** $\displaystyle\int_{-\frac{\pi}{2}}^{\frac{\pi}{2}} \cos x\,\mathrm{d}x = [\sin x]_{-\frac{\pi}{2}}^{\frac{\pi}{2}} = \sin\frac{\pi}{2} - \sin\left(-\frac{\pi}{2}\right) = 1 + 1 = 2.$

**例 5** 设 $f(x) = \begin{cases} x+1, & \text{当 } x \leqslant 1 \text{ 时}, \\ \dfrac{1}{2}x^2, & \text{当 } x > 1 \text{ 时}, \end{cases}$ 求 $\displaystyle\int_0^2 f(x)\mathrm{d}x$.

**解** 由于 $f(x)$ 在 $[0,2]$ 上除 $x=1$ 为第一类间断点外其余点处都连续,所以 $f(x)$ 在 $[0,2]$ 上可积.又由定积分对区间具有可加性,于是得

$$\int_0^2 f(x)\mathrm{d}x = \int_0^1 f(x)\mathrm{d}x + \int_1^2 f(x)\mathrm{d}x = \int_0^1 (x+1)\mathrm{d}x + \int_1^2 \frac{1}{2}x^2\mathrm{d}x$$

$$= \left[\frac{1}{2}x^2 + x\right]_0^1 + \frac{1}{2}\left[\frac{1}{3}x^3\right]_1^2 = \frac{3}{2} + \frac{1}{6} \cdot 7 = \frac{16}{6} = \frac{8}{3}.$$

**例 6** 汽车以 12 m/s 的速度行驶,到某处需要减速停车.设汽车以加速度 $a = -6$ m/s$^2$ 刹车.问从开始刹车到停车,汽车走了多少距离?

**解** 首先要算出开始刹车到汽车停下来所花的时间.开始刹车后汽车减速行驶,其速度为

$$v(t) = v_0 + at = 12 - 6t.$$

当汽车停止时,$v(t) = 0$,从而

$$12 - 6t = 0,$$

解得 $t = 2(\mathrm{s})$.

于是在 2 s 内汽车所走的距离为

$$s = \int_0^2 v(t)\mathrm{d}t = \int_0^2 (12 - 6t)\mathrm{d}t = [12t - 3t^2]_0^2 = 24 - 12 = 12(\mathrm{m}).$$

即从开始刹车到汽车停下来,汽车走了 12 m.

### 三、变限函数的求导法则

为了应用上的方便,我们给出一般变限函数的求导法则.

**法则 1** 若函数 $f(x)$ 在闭区间 $[a, b]$ 上连续,$x_0$ 是 $[a, b]$ 上的某一定点,则对任意的 $x \in [a, b]$,有

$$\frac{\mathrm{d}}{\mathrm{d}x}\int_{x_0}^x f(t)\mathrm{d}t = f(x); \quad \frac{\mathrm{d}}{\mathrm{d}x}\int_x^{x_0} f(t)\mathrm{d}t = -f(x). \tag{5}$$

**法则 2** 若函数 $f(x)$ 在闭区间 $[a, b]$ 上连续,$x_0$ 是 $[a, b]$ 上某一定点,$\alpha(x) \in [a, b]$,且可微,则有

$$\frac{\mathrm{d}}{\mathrm{d}x}\int_{x_0}^{\alpha(x)} f(t)\mathrm{d}t = f[\alpha(x)]\alpha'(x). \tag{6}$$

**法则 3** 若函数 $f(x)$ 在区间 $[a, b]$ 上连续,$\alpha(x) \in [a, b]$,$\beta(x) \in [a, b]$,并且 $\alpha(x)$ 与 $\beta(x)$ 都可微,则有

$$\frac{\mathrm{d}}{\mathrm{d}x}\int_{\alpha(x)}^{\beta(x)} f(t)\mathrm{d}t = f[\beta(x)]\beta'(x) - f[\alpha(x)]\alpha'(x). \tag{7}$$

为了熟练掌握上述三个变限函数的求导法则,下面我们举几个例子.

**例 7**　求　$\dfrac{\mathrm{d}}{\mathrm{d}x}\displaystyle\int_x^1 (\sin t + \cos t)\mathrm{d}t.$

**解**　由公式(5)直接得

$$\frac{\mathrm{d}}{\mathrm{d}x}\int_x^1 (\sin t + \cos t)\mathrm{d}t = -(\sin x + \cos x).$$

**例 8**　求　$\dfrac{\mathrm{d}}{\mathrm{d}x}\displaystyle\int_0^{x^2} \tan t\,\mathrm{d}t.$

**解**　由公式(6)得

$$\frac{\mathrm{d}}{\mathrm{d}x}\int_0^{x^2} \tan t\,\mathrm{d}t = \tan x^2 \cdot 2x = 2x\tan x^2.$$

**例 9**　求　$\dfrac{\mathrm{d}}{\mathrm{d}x}\displaystyle\int_{\sqrt{x}}^{x^2} \mathrm{e}^{t^2}\,\mathrm{d}t.$

**解**　由公式(7)得

$$\frac{\mathrm{d}}{\mathrm{d}x}\int_{\sqrt{x}}^{x^2} \mathrm{e}^{t^2}\,\mathrm{d}t = \mathrm{e}^{(x^2)^2} \cdot 2x - \mathrm{e}^{(\sqrt{x})^2} \cdot \frac{1}{2\sqrt{x}} = \mathrm{e}^{x^4} \cdot 2x - \mathrm{e}^x \cdot \frac{1}{2\sqrt{x}}$$

$$= 2x\,\mathrm{e}^{x^4} - \frac{\sqrt{x}}{2x}\mathrm{e}^x.$$

**例 10**　求　$\displaystyle\lim_{x\to 0}\frac{1}{x}\int_0^{-x}\cos t^2\,\mathrm{d}t.$

**解**　当 $x\to 0$ 时,积分 $\displaystyle\int_0^{-x}\cos t^2\,\mathrm{d}t \to 0$,所以所求的极限为 $\dfrac{0}{0}$ 型,应用罗必达法则得

$$\lim_{x\to 0}\frac{1}{x}\int_0^{-x}\cos t^2\,\mathrm{d}t = \lim_{x\to 0}\frac{\displaystyle\int_0^{-x}\cos t^2\,\mathrm{d}t}{x} = \lim_{x\to 0}\frac{-\cos x^2}{1} = -1.$$

**例 11**　设 $f(x)$ 在 $[a,b]$ 上连续,在 $(a,b)$ 内可导且 $f'(x)$ 非正,$F(x) = \dfrac{1}{x-a}\displaystyle\int_a^x f(t)\mathrm{d}t$,证明在 $(a,b)$ 内 $F'(x)$ 非正.

**证**　$F(x)$ 是 $\displaystyle\int_a^x f(t)\mathrm{d}t$ 与 $x-a$ 的商,故

$$F'(x) = \frac{f(x)(x-a)-\displaystyle\int_a^x f(t)\mathrm{d}t}{(x-a)^2},$$

据积分中值定理得　$\displaystyle\int_a^x f(t)\mathrm{d}t = f(\xi)(x-a)\quad (a \leqslant \xi \leqslant x)$,那么

$$F'(x) = \frac{\left[f(x)-f(\xi)\right](x-a)}{(x-a)^2}.$$

又因为 $f'(x) \leqslant 0$,所以 $f(x) \leqslant f(\xi)$,同时 $x > a$,即得

$$F'(x) \leqslant 0.$$

## 习题 5-3

1. 求函数 $y = \int_0^{-x} \sin t \, \mathrm{d}t$ 的导数.

2. 求由参数表达式 $x = \int_0^t \sin u \, \mathrm{d}u$,$y = \int_0^t \cos u \, \mathrm{d}u$ 所给定的函数 $y$ 对 $x$ 的导数.

3. 求由 $\int_0^y e^t \, \mathrm{d}t + \int_0^x \cos t \, \mathrm{d}t = 0$ 所确定的隐函数 $y$ 对 $x$ 的导数.

4. 计算下列定积分:

(1) $\int_1^2 \left(x^2 + \frac{1}{x^4}\right) \mathrm{d}x$;

(2) $\int_0^1 (2x+3) \mathrm{d}x$;

(3) $\int_0^1 \frac{1-x^2}{1+x^2} \mathrm{d}x$;

(4) $\int_0^{\frac{\pi}{4}} \tan^2 \theta \, \mathrm{d}\theta$;

(5) $\int_0^a (2x^2 + 3x + 1) \mathrm{d}x$;

(6) $\int_e^{e^2} \frac{\mathrm{d}x}{x \ln x}$;

(7) $\int_0^{-1} \frac{e^x - e^{-x}}{2} \mathrm{d}x$;

(8) $\int_{-e-1}^{-2} \frac{\mathrm{d}x}{1+x}$;

(9) 设 $f(x) = \begin{cases} 1 - |x|, & \text{当 } |x| \leqslant 1, \\ x^2, & \text{当 } |x| > 1, \end{cases}$ 求 $\int_{-1}^2 f(x) \mathrm{d}x$;

(10) $\int_{\frac{1}{e}}^e \frac{1}{x} (\ln x)^2 \mathrm{d}x$.

5. 求下列函数的导数:

(1) $F(x) = \int_0^x \cos t^2 \, \mathrm{d}t$;

(2) $F(x) = \int_x^0 \sqrt{1+t^4} \, \mathrm{d}t + 2x + 1$;

(3) $F(x) = \int_{x+1}^{x^2} e^{-t^2} \, \mathrm{d}t + \sin x$;

(4) $F(x) = \int_0^{x^2} e^{t^2} \, \mathrm{d}t + \int_x^1 e^{-t^2} \, \mathrm{d}t$.

6. 求下列极限:

(1) $\lim\limits_{x \to 0} \dfrac{\int_{\cos x}^1 e^{-t^2} \mathrm{d}t}{x^2}$;

(2) $\lim\limits_{n \to \infty} \dfrac{1}{n^4} (1 + 2^3 + \cdots + n^3)$;

(3) $\lim\limits_{x\to 0}\dfrac{\displaystyle\int_0^x(e^t-e^{-t})dt}{1-\cos x}$.

7. 当 $x$ 为何值时,函数 $I(x)=\displaystyle\int_0^x te^{-t^2}dt$ 有极值?

8. 设 $f(x)$ 为连续函数,证明

$$\int_0^x f(t)(x-t)dt=\int_0^x\left[\int_0^t f(u)du\right]dt.$$

9. 设 $\quad f(x)=\begin{cases}x^2,&\text{当 }x\in[0,1]\text{ 时,}\\ x,&\text{当 }x\in(1,2]\text{ 时,}\end{cases}$

求 $\varPhi(x)=\displaystyle\int_0^x f(t)dt$ 在 $[0,2]$ 上的表达式,并讨论 $\varPhi(x)$ 在 $(0,2)$ 内的连续性.

10. 设 $f(x)$ 在 $(-\infty,+\infty)$ 内连续且 $f(x)>0$,证明函数

$$F(x)=\frac{\displaystyle\int_0^x tf(t)dt}{\displaystyle\int_0^x f(t)dt}$$

在 $(0,+\infty)$ 内为单调增加函数.

11. 设 $f(x)$ 在 $[a,b]$ 上连续且 $f(x)>0$,

$$F(x)=\int_a^x f(t)dt+\int_b^x\frac{dt}{f(t)}.$$

证明:

(1) $F'(x)\geqslant 2$;

(2) 方程 $F(x)=0$ 在 $(a,b)$ 内有且仅有一个根.

# 第四节　定积分的换元法

根据微积分基本公式,定积分的计算可以归结为两步:第一是利用不定积分法将被积函数的原函数求出来;第二是算出原函数在积分上下限处对应的函数值的差.但这样做往往比较繁琐.下面介绍的定积分换元法,可以简化计算过程.

**定理** 设函数 $f(x)$ 在区间 $[a,b]$ 上连续;$x=\varphi(t)$ 是 $[\alpha,\beta]$ 上的单值的且有连续导数的函数;当 $t$ 在 $[\alpha,\beta]$ 上变化时,$x=\varphi(t)$ 的值在 $[a,b]$ 上变化,且 $\varphi(\alpha)=a$,$\varphi(\beta)=b$,则有

$$\int_a^b f(x)dx=\int_\alpha^\beta f[\varphi(t)]\varphi'(t)dt. \tag{1}$$

公式(1)叫作定积分的换元公式.

这个定理表明,如果应用换元公式(1)来计算定积分,把积分变量 $x$ 换为 $x = \varphi(t)$,那么 $\mathrm{d}x$ 就必须换成 $\varphi'(t)\mathrm{d}t$.因此定积分中的符号 $\mathrm{d}x$ 可以看成是积分变量 $x$ 的微分.换元的同时,相应的定积分的上、下限也要换成新变量 $t$ 的上、下限.这样,新的不定积分求出后,不必再还原回原来的变量(即不需要把新变量 $t$ 换回原来的变量 $x$),只要把新的积分上、下限代入求出函数值相减就可以了.因此比起不定积分的换元法,要简单一些.

**例1** 计算 $\displaystyle\int_0^1 \sqrt{1-x^2}\,\mathrm{d}x$.

**解** 设 $x = \sin t$,则 $\mathrm{d}x = \cos t\,\mathrm{d}t$,且

当 $x = 0$ 时,$t = 0$;当 $x = 1$ 时,$t = \dfrac{\pi}{2}$. 于是

$$\int_0^1 \sqrt{1-x^2}\,\mathrm{d}x = \int_0^{\frac{\pi}{2}} \sqrt{1-\sin^2 t} \cdot \cos t\,\mathrm{d}t = \int_0^{\frac{\pi}{2}} \cos^2 t\,\mathrm{d}t$$

$$= \frac{1}{2}\int_0^{\frac{\pi}{2}} (1+\cos 2t)\,\mathrm{d}t = \frac{1}{2}\left[t + \frac{1}{2}\sin 2t\right]_0^{\frac{\pi}{2}}$$

$$= \frac{1}{2} \cdot \frac{\pi}{2} = \frac{\pi}{4}.$$

**例2** 计算 $\displaystyle\int_0^1 \frac{\mathrm{d}x}{\sqrt{x}+1}$.

**解** 设 $\sqrt{x} = t$,则 $x = t^2$,$\mathrm{d}x = 2t\,\mathrm{d}t$,且当 $x = 0$ 时,$t = 0$;当 $x = 1$ 时,$t = 1$. 于是

$$\int_0^1 \frac{\mathrm{d}x}{\sqrt{x}+1} = \int_0^1 \frac{2t\,\mathrm{d}t}{t+1} = 2\int_0^1 \frac{t+1-1}{t+1}\,\mathrm{d}t = 2\int_0^1 \left(1 - \frac{1}{t+1}\right)\mathrm{d}t$$

$$= 2[t - \ln(t+1)]_0^1 = 2[1 - \ln 2] = 2 - 2\ln 2.$$

定积分的换元公式(1)也可以反过来用,即

$$\int_\alpha^\beta f[\varphi(x)]\varphi'(x)\,\mathrm{d}x = \int_a^b f(t)\,\mathrm{d}t.$$

实际上这里做的变量代换是 $t = \varphi(x)$,且 $\varphi(\alpha) = a$,$\varphi(\beta) = b$.

如果我们不明显地写出新变量,那么定积分的上下限就不要变更.请看下例.

**例3** 计算 $\displaystyle\int_0^\pi \sqrt{\sin x - \sin^3 x}\,\mathrm{d}x$.

**解** 由于

$$\sqrt{\sin x - \sin^3 x} = \sqrt{\sin x(1-\sin^2 x)} = \sqrt{\sin x \cos^2 x}.$$

在 $\left[0,\dfrac{\pi}{2}\right]$ 上, $\sqrt{\sin x\cos^2 x}=\sqrt{\sin x}\cos x$ , 在 $\left[\dfrac{\pi}{2},\pi\right]$ 上, $\sqrt{\sin x\cos^2 x}=-\sqrt{\sin x}\cos x$ . 所以

$$\int_0^\pi \sqrt{\sin x-\sin^3 x}\,\mathrm{d}x=\int_0^{\frac{\pi}{2}}\sqrt{\sin x}\cos x\,\mathrm{d}x+\int_{\frac{\pi}{2}}^\pi -\sqrt{\sin x}\cos x\,\mathrm{d}x$$

$$=\int_0^{\frac{\pi}{2}}\sqrt{\sin x}\,\mathrm{d}\sin x-\int_{\frac{\pi}{2}}^\pi\sqrt{\sin x}\,\mathrm{d}\sin x$$

$$=\frac{2}{3}\left[(\sin x)^{\frac{3}{2}}\right]_0^{\frac{\pi}{2}}-\frac{2}{3}\left[(\sin x)^{\frac{3}{2}}\right]_{\frac{\pi}{2}}^\pi$$

$$=\frac{2}{3}[1-0]-\frac{2}{3}[0-1]=\frac{4}{3}.$$

注：被积函数开平方时，一定要注意积分变量所属的范围，要从根号中开出非负的函数来.

**例 4** 计算 $\displaystyle\int_{-1}^1\frac{x\,\mathrm{d}x}{\sqrt{5-4x}}$ .

**解** 设 $\sqrt{5-4x}=t$ , 则 $x=\dfrac{5-t^2}{4}$ , $\mathrm{d}x=-\dfrac{t}{2}\mathrm{d}t$ , 且当 $x=-1$ 时, $t=3$ ; 当 $x=1$ 时, $t=1$ , 于是

$$\int_{-1}^1\frac{x\,\mathrm{d}x}{\sqrt{5-4x}}=\int_3^1\frac{1}{t}\cdot\frac{5-t^2}{4}\left(-\frac{t}{2}\right)\mathrm{d}t=-\frac{1}{8}\int_3^1(5-t^2)\,\mathrm{d}t$$

$$=\frac{1}{8}\int_1^3(5-t^2)\,\mathrm{d}t=\frac{1}{8}\left[5t-\frac{1}{3}t^3\right]_1^3$$

$$=\frac{1}{8}\left(10-\frac{1}{3}\cdot 26\right)=\frac{1}{6}.$$

**例 5** 设 $f(x)$ 在 $[-a,a]$ 上连续, 证明:

(1) 若 $f(x)$ 是偶函数, 则有

$$\int_{-a}^a f(x)\,\mathrm{d}x=2\int_0^a f(x)\,\mathrm{d}x;$$

(2) 若 $f(x)$ 是奇函数, 则有

$$\int_{-a}^a f(x)\,\mathrm{d}x=0.$$

在以后的计算中，我们经常利用上例的结论，简化奇、偶函数在对称区间上定积分的计算.

如 $\int_{-\frac{\pi}{2}}^{\frac{\pi}{2}} x^7 \sin^4 x \, dx = 0$，这是因为被积函数 $x^7 \sin^4 x$ 是对称区间 $\left[-\dfrac{\pi}{2},\ \dfrac{\pi}{2}\right]$ 上的奇函数.

**例 6**　设 $f(x) = \begin{cases} \dfrac{1}{1+x}, & \text{当 } x \geqslant 0 \text{ 时,} \\ \mathrm{e}^x, & \text{当 } x < 0 \text{ 时,} \end{cases}$

求 $\displaystyle\int_0^2 f(x-1)\,dx$.

**解**　解这一类型的题,首先要把被积函数变成 $f(x)$ 的表达式,再把已知函数代入进行计算.为此,设 $x - 1 = t$,则 $dx = dt$,于是

$$\int_0^2 f(x-1)\,dx = \int_{-1}^1 f(t)\,dt.$$

又由于 $f(x)$ 在 $x = 0$ 之左和右表达式不同,所以我们要把定积分 $\displaystyle\int_{-1}^1 f(t)\,dt$ 分成两个定积分,即

$$\int_{-1}^1 f(t)\,dt = \int_{-1}^0 f(t)\,dt + \int_0^1 f(t)\,dt = \int_{-1}^0 f(x)\,dx + \int_0^1 f(x)\,dx$$

$$= \int_{-1}^0 \mathrm{e}^x\,dx + \int_0^1 \frac{1}{1+x}\,dx = \left[\mathrm{e}^x\right]_{-1}^0 + \left[\ln(1+x)\right]_0^1$$

$$= 1 - \mathrm{e}^{-1} + \ln 2.$$

所以

$$\int_0^2 f(x-1)\,dx = 1 - \mathrm{e}^{-1} + \ln 2.$$

**例 7**　设函数 $f(x)$ 是以 $T$ 为周期的周期函数,即对一切 $x$ 有

$$f(x + T) = f(x),$$

证明:

$$\int_a^{a+T} f(x)\,dx = \int_0^T f(x)\,dx.$$

**例 8**　若 $f(x)$ 在 $[0,1]$ 上连续,证明:

(1) $\displaystyle\int_0^{\frac{\pi}{2}} f(\sin x)\,dx = \int_0^{\frac{\pi}{2}} f(\cos x)\,dx$;

(2) $\displaystyle\int_0^{\pi} x f(\sin x)\,dx = \frac{\pi}{2} \int_0^{\pi} f(\sin x)\,dx$,由此计算

$$\int_0^{\pi} \frac{x \sin x}{1 + \cos^2 x}\,dx.$$

## 习题 5－4

1. 计算下列积分：

(1) $\int_{\frac{\pi}{3}}^{\pi} \sin\left(x + \frac{\pi}{6}\right) \mathrm{d}x$；

(2) $\int_0^1 \sqrt{1-x^2}\, \mathrm{d}x$；

(3) $\int_1^5 \frac{\sqrt{x-1}}{x}\mathrm{d}x$；

(4) $\int_0^{\frac{\pi}{2}} \sin t\cos^2 t\,\mathrm{d}t$；

(5) $\int_0^1 \frac{\ln(1+x)}{1+x^2}\mathrm{d}x$；

(6) $\int_0^a x^2\sqrt{a^2-x^2}\,\mathrm{d}x$；

(7) $\int_0^{\frac{\pi}{2}} \frac{\mathrm{d}x}{3+2\cos x}$；

(8) $\int_1^{\mathrm{e}} x^2\ln x\,\mathrm{d}x$；

(9) $\int_0^1 \sqrt{4x^2}\,\mathrm{d}x$；

(10) $\int_{-2}^0 \frac{\mathrm{d}x}{x^2+2x+3}$；

(11) $\int_0^{16} \frac{\mathrm{d}x}{\sqrt{x+9}-\sqrt{x}}$；

(12) $\int_0^a x^2\sqrt{a^2-x^2}\,\mathrm{d}x\ (a>0)$；

(13) $\int_0^{\frac{\pi}{2}} \frac{\cos x}{1+\sin^2 x}\mathrm{d}x$；

(14) $\int_0^1 \arcsin x\,\mathrm{d}x$；

(15) $\int_1^0 t\mathrm{e}^{-\frac{t^2}{2}}\mathrm{d}t$；

(16) $\int_0^{\frac{\pi}{4}} \frac{1-\cos^4 x}{2}\mathrm{d}x$；

(17) $\int_0^{\frac{\pi}{w}} \sin^2(\omega t+\varphi)\mathrm{d}t$；

(18) $\int_0^{\frac{\pi}{2}} \mathrm{e}^x\sin x\,\mathrm{d}x$；

(19) $\int_{\frac{1}{e}}^{e} |\ln x|\,\mathrm{d}x$；

(20) $\int_1^{\mathrm{e}^2} \frac{\mathrm{d}x}{x\sqrt{1+\ln x}}$；

(21) $\int_{-\frac{\pi}{2}}^{\frac{\pi}{2}} \sqrt{\cos x-\cos^3 x}\,\mathrm{d}x$；

(22) $\int_0^1 \mathrm{e}^{\sqrt{x}}\,\mathrm{d}x$.

2. 利用函数的奇偶性计算下列积分：

(1) $\int_{-\pi}^{\pi} x^4\sin 5x\,\mathrm{d}x$；

(2) $\int_{-1}^1 (x+\sqrt{2-x^2})^2\mathrm{d}x$；

(3) $\int_{-\frac{1}{2}}^{\frac{1}{2}} \frac{x\arcsin x}{\sqrt{1-x^2}}\mathrm{d}x$；

(4) $\int_{-1}^1 \frac{|\arctan x|}{1+x^2}\mathrm{d}x$；

(5) $\int_{-R}^R (\sqrt{R^2-x^2}+x^4\sin x)\mathrm{d}x$；

(6) $\int_{-1}^1 |x|\,\mathrm{d}x$.

3. 证明：$\int_0^1 x^m(1-x)^n\mathrm{d}x = \int_0^1 (1-x)^m x^n\mathrm{d}x$.

4. 证明：$\int_0^{\frac{\pi}{2}} f(\sin x)\mathrm{d}x = \int_0^{\frac{\pi}{2}} f(\cos x)\mathrm{d}x$.

5. 证明：$\displaystyle\int_0^\pi \sin^n x\,\mathrm{d}x = 2\int_0^{\frac{\pi}{2}} \sin^n x\,\mathrm{d}x$.

6. 设 $f(x)$ 在 $[-a, a]$ 上连续，试证

$$\int_{-a}^a f(x)\,\mathrm{d}x = \int_{-a}^a f(-x)\,\mathrm{d}x.$$

7. 若 $f(t)$ 是连续函数且为奇函数，证明 $\displaystyle\int_0^x f(t)\,\mathrm{d}t$ 是偶函数；若 $f(t)$ 是连续函数且为偶函数，证明 $\displaystyle\int_0^x f(t)\,\mathrm{d}t$ 是奇函数.

8. 设函数 $f(x) = \begin{cases} \ln(1+x) & x \geqslant 0 \\ \dfrac{1}{2+x} & x < 0, \end{cases}$ 求定积分 $\displaystyle\int_0^2 f(x-1)\,\mathrm{d}x$.

# 第五节　定积分的分部积分法

设函数 $u = u(x)$，$v = v(x)$ 在区间 $[a, b]$ 上具有连续的导数 $u'$，$v'$，则有

$$(uv)' = u'v + uv',$$

移项得

$$uv' = (uv)' - u'v.$$

上式两端各取 $[a, b]$ 上的定积分，并注意到 $\displaystyle\int_a^b (uv)'\,\mathrm{d}x = [uv]_a^b$，于是

$$\int_a^b uv'\,\mathrm{d}x = \int_a^b (uv)'\,\mathrm{d}x - \int_a^b u'v\,\mathrm{d}x = [uv]_a^b - \int_a^b u'v\,\mathrm{d}x,$$

亦即

$$\int_a^b u\,\mathrm{d}v = [uv]_a^b - \int_a^b v\,\mathrm{d}u.$$

这就是定积分的分部积分公式.

　　该公式表明，它与不定积分的分部积分公式类似，同样是先凑微分，再由该公式进行分部积分.所不同的是多了积分的上下限.

　　**例 1**　计算 $\displaystyle\int_0^1 x\,\mathrm{e}^x\,\mathrm{d}x$.

　　**解**　$\displaystyle\int_0^1 x\,\mathrm{e}^x\,\mathrm{d}x = \int_0^1 x\,\mathrm{d}\mathrm{e}^x = [x\,\mathrm{e}^x]_0^1 - \int_0^1 \mathrm{e}^x\,\mathrm{d}x = \mathrm{e} - [\mathrm{e}^x]_0^1 = \mathrm{e} - (\mathrm{e}-1) = 1.$

**例 2** 计算 $\int_0^{\frac{\pi^2}{4}} \sin\sqrt{x}\,\mathrm{d}x$.

**解** 先用换元法把被积函数中的根号去掉.为此,设 $\sqrt{x}=t$,则 $x=t^2$,$\mathrm{d}x=2t\,\mathrm{d}t$,于是

$$\int_0^{\frac{\pi^2}{4}} \sin\sqrt{x}\,\mathrm{d}x = \int_0^{\frac{\pi}{2}} \sin t \cdot 2t\,\mathrm{d}t = 2\int_0^{\frac{\pi}{2}} t\sin t\,\mathrm{d}t.$$

再利用分部积分公式,得

$$\int_0^{\frac{\pi^2}{4}} \sin\sqrt{x}\,\mathrm{d}x = 2\int_0^{\frac{\pi}{2}} t\sin t\,\mathrm{d}t = -2\int_0^{\frac{\pi}{2}} t\,\mathrm{d}\cos t = -2[t\cos t]_0^{\frac{\pi}{2}} + 2\int_0^{\frac{\pi}{2}} \cos t\,\mathrm{d}t$$

$$= 2[\sin t]_0^{\frac{\pi}{2}} = 2.$$

**例 3** 计算 $\int_0^{\ln 2} \mathrm{e}^x \ln(1+\mathrm{e}^x)\,\mathrm{d}x$.

**解** 此题先用换元法再用分部积分法即可求出,但直接用分部积分法也可以.

$$\int_0^{\ln 2} \mathrm{e}^x \ln(1+\mathrm{e}^x)\,\mathrm{d}x = \int_0^{\ln 2} \ln(1+\mathrm{e}^x)\,\mathrm{d}\mathrm{e}^x = [\mathrm{e}^x \ln(1+\mathrm{e}^x)]_0^{\ln 2} - \int_0^{\ln 2} \frac{\mathrm{e}^x \cdot \mathrm{e}^x}{1+\mathrm{e}^x}\,\mathrm{d}x$$

$$= 2\ln 3 - \ln 2 - \int_0^{\ln 2} \frac{\mathrm{e}^x}{1+\mathrm{e}^x}\,\mathrm{d}\mathrm{e}^x.$$

对于积分 $\int_0^{\ln 2} \frac{\mathrm{e}^x}{1+\mathrm{e}^x}\,\mathrm{d}\mathrm{e}^x$,我们有

$$\int_0^{\ln 2} \frac{\mathrm{e}^x}{1+\mathrm{e}^x}\,\mathrm{d}\mathrm{e}^x = \int_0^{\ln 2} \left(1 - \frac{1}{1+\mathrm{e}^x}\right)\mathrm{d}\mathrm{e}^x = [\mathrm{e}^x]_0^{\ln 2} - \int_0^{\ln 2} \frac{\mathrm{d}(\mathrm{e}^x+1)}{1+\mathrm{e}^x}$$

$$= 2 - 1 - [\ln(1+\mathrm{e}^x)]_0^{\ln 2} = 1 - \ln 3 + \ln 2.$$

所以

$$\int_0^{\ln 2} \mathrm{e}^x \ln(1+\mathrm{e}^x)\,\mathrm{d}x = 2\ln 3 - \ln 2 - 1 + \ln 3 - \ln 2$$

$$= 3\ln 3 - 2\ln 2 - 1.$$

**例 4** 证明定积分公式

$$I_n = \int_0^{\frac{\pi}{2}} \sin^n x\,\mathrm{d}x = \int_0^{\frac{\pi}{2}} \cos^n x\,\mathrm{d}x$$

$$= \begin{cases} \dfrac{n-1}{n} \cdot \dfrac{n-3}{n-2} \cdot \cdots \cdot \dfrac{3}{4} \cdot \dfrac{1}{2} \cdot \dfrac{\pi}{2}, & n \text{ 为正偶数}; \\[3mm] \dfrac{n-1}{n} \cdot \dfrac{n-3}{n-2} \cdot \cdots \cdot \dfrac{4}{5} \cdot \dfrac{2}{3}, & n \text{ 为大于 1 的正奇数}. \end{cases}$$

证 利用分部积分公式得

$$I_n = -\int_0^{\frac{\pi}{2}} \sin^{n-1} x \, \mathrm{d}\cos x$$

$$= -\left[\sin^{n-1} x \cos x\right]_0^{\frac{\pi}{2}} + (n-1)\int_0^{\frac{\pi}{2}} \sin^{n-2} x \cos^2 x \, \mathrm{d}x$$

$$= (n-1)\int_0^{\frac{\pi}{2}} \sin^{n-2} x (1-\sin^2 x) \, \mathrm{d}x$$

$$= (n-1)\int_0^{\frac{\pi}{2}} (\sin^{n-2} x - \sin^n x) \, \mathrm{d}x$$

$$= (n-1)\int_0^{\frac{\pi}{2}} \sin^{n-2} x \, \mathrm{d}x - (n-1)\int_0^{\frac{\pi}{2}} \sin^n x \, \mathrm{d}x$$

$$= (n-1)I_{n-2} - (n-1)I_n,$$

移项整理得

$$nI_n = (n-1)I_{n-2}.$$

两边同除以 $n$ 便得到递推公式

$$I_n = \frac{n-1}{n} I_{n-2}.$$

如果把 $n$ 换成 $n-2$，则得

$$I_{n-2} = \frac{n-3}{n-2} I_{n-4}.$$

同样地依次进行下去，直到 $I_n$ 的下标 $n$ 递减到 0 或 1 为止. 于是

$$I_{2m} = \frac{2m-1}{2m} \cdot \frac{2m-3}{2m-2} \cdot \frac{2m-5}{2m-4} \cdot \cdots \cdot \frac{5}{6} \cdot \frac{3}{4} \cdot \frac{1}{2} \cdot I_0,$$

$$I_{2m+1} = \frac{2m}{2m+1} \cdot \frac{2m-2}{2m-1} \cdot \frac{2m-4}{2m-3} \cdot \cdots \cdot \frac{6}{7} \cdot \frac{4}{5} \cdot \frac{2}{3} \cdot I_1,$$

$$(m=1, 2, \cdots).$$

而 $$I_0 = \int_0^{\frac{\pi}{2}} \mathrm{d}x = \frac{\pi}{2}, \quad I_1 = \int_0^{\frac{\pi}{2}} \sin x \, \mathrm{d}x = 1,$$

因此对 $m=1, 2, \cdots,$ 有

$$I_{2m} = \frac{2m-1}{2m} \cdot \frac{2m-3}{2m-2} \cdot \frac{2m-5}{2m-4} \cdot \cdots \cdot \frac{5}{6} \cdot \frac{3}{4} \cdot \frac{1}{2} \cdot \frac{\pi}{2},$$

$$I_{2m+1} = \frac{2m}{2m+1} \cdot \frac{2m-2}{2m-1} \cdot \frac{2m-4}{2m-3} \cdot \cdots \cdot \frac{6}{7} \cdot \frac{4}{5} \cdot \frac{2}{3}.$$

至于定积分 $\int_0^{\frac{\pi}{2}} \cos^n x \, \mathrm{d}x$ 与 $\int_0^{\frac{\pi}{2}} \sin^n x \, \mathrm{d}x$ 相等,由上节例 8(1)即可知道,证毕.

### 习题 5 - 5

计算下列定积分

1. $\int_0^{\frac{\pi}{2}} x \cos x \, \mathrm{d}x$.

2. $\int_0^{\pi} x \sin \frac{x}{2} \mathrm{d}x$.

3. $\int_0^1 x \arctan x \, \mathrm{d}x$.

4. $\int_1^e \ln x \, \mathrm{d}x$.

5. $\int_1^e x^2 \ln x \, \mathrm{d}x$.

6. $\int_0^1 x^2 \ln(x^2 + 1) \mathrm{d}x$.

7. $\int_{\frac{\pi}{4}}^{\frac{\pi}{3}} \frac{x}{\sin^2 x} \mathrm{d}x$.

8. $\int_1^{e^2} \frac{1}{\sqrt{x}} (\ln x)^2 \mathrm{d}x$.

9. $\int_1^e \cos(\ln x) \mathrm{d}x$.

10. $\int_{\frac{1}{e}}^e |\ln x| \, \mathrm{d}x$.

11. $\int_0^1 \frac{1}{\mathrm{e}^x + \mathrm{e}^{-x}} \mathrm{d}x$.

12. $J_m = \int_0^{\pi} x \sin^m x \, \mathrm{d}x$ ($m$ 为自然数).

## 第六节 定积分的近似计算

前面已经知道,若函数 $f(x)$ 在$[a, b]$上连续,则必有原函数 $F(x)$,且根据微积分基本定理,就有

$$\int_a^b f(x) \mathrm{d}x = F(b) - F(a).$$

但是在一些具体问题中,要求出一个函数的原函数不是一件容易的事,甚至于对于像

$$\mathrm{e}^{-x^2}, \quad \frac{\sin x}{x}$$

的一些初等函数其原函数不能用初等函数表示.有的用换元法或分部积分法也不能达到求原函数的目的.因此还不能真正解决定积分的计算问题.有时候,即使能够用一些方法求出原函数,它的形式往往也过于复杂.因此用微积分基本定理来求定积分的值也可能很花时间.

此外,在实际问题中得到的函数,也往往是近似的,不是精确的,因此就显得没

有必要去精确地求出定积分的值了,而只要能够近似地求出定积分的值也就可以满足需要了.最后我们还要指出:在实际问题中得到的函数并不是在一个区间上每一点都知道具体函数值的函数,而是只在一串离散点上知道函数值的函数,因此有必要研究从已知函数在离散点上的值来近似地计算定积分的数值.

本节将介绍求定积分近似值的三种方法.

## 一、矩形法

设函数 $y = f(x)$ 在区间 $[a, b]$ 上连续,且 $f(x) \geqslant 0$(在没有此假设的情况下,本节所导出的公式依然成立),则 $\int_a^b f(x)\mathrm{d}x$ 在几何上表示由直线 $x = a$,$x = b$ 及曲线 $y = f(x)$ 与 $x$ 轴所围成的曲边梯形的面积.矩形法就是将曲边梯形分成若干个小曲边梯形,每一个小曲边梯形都用一个小矩形来代替,把所有的小矩形面积之和作为曲边梯形面积的近似值,亦即定积分 $\int_a^b f(x)\mathrm{d}x$ 的近似值.现详述如下:

将区间 $[a, b]$ 分成 $n$ 个长度相等的小区间,分点依次是

$$a = x_0 < x_1 < x_2 < \cdots < x_{n-1} < x_n = b,$$

小区间的长度为 $\Delta x = \dfrac{b-a}{n}$,对应于各分点的函数值分别是

$$y_0 = f(x_0), \ y_1 = f(x_1), \ \cdots, \ y_{n-1} = f(x_{n-1}), \ y_n = f(x_n).$$

如图 5-8 所示,如果取小区间左端点的函数值作为小矩形的高,此时 $n$ 个小矩形的面积分别为:$y_0\Delta x$,$y_1\Delta x$,$\cdots$,$y_{n-1}\Delta x$.所以有

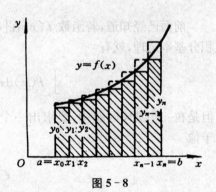

图 5-8

$$\int_a^b f(x)\mathrm{d}x \approx y_0\Delta x + y_1\Delta x + \cdots + y_{n-1}\Delta x$$

$$= \frac{b-a}{n}(y_0 + y_1 + \cdots + y_{n-1})$$

$$= \frac{b-a}{n}\sum_{i=0}^{n-1} y_i = \frac{b-a}{n}\sum_{i=0}^{n-1} f(x_i).$$

$$(1)$$

如果取小区间右端点的函数值作为小矩形的高,则有

$$\int_a^b f(x)\mathrm{d}x \approx y_1\Delta x + y_2\Delta x + \cdots + y_n\Delta x$$

$$= \frac{b-a}{n}(y_1 + y_2 + \cdots + y_n)$$

$$= \frac{b-a}{n}\sum_{i=1}^{n} y_i = \frac{b-a}{n}\sum_{i=1}^{n} f(x_i). \tag{2}$$

公式(1)和(2)都叫作矩形法公式.

## 二、梯形法

与矩形法相类似,如图 5-9 所示,在每个小区间上,以小梯形的面积近似代替小曲边梯形的面积. $n$ 个小梯形的面积依次为

$$\frac{1}{2}(y_0 + y_1)\Delta x, \quad \frac{1}{2}(y_1 + y_2)\Delta x, \quad \cdots,$$

$$\frac{1}{2}(y_{n-1} + y_n)\Delta x.$$

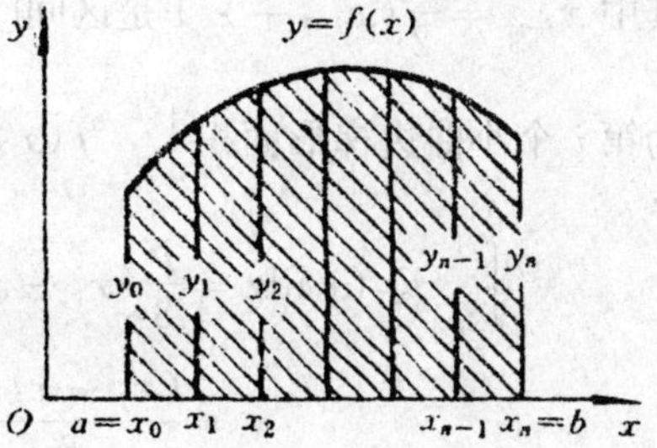

因此定积分的近似公式为

图 5-9

$$\int_a^b f(x)\mathrm{d}x \approx \frac{1}{2}(y_0 + y_1)\Delta x + \frac{1}{2}(y_1 + y_2)\Delta x$$

$$+ \cdots + \frac{1}{2}(y_{n-1} + y_n)\Delta x$$

$$= \frac{b-a}{n}\left[\sum_{i=1}^{n-1} y_i + \frac{1}{2}(y_0 + y_n)\right]$$

$$= \frac{b-a}{n}\sum_{i=1}^{n-1} f(x_i) + \frac{1}{2}[f(x_0) + f(x_n)]\frac{b-a}{n}. \tag{3}$$

公式(3)叫作梯形法公式.由这个公式所得的近似值,实际上就是公式(1)与(2)所得近似值的平均值.

## 三、抛物线法

梯形法是用 $n$ 段小直线段来代替小曲线段.为了得到精确度更高的定积分计算公式,可用许多小抛物线段来代替小曲线段,用小抛物线作曲边的曲边梯形的面积来代替小曲边梯形的面积,这就是抛物线法.现详述于下:

我们仍将区间 $[a, b]$ 分为 $n$ 等份,在每个小区间 $[x_{i-1}, x_i]$ 上用抛物线 $Q_i(x) = px^2 + qx + r$ 来代替 $f(x)$(见图 5-10),且 $Q_i(x)$ 过点

$$M_{i-1}(x_{i-1}, f(x_{i-1})), \quad M_{i-\frac{1}{2}}(x_{i-\frac{1}{2}}, f(x_{i-\frac{1}{2}})), \quad M_i(x_i, f(x_i)),$$

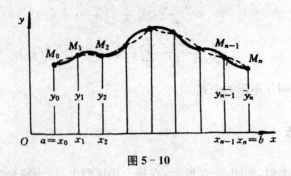

图 5 - 10

其中 $x_{i-\frac{1}{2}} = \dfrac{1}{2}(x_{i-1}+x_i)$ 是区间 $[x_{i-1},\ x_i]$ 的中点,因此可以用 $\displaystyle\int_{x_{i-1}}^{x_i}Q_i(x)\mathrm{d}x$ 作

为第 $i$ 个小曲边梯形面积 $\displaystyle\int_{x_{i-1}}^{x_i}f(x)\mathrm{d}x$ 的近似值,而

$$\int_{x_{i-1}}^{x_i}Q_i(x)\mathrm{d}x = \frac{p}{3}(x_i^3-x_{i-1}^3)+\frac{q}{2}(x_i^2-x_{i-1}^2)+r(x_i-x_{i-1})$$
$$= \frac{(x_i-x_{i-1})}{6}\big[2p(x_i^2+x_ix_{i-1}+x_{i-1}^2)+$$
$$3q(x_i+x_{i-1})+6r\big]$$
$$= \frac{(x_i-x_{i-1})}{6}\big[(px_i^2+qx_i+r)+$$
$$(px_{i-1}^2+qx_{i-1}+r)+p(x_{i-1}+x_i)^2+$$
$$2q(x_{i-1}+x_i)+4r\big].$$

由抛物线 $Q_i(x)$ 的性质可知

$$px_i^2+qx_i+r=f(x_i)=y_i,$$
$$px_{i-1}^2+qx_{i-1}+r=f(x_{i-1})=y_{i-1},$$
$$p\left(\frac{x_{i-1}+x_i}{2}\right)^2+q\,\frac{(x_{i-1}+x_i)}{2}+r=f(x_{i-\frac{1}{2}})=y_{i-\frac{1}{2}}.$$

由此代入上式得

$$\int_{x_{i-1}}^{x_i}Q_i(x)\mathrm{d}x = \frac{x_i-x_{i-1}}{6}\big[f(x_{i-1})+4f(x_{i-\frac{1}{2}})+f(x_i)\big]$$
$$= \frac{x_i-x_{i-1}}{6}\big[y_{i-1}+4y_{i-\frac{1}{2}}+y_i\big].$$

把 $n$ 个小抛物线为曲边的小曲边梯形的面积加起来就得到 $\displaystyle\int_a^b f(x)\mathrm{d}x$ 的近似值,

于是

$$\int_a^b f(x)\,\mathrm{d}x \approx \sum_{i=1}^n \int_{x_{i-1}}^{x_i} Q_i(x)\,\mathrm{d}x$$

$$= \frac{b-a}{6n}\big[y_0 + y_n + 2(y_1 + y_2 + \cdots + y_{n-1}) +$$

$$4(y_{\frac{1}{2}} + y_{\frac{3}{2}} + \cdots + y_{n-\frac{1}{2}})\big]. \tag{4}$$

公式(4)叫作抛物线法公式,也叫辛卜生(Simpson)公式.

显然,用以上三种方法来求定积分的近似值,$n$ 越大,精度就越高.

**例** 按矩形法、梯形法、抛物线法,取 $n=10$,计算定积分 $I=\displaystyle\int_1^2 \frac{1}{x}\,\mathrm{d}x$ 的近似值(被积函数值取四位小数).

**解** 把区间 $[1, 2]$ 十等分,设分点为

$$1 = x_0,\ x_1,\ x_2,\ \cdots,\ x_9,\ x_{10}=2,$$

且 $x_i = 1 + \dfrac{i}{10}$ $(i=0, 1, \cdots, 10)$,相应的函数值记为

$$y_0,\ y_1,\ \cdots,\ y_{10}.$$

且 $y_i = \dfrac{1}{x_i}$ $(i=0, 1, \cdots, 10)$. 于是可列表如下:

| $i$ | 0 | 1 | 2 | 3 | 4 | 5 | 6 | 7 | 8 | 9 | 10 |
|---|---|---|---|---|---|---|---|---|---|---|---|
| $x_i$ | 1 | 1.1 | 1.2 | 1.3 | 1.4 | 1.5 | 1.6 | 1.7 | 1.8 | 1.9 | 2 |
| $y_i$ | 1 | 0.909 1 | 0.833 3 | 0.769 2 | 0.714 3 | 0.666 7 | 0.625 0 | 0.588 2 | 0.555 6 | 0.526 3 | 0.5 |

利用矩形法公式(1),得

$$I = \int_1^2 \frac{1}{x}\,\mathrm{d}x \approx \frac{2-1}{10}(y_0 + y_1 + y_2 + \cdots + y_9),$$

即

$$I \approx \frac{1}{10}(1 + 0.909\,1 + 0.833\,3 + 0.769\,2 + 0.714\,3 +$$

$$0.666\,7 + 0.625\,0 + 0.588\,2 + 0.555\,6 + 0.526\,3)$$

$$= \frac{1}{10} \times 7.181\,7 = 0.718\,17.$$

利用矩形法公式(2),得

$$I \approx \frac{1}{10}(y_1 + y_2 + \cdots + y_{10})$$

$$= \frac{1}{10}(0.909\,1 + 0.833\,3 + 0.769\,2 + 0.714\,3 + 0.666\,7 +$$

$$0.625\,0 + 0.588\,2 + 0.555\,6 + 0.526\,3 + 0.5)$$

$$= \frac{1}{10} \times 6.681\,7 = 0.668\,17.$$

利用梯形法公式(3)，实际上是求前两值的平均值，得

$$I = \int_1^2 \frac{1}{x}\mathrm{d}x \approx \frac{0.718\,17 + 0.668\,17}{2} = 0.693\,17.$$

最后我们利用抛物线法公式(4)来计算 $I$. 先求每个小区间中点处的函数值，列表如下：

记 $x_{i-\frac{1}{2}} = \dfrac{x_{i-1} + x_i}{2}$ 是第 $i$ 个小区间的中点，对应的函数值仍为 $y_{i-\frac{1}{2}} = f(x_{i-\frac{1}{2}})$.

| $i$ | $\frac{1}{2}$ | $\frac{3}{2}$ | $\frac{5}{2}$ | $\frac{7}{2}$ | $\frac{9}{2}$ | $\frac{11}{2}$ | $\frac{13}{2}$ | $\frac{15}{2}$ | $\frac{17}{2}$ | $\frac{19}{2}$ |
|---|---|---|---|---|---|---|---|---|---|---|
| $x_i$ | 1.05 | 1.15 | 1.25 | 1.35 | 1.45 | 1.55 | 1.65 | 1.75 | 1.85 | 1.95 |
| $y_i$ | 0.952 4 | 0.869 6 | 0.800 0 | 0.740 7 | 0.689 7 | 0.645 2 | 0.606 1 | 0.571 4 | 0.570 5 | 0.512 5 |

因而近似值为

$$I \approx \frac{1}{60}\big[y_0 + y_{10} + 2(y_1 + y_2 + \cdots + y_9)$$

$$+ 4(y_{\frac{1}{2}} + y_{\frac{3}{2}} + \cdots + y_{\frac{19}{2}})\big]$$

$$= \frac{1}{60}\big[1 + 0.5 + 2(0.909\,1 + 0.833\,3 + 0.769\,2 + 0.714\,3 +$$

$$0.666\,7 + 0.625\,0 + 0.588\,2 + 0.555\,6 + 0.526\,3) +$$

$$4(0.952\,4 + 0.869\,6 + 0.800\,0 + 0.740\,7 + 0.689\,7 +$$

$$0.645\,2 + 0.606\,1 + 0.571\,4 + 0.570\,5 + 0.512\,5)\big]$$

$$= \frac{1}{60} \times 41.577\,0 = 0.692\,95.$$

实际上，$I = \displaystyle\int_1^2 \frac{1}{x}\mathrm{d}x = [\ln|x|]_1^2 = \ln 2 = 0.693\,1.$

从上看出，上述三种定积分的近似计算法中抛物线法精度最高，矩形法精度最低.

下面给出矩形法的计算流程图.

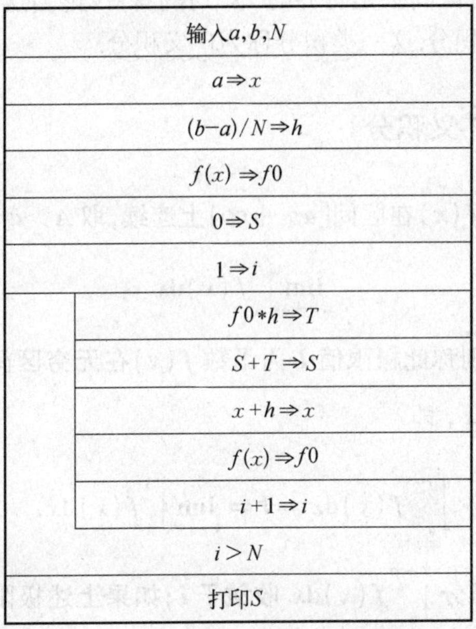

输入$a,b,N$
$a\Rightarrow x$
$(b-a)/N\Rightarrow h$
$f(x)\Rightarrow f0$
$0\Rightarrow S$
$1\Rightarrow i$
$f0*h\Rightarrow T$
$S+T\Rightarrow S$
$x+h\Rightarrow x$
$f(x)\Rightarrow f0$
$i+1\Rightarrow i$
$i>N$
打印$S$

图 5 - 11

其中 $a$, $b$ 分别为积分上下限, $S$ 为总面积.

## 习题 5 - 6

1. 河床的横断面如图 5 - 12 所示. 为了计算最大排洪量, 需要计算它的断面积, 试根据图示的测量数据(单位为米)用梯形法计算其断面积.

0 4 8 12 16 20 24 28 32 36
1.1
2.5
5.9
7
7
6.6
4.1
2.2

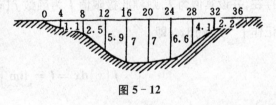

图 5 - 12

2. 用三种近似计算法计算 $s=\int_0^{\frac{\pi}{2}}\sqrt{1-\frac{1}{2}\sin^2 t}\,dt$ (取 $n=6$, 被积函数值取四位小数).

3. 用三种近似计算法计算 $\int_1^9\sqrt{x}\,dx$ (取 $n=4$, 被积函数值取四位小数).

## 第七节　广 义 积 分

前面几节, 在讨论定积分 $\int_a^b f(x)\,dx$ 时, 总假定积分区间 $[a, b]$ 是有限的, 且

被积函数 $f(x)$ 在积分区间上是有界的.本节我们将讨论当这两个限制条件至少有一个不满足时相应的积分.这一类积分称为**广义积分**.

## 一、无穷限的广义积分

**定义 1** 设函数 $f(x)$ 在区间 $[a, +\infty)$ 上连续,取 $A>a$,如果极限

$$\lim_{A \to +\infty} \int_a^A f(x)\,\mathrm{d}x$$

存在,并设其值为 $I$,则称此极限值 $I$ 为函数 $f(x)$ 在无穷区间 $[a, +\infty)$ 上的广义积分,记作 $\int_a^{+\infty} f(x)\,\mathrm{d}x$,即

$$\int_a^{+\infty} f(x)\,\mathrm{d}x = I = \lim_{A \to +\infty} \int_a^A f(x)\,\mathrm{d}x. \tag{1}$$

此时,我们也称广义积分 $\int_a^{+\infty} f(x)\,\mathrm{d}x$ 收敛于 $I$;如果上述极限不存在,就称广义积分 $\int_a^{+\infty} f(x)\,\mathrm{d}x$ 发散,这时虽然用同样的记号,但已不表示任何数值了.

类似地,设 $f(x)$ 在区间 $(-\infty, b]$ 上连续,取 $B<b$,如果极限

$$\lim_{B \to -\infty} \int_B^b f(x)\,\mathrm{d}x$$

存在,并设其值为 $I$,则称此极限值 $I$ 为函数 $f(x)$ 在区间 $(-\infty, b]$ 上的广义积分,记作 $\int_{-\infty}^b f(x)\,\mathrm{d}x$,即

$$\int_{-\infty}^b f(x)\,\mathrm{d}x = I = \lim_{B \to -\infty} \int_B^b f(x)\,\mathrm{d}x. \tag{2}$$

此时,也称广义积分 $\int_{-\infty}^b f(x)\,\mathrm{d}x$ 收敛于 $I$;如果上述极限不存在,则称广义积分 $\int_{-\infty}^b f(x)\,\mathrm{d}x$ 发散.

设函数 $f(x)$ 在区间 $(-\infty, +\infty)$ 上连续,如果广义积分 $\int_{-\infty}^a f(x)\,\mathrm{d}x$ 与 $\int_a^{+\infty} f(x)\,\mathrm{d}x$ 都收敛,则称上述两广义积分之和为函数 $f(x)$ 在区间 $(-\infty, +\infty)$ 上的广义积分,记为 $\int_{-\infty}^{+\infty} f(x)\,\mathrm{d}x$,即

$$\int_{-\infty}^{+\infty} f(x)\,\mathrm{d}x = \int_{-\infty}^a f(x)\,\mathrm{d}x + \int_a^{+\infty} f(x)\,\mathrm{d}x. \tag{3}$$

此时,也称广义积分 $\int_{-\infty}^{+\infty}f(x)\mathrm{d}x$ 收敛;如果上述两个广义积分至少有一个发散,则称广义积分 $\int_{-\infty}^{+\infty}f(x)\mathrm{d}x$ 发散.

上述三类广义积分,统称为无穷限的广义积分.

**例 1**　考察 $\int_{a}^{+\infty}\dfrac{1}{x^{p}}\mathrm{d}x$ $(a>0,p$ 为实数) 的敛散性.

**解**　当 $p\neq 1$ 时,我们有

$$\int_{a}^{A}\frac{1}{x^{p}}\mathrm{d}x=\frac{1}{1-p}(A^{1-p}-a^{1-p}).$$

所以

$$\lim_{A\to+\infty}\int_{a}^{A}\frac{1}{x^{p}}\mathrm{d}x=\lim_{A\to+\infty}\frac{1}{1-p}(A^{1-p}-a^{1-p})$$

$$=\begin{cases}\dfrac{a^{1-p}}{p-1},\text{ 当 }p>1\text{ 时,}\\+\infty,\quad\text{ 当 }p<1\text{ 时.}\end{cases}$$

当 $p=1$ 时,

$$\int_{a}^{A}\frac{1}{x}\mathrm{d}x=\ln A-\ln a,$$

所以

$$\lim_{A\to+\infty}\int_{a}^{A}\frac{1}{x}\mathrm{d}x=\lim_{A\to+\infty}(\ln A-\ln a)=+\infty.$$

因此广义积分 $\int_{a}^{+\infty}\dfrac{\mathrm{d}x}{x^{p}}$,当 $p>1$ 时收敛;当 $p\leqslant 1$ 时发散.这个积分也叫 $p$-积分.

**例 2**　计算广义积分 $\int_{0}^{+\infty}\mathrm{e}^{-x}\sin x\mathrm{d}x$.

**解**　由于

$$\int_{0}^{A}\mathrm{e}^{-x}\sin x\mathrm{d}x=-\int_{0}^{A}\sin x\mathrm{d}\mathrm{e}^{-x}=-[\mathrm{e}^{-x}\sin x]_{0}^{A}+\int_{0}^{A}\mathrm{e}^{-x}\cos x\mathrm{d}x$$

$$=-\mathrm{e}^{-A}\sin A-\int_{0}^{A}\cos x\mathrm{d}\mathrm{e}^{-x}$$

$$=-\mathrm{e}^{-A}\sin A-[\mathrm{e}^{-x}\cos x]_{0}^{A}+\int_{0}^{A}\mathrm{e}^{-x}(-\sin x)\mathrm{d}x$$

$$=-\mathrm{e}^{-A}\sin A-\mathrm{e}^{-A}\cos A+1-\int_{0}^{A}\mathrm{e}^{-x}\sin x\mathrm{d}x.$$

右端又出现了原来的积分,移项得

$$\int_0^A e^{-x} \sin x \, dx = \frac{1}{2} [1 - e^{-A}(\sin A + \cos A)]$$

$$\rightarrow \frac{1}{2}(\text{当} A \rightarrow +\infty),$$

因此广义积分 $\int_0^{+\infty} e^{-x} \sin x \, dx = \frac{1}{2}$.

有时为了方便,把 $\lim\limits_{A \to +\infty} [F(x)]_a^A$ 记作 $[F(x)]_a^{+\infty}$. 这样,在区间 $[a, +\infty)$ 上,若 $F'(x) = f(x)$,则

$$\int_a^{+\infty} f(x) \, dx = \lim_{A \to +\infty} \int_a^A f(x) \, dx = \lim_{A \to +\infty} [F(x)]_a^A = [F(x)]_a^{+\infty}.$$

**例3** 计算广义积分 $\int_{-\infty}^{+\infty} e^{-|x|} \, dx$.

**解** 由于

$$\int_{-\infty}^0 e^{-|x|} \, dx = \int_{-\infty}^0 e^x \, dx = [e^x]_{-\infty}^0 = 1 - 0 = 1,$$

$$\int_0^{+\infty} e^{-|x|} \, dx = \int_0^{+\infty} e^{-x} \, dx = -[e^{-x}]_0^{+\infty}$$

$$= -(0 - 1) = 1.$$

所以

$$\int_{-\infty}^{+\infty} e^{-|x|} \, dx = \int_{-\infty}^0 e^{-|x|} \, dx + \int_0^{+\infty} e^{-|x|} \, dx$$

$$= 1 + 1 = 2.$$

这个积分值的几何意义是:$x$ 轴上方,曲线 $y = e^{-|x|}$ 下方所围图形的面积(见图 5-13).

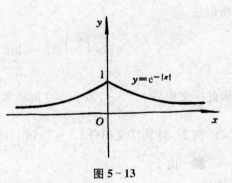

图 5-13

## 二、无界函数的广义积分

**定义2** 设函数 $f(x)$ 在区间 $[a, b)$ 上连续,而在 $b$ 的左邻域 $(b - \varepsilon, b)$ 内无界,如果极限

$$\lim_{\varepsilon \to +0} \int_a^{b-\varepsilon} f(x) \, dx$$

存在,并设其值为 $I$,则称此极限值 $I$ 为函数 $f(x)$ 在区间 $[a , b)$ 上的广义积分,记

作 $\int_a^b f(x)\mathrm{d}x$,即

$$\int_a^b f(x)\mathrm{d}x = I = \lim_{\varepsilon \to +0} \int_a^{b-\varepsilon} f(x)\mathrm{d}x. \tag{4}$$

此时,也称广义积分 $\int_a^b f(x)\mathrm{d}x$ 收敛于 $I$;如果上述极限不存在,则称广义积分

$\int_a^b f(x)\mathrm{d}x$ 发散.

  类似地,设 $f(x)$ 在区间 $(a , b]$ 上连续,在 $a$ 点的右邻域 $(a , a+\varepsilon)$ 内无界,如

果极限

$$\lim_{\varepsilon \to +0} \int_{a+\varepsilon}^b f(x)\mathrm{d}x$$

存在,并设其值为 $I$,则称此极限值 $I$ 为函数 $f(x)$ 在区间 $(a , b]$ 上的广义积分,记

作 $\int_a^b f(x)\mathrm{d}x$,即

$$\int_a^b f(x)\mathrm{d}x = I = \lim_{\varepsilon \to +0} \int_{a+\varepsilon}^b f(x)\mathrm{d}x. \tag{5}$$

此时,也称广义积分 $\int_a^b f(x)\mathrm{d}x$ 收敛于 $I$;如果上述极限不存在,则称广义积分

$\int_a^b f(x)\mathrm{d}x$ 发散.

  设 $f(x)$ 在区间 $[a , b]$ 上除 $c$ 点外连续,在 $c$ 邻域内无界,如果广义积分

$\int_a^c f(x)\mathrm{d}x$ 与 $\int_c^b f(x)\mathrm{d}x$ 都收敛,则称此两广义积分之和为函数 $f(x)$ 在区间 $[a ,$

$b]$ 上的广义积分,记为 $\int_a^b f(x)\mathrm{d}x$,即

$$\int_a^b f(x)\mathrm{d}x = \int_a^c f(x)\mathrm{d}x + \int_c^b f(x)\mathrm{d}x$$
$$= \lim_{\varepsilon \to +0} \int_a^{c-\varepsilon} f(x)\mathrm{d}x + \lim_{\xi \to +0} \int_{c+\xi}^b f(x)\mathrm{d}x.$$

(其中 $\varepsilon$ 与 $\xi$ 各自独立地趋于零).此时也称广义积分 $\int_a^b f(x)\mathrm{d}x$ 收敛;如果此两个

广义积分至少有一个发散,则称广义积分 $\int_a^b f(x)\mathrm{d}x$ 发散.

  以上三类广义积分统称为无界函数的广义积分.由于它的表示法与以前学过

的常义积分相同,所以计算时,必须先考查 $f(x)$ 是否为无界函数,以免出错.

**例4** 考察广义积分 $\displaystyle\int_0^1 \frac{\mathrm{d}x}{x^q}$ $(q>0)$ 的敛散性.

**解** 被积函数 $\dfrac{1}{x^q}(q>0)$ 在 $x=0$ 的右邻域 $(0,0+\varepsilon)$ 内无界,于是当 $q\neq$ 1 时,

$$\int_\varepsilon^1 \frac{\mathrm{d}x}{x^q} = \frac{1}{1-q}\left[x^{1-q}\right]_\varepsilon^1 = \frac{1}{1-q}(1-\varepsilon^{1-q}),$$

所以

$$\lim_{\varepsilon\to+0}\int_\varepsilon^1 \frac{\mathrm{d}x}{x^q} = \lim_{\varepsilon\to+0}\frac{1}{1-q}(1-\varepsilon^{1-q})$$

$$=\begin{cases} \dfrac{1}{1-q}, & \text{当 } 0<q<1 \text{ 时,}\\[2mm] +\infty, & \text{当 } q>1 \text{ 时.} \end{cases}$$

当 $q=1$ 时,

$$\lim_{\varepsilon\to+0}\int_\varepsilon^1 \frac{\mathrm{d}x}{x} = \lim_{\varepsilon\to+0}(\ln 1 - \ln\varepsilon) = +\infty.$$

因此,广义积分 $\displaystyle\int_0^1 \frac{\mathrm{d}x}{x^q}$,当 $0<q<1$ 时收敛;当 $q\geq 1$ 时发散.

**例5** 计算广义积分 $\displaystyle\int_0^2 \frac{\mathrm{d}x}{(1-x)^2}$.

**解** 该积分如果按定积分去做,由 $-\dfrac{1}{x-1}$ 是 $\dfrac{1}{(x-1)^2}$ 的原函数,得出

$$\int_0^2 \frac{\mathrm{d}x}{(x-1)^2} = \left[-\frac{1}{x-1}\right]_0^2 = -1-1 = -2.$$

显然是错误的,这是因为被积函数 $f(x)=\dfrac{1}{(x-1)^2}>0$,由定积分性质知,这一定

积分不可能取负值.造成错误的原因是 $f(x)=\dfrac{1}{(x-1)^2}$ 在 $[0,2]$ 上的 $x=1$ 的邻

域内无界.

由于

$$\int_0^{1-\varepsilon} \frac{\mathrm{d}x}{(1-x)^2} = \left[\frac{1}{1-x}\right]_0^{1-\varepsilon} = \frac{1}{\varepsilon} - 1,$$

于是有

$$\lim_{\varepsilon\to+0}\int_0^{1-\varepsilon} \frac{\mathrm{d}x}{(1-x)^2} = \lim_{\varepsilon\to+0}\left(\frac{1}{\varepsilon} - 1\right) = +\infty.$$

这样广义积分 $\displaystyle\int_0^1 \frac{\mathrm{d}x}{(1-x)^2}$ 发散.

有时为了方便,也把 $\displaystyle\lim_{\varepsilon\to+0}[F(x)]_a^{b-\varepsilon}$ 记为 $[F(x)]_a^b$.

**例 6** 计算广义积分 $\displaystyle\int_0^a \frac{\mathrm{d}x}{\sqrt{a^2-x^2}}$.

**解** 被积函数在 $x=a$ 无界,由于

$$\int_0^a \frac{\mathrm{d}x}{\sqrt{a^2-x^2}} = \left[\arcsin\frac{x}{a}\right]_0^a = \frac{\pi}{2},$$

所以

$$\int_0^a \frac{\mathrm{d}x}{\sqrt{a^2-x^2}} = \frac{\pi}{2}.$$

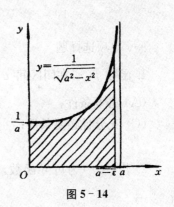

图 5 - 14

这个广义积分值的几何意义是:位于 $x$ 轴之上,曲线 $y=\dfrac{1}{\sqrt{a^2-x^2}}$ 之下,直线 $x=0$ 及 $x=a$ 之间图形的面积(见图 5 - 14).

### 习题 5 - 7

1. 计算下列积分:

(1) $\displaystyle\int_{-\infty}^{+\infty} \frac{\mathrm{d}x}{1+x^2}$;

(2) $\displaystyle\int_0^{+\infty} \mathrm{e}^{-x}\mathrm{d}t$;

(3) $\displaystyle\int_{-\infty}^{+\infty} \frac{\mathrm{d}x}{1+x^2}$;

(4) $\displaystyle\int_0^{+\infty} \frac{x}{(1+x)^3}\mathrm{d}x$;

(5) $\displaystyle\int_{-2}^{-1} \frac{\mathrm{d}x}{x\sqrt{x^2-1}}$;

(6) $\displaystyle\int_0^{+\infty} t\mathrm{e}^{-t}\mathrm{d}t$;

(7) $\displaystyle\int_0^1 \ln x\,\mathrm{d}t$;

(8) $\displaystyle\int_1^{+\infty} \frac{\arctan x}{x^2}\mathrm{d}x$;

(9) $\displaystyle\int_0^3 \frac{\mathrm{d}x}{\sqrt[3]{3x-1}}$;

(10) $\displaystyle\int_0^a \frac{1}{\sqrt{a^2-x^2}}\mathrm{d}x \ (a>0)$;

(11) $\displaystyle\int_0^1 \ln x\,\mathrm{d}x$;

(12) $\displaystyle\int_1^2 \frac{x\,\mathrm{d}x}{\sqrt{x-1}}$;

(13) $\displaystyle\int_1^e \frac{\mathrm{d}x}{x\sqrt{1-(\ln x)^2}}$;

(14) $\displaystyle\int_0^1 \frac{\mathrm{d}x}{\sqrt{1-x^2}}$.

2. 判别下列广义积分的敛散性:

(1) $\int_0^1 \dfrac{\mathrm{d}x}{x^q}$ 的敛散性; (2) $\int_a^b \dfrac{\mathrm{d}x}{(x-a)^q}$ $(q>0)$.

3. 当 $p$ 为何值时,广义积分 $\int_2^{+\infty} \dfrac{\mathrm{d}x}{x(\ln x)^p}$ 收敛? 当 $p$ 为何值时,这个广义积分发散? 又当 $p$ 为何值时,这个广义积分取得最小值?

## 自 测 题

一、单项选择题

1. 函数 $f(x)$ 在闭区间 $[a,b]$ 上连续是定积分 $\int_a^b f(x)\mathrm{d}x$ 存在的( ).

(A) 必要条件; (B) 充分条件;

(C) 充分且必要条件; (D) 既非充分也非必要条件.

2. 若 $f(x)$ 为可导函数,且 $f(0)=0$, $f'(0)=2$, 则 $\lim\limits_{x\to 0} \dfrac{\int_0^x f(t)\mathrm{d}t}{x^2}$ 之值为
( ).

(A) 0; (B) 1; (C) 2; (D) 不存在.

3. 若 $f(x)=\dfrac{\mathrm{d}}{\mathrm{d}x}\int_0^x \sin(t-x)\mathrm{d}t$, 则( ).

(A) $f(x)=-\sin x$; (B) $f(x)=-1+\cos x$;

(C) $f(x)=\sin x$; (D) $f(x)=0$.

4. 定积分 $\int_4^a \dfrac{\sqrt{x}}{\sqrt{x}-1}\mathrm{d}x$ 的值是( ).

(A) $7+\ln 4$; (B) 7; (C) $\ln 4+\mathrm{e}$; (D) $\mathrm{e}$.

5. 若 $g(x)=x^c \mathrm{e}^{2x}$, $f(x)=\int_0^x \mathrm{e}^{2t}(3t^2+1)^{\frac{1}{2}}\mathrm{d}t$, 且 $\lim\limits_{x\to+\infty} \dfrac{f'(x)}{g'(x)}=\dfrac{\sqrt{3}}{2}$, 则必有
( ).

(A) $c=0$; (B) $c=1$;

(C) $c=-1$; (D) $c=2$.

二、填空题

1. 设 $f(x)$ 为连续函数,则积分 $\int_{\frac{1}{n}}^n \left(1-\dfrac{1}{t^2}\right)f\left(t+\dfrac{1}{t}\right)\mathrm{d}t$ 等于_____.

2. 定积分 $\int_0^{\frac{\pi}{2}} (\sin^4 x - \sin^6 x)\mathrm{d}x=$_____.

3. 设 $f(x)$ 在 $[0,+\infty)$ 上连续,且 $\int_0^x f(t)\mathrm{d}t=x(1+\cos x)$, 则 $f\left(\dfrac{\pi}{2}\right)=$

_____.

4. $\lim\limits_{x \to \infty} \dfrac{\displaystyle\int_0^x (\arctan t)^2}{\sqrt{x^2 + 1}} \mathrm{d}t = $ _____.

5. 设 $f(x)$ 在 $[a, b]$ 上连续，将 $\lim\limits_{n \to \infty} \left[ \dfrac{1}{n} \displaystyle\sum_{k=1}^n f\left(a + \dfrac{b-a}{n}k\right) \right]$ 表示成定积分为

_____.

三、计算题

1. 设 $\begin{cases} x = \displaystyle\int_1^t \dfrac{\sin u}{u} \mathrm{d}u, \\ y = \sin t - t\cos t, \end{cases}$ 求 $\dfrac{\mathrm{d}y}{\mathrm{d}x}, \dfrac{\mathrm{d}^2 y}{\mathrm{d}x^2}$（其中 $0 < t < \pi$）.

2. 设 $f(x) = \begin{cases} \sin x, & 0 \leqslant x < \dfrac{\pi}{2} \\ x, & \dfrac{\pi}{2} \leqslant x \leqslant \pi \end{cases}$，计算 $\displaystyle\int_0^\pi f(x)\mathrm{d}x$.

3. 计算 $\displaystyle\int_0^{\frac{\pi}{2}} \sin^n x\,\mathrm{d}x$ 和 $\displaystyle\int_0^{\frac{\pi}{2}} \cos^n x\,\mathrm{d}x$，$n = 1, 2, \cdots$.

4. 求 $\displaystyle\int_0^1 \dfrac{x^{n/2}}{\sqrt{x(1-x)}}\mathrm{d}x$（$n$ 为正奇数）.

5. 求 $I(x) = \displaystyle\int_{-1}^1 |t - x| \, \mathrm{e}^t \mathrm{d}t$ 在 $[-1, 1]$ 上的最大值.

6. 设 $f(x)$ 在 $[a, b]$ 上是单调增加的，且 $f''(x) > 0$，证明：

$$(b-a)f(a) \leqslant \int_a^b f(x)\mathrm{d}x \leqslant (b-a)\dfrac{f(a) + f(b)}{2}.$$

# 第六章　定积分的应用

定积分是因解决问题的需要而产生的.它在几何学和物理学中有广泛的应用,这些应用是建立在微元素法基础上的,即把一个具体的量表示成定积分的分析方法.

## 第一节　定积分的微元素法

回顾引入定积分概念的两个实例,一个是求曲边梯形的面积,另一个是求变速直线运动的位移.这两个问题虽然不同,但都是通过分割、取近似、求和、取极限这四个步骤而得到解决的.

总结这四步我们注意到:

第一,这两个问题中所求的量都与自变量的一个变化区间 $[a,b]$ 有关.例如,在求曲边梯形面积时,区间 $[a,b]$ 是曲边梯形的底边.

第二,所求的量在区间 $[a,b]$ 上具有可加性,即把 $[a,b]$ 分成若干个子区间,所求的量是相应于各个子区间上那些部分量之和.例如,在求曲边梯形的面积时,总面积 $A$ 是各个小区间上对应的小曲边梯形面积 $\Delta A_i$ 之和(即 $A = \sum\limits_{i=1}^{n} \Delta A_i$).

第三,每个小区间上对应的部分量,都可以用它的一个近似值来表示.例如,在求曲边梯形面积时,对应于第 $i$ 个小区间 $[x_{i-1}, x_i]$ 上的小曲边梯形的面积 $\Delta A_i$ 可以近似地表示成以 $f(\xi_i)$ $(x_{i-1} \leqslant \xi_i \leqslant x_i)$ 为高,$\Delta x_i = x_i - x_{i-1}$ 为底的矩形的面积,即

$$\Delta A_i \approx f(\xi_i) \Delta x_i$$

(当 $\Delta x_i \to 0$ 时,用 $f(\xi_i) \Delta x_i$ 近似代替 $\Delta A_i$ 只差一个比 $\Delta x_i$ 高阶的无穷小).

在实用上,为了方便起见,省去下标 $i$,用 $[x, x+\mathrm{d}x]$ 表示若干个小区间中的任意一个,$\Delta A$ 表示对应于此区间上小曲边梯形的面积,那么 $\Delta A$ 就可以近似地表示成以区间 $[x, x+\mathrm{d}x]$ 的左端点处的函数值 $f(x)$ 为高,区间长度 $\mathrm{d}x$ 为底的矩形的面积 $f(x)\mathrm{d}x$,即

$$\Delta A \approx f(x)\mathrm{d}x.$$

这个等式的右端叫作面积元素，记为 $\mathrm{d}A$，即

$$\mathrm{d}A = f(x)\mathrm{d}x.$$

也称它为面积 $A$ 的微元素（见图 $6-1$）.

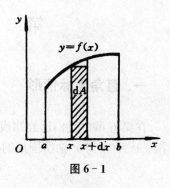

图 $6-1$

第四，将所得到的那些部分量在区间 $[a，b]$ 上累加，然后取极限，即从 $a$ 到 $b$ 做定积分，便得到所求的量.例如，曲边梯形的面积

$$A = \lim \sum f(x)\mathrm{d}x = \int_a^b f(x)\mathrm{d}x.$$

综上所述，用定积分来表示所求量的关键在于在一个有代表性的小区间 $[x，x+\mathrm{d}x]$ 上找出所求量的微元素，而后在相应的大区间 $[a，b]$ 上做定积分.这种方法我们称为微元素法（简称元素法）.

在实际问题中，所求量 $Q$ 如果满足下面三个条件：

(1) $Q$ 与一个变量 $x$ 的变化区间 $[a，b]$ 有关；

(2) $Q$ 对于区间 $[a，b]$ 具有可加性，即，如果把 $[a，b]$ 分成若干个子区间，则 $Q$ 相应地分成许多部分量，而 $Q$ 等于所有的部分量之和；

(3) 对于部分量 $\Delta Q$ 可以近似地表示成 $f(x)\mathrm{d}x$（这里 $\Delta Q$ 与 $f(x)\mathrm{d}x$ 相差一个比 $\mathrm{d}x$ 高阶的无穷小）的形式.那么所求量 $Q$ 就可以考虑用定积分来表示.

用定积分来表示所求量 $Q$ 的步骤是：

(1) 根据具体情况，选择适当的变量例如 $x$ 作为积分变量，并相应地确定其变化区间 $[a，b]$；

(2) 设想把区间 $[a，b]$ 分成 $n$ 个小区间，取其中任意一个小区间并记作 $[x，x+\mathrm{d}x]$，求出相应于这个小区间上的部分量 $\Delta Q$ 的近似值.若有一个连续函数 $f(x)$ 与 $\mathrm{d}x$ 的乘积 $f(x)\mathrm{d}x$ 可以作为 $\Delta Q$ 的近似值（$\Delta Q$ 与 $f(x)\mathrm{d}x$ 相差一个比 $\mathrm{d}x$ 高阶的无穷小），这时我们称 $f(x)\mathrm{d}x$ 为所求量 $Q$ 的微元素且记为 $\mathrm{d}Q$，即

$$\mathrm{d}Q = f(x)\mathrm{d}x；$$

(3) 以 $\mathrm{d}Q = f(x)\mathrm{d}x$ 作为被积表达式，在区间 $[a，b]$ 上作定积分，则所求量

$$Q = \int_a^b f(x)\mathrm{d}x.$$

在以后各节中，我们将应用这个方法解决几何、物理中的一些具体问题.

## 第二节　平面图形的面积

### 一、直角坐标情形

在第五章中我们已经知道，由直线 $x=a$，$x=b$ $(a < b)$ 及连续曲线 $y=f(x)$ $(f(x) \geqslant 0)$ 与 $x$ 轴所围成的曲边梯形的面积 $A$ 是一个定积分，即

$$A = \int_a^b f(x) \mathrm{d}x. \tag{1}$$

实际上，被积表达式 $f(x)\mathrm{d}x$ 就是直角坐标系下的面积元素，即微元 $\mathrm{d}A = f(x)\mathrm{d}x$，它表示高为 $f(x)$、底为 $\mathrm{d}x$ 的一个矩形的面积.

当连续函数 $y=f(x)$ 的图形分居于 $x$ 轴的上、下方，如图 6-2 时，在 $x$ 轴下方的图形与 $x$ 轴所围成图形的面积是定积分

$$\int_c^d |f(x)| \mathrm{d}x = \int_c^d -f(x)\mathrm{d}x,$$

这样，由直线 $x=a$，$x=b$ 及连续曲线 $y=f(x)$ 与 $x$ 轴所围成的平面图形的面积 $A$ 就是图中所有阴影部分面积的总和，即

$$A = \int_a^c f(x)\mathrm{d}x + \int_c^d |f(x)| \mathrm{d}x + \int_d^b f(x)\mathrm{d}x$$

$$= \int_a^b |f(x)| \mathrm{d}x. \tag{2}$$

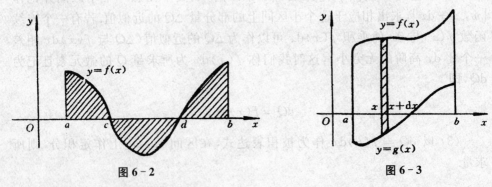

图 6-2　　　　　　　　　　　　图 6-3

一般地，若平面图形夹在直线 $x=a$ 与 $x=b$ 之间，上、下边界的方程由 $y=f(x)$ 以及 $y=g(x)$ 给出（见图 6-3），且 $f(x) \geqslant g(x)$. 选 $x$ 做积分变量，它在区间 $[a, b]$ 上变动. 在 $[a, b]$ 内任取一小区间 $[x, x+\mathrm{d}x]$，相应于此区间上图形的面

积可以近似地用以 $f(x)-g(x)$ 为高，$\mathrm{d}x$ 为底的矩形的面积来代替，即面积元素

$$\mathrm{d}A=[f(x)-g(x)]\mathrm{d}x,$$

以上式右端为被积表达式在区间 $[a,b]$ 上做定积分，便得到由直线 $x=a$，$x=b$ 及连续曲线 $y=f(x)$ 与 $y=g(x)$ 所围成的平面图形的面积 $A$，即

$$A=\int_a^b[f(x)-g(x)]\mathrm{d}x.\tag{3}$$

类似地，由直线 $y=c$，$y=d$ $(c<d)$ 及连续曲线 $x=\varphi(y)(\varphi(y)\geqslant0)$ 与 $y$ 轴所围成的平面图形（见图 6-4）的面积 $A$ 为

$$A=\int_c^d\varphi(y)\mathrm{d}y.\tag{4}$$

实际上，在这种情形下，我们选 $y$ 做积分变量，它在区间 $[c,d]$ 上变动．在 $[c,d]$ 内任取一小区间 $[y,y+\mathrm{d}y]$，对应于此区间上图形的面积可以近似地用以 $\varphi(y)$ 为底，$\mathrm{d}y$ 为高的矩形的面积来代替，于是面积元素为 $\varphi(y)\mathrm{d}y$，即

$$\mathrm{d}A=\varphi(y)\mathrm{d}y,$$

因此，我们便得到公式（4）．

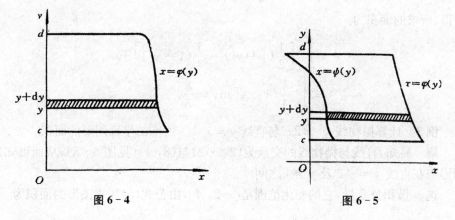

图 6-4　　　　　　　　　　　图 6-5

由直线 $y=c$，$y=d$ $(c<d)$ 以及连续曲线 $x=\varphi(y)$ 与 $x=\psi(y)$ 且 $\varphi(y)\geqslant\psi(y)$ 所围成的平面图形（见图 6-5）的面积 $A$ 为

$$A=\int_c^d[\varphi(y)-\psi(y)]\mathrm{d}y.\tag{5}$$

最后我们需要说明，若把公式（3）与（5）中的条件 $f(x)\geqslant g(x)$ 与 $\varphi(y)\geqslant\psi(y)$ 去掉，被积函数加上绝对值符号即可．

**例 1**　求由直线 $x=0$，$x=1$ 以及曲线 $y=\mathrm{e}^x$ 与 $y=\mathrm{e}^{-x}$ 所围成的平面图形（见图 6-6）的面积．

**解** 利用公式(3)可以直接得所求面积 $A$

$$A = \int_0^1 (e^x - e^{-x}) dx = [e^x + e^{-x}]_0^1 = e + e^{-1} - 2.$$

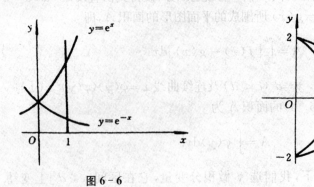

图 6-6　　　　　　　　　　图 6-7

**例 2** 求曲线 $y^2 = -4(x-1)$ 与 $y^2 = -2(x-2)$ 所围成的平面图形的面积.

**解** 容易知道,这两条曲线的交点为 $(0, 2)$ 与 $(0, -2)$.如图 6-7 所示,选 $y$ 做积分变量,两曲线的方程改写为 $x = \frac{1}{4}(4-y^2)$ 与 $x = \frac{1}{2}(4-y^2)$,则由公式(5)可得,所求的面积为

$$A = \int_{-2}^2 \left[ \frac{1}{2}(4-y^2) - \frac{1}{4}(4-y^2) \right] dy$$

$$= 2 \int_0^2 \frac{1}{4}(4-y^2) dy = \frac{8}{3}.$$

**例 3** 计算抛物线 $y^2 = 2x$ 与直线 $y = x - 4$ 所围的平面图形的面积.

**解** 易知,直线与抛物线的交点为 $(2, -2)$ 与 $(8, 4)$(见图 6-8),从而可知这图形夹在直线 $y = -2$ 及 $y = 4$ 之间.

选 $y$ 做积分变量,它的变化范围是 $[-2, 4]$,由公式(5)所求图形的面积为

$$A = \int_{-2}^4 \left( y + 4 - \frac{y^2}{2} \right) dy$$

$$= \left[ \frac{1}{2}y^2 + 4y - \frac{1}{6}y^3 \right]_{-2}^4$$

$$= 18.$$

本题如果选 $x$ 做积分变量,它的变化区间为 $[0, 8]$,所求面积可表示为两个定积分的和,即

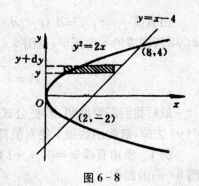

图 6-8

$$A = \int_0^2 \left[ \sqrt{2}\, x - (-\sqrt{2}\, x) \right] \mathrm{d}x + \int_2^8 \left[ \sqrt{2}\, x - (x - 4) \right] \mathrm{d}x = 18.$$

相比之下,本题选 $y$ 做积分变量计算定积分要简单一些.因此,我们在计算某一具体量时,选择适当的积分变量是非常重要的.

**例 4** 计算椭圆 $\dfrac{x^2}{a^2} + \dfrac{y^2}{b^2} = 1$ 所围平面图形(见图 6-9)的面积.

**解** 根据对称性,所求图形的面积 $A$ 为

$$A = 4A_1,$$

其中 $A_1$ 为该椭圆在第一象限部分与两坐标轴所围图形的面积.因此

$$A = 4A_1 = 4\int_0^a y \mathrm{d}x.$$

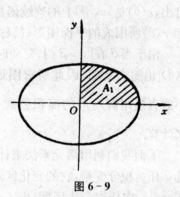

图 6-9

注意到椭圆的参数方程为

$$\begin{cases} x = a\cos t \\ y = b\sin t \end{cases}$$

应用定积分的换元法,得

$$A = 4\int_0^a y \mathrm{d}x = 4\int_{\frac{\pi}{2}}^0 b\sin t \cdot (-a\sin t)\mathrm{d}t = 4ab\int_0^{\frac{\pi}{2}} \sin^2 t \,\mathrm{d}t$$

$$= 4ab\int_0^{\frac{\pi}{2}} \frac{1 - \cos 2t}{2} \mathrm{d}t = 2ab\left[ t - \frac{1}{2}\sin 2t \right]_0^{\frac{\pi}{2}} = \pi ab.$$

当 $a = b$ 时,就得到半径为 $a$ 的圆面积公式 $A = \pi a^2$.

一般地,如果曲边梯形的曲边由参数方程

$$\begin{cases} x = x(t) \\ y = y(t) \end{cases}$$

给出,并设两端点对应的参数值为 $\alpha$ 与 $\beta$ ($\alpha < \beta$),在 $[\alpha,\ \beta]$ 上 $x(t)$ 具有连续的导数,$y(t)$ 连续,当 $x'(t) > 0$,则曲边梯形的面积 $A$ 为

$$A = \int_\alpha^\beta |\, y(t)\, |\, x'(t)\mathrm{d}t. \tag{6}$$

当 $x'(t) < 0$ 时,面积 $A$ 为

$$A = -\int_\alpha^\beta |\, y(t)\, |\, x'(t)\mathrm{d}t. \tag{7}$$

这两个结论,我们均不加证明.

### 二、极坐标情形

设曲线方程是由

$$r = r(\theta) \quad (\alpha \leqslant \theta \leqslant \beta)$$

给出,$r(\theta)$是$[\alpha, \beta]$上的连续函数,且$r(\theta) \geqslant 0$.我们来求由射线$\theta = \alpha$,$\theta = \beta$及曲线 $r = r(\theta)$所围成的平面图形(简称曲边扇形,如图6-10所示)的面积.

由于当$\theta$在$[\alpha, \beta]$上变动时,极径$r = r(\theta)$也随之变动,因此所求图形的面积$A$ 不能直接用圆扇形的面积公式$A = \dfrac{1}{2} R^2 \theta$ 来计算.

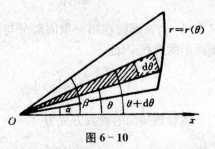

图6-10

下面我们利用微元素法来计算$A$的值. 选$\theta$作为积分变量,它的变化区间为$[\alpha, \beta]$. 在$[\alpha, \beta]$内任取一小区间$[\theta, \theta + \mathrm{d}\theta]$,则相 应于此区间上的小曲边扇形的面积可近似地用半径为$r(\theta)$,中心角为$\mathrm{d}\theta$的圆扇形 面积来代替,即面积元素为

$$\mathrm{d}A = \frac{1}{2} r^2(\theta) \mathrm{d}\theta,$$

以上述等式右端作为被积表达式,在$[\alpha, \beta]$上做定积分,便可得所求的曲边扇形的 面积$A$,即

$$A = \int_\alpha^\beta \frac{1}{2} r^2(\theta) \mathrm{d}\theta = \frac{1}{2} \int_\alpha^\beta r^2(\theta) \mathrm{d}\theta. \tag{8}$$

**例5** 计算心形线$r = a(1 + \cos\theta)$所围图形(见图6-11)的面积($a > 0$).

**解** 此图形关于极轴对称,因此所求图形的面积等于极轴上方阴影部分图形 面积的2倍,即

$$\begin{aligned}
A &= 2\int_0^\pi \frac{1}{2} r^2(\theta) \mathrm{d}\theta = \int_0^\pi [a(1 + \cos\theta)]^2 \mathrm{d}\theta \\
&= a^2 \int_0^\pi (1 + 2\cos\theta + \cos^2\theta) \mathrm{d}\theta \\
&= a^2 \left[ \theta + 2\sin\theta + \frac{1}{2}\left( \theta + \frac{1}{2}\sin 2\theta \right) \right]_0^\pi \\
&= \frac{3}{2} \pi a^2.
\end{aligned}$$

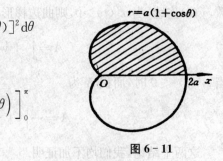

图6-11

**例6**　计算双纽线 $r^2 = a^2 \cos 2\theta \; (a > 0)$ 所围图形(见图 6-12)的面积.

**解**　此图形关于 $x$ 轴、$y$ 轴对称,因此所求的图形的面积为图中阴影部分图形面积的 4 倍. 于是

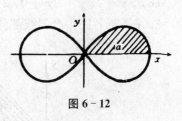

图 6-12

$$A = 4\int_0^{\frac{\pi}{4}} \frac{1}{2} r^2(\theta) \mathrm{d}\theta = 2\int_0^{\frac{\pi}{4}} a^2 \cos 2\theta \, \mathrm{d}\theta$$

$$= a^2 \left[\sin 2\theta\right]_0^{\frac{\pi}{4}} = a^2.$$

**例7**　求由曲线 $r = 3\cos\theta$,$r = 1 + \cos\theta$ 所围成的图形(见图 6-13)的公共部分的面积.

**解**　这是由圆与心形线所围成的公共部分.由图形的对称性,只需求极轴上方阴影部分的面积.先求两曲线的交点,解方程组

$$\begin{cases} r = 3\cos\theta, \\ r = 1 + \cos\theta, \end{cases}$$

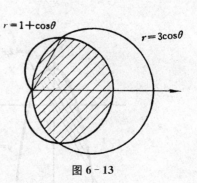

$r = 1 + \cos\theta$　　$r = 3\cos\theta$

图 6-13

得　$\cos\theta = \dfrac{1}{2}$,则交点处极角为 $\theta = \dfrac{\pi}{3}$,作 $\theta = \dfrac{\pi}{3}$ 的射线把图形分成两部分,一部分由 $r = 1 + \cos\theta$,$\theta = 0$ 及 $\theta = \dfrac{\pi}{3}$ 所围成;另一部分由 $r = 3\cos\theta$,$\theta = \dfrac{\pi}{3}$,$\theta = \dfrac{\pi}{2}$ 所围成,由公式(8)得

$$A = 2\left[\frac{1}{2}\int_0^{\frac{\pi}{3}} (1 + \cos\theta)^2 \mathrm{d}\theta + \frac{1}{2}\int_{\frac{\pi}{3}}^{\frac{\pi}{2}} 9\cos^2\theta \, \mathrm{d}\theta\right]$$

$$= \left[\frac{3}{2}\theta + 2\sin\theta + \frac{1}{4}\sin 2\theta\right]_0^{\frac{\pi}{3}} + 9\left[\frac{\theta}{2} + \frac{1}{4}\sin 2\theta\right]_{\frac{\pi}{3}}^{\frac{\pi}{2}} = \frac{5}{4}\pi.$$

### 习题 6-2

1. 求下列各曲线所围成图形的面积:

(1) $y = x^2 + 1$,$x = 0$,$x = 1$ 与 $x$ 轴;

(2) $y = x$,$x = 2$ 与 $xy = 1$;

(3) $y = 2x^2$,$y = x^2$ 与 $y = 1$;

(4) $y = \dfrac{1}{2}x^2$ 与 $x^2 + y^2 = 8$(两部分都要计算);

(5) $y = x$ 与 $y = x + \sin^2 x$；

(6) $xy = 2$，$y - 2x = 0$，$2y - x = 0$.

2. 求下列各图中画斜线部分的面积.

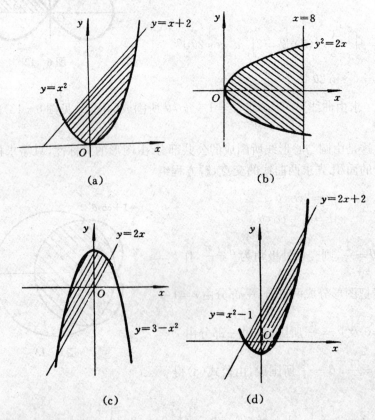

(a)

(b)

(c)

(d)

3. 求抛物线 $y = -x^2 + 4x - 3$ 及其在点 $(0, -3)$ 和 $(3, 0)$ 处的切线所围成图形的面积.

4. 求下列各曲线所围图形的面积：

(1) $r = 2a \sin \theta$；

(2) $x = a \cos^3 t$，$y = a \sin^3 t$；

(3) $r = 2a(2 + \cos \theta)$.

5. 求椭圆 $\dfrac{x^2}{a^2} + \dfrac{y^2}{b^2} = 1$ 所围的面积.

6. 求对数螺线 $r = a e^{\theta}$ 及射线 $\theta = 0$，$\theta = \pi$ 所围成图形的面积.

7. 求下列各曲线所围成图形的公共部分的面积：

(1) $r = 1$ 及 $r = 1 + \cos \theta$；

(2) $r = \sqrt{2} \sin \theta$ 及 $r^2 = \sin 2\theta$.

8. 求由曲线 $\sqrt{\dfrac{x}{a}}+\sqrt{\dfrac{y}{b}}=1\ (a,b>0)$ 与坐标轴所围图形的面积.

9. 求由抛物线 $y^2=4ax$ 与过焦点的弦所围成图形面积的最小值.

10. 求二曲线 $r=\sin\theta$ 与 $r=\sqrt{3}\cos\theta$ 所围公共部分的面积.

# 第三节　体　　积

一般说来,求体积是多元微积分的内容,我们将在下册中作详细的讨论.但是某些特殊立体的体积,利用定积分来计算显得更为方便,这些立体包括平行截面面积为已知的立体以及旋转体.

## 一、平行截面面积为已知的立体的体积

设有一立体位于平面 $x=a$ 与 $x=b\ (a<b)$ 之间,$x$ 为区间 $[a,b]$ 内的任意一点,过点 $x$ 且垂直于 $x$ 轴的截面面积 $A(x)$ 是已知的,且 $A(x)$ 是 $[a,b]$ 上的连续函数.我们来求这个立体(见图 6-14)的体积.

选 $x$ 作为积分变量,它在区间 $[a,b]$ 上变动.在 $[a,b]$ 内任取一个小区间 $[x,x+\mathrm{d}x]$,过点 $x$ 和 $x+\mathrm{d}x$ 作垂直于 $x$ 轴的平面,那么夹在这两个平面之间的立体的体积 $\Delta V$ 可以近似地用底面积为 $A(x)$ 高为 $\mathrm{d}x$ 的柱体的体积来代替,即

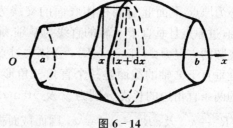

**图 6-14**

$$\Delta V\approx A(x)\mathrm{d}x=\mathrm{d}V,$$

这就是我们所求立体的体积微元素,因此所求立体的体积 $V$ 为

$$V=\int_a^b A(x)\mathrm{d}x. \tag{1}$$

**例 1**　求以半径为 $R$ 的圆为底,平行且等于底圆直径的线段为顶,高为 $h$ 的正劈锥体的体积.

**解**　取底圆所在的平面为 $xOy$ 平面,设底圆的方程为 $x^2+y^2=R^2$,并使 $x$ 轴与正劈锥体的顶平行(见图 6-15).

选取 $x$ 作为积分变量,$x$ 在区间 $[-R,R]$ 上变化.在 $[-R,R]$ 上任取一点 $x$,过 $x$ 作垂直于 $x$ 轴的平面,截正劈锥体为一等腰三角形,此等腰三角形面积为

$$A(x) = \frac{1}{2} \cdot 2\sqrt{R^2 - x^2} \cdot h = h\sqrt{R^2 - x^2}.$$

于是所求正劈锥体的体积为

$$V = \int_{-R}^{R} A(x)\,\mathrm{d}x = \int_{-R}^{R} h\sqrt{R^2 - x^2}\,\mathrm{d}x$$

$$= 2h\int_{0}^{R} \sqrt{R^2 - x^2}\,\mathrm{d}x$$

$$= 2h \cdot \frac{1}{4}\pi R^2 = \frac{\pi h R^2}{2}.$$

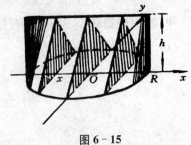

图 6-15

注:本题在计算 $V$ 的过程中利用了偶函数在对称区间上的积分等于其在一半区间上积分的两倍以及积分 $\int_{0}^{R} \sqrt{R^2 - x^2}\,\mathrm{d}x$ 等于 $\frac{1}{4}$ 圆面积的结论.

由此可见这个立体的体积等于同底同高圆柱体体积的一半.

**例 2** 一平面 $\Pi$ 经过半径为 $R$ 的圆柱体的底圆中心,并与底面交成角 $\alpha$(见图 6-16).计算平面 $\Pi$ 截圆柱体所得立体的体积.

**解** 取底圆所在的平面为 $xOy$ 平面,圆心为原点.平面 $\Pi$ 与圆柱体底面的交线为 $x$ 轴,过原点且垂直于 $x$ 轴的直线为 $y$ 轴.那么底圆的方程为 $x^2 + y^2 = R^2$,立体中过点 $x$ 且垂直于 $x$ 轴的截面是一个直角三角形,它的两条直角边的长度分别为 $y$ 及 $y\tan\alpha$,即 $\sqrt{R^2 - x^2}$ 及 $\sqrt{R^2 - x^2}\tan\alpha$,因而截面积

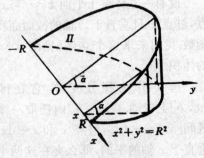

图 6-16

$$A(x) = \frac{1}{2}\sqrt{R^2 - x^2} \cdot \sqrt{R^2 - x^2}\tan\alpha = \frac{1}{2}(R^2 - x^2)\tan\alpha.$$

于是所求立体的体积为

$$V = \int_{-R}^{R} A(x)\,\mathrm{d}x = \int_{-R}^{R} \frac{1}{2}(R^2 - x^2)\tan\alpha\,\mathrm{d}x$$

$$= \frac{1}{2}\tan\alpha\left[R^2 x - \frac{1}{3}x^3\right]_{-R}^{R} = \frac{2}{3}R^3\tan\alpha.$$

## 二、旋转体的体积

一个平面图形绕此平面内的一条直线旋转一周而成的立体称为旋转体.这直

线称为旋转轴.下面我们给出旋转轴为 $x$ 轴和 $y$ 轴的旋转体的体积公式.

设函数 $f(x)$ 是区间 $[a,b]$ 上的连续函数,现在我们来求由直线 $x=a$ , $x=b$ 及曲线 $y=f(x)$ 与 $x$ 轴所围成的曲边梯形绕 $x$ 轴旋转一周而成的旋转体的体积(见图 $6-17$ ).

选 $x$ 为积分变量,它在区间 $[a,b]$ 上变化.在 $[a,b]$ 内任取一小区间 $[x,x+\mathrm{d}x]$ ,过 $x$ 及 $x+\mathrm{d}x$ 作垂直于 $x$ 轴的平面,则夹在这两个平面之间的小旋转体的体积近似于底半径为 $f(x)$ ,高为 $\mathrm{d}x$ 的扁圆柱体的体积,即体积元素

$$\mathrm{d}V = \pi[f(x)]^2 \mathrm{d}x,$$

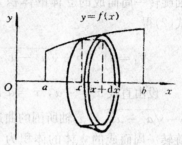

图 $6-17$

以 $\pi[f(x)]^2\mathrm{d}x$ 为被积表达式,在区间 $[a,b]$ 上作定积分,便可得所求旋转体的体积,即

$$V = \int_a^b \pi[f(x)]^2 \mathrm{d}x = \pi \int_a^b [f(x)]^2 \mathrm{d}x. \tag{2}$$

**例 3** 计算椭圆 $\dfrac{x^2}{a^2}+\dfrac{y^2}{b^2}=1$ 绕 $x$ 轴旋转一周而成的旋转体(称为*旋转椭球体*)的体积.

**解** 这个旋转椭球体也可以看成是上半椭圆

$$y = b\sqrt{1-\frac{x^2}{a^2}}$$

与 $x$ 轴所围成的平面图形绕 $x$ 轴旋转一周而成的立体(见图 $6-18$ ).

由公式(2),所求的旋转椭球体的体积为

$$V = \int_{-a}^{a} \pi[f(x)]^2 \mathrm{d}x = \int_{-a}^{a} \pi \left[ b\sqrt{1-\frac{x^2}{a^2}} \right]^2 \mathrm{d}x$$

$$= \pi b^2 \int_{-a}^{a} \left(1-\frac{x^2}{a^2}\right) \mathrm{d}x = 2\pi b^2 \int_0^a \left(1-\frac{x^2}{a^2}\right) \mathrm{d}x$$

$$= 2\pi b^2 \left[ x - \frac{x^3}{3a^2} \right]_0^a = \frac{4}{3}\pi ab^2.$$

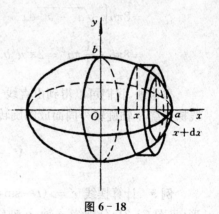

图 $6-18$

当 $a=b$ 时,旋转椭球体便成为半径为 $a$ 的球体.它的体积为 $\dfrac{4}{3}\pi a^3$ .

**例 4** 求圆 $x^2+(y-b)^2=a^2(0<a\leqslant b)$ 绕 $x$ 轴旋转一周而成的立体(见图

6-19)的体积.

**解** 设由直线 $x=-a$，$x=a$ 以及曲线 $y=b+\sqrt{a^2-x^2}$ 与 $x$ 轴所围的曲边梯形绕 $x$ 轴旋转一周而成的立体的体积为 $V_1$，则由公式(2)得

$$V_1=\pi\int_{-a}^{a}(b+\sqrt{a^2-x^2})^2\mathrm{d}x.$$

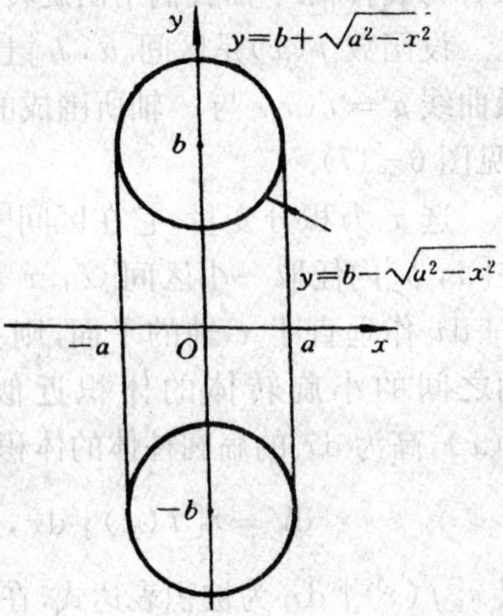

设由直线 $x=-a$，$x=a$ 以及曲线 $y=b-\sqrt{a^2-x^2}$ 与 $x$ 轴所围的曲边梯形绕 $x$ 轴旋转一周而成的立体的体积为 $V_2$，则由公式(2)得

$$V_2=\pi\int_{-a}^{a}(b-\sqrt{a^2-x^2})^2\mathrm{d}x.$$

那么所求的立体的体积 $V$ 就是 $V_1$ 与 $V_2$ 之差，即

$$
\begin{aligned}
V&=V_1-V_2\\
&=\pi\int_{-a}^{a}(b+\sqrt{a^2-x^2})^2\mathrm{d}x-\\
&\quad\pi\int_{-a}^{a}(b-\sqrt{a^2-x^2})^2\mathrm{d}x\\
&=\pi\int_{-a}^{a}4b\sqrt{a^2-x^2}\,\mathrm{d}x\\
&=8\pi b\int_{0}^{a}\sqrt{a^2-x^2}\,\mathrm{d}x\\
&=8\pi b\cdot\frac{1}{4}\pi a^2=2\pi^2a^2b.
\end{aligned}
$$

图 6-19

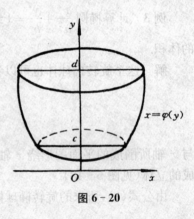

图 6-20

类似地，我们可以得到由直线 $y=c$，$y=d$ 及曲线 $x=\varphi(x)$ 与 $y$ 轴所围成的曲线梯形绕 $y$ 轴旋转一周而成的旋转体(见图 6-20)的体积.

$$V=\pi\int_{c}^{d}[\varphi(y)]^2\mathrm{d}y. \tag{3}$$

**例 5** 计算摆线 $x=a(t-\sin t)$，$y=a(1-\cos t)(0\leqslant t\leqslant 2\pi)$ 与 $x$ 轴所围图形(见图 6-21)分别绕 $x$ 轴，$y$ 轴旋转一周而成的立体的体积.

**解** 为了使用方便，我们给出 $O$、$A$、$B$ 三点的坐标以及各点所对应的参数 $t$ 的值(见图 6-21).

当 $t=0$ 时，对应的点是 $O(0,0)$；当 $t=\pi$ 时，对应的点是 $B(\pi a,2a)$；当 $t=2\pi$

时,对应的点是 $A(2\pi a, 0)$.

由旋转体体积公式(2),所述图形绕 $x$ 轴旋转一周而成的立体的体积 $V_x$ 为

$$
\begin{aligned}
V_x &= \pi \int_0^{2\pi a} [f(x)]^2 \mathrm{d}x = \pi \int_0^{2\pi a} y^2 \mathrm{d}x \\
&= \pi \int_0^{2\pi} a^2 (1-\cos t)^2 \cdot a(1-\cos t) \mathrm{d}t \\
&= \pi a^3 \int_0^{2\pi} (1 - 3\cos t + 3\cos^2 t - \cos^3 t) \mathrm{d}t \\
&= 5\pi^2 a^3.
\end{aligned}
$$

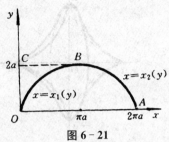

图 6-21

所述图形绕 $y$ 轴旋转一周而成的旋转体的体积 $V_y$ 可以看成是曲边梯形 $OABC$ 与曲边三角形 $OBC$ 分别绕 $y$ 轴旋转一周而成的旋转体的体积之差.

由旋转体体积公式(3)可得,所求体积 $V_y$ 为

$$
\begin{aligned}
V_y &= \pi \int_0^{2a} [x_2(y)]^2 \mathrm{d}y - \pi \int_0^{2a} [x_1(y)]^2 \mathrm{d}y \\
&= \pi \int_{2\pi}^{\pi} a^2 (t - \sin t)^2 a \sin t \mathrm{d}t - \pi \int_0^{\pi} a^2 (t - \sin t)^2 a \sin t \mathrm{d}t \\
&= -\pi a^3 \int_0^{2\pi} (t - \sin t)^2 \sin t \mathrm{d}t = 6\pi^3 a^3.
\end{aligned}
$$

## 习题 6-3

1. 把抛物线 $y = 4x^2$ 及直线 $y = 4$ 所围成的图形分别绕 $x$ 轴、$y$ 轴旋转一周,计算所得旋转体的体积.

2. 由 $y = \sin x$, $y = 0$, $x = 0$ 以及 $x = \pi$ 所围的图形分别绕 $x$ 轴及 $y$ 轴旋转一周,计算所得的两个旋转体的体积.

3. 求由圆 $x^2 + (y-R)^2 \leqslant r^2 (0 < r < R)$ 绕 $x$ 轴旋转一周所得环状立体的体积.

4. 求连接坐标原点 $O$ 及点 $P(h, r)$ 的直线,直线 $x = h$ 及 $x$ 轴围成一个直线三角形,将它绕 $x$ 轴旋转构成一个底半径为 $r$,高为 $h$ 的圆锥体,计算这圆锥体的体积.

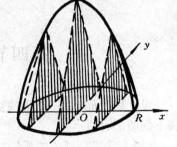

图 6-22

5. 计算星形线 $x = a\cos^3\theta$, $y = a\sin^3\theta$ 绕 $x$ 轴旋转一周而成的旋转体(见图 6-23)的体积.

6. 用积分的方法证明图 6-24 中球缺的体积为

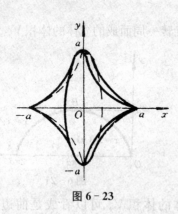

图 6 - 23

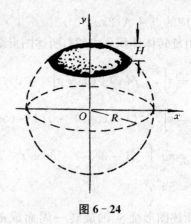

图 6 - 24

$$V = \pi H^2 \left( R - \frac{H}{3} \right).$$

7. 求下列已知曲线所围成的图形按指定的轴旋转一周而成的旋转体的体积:

(1) $r = a(1 + \cos \theta)(a > 1)$, 绕极轴;

(2) $y = x^2$, $x = y^2$, 绕 $y$ 轴;

(3) $y = \sin x$, $0 \leqslant x \leqslant \pi$, 绕 $x$ 轴;

(4) 摆线 $x = a(t - \sin t)$, $y = a(1 - \cos t)$ 的一拱, $y = 0$, 绕直线 $y = 2a$.

8. 求圆 $x^2 + y^2 = a^2$ 绕直线 $x = b$ $(b > a > 0)$ 旋转一周所成的旋转体的体积.

9. 求由曲线 $y = \ln x$, $x = e$ 与 $y = 0$ 所围成的封闭平面图形绕 $Ox$ 轴, $Oy$ 轴旋转所得到的两个旋转体积 $V_x$, $V_y$.

10. 证明: 由平面图形 $0 \leqslant a \leqslant x \leqslant b$, $0 \leqslant y \leqslant f(x)$ 绕 $y$ 轴旋转一周所成的旋转体的体积为

$$V = 2\pi \int_a^b x f(x) \mathrm{d}x.$$

# 第四节　平面曲线的弧长

设 $l$ 是平面上的一条曲线弧, 如何求出它的弧长(即长度)呢? 本节我们将解决下列两个问题.

(1) 何谓曲线弧 $l$ 的弧长? $l$ 是否可以求长?

(2) 如果 $l$ 可以求长, 如何求出它的弧长?

## 一、平面曲线弧长的概念

在平面几何中, 求圆周长的方法是利用内接正多边形的周长作圆周长的近似

值,再令边数 $n \to +\infty$,所得的极限值就是圆的周长.现在我们用类似的方法来建立平面上连续曲线弧长的概念.

设 $A$、$B$ 为曲线弧 $l$ 的两个端点(如图 6-25).在弧 $l$ 上任意插入 $n-1$ 个分点 $A = M_0$,$M_1$,$M_2$,$\cdots$,$M_{n-1}$,$M_n = B$,并且依次连结相邻两分点得一内接折线.当分点的数目无限增加使得每一小段弧 $\overset{\frown}{M_{i-1}M_i}$($i = 1$,$2$,$\cdots$,$n$)都缩向一点时,

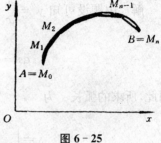

图 6-25

如果相应的折线长度 $\sum\limits_{i=1}^{n} |M_{i-1}M_i|$ 趋于某一确定的值(即此和式的极限存在),则称此定值为曲线弧 $l$ 的弧长,并称弧 $l$ 是可求长的.

**定理　光滑曲线弧是可求长的.**

这个定理我们不作证明.关于光滑曲线这个概念曾在第二章中讲过,下面我们来介绍三种不同情形下曲线弧长的求法及其计算公式.

## 二、直角坐标情形

设曲线弧 $l$ 由直角坐标方程

$$y = f(x) \quad (a \leqslant x \leqslant b)$$

给出,其中 $f(x)$ 在区间 $[a, b]$ 上具有一阶连续的导数(见图 6-26).

选取横坐标 $x$ 作为积分变量,它的变化区间为 $[a, b]$.在区间 $[a, b]$ 上任取一小区间 $[x, x+\mathrm{d}x]$,相应于这个小区间上一段弧的长度可以用该曲线在点 $(x, f(x))$ 处的切线上相应的一小段线段的长度来近似代替.此长度为

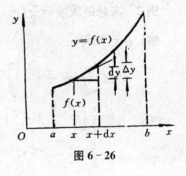

图 6-26

$$\sqrt{(\mathrm{d}x)^2 + (\mathrm{d}y)^2} = \sqrt{1 + y'^2}\,\mathrm{d}x$$

从而我们便得到弧长元素(即弧微分)

$$\mathrm{d}s = \sqrt{(\mathrm{d}x)^2 + (\mathrm{d}y)^2} = \sqrt{1 + y'^2}\,\mathrm{d}x,$$

以 $\sqrt{1 + y'^2}\,\mathrm{d}x$ 作为被积表达式,在区间 $[a, b]$ 上作定积分,便得到所求的弧长 $s$

$$s = \int_a^b \sqrt{1 + y'^2}\,\mathrm{d}x. \tag{1}$$

这就是直角坐标系下弧长公式.

**例 1** 计算曲线 $y=\ln x$ 相应于 $\sqrt{3}\leqslant x\leqslant\sqrt{8}$ 的一段弧的长度.

**解** 由题设可知 $y'=\dfrac{1}{x}$，从而弧长元素

$$\mathrm{d}s=\sqrt{1+y'^{2}}\,\mathrm{d}x=\sqrt{1+\frac{1}{x^{2}}}\,\mathrm{d}x.$$

因此，所求的弧长 $s$ 为

$$s=\int_{\sqrt{3}}^{\sqrt{8}}\sqrt{1+\frac{1}{x^{2}}}\,\mathrm{d}s=\int_{\sqrt{3}}^{\sqrt{8}}\frac{\sqrt{1+x^{2}}}{x}\,\mathrm{d}x.$$

设 $\sqrt{1+x^{2}}=t$，则 $x=\sqrt{t^{2}-1}$，$\mathrm{d}x=\dfrac{t\,\mathrm{d}t}{\sqrt{t^{2}-1}}$，于是得

$$\begin{aligned}
s&=\int_{2}^{3}\frac{t}{\sqrt{t^{2}-1}}\cdot\frac{t}{\sqrt{t^{2}-1}}\,\mathrm{d}t=\int_{2}^{3}\frac{t^{2}}{t^{2}-1}\,\mathrm{d}t\\
&=\int_{2}^{3}\left(1+\frac{1}{t^{2}-1}\right)\mathrm{d}t=\left[t+\frac{1}{2}\ln\left|\frac{t-1}{t+1}\right|\right]_{2}^{3}\\
&=1+\frac{1}{2}\ln\frac{3}{2}.
\end{aligned}$$

**例 2** 求悬链线 $y=\dfrac{a}{2}(\mathrm{e}^{\frac{x}{a}}+\mathrm{e}^{-\frac{x}{a}})$ 在 $[-a,a]$ 的一段弧长（见图 6-27）.

**解** 由已知得

$$\begin{aligned}
y'&=\left[\frac{a}{2}(\mathrm{e}^{\frac{x}{a}}+\mathrm{e}^{-\frac{x}{a}})\right]'\\
&=\frac{a}{2}\left[\mathrm{e}^{\frac{x}{a}}\frac{1}{a}+\mathrm{e}^{-\frac{x}{a}}\left(-\frac{1}{a}\right)\right]\\
&=\frac{1}{2}(\mathrm{e}^{\frac{x}{a}}-\mathrm{e}^{-\frac{x}{a}}),
\end{aligned}$$

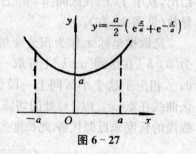

**图 6-27**

从而弧长元素为

$$\begin{aligned}
\mathrm{d}s&=\sqrt{1+y'^{2}}\,\mathrm{d}x=\sqrt{1+\left[\frac{1}{2}(\mathrm{e}^{\frac{x}{a}}-\mathrm{e}^{-\frac{x}{a}})\right]^{2}}\,\mathrm{d}x\\
&=\sqrt{\frac{1}{4}(\mathrm{e}^{\frac{x}{a}}+\mathrm{e}^{-\frac{x}{a}})^{2}}\,\mathrm{d}x=\frac{1}{2}(\mathrm{e}^{\frac{x}{a}}+\mathrm{e}^{-\frac{x}{a}})\,\mathrm{d}x.
\end{aligned}$$

因此，所求的弧长为

$$s=\int_{-a}^{a}\sqrt{1+y'^{2}}\,\mathrm{d}x=\int_{-a}^{a}\frac{1}{2}(\mathrm{e}^{\frac{x}{a}}+\mathrm{e}^{-\frac{x}{a}})\,\mathrm{d}x$$

$$= \int_0^a (e^{\frac{x}{a}} + e^{-\frac{x}{a}}) dx = [a e^{\frac{x}{a}} - a e^{-\frac{x}{a}}]_0^a = a(e - e^{-1}).$$

## 三、参数方程情形

设曲线弧 $l$ 由参数方程

$$\begin{cases} x = x(t) \\ y = y(t) \end{cases} \quad (\alpha \leqslant t \leqslant \beta)$$

给出,其中 $x = x(t)$, $y = y(t)$ 在区间 $[\alpha, \beta]$ 上具有连续的导数,则由弧微分公式可得

$$ds = \sqrt{(dx)^2 + (dy)^2} = \sqrt{[x'(t)dt]^2 + [y'(t)dt]^2}$$
$$= \sqrt{x'^2(t) + y'^2(t)} \, dt,$$

以 $\sqrt{x'^2(t) + y'^2(t)} \, dt$ 作为被积表达式,在区间 $[\alpha, \beta]$ 上作定积分,便得到弧长 $s$ 为

$$s = \int_\alpha^\beta \sqrt{x'^2(t) + y'^2(t)} \, dt. \tag{2}$$

这就是参数方程所表示的<u>弧长公式</u>.

**例3** 计算星形线 $x = a\cos^3 t$, $y = a\sin^3 t$
(见图 6-28)的全长.

**解** 由已知得

$$x'(t) = -3a\cos^2 t \sin t,$$
$$y'(t) = 3a\sin^2 t \cos t.$$

于是弧长元素

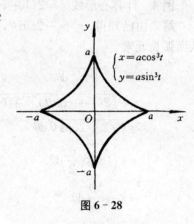

图 6-28

$$ds = \sqrt{x'^2(t) + y'^2(t)} \, dt$$
$$= \sqrt{(-3a\cos^2 t \sin t)^2 + (3a\sin^2 t \cos t)^2} \, dt$$
$$= 3a\sqrt{\sin^2 t \cos^2 t} \, dt.$$

由于图形的对称性,星形线的全长等于它在第一象限弧长的 4 倍,于是

$$s = 4\int_0^{\frac{\pi}{2}} 3a\sqrt{\sin^2 t \cos^2 t} \, dt = 12a\int_0^{\frac{\pi}{2}} \sin t \cos t \, dt$$

$$= 6a\int_0^{\frac{\pi}{2}} \sin 2t \, dt = 3a[-\cos 2t]_0^{\frac{\pi}{2}} = 6a.$$

## 四、极坐标情形

设曲线弧 $l$ 由极坐标方程

$$r = r(\theta) \quad (\alpha \leqslant \theta \leqslant \beta)$$

给出,其中 $r = r(\theta)$ 在区间 $[\alpha, \beta]$ 上具有一阶连续的导数.由直角坐标与极坐标的关系得

$$\begin{cases} x = r(\theta)\cos\theta, \\ y = r(\theta)\sin\theta, \end{cases} (\alpha \leqslant \theta \leqslant \beta)$$

这便转化为以极角 $\theta$ 为参数的曲线弧 $l$ 的参数方程.于是把 $x' = r'(\theta)\cos\theta - r(\theta)\sin\theta$,$y' = r'(\theta)\sin\theta + r(\theta)\cos\theta$ 代入弧微分公式便得

$$ds = \sqrt{x'^2(\theta) + y'^2(\theta)}\,d\theta = \sqrt{r^2(\theta) + r'^2(\theta)}\,d\theta,$$

以 $\sqrt{r^2(\theta) + r'^2(\theta)}\,d\theta$ 作为被积表达式,在 $[\alpha, \beta]$ 上作定积分,便得到所求的弧长为

$$s = \int_\alpha^\beta \sqrt{r^2(\theta) + r'^2(\theta)}\,d\theta. \tag{3}$$

这就是极坐标方程所表示的弧长公式.

**例4** 计算心形线 $r = 2(1 + \cos\theta)$(见图 6-29)的全长.

**解** 由已知得 $r' = -2\sin\theta$,
从而弧长元素

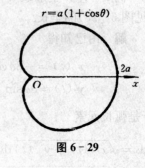

图 6-29

$$\begin{aligned} ds &= \sqrt{r^2 + r'^2}\,d\theta \\ &= \sqrt{[2(1 + \cos\theta)]^2 + (-2\sin\theta)^2}\,d\theta \\ &= 2\sqrt{2 + 2\cos\theta}\,d\theta \\ &= 4\sqrt{\cos^2\frac{\theta}{2}}\,d\theta. \\ &= 4\cos\frac{\theta}{2}\,d\theta \end{aligned}$$

由图形的对称性,所求弧长

$$s = 2\int_0^\pi \sqrt{r^2 + r'^2}\,d\theta = 8\int_0^\pi \cos\frac{\theta}{2}\,d\theta$$

$$= 16\left[\sin\frac{\theta}{2}\right]_0^\pi = 16.$$

**例5** 求阿基米德螺线 $r = a\theta$ $(a > 0)$ 相应于 $\theta$ 从 0 到 $2\pi$ 一段(见图 6-30)

的弧长.

**解**　由已知 $r'=a$，因而弧微分

$$ds = \sqrt{r^2 + r'^2}\,d\theta$$
$$= \sqrt{(a\theta)^2 + a^2}\,d\theta$$
$$= a\sqrt{1 + \theta^2}\,d\theta,$$

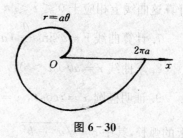

图 6 - 30

于是所求的弧长为

$$s = a\int_0^{2\pi} \sqrt{1 + \theta^2}\,d\theta = \frac{a}{2}\left[2\pi\sqrt{1 + 4\pi^2} + \ln(2\pi + \sqrt{1 + 4\pi^2})\right].$$

## 习题 6 - 4

1. 求抛物线 $y = \dfrac{x^2}{2}$ 对应 $0 \leqslant x \leqslant 1$ 一段的弧长.

2. 计算曲线 $y^2 = 2px$ 上相应于 $0 \leqslant x \leqslant x_0$ 的一段弧的长度.

3. 求 $x = a\cos^3 t$，$y = a\sin^3 t$ $(a > 0)(0 \leqslant t \leqslant 2\pi)$ 的弧长.

4. 计算曲线 $x = \dfrac{1}{4}y^2 - \dfrac{1}{2}\ln y$ 上相应于 $1 \leqslant y \leqslant e$ 的一段弧的长度.

5. 计算摆线 $\begin{cases} x = a(t - \sin t) \\ y = a(1 - \cos t) \end{cases}$

一拱 $(0 \leqslant t \leqslant 2\pi)$ 的长度（见图 6 - 31）.

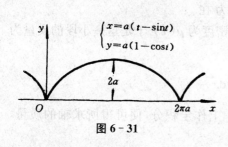

图 6 - 31

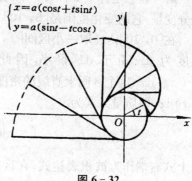

图 6 - 32

6. 将绕在圆（半径为 $a$）上的细线放开拉直，使细线与圆周始终相切（见图 6 - 32），细线端点画出的轨迹叫作圆的**渐伸线**，它的方程为

$$\begin{cases} x = a(\cos t + t\sin t) \\ y = a(\sin t - t\cos t) \end{cases}$$

计算这曲线上相应于 $0 \leqslant t \leqslant \pi$ 的一段弧的长度.

7. 计算曲线 $r = a\sin^3\dfrac{\theta}{3}\ (a > 0)$，$0 \leqslant \theta \leqslant 3\pi$ 的弧长.

8. 求曲线 $r = a\theta\ (a > 0)$，$0 \leqslant \theta \leqslant 2\pi$ 的弧长.

9. 证明椭圆 $x = a\cos t$，$y = b\sin t$ 的弧长等于正弦曲线 $y = c\sin\dfrac{x}{b}$ 在一个周期上的弧长，其中 $c = \sqrt{a^2 - b^2}$.

# 第五节  定积分在物理上的一些应用

## 一、质量

我们知道，如果一均匀直线段的线密度为 $\rho$（此时 $\rho$ 为常数），它的长度为 $l$，则该直线段的质量

$$M = \rho \cdot l.$$

但实际上，我们常常遇到直线段的密度 $\rho$ 不是常量的情形. 下面我们将通过例子来说明如何计算变密度的直线段的质量.

**例 1**  有一轴长 10 m，它的线密度 $\rho = 6 + 0.3x$ kg/m，其中 $x$ 是距轴的一个端点的距离，求该轴的质量.

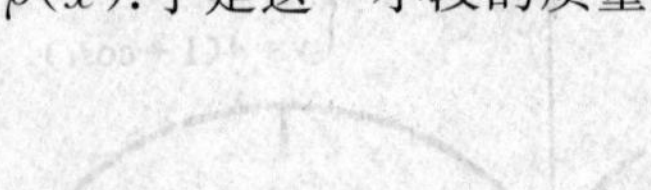

**解**  建立坐标系如图 6-33 所示，选 $x$ 作为积分变量，它的变化范围是 $[0, 10]$.

在 $[0, 10]$ 内任取一小区间 $[x, x+\mathrm{d}x]$，它的长度为 $\mathrm{d}x$. 由于 $\mathrm{d}x$ 很小，因此我们认为在 $[x, x+\mathrm{d}x]$ 这个区间上直线的密度不变，且密度为 $\rho(x)$. 于是这一小段的质量为 $\rho(x)\mathrm{d}x$，即质量元素为

$$\mathrm{d}m = \rho(x)\mathrm{d}x.$$

图 6-33

以上式右端作为被积表达式，在区间 $[0, 10]$ 上作定积分，便可得所求轴的质量，于是

$$m = \int_0^{10} \rho(x)\mathrm{d}x = \int_0^{10} (6 + 0.3x)\mathrm{d}x$$

$$= \left[6x + 0.3 \cdot \frac{1}{2}x^2\right]_0^{10} = 75(\mathrm{kg}).$$

## 二、功

从物理学中,我们知道,某物体在恒力 $F$ 的作用下沿直线的位移为 $s$,并设力的方向与位移的方向一致,$F$ 是一个不变的力,那么 $F$ 对物体所做的功

$$W = F \cdot s.$$

如果力 $F$ 的大小不是常数,而是一个连续函数,那么 $F$ 所做的功可以用定积分表示出来.下面通过几个例子来说明变力沿直线做功的计算法.

**例 2**  将一弹簧从平衡位置拉到离开平衡位置 $a$ 时,求为了克服弹性力所做的功.

**解**  选平衡位置为坐标轴的原点,建立坐标系如图 6 - 34 所示.

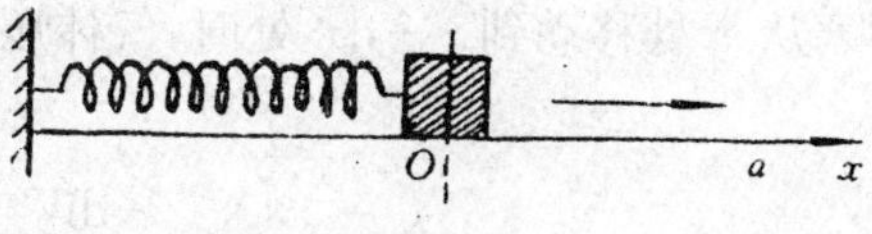

根据虎克定律,若将弹簧拉到离开平衡位置 $x$ 处,其弹力

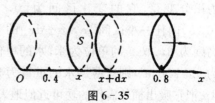

图 6 - 34

$$F = -kx,$$

其中 $k$ 为弹性系数,负号表示弹力的方向与位移的方向相反.因此,为了克服弹性力,作用在弹簧上的拉力与 $F$ 的大小相等,方向相反,即为 $kx$.

选 $x$ 作为积分变量,它在区间 $[0, a]$ 内变动.在 $[0, a]$ 内任取一小区间 $[x, x+\mathrm{d}x]$,其区间长度为 $\mathrm{d}x$,在这一小段上拉力做的功可以近似地看成常力 $kx$ 在这段位移上所做的功,即功元素可以表示为

$$\mathrm{d}W = kx\,\mathrm{d}x,$$

以 $kx\,\mathrm{d}x$ 为被积表达式,在区间 $[0, a]$ 上作定积分,便得所求的克服弹力需做的功

$$W = \int_0^a kx\,\mathrm{d}x = \frac{ka^2}{2}.$$

**例 3**  在底圆半径为 $0.1$ m 的圆柱形容器中,盛有一定量的气体.在温度不变的条件下,由于气体的膨胀,把容器中的一个活塞由距容器底 $0.4$ m 处推到 $0.8$ m 处.设活塞在 $0.8$ m 处气体的压强为 $9.8 \times 10^5$ Pa,计算在活塞移动过程中,气体压力所做的功(见图 6 - 35).

**解**  建立坐标系如图 6 - 35 所示.活塞的位置用坐标 $x$ 来表示,它的变化区间是 $[0.4, 0.8]$.由物理学知道,在温度不变的情况下,压强 $p$ 与体积 $V$ 的乘积恒为一常数 $k$,即

图 6 - 35

$$pV = k \quad \text{或} \quad p = \frac{k}{V}.$$

由 $V = \pi R^2 \cdot x$，所以作用在活塞上的力

$$F = p \cdot \pi R^2 = \frac{k}{V} \cdot \pi R^2 = \frac{k}{\pi R^2 x} \cdot \pi R^2 = \frac{k}{x},$$

其中 $R$ 为底圆半径.

在气体膨胀过程中，由于体积 $V$ 在不断变化，因而活塞的位置 $x$ 也在随其不断地变化，所以力 $F$ 也是变力.

选 $x$ 为积分变量，并设 $[x, x+dx]$ 是区间 $[0.4, 0.8]$ 内的任意一个小区间.当活塞从 $x$ 处移动到 $x+dx$ 处时，气体压力所做的功近似于 $\frac{k}{x}dx$，即功元素

$$dW = \frac{k}{x}dx.$$

于是所求的功 $W$ 可表示为

$$W = \int_{0.4}^{0.8} \frac{k}{x}dx = k\ln 2.$$

又在 $0.8$ m 处，气体的压强为

$$p = 9.8 \times 10^5 \text{ Pa}.$$

因此，

$$k = p \cdot V = 9.8 \times 10^5 \cdot \pi \cdot 0.1^2 \cdot 0.8 = 7\ 840\pi.$$

所以所求的功为

$$W = 7\ 840\pi\ln 2 \approx 17\ 052(\text{J})$$

下面再举一个计算功的例子，它不同于上述变力做功的问题，但同样可以用定积分的微元素法加以解决.

**例 4** 一圆柱形的贮水桶高为 $5$ m，底圆半径为 $3$ m，桶内盛满了水.试问要把桶内的水全部吸出需做多少功？

**解** 建立坐标系如图 $6-36$ 所示.取深度 $x$ 为积分变量，它的变化区间为 $[0, 5]$.相应于 $[0, 5]$ 内任一小区间 $[x, x+dx]$ 的一薄层水的高度为 $dx$.取 $x$ 的单位为米，水的单位体积重量为 $9.8$ kN/m³，则这薄层水的重量为 $9.8\pi \cdot 3^2 \cdot dx$.把它吸出桶外需作的功可近似地表示为

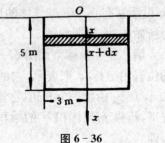

图 $6-36$

$$dW = 88.2\pi x \, dx,$$

以上式右端为被积表达式,在区间$[0, 5]$上作定积分,便得所求的功为

$$W = \int_0^5 88.2\pi x \, dx = 88.2\pi \left[\frac{x^2}{2}\right]_0^5 \approx 3\,462(\text{kJ}).$$

### 三、液体的压力

从物理学知道,液体中每一点在各个方向上都承受压力,并且各个方向上的压力大小都是一样的.在同一深度处各点所受的压力相等,如果用$h$表示这点的深度,用$p$表示这点处的压强,则有

$$p = \gamma h,$$

其中$\gamma$是液体的单位体积重量.如果有一面积为$A$的平板水平地放置在距液体表面$h$的深度,则平板一侧所受的压力$P = pA = \gamma hA$.

如果平板垂直放置在液体中,深度不同的点处压强也不等,平板一侧所受的压力就不能直接用上述公式进行计算.下面我们举例来说明它的计算方法.

**例5** 设水渠的闸门与水面垂直,水渠的横截面是等腰梯形,下底为$2$ m,上底为$6$ m,高为$10$ m.当水灌满时,求闸门所受的水压力.

**解** 如图$6-37$选取坐标系,则直线$BC$的方程为

$$y - 3 = \frac{3-1}{0-10}(x - 0),$$

即

$$y = -\frac{1}{5}x + 3.$$

选取$x$为积分变量,它的变化范围是$[0, 10]$.相应于$[0, 10]$上任一小区间$[x, x+dx]$的小细条各点处的压强近似于$\gamma x$,这小细条的面积近似于$\left(-\frac{1}{5}x+3\right)dx$.

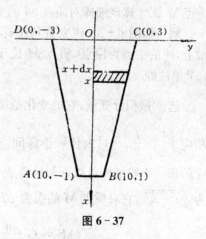

**图 6-37**

因此,这一小细条一侧所受的水压力的近似值,即压力元素为

$$dP = \gamma x \cdot \left(-\frac{1}{5}x + 3\right)dx,$$

其中$\gamma = 9.8$ kN/m³.以上式右端作为被积表达式,在$[0, 10]$上作定积分,便可得所求的压力

$$P = 2\gamma \int_0^{10} x\left(-\frac{1}{5}x + 3\right) dx = 2\gamma \left[-\frac{1}{15}x^3 + \frac{3}{2}x^2\right]_0^{10}$$

$$= \frac{500}{3}\gamma \approx 1\,633(\text{kN}).$$

## 四、引力

从物理学知道,质量分别为 $m_1$、$m_2$ 的两质点,相距 $r$,则它们之间的引力与这两个质点的质量成正比,与它们距离 $r$ 的平方成反比,即引力 $F$ 可表为

$$F = G\frac{m_1 \cdot m_2}{r^2},$$

其中 $G$ 为引力系数,引力的方向沿着两质点连线的方向.

如果要计算一根细棒对某一质点的引力,我们可以把细棒分割成若干小段,当分割无限细时,我们可以把每一小段近似地看成一个质点,这样由于细棒上各点与定质点的距离不同,且各点对定质点的引力的方向也是变化的.故不能直接利用以上公式进行计算.下面我们举例来说明这类问题的解法.

**例6** 设有一长度为 $l$,线密度为 $\rho$ 的均匀细棒,在其中垂线上距棒 $a$ 单位处有一个质量为 $m$ 的质点 $M$.试计算该细棒对质点 $M$ 的引力.

**解** 如图 6-38 建立直角坐标系,使棒位于 $y$ 轴上,棒的中点为原点,质点 $M$ 位于 $x$ 轴上距原点 $a$ 个单位处.

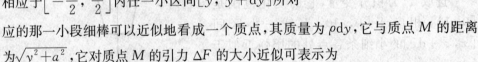

图 6-38

选 $y$ 做积分变量,它的变化范围是 $\left[-\frac{l}{2}, \frac{l}{2}\right]$.

相应于 $\left[-\frac{l}{2}, \frac{l}{2}\right]$ 内任一小区间 $[y, y+dy]$ 所对应的那一小段细棒可以近似地看成一个质点,其质量为 $\rho dy$,它与质点 $M$ 的距离为 $\sqrt{y^2 + a^2}$,它对质点 $M$ 的引力 $\Delta F$ 的大小近似可表示为

$$\Delta F \approx G\frac{m \cdot \rho \cdot dy}{(\sqrt{y^2 + a^2})^2} = G\frac{m\rho dy}{y^2 + a^2},$$

从而可求出 $\Delta F$ 在水平方向分力 $\Delta F_x$ 的近似值,即细直棒对质点 $M$ 的引力在水平方向分力 $F_x$ 的元素为

$$dF_x = -G\frac{am\rho dy}{(a^2 + y^2)^{\frac{3}{2}}}.$$

于是所求引力在水平方向上分力为

$$F_x = -\int_{-\frac{l}{2}}^{\frac{l}{2}} \frac{Gam\rho}{(a^2+y^2)^{\frac{3}{2}}} \mathrm{d}y = -2\int_0^{\frac{l}{2}} \frac{Gam\rho}{(a^2+y^2)^{\frac{3}{2}}} \mathrm{d}y$$
$$= -\frac{2Gm\rho l}{a} \frac{1}{\sqrt{4a^2+l^2}}.$$

由对称性知,所求引力在铅直方向上的分力为 $F_y=0$.

因此,所求引力 $F$ 的大小为 $\dfrac{2Gm\rho l}{a} \dfrac{1}{\sqrt{4a^2+l^2}}$,方向与 $x$ 轴正向相反,即由质

点 $M$ 指向细棒的中点 $O$.

当细棒很长时,可视为 $l \to +\infty$.此时引力的大小为 $\dfrac{2Gm\rho}{a}$,方向由 $M$ 垂直指向

细棒.

## 习题 6-5

1. 把一个带 $+q$ 电量的点电荷放在 $r$ 轴上坐标原点 $O$ 处,它产生一个电场.这个电场对周围的电荷有作用力.由物理学知道,如果有一个单位正电荷放在这个电场中距离原点 $O$ 为 $r$ 的地方,那么电场对它的作用力的大小为

$$F = k\frac{q}{r^2} \text{ ($k$ 是常数).}$$

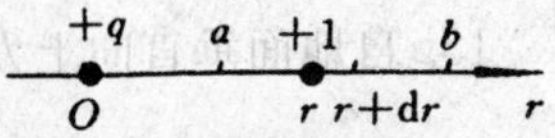

如图 6-39,当这个单位正电荷在电场中从 $r=a$ 处沿 $r$
轴移动到 $r=b$ ($a<b$) 处时,计算电场力 $F$ 对它所作
的功.

图 6-39

2. 直径为 6 cm 的一球浸入水中,其球心在水平面下 10 m 处,求球面上所受的浮力.

3. (1) 证明:把质量为 $m$ 的物体从地球表面升高到 $h$ 处所作的功是

$$W = G\frac{mMh}{R(R+h)},$$

其中 $G$ 是引力常数,$M$ 是地球的质量,$R$ 是地球的半径;

(2) 一个人造地球卫星的质量为 173 kg,在高于地面 630 km 处进入轨道.问把这个卫星从地面送到 630 km 的高空处,克服地球引力要作多少功?已知引力常数 $G=6.67\times10^{-11}$ m³/(kg·s²),地球质量 $M=5.98\times10^{24}$ kg,地球半径 $R=$ 6 370 km.

4. 半径为 $r$ 的球体沉入水中,其比重与水相同,试问将球体从水中捞出需作多

少功?

5. 一物体按规律 $x=ct^3$ 作直线运动,媒质的阻力与速度的平方成正比.计算物体由 $x=0$ 移至 $x=a$ 时,克服媒质阻力所作的功.

6. 设有两条各长为 $l$ 的均匀细杆在同一直线上,中间离开距离 $c$,每根细杆的质量为 $M$,试求它们之间作用力的大小.

7. 用铁锤将一铁钉击入木板,设木板对铁钉的阻力与铁钉击入木板的深度成正比,在击第一次时,将铁钉击入木板 $0.01$ m.如果铁锤每次打击铁钉所做的功相等,问锤击第二次时,铁钉又击入多少?

8. 洒水车上的水箱是一个横放的椭圆柱体,尺寸如图 6-40 所示.当水箱装满水时,计算水箱一个端面所受的压力.

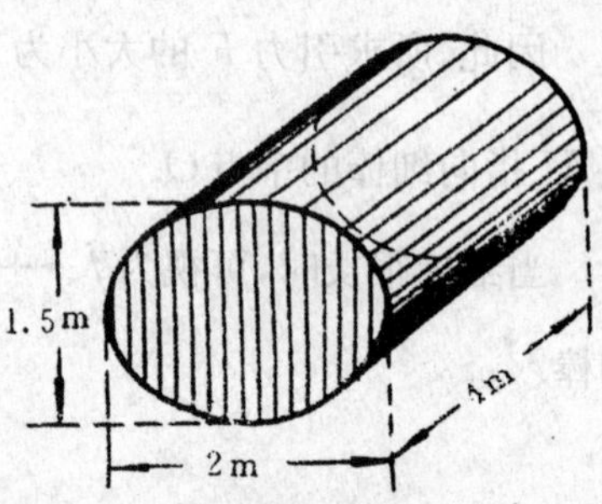

9. 某下水道的横截面直径为 3 m 的圆,水平铺设,下水道内水深 1.5 m,求与下水道垂直的闸门所受的压力.

10. 边长为 $a$ 和 $b$ 的矩形薄板,与液面成 $\alpha$ 角斜沉于液体内,长边平行于液面而位于深 $h$ 处.设 $a>b$,液体的相对密度为 $\gamma$,试求薄板每面所受的压力.

图 6-40

11. 一底为 $0.08$ m、高为 $0.06$ m 的等腰三角形片,铅直地沉没在水中,顶在上,底在下且与水面平行,而顶离水面 $0.03$ m,试求它每面所受的压力.

12. 设有一长度为 $l$,线密度为 $\rho$ 的均匀细直棒,在与棒的一端垂直距离为 $a$ 单位处有一质量为 $m$ 的质点 $M$,试求这细棒对质点 $M$ 的引力.

13. 自地面垂直向上发射火箭,火箭的质量为 $m$,试计算将火箭发射到距地面高度为 $h$ 时所做的功(已知地球质量为 $M$,半径为 $R$,万有引力公式为 $F=G\dfrac{mM}{x^2}$,$G$ 为引力常量).

# 第六节　平均值与均方根

## 一、连续函数的平均值

我们知道,$n$ 个数值 $y_1$,$y_2$,$\cdots$,$y_n$ 的算术平均值为

$$\bar{y}=\frac{y_1+y_2+\cdots+y_n}{n}=\frac{\sum\limits_{i=1}^{n}y_i}{n}.$$

在实际问题中,我们常常用一组数据的算术平均值来描述这组数据的概貌.然而除了计算有限个数值的平均值外,有时还需要计算连续函数在某个区间$[a,b]$上取得一切值的平均值,例如求某段时间间隔内自由落体的平均速度,气温在一昼夜间的平均温度,等等.下面我们来讨论如何定义及计算连续函数 $f(x)$ 在区间 $[a,b]$ 上的平均值.

先把区间$[a,b]$分成 $n$ 等份,设分点依次为

$$a = x_0 < x_1 < x_2 < \cdots < x_n = b,$$

$[a,b]$区间也随之分成 $n$ 个小区间,每个小区间的长度为$\dfrac{b-a}{n}$,记为 $\Delta x$,即 $\Delta x = \dfrac{b-a}{n}$.设相应于这 $n+1$ 个分点的函数值为

$$y_0, y_1, y_2, \cdots, y_n,$$

即 $y_i = f(x_i)$ $(i = 0, 1, 2, \cdots, n)$.我们用前 $n$ 个分点处函数值的平均值来近似代替连续函数 $f(x)$ 在$[a,b]$上的平均值 $\overline{y}$,即

$$\overline{y} \approx \frac{y_0 + y_1 + \cdots + y_{n-1}}{n} = \frac{\sum\limits_{i=0}^{n-1} y_i}{n}.$$

显然 $n$ 越大,小区间的长度 $\Delta x$ 就越小,上述平均值就能比较准确地表达 $f(x)$ 在$[a,b]$上所取得一切值的平均值.因此我们称

$$\lim_{n \to \infty} \frac{y_0 + y_1 + \cdots + y_{n-1}}{n}$$

为函数 $y = f(x)$ 在区间$[a,b]$上的平均值.于是

$$\begin{aligned}
\overline{y} &= \lim_{n \to \infty} \frac{y_0 + y_1 + \cdots + y_{n-1}}{n} = \lim_{n \to \infty} \frac{1}{b-a} \cdot \left( \sum_{i=0}^{n-1} y_i \right) \cdot \frac{b-a}{n} \\
&= \frac{1}{b-a} \lim_{n \to \infty} \sum_{i=0}^{n-1} y_i \cdot \Delta x = \frac{1}{b-a} \lim_{n \to \infty} \sum_{i=0}^{n-1} f(x_i) \Delta x \\
&= \frac{1}{b-a} \int_a^b f(x) \mathrm{d}x,
\end{aligned}$$

即
$$\overline{y} = \frac{1}{b-a} \int_a^b f(x) \mathrm{d}x.$$

这就表明,连续函数 $y = f(x)$ 在区间$[a,b]$上的平均值 $\overline{y}$ 等于 $f(x)$ 在区间$[a,b]$上的定积分除以区间的长度 $b-a$.同时也说明,定积分中值定理中的 $f(\xi) = \dfrac{1}{b-a} \int_a^b f(x) \mathrm{d}x$ 就是 $f(x)$ 在$[a,b]$上的平均值.

**例 1** 在等温过程中,当理想气体的容积从 $V_0$ 膨胀到 $V_1$ 时,压强 $p$ 的平均值 $\overline{p}$ 等于多少?

**解** 对于理想气体,当温度不变时,

$$pV = k \quad \text{或} \quad p = \frac{k}{V}$$

其中 $k$ 为常数.所以压强 $p$ 的平均值为

$$\overline{p} = \frac{1}{V_1 - V_0} \int_{V_0}^{V_1} \frac{k}{V} dV = \frac{k}{V_1 - V_0} \ln \frac{V_1}{V_0}.$$

**例 2** 计算纯电阻电路中正弦交流电 $i = I_m \sin \omega t$ 在一个周期上的功率的平均值(简称平均功率).

**解** 设电阻为 $R$,那么这电路中的电压

$$u = iR = I_m R \sin \omega t,$$

而功率

$$P = ui = I_m^2 R \sin^2 \omega t.$$

因此功率在长度为一个周期的区间 $\left[0, \dfrac{2\pi}{\omega}\right]$ 上的平均值

$$\overline{P} = \frac{1}{\dfrac{2\pi}{\omega}} \int_0^{\frac{2\pi}{\omega}} I_m^2 R \sin^2 \omega t \, dt = \frac{I_m^2 R}{2\pi} \int_0^{\frac{2\pi}{\omega}} \sin^2 \omega t \, d(\omega t)$$

$$= \frac{I_m^2 R}{4\pi} \int_0^{\frac{2\pi}{\omega}} [1 - \cos 2\omega t] \, d(\omega t) = \frac{I_m^2 R}{4\pi} \left[ \omega t - \frac{1}{2} \sin 2\omega t \right]_0^{\frac{2\pi}{\omega}}$$

$$= \frac{I_m^2 R}{4\pi} \cdot 2\pi = \frac{1}{2} I_m^2 R = \frac{1}{2} I_m U_m \quad (U_m = I_m R).$$

这就是说,纯电阻电路中正弦交流电的平均功率等于电流、电压的峰值的乘积的二分之一.

通常交流电器上标明的功率就是平均功率.

## 二、均方根

在电工学中,我们常见有效值这个概念.所谓交流电流的有效值是指:当交流电流 $i(t)$ 在一周期内消耗在电阻 $R$ 上的平均功率,等于直流电流 $I$ 消耗在电阻 $R$ 上的功率时,这个直流电流的数值 $I$ 就称为交流电流 $i(t)$ 的有效值.下面来计算 $i(t)$ 的有效值.

固定值为 $I$ 的电流在电阻 $R$ 上消耗的功率为 $I^2R$. 电流 $i(t)$ 在 $R$ 上消耗的功率为 $u(t) \cdot i(t) = i^2(t)R$. 它在 $[0, T]$ 上的平均值为 $\dfrac{1}{T}\displaystyle\int_0^T i^2(t)R\,\mathrm{d}t$. 因此

$$I^2R = \frac{1}{T}\int_0^T i^2(t)R\,\mathrm{d}t = \frac{R}{T}\int_0^T i^2(t)\,\mathrm{d}t,$$

从而

$$I^2 = \frac{1}{T}\int_0^T i^2(t)\,\mathrm{d}t,$$

即

$$I = \sqrt{\frac{1}{T}\int_0^T i^2(t)\,\mathrm{d}t}.$$

对于正弦电流 $i(t) = I_m \sin\omega t$, 有效值

$$I = \sqrt{\frac{\omega}{2\pi}\int_0^{\frac{2\pi}{\omega}} I_m^2 \sin^2\omega t\,\mathrm{d}t} = \sqrt{\frac{I_m^2}{2\pi}\int_0^{\frac{2\pi}{\omega}} \sin^2\omega t\,\mathrm{d}(\omega t)}$$

$$= \sqrt{\frac{I_m^2}{4\pi}\left[\omega t - \frac{\sin 2\omega t}{2}\right]_0^{\frac{2\pi}{\omega}}} = \frac{I_m}{\sqrt{2}}.$$

这就是说,正弦交流电的有效值等于它的峰值的 $\dfrac{1}{\sqrt{2}}$ 倍.

一般地,我们把 $\sqrt{\dfrac{1}{b-a}\displaystyle\int_a^b f^2(t)\,\mathrm{d}t}$ 称为函数 $f(t)$ 在区间 $[a, b]$ 上的均方根. 因此上述周期性电流 $i(t)$ 的有效值就是它在一个周期上的均方根.

## 习题 6-6

1. 计算函数 $y = \sin^2 x$ 在 $[0, \pi]$ 上的平均值.

2. 一长为 $0.03$ m 的细棒,它的密度 $\rho = 7 - \dfrac{x^2}{4}$,其中 $x$ 是由棒的一端到该点的距离,求棒的平均密度 $\bar{\rho}$.

3. 一物体速度 $v = 3t^2 + 2t\,(\mathrm{m/s})$ 作直线运动,算出它在 $t=0$ 到 $t=3$ s 一段时间内的平均速度.

4. 计算函数 $y = 2x\mathrm{e}^{-x}$ 在 $[0, 2]$ 上的平均值.

5. 某可控硅控制线路中,流过负载 $R$ 的电流 $i(t)$ 如图 6-41 所示,即

$$i(t) = \begin{cases} 0, & 0 \leqslant t \leqslant t_0 \\ 5\sin\omega t, & t_0 < t \leqslant \dfrac{T}{2} \end{cases}$$

其中 $t_0$ 称为触发时间. 如果 $T = 0.02$ s$\left(即\ \omega = \dfrac{2\pi}{T} = 100\pi\right)$:

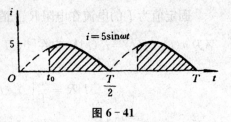

图 6 – 41

(1) 当触发时间 $t_0 = 0.002\,5$ s 时, 求 $0 \leqslant t \leqslant \dfrac{T}{2}$ 内电流的平均值;

(2) 当触发时间为 $t_0$ 时, 求 $\left[0, \dfrac{T}{2}\right]$ 内电流的平均值;

(3) 要使 $i_{平均} = \dfrac{15}{2\pi}$ A 和 $\dfrac{5}{3\pi}$ A, 问相应的触发时间应为多少?

6. 算出周期为 $T$ 的矩形脉冲电流

$$i = \begin{cases} a, & 0 \leqslant t \leqslant c \\ 0, & c < t \leqslant T \end{cases}$$

的有效值.

7. 算出正弦交流电流 $i = I_m \sin \omega t$ 经半波整流后得到的电流

$$i = \begin{cases} I_m \sin \omega t, & 0 \leqslant t \leqslant \dfrac{\pi}{\omega} \\ 0, & \dfrac{\pi}{\omega} < t \leqslant \dfrac{2\pi}{\omega} \end{cases}$$

的有效值.

# 自 测 题

一、单项选择题:

1. 设 $I = \displaystyle\iint_D \sqrt[3]{x^2 + y^2 - 1}\ \mathrm{d}x\,\mathrm{d}y$, 其中 $D$ 是圆环: $1 \leqslant x^2 + y^2 \leqslant 2$ 所确定的闭区域, 则必有( ).

　(A) $I > 0$; 　　　　　　　　　　(B) $I < 0$;

　(C) $I = 0$; 　　　　　　　　　　(D) $I \neq 0$, 但符号不能确定.

2. 椭圆 $\dfrac{x^2}{a^2} + \dfrac{y^2}{b^2} = 1$ $(a > b > 0)$ 绕 $x$ 轴旋转得到的旋转体体积 $V_1$ 与绕 $y$ 轴旋转得到的旋转体体积 $V_2$ 之间的关系为( ).

　(A) $V_1 > V_2$; 　　　　　　　　(B) $V_1 < V_2$;

　(C) $V_1 = V_2$; 　　　　　　　　(D) $V_1 = 3V_2$.

二、填空题:

1. 由曲线 $y = f(x)$ $(f(x) > 0)$, 直线 $x = a$, $x = b$ $(a < b)$ 及 $x$ 轴所围成的

平面图形绕 $x$ 轴旋转而成的旋转体侧面积的定积分表达式是 ＿＿＿＿＿＿＿＿.

2. 由 $y=(x-1)(x-2)$ 和 $y=0$ 所围成图形绕 $y$ 轴旋转所得旋转体的体积为 ＿＿＿＿.

3. 曲线 $y=\cos x$ 在 $[0, 2\pi]$ 上与 $x$ 轴所围成图形的面积是＿＿＿＿.

三、计算题

1. 一物体以速度 $v=t^3$ 从时刻 $t=0$ 运动到 $t=2$，求它关于时间的平均速度.

2. 计算曲线 $y=e^x$ 与 $x$ 轴之间位于第 Ⅱ 象限的平面图形的面积及此部分图形绕 $y$ 轴旋转所成的旋转体体积.

3. 求曲线 $y=x^{\frac{3}{2}}$ 在 $0 \leqslant x \leqslant 4$ 一段的弧长.

4. 设半径为 $R$ 的半球形水池充满水，现将水从池中抽出，当抽出水所作的功为将水全部抽完所作功的一半时，求水面下降的高度 $h$ 为多少?

5. 求由四个平面 $x=0$，$y=0$，$x=1$ 及 $y=1$ 所围成的柱体被平面 $z=0$ 与 $z=6-2x-3y$ 截得的立体的体积.

# 习 题 答 案

## 第 一 章

### 习 题 1-1(第11页)

1. (1) $(-4, 4)$;  (2) $(-\infty, -9) \bigcup (9, +\infty)$;

   (3) $(-2, 4)$;  (4) $(-\infty, -6) \bigcup [4, +\infty)$;

   (5) $(1, 3]$;  (6) $-1 \leqslant x < 4$;

   (7) $(x_0 - \delta, x_0) \bigcup (x_0, x_0 + \delta)$;  (8) $(a - \varepsilon, a + \varepsilon)$.

2. (1) $(-\infty, 1) \bigcup (1, 2) \bigcup (2, +\infty)$;

   (2) $x \neq -1$ 且 $x \neq 1$, 即 $(-\infty, -1) \bigcup (-1, 1) \bigcup (1, +\infty)$;

   (3) $-1 < x < 1$, 即 $(-1, 1)$;

   (4) $x \geqslant 2$ 或 $x \leqslant -2$, 即 $(-\infty, -2] \bigcup [2, +\infty)$;

   (5) $\left(-\dfrac{1}{2}, 1\right) \bigcup (1, +\infty)$;

   (6) $x \neq -2$, $x \neq 2$ 且 $x \geqslant -3$, 即 $[-3, -2) \bigcup (-2, 2) \bigcup (2, +\infty)$;

   (7) $-2 < x \leqslant 3$ 及 $x \neq -1$;

   (8) $[-3, -1) \bigcup (1, 3]$.

4. $f(0) = 2$, $f(1) = \sqrt{5}$, $f(-1) = \sqrt{5}$, $f\left(\dfrac{1}{a}\right) = \dfrac{1}{|a|} \sqrt{4a^2 + 1}$,

   $f(x_0) = \sqrt{4 + x_0^2}$, $f(x_0 + h) = \sqrt{4 + (x_0 + h)^2}$.

5. $f(x) = x^2 - x$.

7. (1) 非奇非偶函数;  (2) 偶函数;

   (3) 偶函数;  (4) 奇函数;

   (5) 偶函数;  (6) 既非奇函数又非偶函数;

   (7) 奇函数;  (8) 奇函数.

12. (1) 周期函数；　　　　　　　　　(2) 不是周期函数；

　　(3) 周期函数，周期 $l=4\pi$；　　　(4) 周期函数，周期 $l=\pi$；

　　(5) 不是周期函数；　　　　　　　(6) 周期函数，周期 $l=2\pi$.

13. (1) $y=\dfrac{1-x}{1+x}$；　　　　　　　　(2) $y=1+\log_2 x$；

　　(3) $y=\dfrac{1}{x}+1$.

## 习　题　1-2(第 24 页)

1. (1) $[-1,+\infty)$；　　　　　　　　(2) $[1,+\infty)$；

　　(3) $[-3,-1]$；　　　　　　　　　(4) $[-3,-2]\bigcup[3,4]$；

　　(5) $\left(\dfrac{1}{2},+\infty\right)$；　　　　　　　(6) $(-\infty,0)\bigcup(0,+\infty)$.

2. $F(-1)=\pi$，$F\left(-\dfrac{\sqrt{3}}{2}\right)=\dfrac{5}{6}\pi$，$F\left(-\dfrac{1}{2}\right)=\dfrac{2}{3}\pi$，$F(0)=\dfrac{1}{2}\pi$，

　$F\left(\dfrac{1}{2}\right)=\dfrac{\pi}{3}$，$F\left(\dfrac{\sqrt{3}}{2}\right)=\dfrac{1}{6}\pi$，$F(1)=0$.

3. $G(2)=1$，$G(-2)=\dfrac{1}{16}$，

　$G(10)=\dfrac{1}{4}$，$G\left(\dfrac{5}{2}\right)=\sqrt{2}$.

6. (1) $y=\sqrt{u}$，$u=2-x^2$；

　　(2) $y=\lg u$，$u=\sqrt{v}$，$v=1+x$；

　　(3) $y=u^2$；$u=\sin v$；$v=1+2x$；

　　(4) $y=u^2$，$u=\arcsin v$，$v=1-x^2$；

　　(5) $y=e^u$；$u=\arctan v$；$v=\sqrt{w}$；$w=x+1$；

　　(6) $y=\sqrt{u}$；$u=\lg v$；$v=\sqrt{x}$.

7. $f(x+1)=\begin{cases}x+1, & x<-1,\\ x+2, & x\geqslant-1;\end{cases}$

　$f(x-1)=\begin{cases}x-1, & x<1,\\ x, & x\geqslant1.\end{cases}$

8. (1) $y=2\arcsin\dfrac{x}{3}$；　　　　　　(2) $y=1+\ln(x+2)$；

(3) $y = \log_3 \dfrac{2x}{1-x}$；  (4) $y = 2^x - 3$.

9. $[a, 1-a]$；  $\left[-\dfrac{1}{2}, 0\right]$.

10. $V = \dfrac{\theta^2 R^3}{24\pi^2} \sqrt{4\pi^2 - \theta^2}$，$0 < \theta < 2\pi$.

11. $S = \dfrac{2V}{r} + 2\pi r^2$，$r > 0$.

## 习  题  1–3(第 32 页)

1. (1) $\sin 1$，$\dfrac{\sin 2}{2}$，$\dfrac{\sin 3}{3}$，$\dfrac{\sin 4}{4}$，$\dfrac{\sin 5}{5}$；

  (2) $1$，$\dfrac{5}{2}$，$\dfrac{5}{3}$，$\dfrac{9}{4}$，$\dfrac{9}{5}$；

  (3) $1$，$\dfrac{1}{2}$，$\dfrac{1}{3}$，$\dfrac{1}{4}$，$\dfrac{1}{5}$；

  (4) $1, 3, 5, 7, 9$；

  (5) $\dfrac{1}{\sqrt{2}}$，$\dfrac{1}{\sqrt{2^2+1}} + \dfrac{1}{\sqrt{2^2+2}}$，$\dfrac{1}{\sqrt{3^2+1}} + \dfrac{1}{\sqrt{3^2+2}} + \dfrac{1}{\sqrt{3^2+3}}$，

  $\dfrac{1}{\sqrt{4^2+1}} + \dfrac{1}{\sqrt{4^2+2}} + \dfrac{1}{\sqrt{4^2+3}} + \dfrac{1}{\sqrt{4^2+4}}$，

  $\dfrac{1}{\sqrt{5^2+1}} + \dfrac{1}{\sqrt{5^2+2}} + \dfrac{1}{\sqrt{5^2+3}} + \dfrac{1}{\sqrt{5^2+4}} + \dfrac{1}{\sqrt{5^2+5}}$.

2. (1) $0$；  (2) $0$；  (3) $1$；  (4) $1$；  (5) $1$；  (6) 没有极限；  (7) 没有极限.

## 习  题  1–4(第 39 页)

2. $X \geqslant \sqrt{397}$.

## 习  题  1–5(第 44 页)

1. (1) 无穷大；  (2) 无穷小；  (3) 无穷大；  (4) 无穷小；

  (5) 无穷小；  (6) 无穷小；  (7) 无穷大；  (8) 无穷小.

2. (1) $x \to -1$ 时是无穷小，$x \to 2$ 时是无穷大；

(2) $x \rightarrow k\pi \ (k = 0, \pm 1, \pm 2, \cdots)$ 时是无穷小,

$x \rightarrow \dfrac{\pi}{2} + k\pi \ (k = 0, \pm 1, \pm 2, \cdots)$ 时是无穷大;

(3) $x \rightarrow -2$ 时是无穷小,

$x \rightarrow \infty$ 时是无穷小,

$x \rightarrow 0$ 时是无穷大.

## 习 题 1-6(第 50 页)

1. (1) $-\dfrac{1}{5}$; (2) $\dfrac{3}{4}$; (3) 2; (4) 0; (5) $-\dfrac{1}{4}$; (6) $\dfrac{3}{4}$; (7) $3x^2$;

(8) $\dfrac{1}{2}$; (9) 8; (10) $\dfrac{1}{3}$; (11) 0; (12) $\dfrac{n(n+1)}{2}$; (13) $\dfrac{1}{2}$; (14) 1.

3. (1) 0; (2) 1; (3) 1.

## 习 题 1-7(第 58 页)

1. (1) 1; (2) 1; (3) $\dfrac{2}{3}$; (4) 1; (5) $\dfrac{1}{2}$; (6) 1; (7) $x$.

2. (1) $\mathrm{e}^{-1}$; (2) $\mathrm{e}^4$; (3) $\mathrm{e}^{2a}$; (4) $\mathrm{e}^{-2}$; (5) $\mathrm{e}^{-2}$.

## 习 题 1-8(第 61 页)

2. (1) 同阶,不等价; (2) 同阶,不等价; (3) 等价.

4. (1) $\dfrac{b^2 - a^2}{2}$; (2) $\sqrt{2}\,a$; (3) $\dfrac{1}{2}$.

5. $(1 - \cos x)^2 = o(\sin^2 x)$.

## 习 题 1-9(第 65 页)

2. $f_1(x)$ 在 $x = 0$ 连续,$f_2(x)$ 在 $x = 0$ 连续.

3. $a = \mathrm{e} - 1$.

4. (1) $x = 2$ 为可去间断点,$x = 3$ 是第二类间断点;

(2) $x = 1$ 为可去间断点,$x = 2$ 为无穷间断点;

(3) $x = 1$ 是可去间断点;

(4) $x = 0$ 为可去间断点,$x = k\pi (k = \pm 1, \pm 2, \cdots)$ 为第二类间断点;

(5) $x=0$ 是第二类间断点;

(6) $x=-1$ 是跳跃间断点;

(7) $x=1$ 为跳跃间断点.

5. $f(x)=\begin{cases} \dfrac{1}{x}, & x<0, \\ 1, & x=0, \\ -x, & x>0, \end{cases}$　　$x=0$ 是第二类间断点.

## 习　题　1-10(第70页)

1. (1) 0;　(2) $-\ln 2$;　(3) 3;　(4) 3;　(5) 1;　(6) 1;　(7) 1;　(8) $\dfrac{1}{2}$;

(9) $-2$;　(10) 0;　(11) 0.

2. 连续区间: $(-\infty, -2)$, $(-2, 1)$, $(1, +\infty)$.

$\lim\limits_{x\to -2} f(x)=-\dfrac{8}{3}$, $\lim\limits_{x\to 1} f(x)=\infty$, $\lim\limits_{x\to 0} f(x)=0$.

3. (1) 1;　(2) 1;　(3) e;　(4) $e^3$;　(5) $-\dfrac{1}{2}$;　(6) $\dfrac{1}{e}$;

(7) $0(n>m), 1(n=m), \infty(n<m)$.

## 自　测　题(第73页)

一、1. $(C)$;　2. $(B)$;　3. $(A)$;　4. $(C)$;　5. $(B)$.

二、1. $(-2, 1]$;　2. $a=1$;　3. 0;　4. $[1, e^3]$;　5. $\dfrac{\pi}{3}$.

三、$e^{-6}$.

四、$\dfrac{1}{\ln a}$.

六、不存在.

七、$f[g(x)]=\begin{cases} 1, & x<0, \\ 0, & x=0, \\ -1, & x>0; \end{cases}$

$g[f(x)]=\begin{cases} e, & |x|<1, \\ 1, & |x|=1, \\ e^{-1}, & |x|>1, \end{cases}$

$x=0$ 是 $f[g(x)]$ 的第一类(跳跃)间断点;

$x = \pm 1$ 是 $g[f(x)]$ 的第一类(跳跃)间断点.

九、$a = -1$,$b = 0$.

# 第 二 章

## 习 题 2-1(第87页)

1. (1) 25; (2) 20.

2. $\dfrac{\Delta y}{\Delta x}$ 与 $x$、$\Delta x$ 都有关系;瞬时变化率与 $\Delta x$ 无关,与 $x$ 有关;平均变化率取极限过程中 $\Delta x$ 是变量.

3. (1) $f'(x_0)$; (2) $-f'(x_0)$; (3) $f'(0)$; (4) $2f'(x_0)$.

4. (1) $-2e$; (2) $a$; (3) $2ax + b$.

5. (1) $\dfrac{2}{3}x^{-\frac{1}{3}}$; (2) $-\dfrac{2}{x^3} + 1$; (3) $10x^9$; (4) $\dfrac{\sin x}{\sqrt{x}} + 2\sqrt{x}\cos x$.

6. $(2, 4)$,$\left(-\dfrac{3}{2}, \dfrac{9}{4}\right)$.

7. 连续但不可导.

8. 连续但不可导.

9. $a = 2x_0$;$b = -x_0^2$.

12. 切线方程 $y - \dfrac{1}{2} = -\dfrac{1}{4}(x - 1)$;

法线方程 $y - \dfrac{1}{2} = 4(x - 1)$.

13. $x = \pi$ 时有水平切线;

$\pi < x < 2\pi$ 时切线的倾角是锐角;

$0 < x < \pi$ 时切线的倾角是钝角.

## 习 题 2-2(第93页)

1. (1) $f'(1 + 2x) = e^{2x+1}$;

(2) $f'(0) = -6$,$f'(\pi) = e^\pi - 7$;

(3) $f'(0) = a_{n-1}$,$f'(1) = na_0 + (n-1)a_1 + \cdots + a_{n-1}$;

(4) $f'\left(\dfrac{\pi}{2}\right)=\dfrac{3\pi^2}{4}-4.$

2. (1) $e^x \sin x + e^x \cos x + 7\sin x + 10x$;

(2) $(6x+2)\sin x + (3x^2+2x-1)\cos x$;

(3) $\dfrac{\cos\ln\sqrt{2x+1}}{2x+1}$;

(4) $\dfrac{x\cos x-(2+\sin x)}{x^2}$;

(5) $\left(2x+\dfrac{x^2}{1-x^2}\right)\sqrt{\dfrac{1+x}{1-x}}$;

(6) $\dfrac{2\sqrt{x}+1}{4\sqrt{x^2+x\sqrt{x}}}$;

(7) $2x\,e^{x^2}$;

(8) $\dfrac{\sin x-1}{(x+\cos x)^2}$;

(9) $-\dfrac{1}{\sqrt{1-x^2}}$;

(10) $\dfrac{(1-x)\sin x-\cos x-\dfrac{\sqrt{x}}{2}-\dfrac{1}{2\sqrt{x}}}{(x-1)^2}-14x.$

3. 切线方程为 $y=2(x-3)$;

法线方程为 $y=-\dfrac{1}{2}(x-3).$

## 习　题　2-3(第 102 页)

1. (1) $3(1-x+x^2)^2(2x-1)$;

(2) $\dfrac{(x+1)^2(x+2)^3}{\sqrt{x+3}(x+4)}\left[\dfrac{2}{x+1}+\dfrac{3}{x+2}-\dfrac{1}{2(x+3)}-\dfrac{1}{x+4}\right]$;

(3) $-3\cos(4-3x)$;　　　　(4) $-\sin 2x$;

(5) $\dfrac{-2x}{2+(x^2+y)^2}$;　　　　(6) $\dfrac{2\sin x}{(1+\cos x)^2}$;

(7) $-6x^2 e^{-2x^3}$;　　　　(8) $\dfrac{4x+1}{(2x^2+x-3)\ln a}$;

(9) $\dfrac{1}{\sqrt{2x-1}}$.

2. (1) $-\dfrac{1}{\sqrt{1-x}} \cdot \dfrac{1}{2\sqrt{x}}$;　　　　(2) $\dfrac{1}{\sqrt{(1+x^2)^3}}$;

(3) $e^{-\frac{x}{3}}\left[-\dfrac{1}{3}\sin 2x + 2\cos 2x\right]$;　　(4) $-\dfrac{|x|}{x^2\sqrt{x^2-1}}$;

(5) $\dfrac{1}{2\sqrt{1+\sqrt{\ln x}}} \cdot \dfrac{1}{2\sqrt{\ln x}} \cdot \dfrac{1}{x}$;

(6) $\dfrac{x\cos x - \sin x}{x^2} + \dfrac{\sin x - x\cos x}{\sin^2 x}$;

(7) $-\dfrac{3x\sin 3x + \cos 3x}{x^2}$;　　　　(8) $\dfrac{2}{(1-x)^2}$;

(9) $\sec x$;　　　　　　　　　　　(10) $-\dfrac{2}{3}x(1+x^2)^{-\frac{4}{3}}$.

3. (1) $\dfrac{-2x}{2+(x^2+y)^2}$;　　　　　(2) $-\dfrac{1}{x^2}e^{\sin\frac{1}{x}} \cdot \cos\dfrac{1}{x}$;

(3) $\dfrac{2}{3}x^{-1}(1+\ln^2 x)^{-\frac{2}{3}}\ln x$;　　(4) $-\dfrac{e^{\text{arccot}\sqrt{x}}}{2\sqrt{x}(1+x)}$;

(5) $\dfrac{-1}{\sqrt{1-(1-x)^2}}$;　　　　(6) $\dfrac{1}{x^2+1}$;

(7) $\dfrac{3(1-x^2)}{(1+x^2)^2} \cdot \cos\dfrac{3x}{1+x^2}$;　　(8) $-\sqrt{\dfrac{2}{x(2-x)}} \cdot \dfrac{1}{x+2}$;

(9) $\dfrac{1}{\sqrt{1-x^2}+1-x^2}$;　　　(10) $-e^x\tan e^x$.

4. (1) $2xf'(x^2)$;

(2) $e^{f(x)}[e^x f'(e^x) + f'(x)f(e^x)]$;

(3) $f'(\sin^2 x)\sin 2x + f'(\arcsin x)(1-x^2)^{-\frac{1}{2}}$;

(4) $f'(f(f(x))) \cdot f'(f(x)) \cdot f'(x)$.

5. (1) $f'(x) = \begin{cases} \cos x, & x < 0, \\ 1, & x \geqslant 0; \end{cases}$

(2) $f'(x) = \begin{cases} g'(x)\sin\dfrac{1}{x} - \dfrac{1}{x^2}g(x)\cos\dfrac{1}{x}, & x \neq 0, \\ 0, & x = 0. \end{cases}$

习　题　2-5(第109页)

1. (1) $3x(1-x^2)^{-\frac{5}{2}}$;　　　　　　　　　　(2) $x^{-1}$;

(3) $2\mathrm{e}^{-x^2}[2x^2-1]$;

(4) $3x(1-x^2)^{-2}+(1-x^2)^{-\frac{5}{2}}\arcsin x \cdot (1+2x^2)$;

(5) $2\mathrm{e}^{-x}\sin x$;　　　　　　　　　　(6) $2\arctan x+\dfrac{2x}{1+x^2}$;

(7) $2\cos x-x\sin x$;　　　　　　　　　(8) $-\dfrac{a^2}{(1+ax)^2}$;

(9) $a^2\mathrm{e}^{ax}$.

2. $120\times 11^3$.

3. (1) $y''=\dfrac{f''\left(\dfrac{1}{x}\right)+2xf'\left(\dfrac{1}{x}\right)}{x^4}$;

$y'''=-f'''\left(\dfrac{1}{x}\right)\cdot\dfrac{1}{x^6}-f''\left(\dfrac{1}{x}\right)\dfrac{6}{x^5}-f'\left(\dfrac{1}{x}\right)\dfrac{6}{x^4}$;

(2) $y''=\mathrm{e}^x f'(\mathrm{e}^x)+\mathrm{e}^{2x}f''(\mathrm{e}^x)$;

$y'''=\mathrm{e}^x f'(\mathrm{e}^x)+3\mathrm{e}^{2x}f''(\mathrm{e}^x)+\mathrm{e}^{3x}f'''(\mathrm{e}^x)$;

(3) $y''=\dfrac{f''(\ln x)-f'(\ln x)}{x^2}$;

$y'''=\dfrac{f'''(\ln x)-3f''(\ln x)+2f'(\ln x)}{x^3}$.

8. (1) $n!$;　　　　　　　　　　(2) $2^{n-1}\cos\left(2x+n\cdot\dfrac{\pi}{2}\right)$;

(3) $n!\left[\dfrac{(-1)^n}{x^{n+1}}+\dfrac{1}{(1-x)^{n+1}}\right]$;

(4) $(-1)^n n!\left[\dfrac{1}{(x-2)^{n+1}}-\dfrac{1}{(x-1)^{n+1}}\right]$;

(5) $a^x\ln^n a$;　　　　　　　　　(6) $a^n\mathrm{e}^{ax}$;

(7) $\dfrac{1}{m}\left(\dfrac{1}{m}-1\right)\left(\dfrac{1}{m}-2\right)\cdots\left(\dfrac{1}{m}-n+1\right)(1+x)^{\frac{1}{m}-n}$.

9. (1) $\mathrm{e}^x$;

(2) $y^{(20)}=(x^2+1)\sin x-40x\cos x-380\sin x$;

(3) $\dfrac{(-1)^{n-1}(n-1)!}{x^n}$.

10. $a = \dfrac{1}{2} f''(x_0 - 0)$,

$b = f'(x_0 - 0)$,

$c = f(x_0)$.

## 习　题　2 - 6(第 117 页)

1. $\dfrac{1}{e}$.

2. (1) $\dfrac{1 + y^2}{2 + y^2}$;　　　　　　　　　　(2) $\dfrac{-y + e^{x+y}}{x - e^{x+y}}$;

(3) $-\sqrt[3]{\dfrac{y}{x}}$;　　　　　　　　　　(4) $\dfrac{x + y}{x - y}$.

4. (1) $\dfrac{-\cos(x + y)}{[1 + \sin(x + y)]^3}$;　　　　(2) $\dfrac{e^{2y}(2 - x e^y)}{(1 - x e^y)^3}$;

(3) $-2\csc^2(x + y)\cot^3(x + y)$;　　(4) $\dfrac{e^{2y}(3 - y)}{(2 - y)^3}$;

(5) $\dfrac{\sin(x + y)}{[\cos(x + y) - 1]^3}$.

5. (1) $x^{\ln x - 1} \ln x^2$;

(2) $\dfrac{(x + 5)^2 (x - 4)^{\frac{1}{3}}}{(x + 2)^5 (x + 4)^{\frac{1}{2}}} \left[ \dfrac{2}{x + 5} + \dfrac{1}{3(x - 4)} - \dfrac{5}{x + 2} - \dfrac{1}{2(x + 4)} \right]$;

(3) $-\dfrac{1}{2} (\tan 2x)^{\cot \frac{x}{2}} \left[ \csc^2 \dfrac{x}{2} \ln\tan 2x - 8\cot \dfrac{x}{2} \csc 4x \right]$;

(4) $\dfrac{1}{3} \sqrt[3]{\dfrac{x(x^2 + 1)}{(x - 1)^2}} \left( \dfrac{1}{x} + \dfrac{2x}{x^2 + 1} - \dfrac{2}{x - 1} \right)$;

(5) $\dfrac{1}{2} \sqrt{x \sin x \sqrt{1 - e^x}} \left[ \dfrac{1}{x} + \cot x - \dfrac{e^x}{2(1 - e^x)} \right]$.

6. (1) $\dfrac{\mathrm{d}y}{\mathrm{d}x} = -t e^{-t}$, $\dfrac{\mathrm{d}^2 y}{\mathrm{d}x^2} = t e^{-t}(t - 1)$;

(2) $\dfrac{\mathrm{d}y}{\mathrm{d}x} = t^2 - 2t + 1$; $\dfrac{\mathrm{d}^2 y}{\mathrm{d}x^2} = 2(t - 1)(t^2 + 1)$;

(3) $\dfrac{\mathrm{d}y}{\mathrm{d}x} = -\dfrac{b}{a} \cot t$, $\dfrac{\mathrm{d}^2 y}{\mathrm{d}x^2} = -\dfrac{b}{a^2 \sin^3 t}$.

7. (1) 切线方程: $2y + x - 2\sqrt{2} = 0$,

法线方程：$y - 2x + \dfrac{3}{2}\sqrt{2} = 0$；

(2) 切线方程：$4x + 3y - 12a = 0$，

法线方程：$3x - 4y + 6a = 0$.

8. (1) $\dfrac{\mathrm{d}\varphi}{\mathrm{d}\theta} = \dfrac{\ln\sin\varphi + \varphi\tan\theta}{\ln\cos\theta - \theta\cot\varphi}$；

(2) $\dfrac{\mathrm{d}y}{\mathrm{d}x} = \dfrac{xy - y^2}{xy + x^2}$.

## 习　题　2-7(第 127 页)

1. 当 $\Delta x = 1$ 时，$\Delta y = 18$，$\mathrm{d}y = 11$；当 $\Delta x = 0.1$ 时，$\Delta y = 1.161$，$\mathrm{d}y = 1.1$；当 $\Delta x = 0.01$ 时，$\Delta y = 0.110\ 601$，$\mathrm{d}y = 0.11$.

2. (a) $\Delta y > 0$，$\mathrm{d}y > 0$，$\Delta y - \mathrm{d}y > 0$；

(b) $\Delta y > 0$，$\mathrm{d}y > 0$，$\Delta y - \mathrm{d}y < 0$；

(c) $\Delta y < 0$，$\mathrm{d}y < 0$，$\Delta y - \mathrm{d}y < 0$；

(d) $\Delta y < 0$，$\mathrm{d}y < 0$，$\Delta y - \mathrm{d}y > 0$.

3. (1) $(x^2 + 1)^{-\frac{3}{2}}\mathrm{d}x$；　　　　　　(2) $\dfrac{2 - \ln x}{2x\sqrt{x}}\mathrm{d}x$；

(3) $-(x - 1)^2 \mathrm{e}^{-x}\mathrm{d}x$；

(4) $\mathrm{d}y = \begin{cases} \dfrac{\mathrm{d}x}{\sqrt{1 - x^2}}, & -1 < x < 0, \\[3mm] -\dfrac{\mathrm{d}x}{\sqrt{1 - x^2}}, & 0 < x < 1; \end{cases}$

(5) $\mathrm{e}^{\sin x}\cos x\,\mathrm{d}x$；　　　　　　(6) $\dfrac{1 + \ln^2 x}{x^2(1 - \ln x)^2}\mathrm{d}x$.

4. (1) $\dfrac{\mathrm{d}y}{\mathrm{d}x} = \dfrac{y + x}{y - x}$；　　　　　(2) $\dfrac{\mathrm{d}y}{\mathrm{d}x} = \dfrac{-y^2\mathrm{e}^x}{1 + y\mathrm{e}^x}$.

5. (1) $\dfrac{\mathrm{d}y}{\mathrm{d}x} = -1$；　　　　　　(2) $\dfrac{\mathrm{d}y}{\mathrm{d}x} = -\tan t$.

6. (1) $-3\mathrm{d}x = \mathrm{d}(-3x + C)$；　　　(2) $4x^2\mathrm{d}x = \mathrm{d}\left(\dfrac{4}{3}x^3 + C\right)$；

(3) $\dfrac{1}{1 + x}\mathrm{d}x = \mathrm{d}(\ln|1 + x| + C)$；　(4) $\mathrm{e}^{-2x}\mathrm{d}x = \mathrm{d}\left(-\dfrac{1}{2}\mathrm{e}^{-2x} + C\right)$；

(5) $\dfrac{1}{\sqrt{x}}\mathrm{d}x = \mathrm{d}(2\sqrt{x} + C)$；　　(6) $\mathrm{d}\left(\dfrac{1}{2}\ln x^2 + C\right) = \dfrac{\ln x}{x}\mathrm{d}x$.

## 习 题 2-8(第 134 页)

1. $2\pi R_0 h$.

2. $0.003(\text{cm})$.

3. $-\dfrac{\sqrt{2}}{2\,160}\pi \approx -0.002\,1$.

4. 约为 $\dfrac{8f}{3l}\Delta f$.

5. 约需增加 $2.23$ cm.

7. (1) $0.484\,8$; (2) $0.770$; (3) $1.024\,7$.

8. $f(1.05) \approx 0.995$.

9. $f(5.03) \approx 1.246$.

10. $\Delta A \approx A'(x_0)\Delta x$.

11. $V = 343\,000(\text{cm}^3)$, $\delta V = 1\,470(\text{cm}^3)$, $\dfrac{\delta V}{V} = 0.4\%$.

12. $3\%$.

13. $\delta_a = 0.000\,56(\text{rad}) = 1'55''$.

## 自 测 题(第 136 页)

一、1. $(A)$；2. $(B)$；3. $(A)$；4. $(B)$；5. $(A)$.

二、1. $(2\cos t^2 - 4t^2\sin t^2)\mathrm{d}t^2$；2. $\pi^2$；3. $2\left(x + \dfrac{1}{x}\right)\left(1 - \dfrac{1}{x^2}\right)$；

　　4. 必要条件；5. $1 + \dfrac{1}{2}x$.

三、$\dfrac{1 + \mathrm{e}^y}{2y - x\mathrm{e}^y}$.

四、$\dfrac{1}{2}$.

五、$\dfrac{f'[x + \varphi(y)]}{1 - \varphi'(y)\cdot f'[x + \varphi(y)]}$.

六、$g(a)$.

七、$\alpha > 1$, $f'(0) = 0$.

八、$0$.

九、$17.40$ 秒.

## 习 题 3-1(第 146 页)

3. $\dfrac{f(2)-f(1)}{F(2)-F(1)}=\dfrac{f'(\xi)}{F'(\xi)}$, $\xi=\dfrac{14}{9}$.

6. 有分别位于区间$(1,2)$，$(2,3)$及$(3,4)$内的三个零点.

## 习 题 3-2(第 155 页)

1. (1) $\dfrac{a}{b}$；  (2) $\dfrac{1}{6}$；  (3) 1；  (4) $-\dfrac{1}{8}$；  (5) $\dfrac{m}{n}a^{m-n}$；  (6) $\alpha$；  (7) 2；

   (8) 1；  (9) 1；  (10) $\dfrac{3}{2}$；  (11) 0；  (12) $-\dfrac{1}{3}$；  (13) $\dfrac{\sqrt{3}}{3}$；  (14) $e^{-1}$；

   (15) $\dfrac{1}{2}$；  (16) $2a$；  (17) e；  (18) $e^{-\frac{2}{\pi}}$.

3. 5.

5. $\sqrt{ab}$.

## 习 题 3-3(第 165 页)

1. $(x+1)^2+2(x+1)^3-3(x+1)^4+(x+1)^5$.

2. $\ln x=\ln 2+\dfrac{1}{2}(x-2)-\dfrac{1}{2\cdot 2^2}\cdot(x-2)^2+\cdots+(-1)^{n-1}\dfrac{1}{n\cdot 2^n}(x-2)^n+$

   $o\!\left(\!\left(\dfrac{x-2}{2}\right)^{n}\right)$.

3. $\tan x=x+\dfrac{1+2\sin^2(\theta x)}{3\cos^4(\theta x)}x^3$, $(0<\theta<1)$.

4. $e^{-\frac{x^2}{2}}=1-\dfrac{x^2}{2}+\dfrac{x^4}{2^2\cdot 2!}+\cdots+(-1)^n\cdot\dfrac{x^{2n}}{2^n\cdot n!}+0(x^{2n})$ $(0<\theta<1)$.

5. $\ln(1-x^2)=-\left(x^2+\dfrac{x^4}{2}+\dfrac{x^6}{3}+\cdots+\dfrac{x^{2n}}{n}\right)+o(x^{2n})$.

6. 2.718 285.

7. (1) $\sqrt[3]{30}\approx 3.107\,24$, $|R_3|<1.88\times10^{-5}$；

   (2) $\sin 18°\approx 0.308\,7$, $|R_3|<4.05\times10^{-4}$.

8. $\dfrac{1}{3}$.

9. 6.

## 习 题 3-4(第 170 页)

1. 在 $(-\infty, 0][2, +\infty)$ 上单调递减, $[0, 2]$ 上单调递增.

2. 单调增加.

3. (1) 在 $(-\infty, 1)(1 +\infty)$ 上单调增加;

   (2) 在 $(0, \sqrt{3}]$ 上单调减少,

   在 $[\sqrt{3}, +\infty)$ 上单调增加;

   (3) 在 $(-\infty, 0)$ 、 $\left(0, \dfrac{1}{2}\right)$ 内、 $[1, +\infty)$ 上单调减少,

   在 $\left[\dfrac{1}{2}, 1\right]$ 上单调增加;

   (4) 在 $(-\infty, +\infty)$ 内处处单调增加;

   (5) 在 $(0, +\infty)$ 上单调减少,

   在 $(-\infty, 0)$ 上单调增加;

   (6) 在 $(-3, 1)$ 上单调增加;

   在 $(-\infty, -3)(1, +\infty)$ 上单调增加;

   (7) 在 $\left[0, \dfrac{\pi}{3}\right]$, $\left[\dfrac{5}{3}\pi, 2\pi\right]$ 上单调减少,

   在 $\left[\dfrac{\pi}{3}, \dfrac{5}{3}\pi\right]$ 上单调增加;

   (8) 在 $(-1, 1)$ 上单调增加,

   在 $(-\infty, -1)(1, +\infty)$ 上单调减少.

6. (i) $a > \dfrac{1}{e}$ 时没有实根;

   (ii) $0 < a < \dfrac{1}{e}$ 时有两个实根;

   (iii) $a = \dfrac{1}{e}$ 时只有 $x = e$ 一个实根.

7. 不一定. $f(x) = x + \sin x$ 在 $(-\infty, +\infty)$ 内单调,但 $f'(x)$ 在 $(-\infty, +\infty)$ 内不单调.

## 习 题 3-5(第 177 页)

1. (1) 极大值为 $f(1) = 1$.

(2) 极大值 $y(-1)=17$,极小值 $y(3)=-47$;

(3) 极大值 $y(0)=0$,极小值 $y(1)=-3$;

(4) 极大值 $y\left(2k\pi+\dfrac{\pi}{4}\right)=\sqrt{2}$,极小值 $y\left(2k\pi+\dfrac{5\pi}{4}\right)=-\sqrt{2}$;

(5) 极大值 $y(\pm 1)=1$,极小值 $y(0)=0$;

(6) 极大值 $y\left(\dfrac{3}{4}\right)=\dfrac{5}{4}$;

(7) 无极值;

(8) 极小值 $y(6)=108$;

(9) 极大值 $y\left(\dfrac{3\pi}{4}+2k\pi\right)=\dfrac{\sqrt{2}}{2}\mathrm{e}^{\frac{3\pi}{4}+2k\pi}$,

   极小值 $y\left(-\dfrac{\pi}{4}+2k\pi\right)=-\dfrac{\sqrt{2}}{2}\mathrm{e}^{-\frac{\pi}{4}+2k\pi}$;

(10) 极大值 $y(\mathrm{e})=\mathrm{e}^{\frac{1}{\mathrm{e}}}$;

(11) 极大值 $y(0)=0$,极小值 $y\left(\dfrac{4}{7}\right)=-\dfrac{6\,912}{823\,543}$;

(12) 极大值 $y\left(\dfrac{\pi}{4}\right)=\dfrac{1}{\sqrt{2}}\mathrm{e}^{\frac{\pi}{4}}$,

   极小值 $y\left(\dfrac{5\pi}{4}\right)=-\dfrac{1}{\sqrt{2}}\mathrm{e}^{\frac{5\pi}{4}}$;

(13) 极大值 $y\left(\dfrac{1}{3}\right)=\dfrac{1}{3}\sqrt[3]{4}$,极小值 $y(1)=0$;

(14) 没有极值.

3. $a=2$,$f\left(\dfrac{\pi}{3}\right)=\sqrt{3}$ 为极大值.

## 习 题 3-6(第 182 页)

1. (1) 最小值 $y\left(\dfrac{a}{a+b}\right)=(a+b)^2$,无最大值;

(2) 最大值 $y(-1)=3$,最小值 $y(1)=1$;

(3) 最大值 $y(2\pi)=2\pi+1$,最小值 $y(0)=1$;

(4) 最大值 $y\left(\dfrac{3}{4}\right)=\dfrac{5}{4}$,最小值 $y(-5)=-5+\sqrt{6}$;

(5) 最大值 $y\left(\dfrac{3\pi}{4}\right)=\dfrac{\sqrt{2}}{2}\mathrm{e}^{\frac{3\pi}{4}}$，最小值 $y(0)=0$ 与 $y(\pi)=0$.

3. $\dfrac{R}{\sqrt{2}}$.

4. 当 $R=\dfrac{P}{4}$ 时，面积最大 $S_\star=\dfrac{P^2}{16}$.

5. $h=2r=2\sqrt[3]{\dfrac{V}{2\pi}}$ 时，总造价最低.

6. 当圆柱体的高与底面直径相等时，它的表面积最小.

7. $x=-3$ 时函数有最小值 27.

8. 最大值 $y\left(\dfrac{\pi}{4}\right)=1$.

## 习 题 3-7(第 188 页)

1. (1) 是凸的；

   (2) 在 $(-\infty,\,0]$ 上是凸的，在 $[0,\,+\infty)$ 上是凹的；

   (3) 是凹的；  (4) 在 $\left(-\dfrac{1}{\sqrt{3}},\,\dfrac{1}{\sqrt{3}}\right)$ 凹的，在 $\left(-\infty,\,\dfrac{1}{-\sqrt{3}}\right)\left(\dfrac{1}{\sqrt{3}},\,+\infty\right)$ 是凸的.

2. (1) 在 $\left(-\infty,\,\dfrac{1}{2}\right)$ 凹的，在 $\left(\dfrac{1}{2},\,+\infty\right)$ 上凸的，拐点为 $\left(\dfrac{1}{2},\,\dfrac{13}{2}\right)$；

   (2) 拐点为 $\left(2,\,\dfrac{2}{\mathrm{e}^2}\right)$，在 $(-\infty,\,2]$ 上是凸的，在 $[2,\,+\infty]$ 上是凹的；

   (3) 没有拐点，处处是凹的；

   (4) 在 $(-\infty,\,0]$ 上是凸的，在 $(0,\,+\infty)$ 是凹的；

   (5) 在 $(-1,\,0)$ 上是凹的，在 $(-\infty,\,-1)(0,\,+\infty)$ 是凸的，拐点 $(-1,\,0)$；

   (6) 拐点为 $\left(\dfrac{1}{2},\,\mathrm{e}^{\arctan\frac{1}{2}}\right)$，在 $\left(-\infty,\,\dfrac{1}{2}\right]$ 上是凹的，在 $\left[\dfrac{1}{2},\,+\infty\right)$ 上是凸的.

4. (1) $(1,\,4),\,(1,\,-4)$；  (2) 无拐点.

5. $y-\dfrac{1}{4}=\pm\dfrac{3\sqrt{3}}{8}\left(x\mp\dfrac{\sqrt{3}}{3}\right)$.

6. $h=\dfrac{1}{\sqrt{2}\sigma}$.

8. 曲线 $y=g(x)$ 在 $(-\infty,\,0]$、$[0,\,+\infty)$ 上是凸的，无拐点.

9. $x=x_0$ 不是极值点，$(x_0,\,f(x_0))$ 为拐点.

## 习 题 3-8(第196页)

1. 对称于原点;在$(-\infty, -\sqrt{2}]$,$[\sqrt{2}, +\infty)$上单调增加,在$[-\sqrt{2}, \sqrt{2}]$上单调减少;在$(-\infty, 0]$上是凸的,在$[0, +\infty)$上是凹的;$(0, 0)$为拐点;极大值$y(-\sqrt{2}) = 4\sqrt{2}$,极小值$y(\sqrt{2}) = -4\sqrt{2}$.

2. 对称于原点;在$(-\infty, -1]$、$[1, +\infty)$上单调减少,在$[-1, 1]$上单调增加;在$(-\infty, -\sqrt{3}]$、$[0, \sqrt{3}]$上是凸的,在$[-\sqrt{3}, 0]$、$[\sqrt{3}, +\infty)$上是凹的;拐点$\left(-\sqrt{3}, -\dfrac{\sqrt{3}}{4}\right)$、$(0, 0)$、$\left(\sqrt{3}, \dfrac{\sqrt{3}}{4}\right)$;极小值$y(-1) = -\dfrac{1}{2}$,极大值$y(1) = \dfrac{1}{2}$;水平渐近线$y = 0$.

3. 图形过点$(0, 1)$且关于$y$轴对称;在$(-\infty, 0]$上是单调减少的,在$[0, +\infty)$上是单调增加的;在$(-\infty, +\infty)$内是凹的;$y(0) = 1$是极小值.

4. 对称于$y$轴;在$(-\infty, 0]$上单调减少,在$[0, +\infty)$上单调增加;在$(-\infty, -1]$、$[1, +\infty)$上是凸的,在$[-1, 1]$上是凹的;拐点$(-1, \ln 2)$、$(1, \ln 2)$;极小值$y(0) = 0$.

5. 关于原点对称;在$(-\infty, +\infty)$内单调增加;在$(-\infty, 0]$上是凹的,在$[0, +\infty)$上是凸的;拐点$(0, 0)$.

6. 关于$y$轴对称;在$(-\infty, 0]$上单调减少,是凸的;在$[0, +\infty)$上单调增加,是凸的;$y(0) = 0$是极小值.

7. 在$(-\infty, -1]$、$[3, +\infty)$上单调增加,在$[-1, 1)$、$(1, 3]$上单调减少;在$(-\infty, 1)$内是凸的,在$(1, +\infty)$内是凹的;$y(-1) = -2$是极大值,$y(3) = 0$是极小值;垂直渐近线$x = 1$.

8. 关于坐标原点对称;$y(-2) = -\sqrt[3]{16}$为极小值,$y(2) = \sqrt[3]{16}$为极大值;拐点$(0, 0)$;渐近线方程为$y = 0$.

## 习 题 3-9(第203页)

1. $K = \dfrac{\sqrt{2}}{2}$.

2. $K = |\cos x|$,$\rho = |\sec x|$.

3. $\left(\dfrac{\sqrt{2}}{2}, -\dfrac{\ln 2}{2}\right)$处曲率半径有最小值$\dfrac{3\sqrt{3}}{2}$.

4. (1) $K = 0$,$\rho = \infty$;

(2) $K = \dfrac{1}{4a}$，$\rho = 4a$；

(3) $K = \left| \dfrac{2}{3a \sin 2t_0} \right|$，$\rho = \left| \dfrac{3a \sin 2t_0}{2} \right|$；

(4) $K = 1$，$\rho = 1$.

5. 在 $\left( -\dfrac{\ln 2}{2}, \dfrac{\sqrt{2}}{2} \right)$ 曲率最大.

7. $\rho = 1.25$（单位长），即直径不超过 2.50 单位长.

8. $4.54 \times 10^4$ N.

## 习 题 3-10(第 209 页)

1. $0.18 < x_0 < 0.19$.

2. $1.538$.

3. $0.32 < x_0 < 0.33$.

4. $3.63 \leqslant x_0 \leqslant 3.68$.

## 自 测 题(第 210 页)

一、1. (C)；　2. (B)；　3. (B)；　4. (D)；　5. (A).

二、1. 0；　2. $-x - \dfrac{x^2}{2} - \dfrac{x^3}{3} - \cdots - \dfrac{x^n}{n}$；　3. $\dfrac{1}{4}$；　4. (0, 0)；　5. 充分.

三、1. $\dfrac{5}{9}$；　2. $-2$.

六、$x = -2$，$y = 2$ 时，有极小值，无极大值.

九、$S_{\max} = (a^{\frac{2}{3}} + b^{\frac{2}{3}})^{\frac{3}{2}}$ 米.

## 第 四 章

## 习 题 4-1(第 222 页)

3. (1) $-\dfrac{1}{3x^3} + C$；　　　　　　　　　(2) $u - 2\ln|u| - \dfrac{1}{u} + C$；

(3) $-\left[\dfrac{1}{x}+\arctan x\right]+C$;

(4) $\mathrm{e}^x+\ln|x|+C$;

(5) $x-\cos x+2\sin x+C$;

(6) $\dfrac{1}{6}(x^2+7)^3+C$;

(7) $\dfrac{1}{2}x^2-\sqrt{2}\,x+C$;

(8) $\dfrac{1}{2}x^2-\dfrac{9}{2}\ln(9+x^2)+C$;

(9) $\dfrac{x^2}{2}-2x+C$;

(10) $\ln|x|+2\arctan x+C$;

(11) $\dfrac{1}{3}x^3+\dfrac{3}{2}x^2+9x+C$;

(12) $\arcsin x+C$;

(13) $\dfrac{\mathrm{e}^{x+1}}{(1-\ln 3)\cdot 3^x}+C$;

(14) $\dfrac{1}{2}(x-\sin x)+C$;

(15) $-\cot x-x+C$;

(16) $-\dfrac{\cos x}{2}-\cot x+C$;

(17) $-\cot x-\tan x+C$;

(18) $\sin x-\cos x+C$;

(19) $\dfrac{1}{2}\tan x+\dfrac{1}{2}x+C$;

(20) $\dfrac{x^2}{2}-\dfrac{2}{3}x\sqrt{x}+x+C$;

(21) $a^{\frac{4}{3}}x-\dfrac{6}{5}a^{\frac{2}{3}}x^{\frac{5}{3}}+\dfrac{3}{7}x^{\frac{7}{3}}+C$;

(22) $-4\cot x+C$;

(23) $\dfrac{25\cdot 9^x}{2\ln 3}+\dfrac{30\cdot 15^x}{\ln 3+\ln 5}+\dfrac{9\cdot 25^x}{2\ln 5}+C$;

(24) $\tan x-\sec x+C$;

(25) $-\dfrac{1}{2}(\cos x+\mathrm{e}^x)+C$;

(26) $x-\cos x+C$.

4. $y=\dfrac{1}{4}x^4$.

5. (1) $27(\mathrm{m})$;　(2) $\sqrt[3]{360}\approx 7.11(\mathrm{s})$.

## 习　题　4-2(第 239 页)

1. (1) $\dfrac{1}{7}$;　(2) $-\dfrac{1}{2}$;　(3) $\dfrac{1}{4}$;　(4) $2$;　(5) $\dfrac{1}{3}$;　(6) $-\dfrac{1}{2}$;　(7) $\dfrac{3}{2}$;

(8) $\dfrac{1}{3}$;　(9) $\dfrac{1}{4}$;　(10) $-1$;　(11) $-\dfrac{1}{2}$;　(12) $-1$.

2. (1) $\dfrac{x^4}{4}\ln x-\dfrac{1}{16}x^4+C$;

(2) $\dfrac{1}{18}(1+2x)^9+C$;

(3) $\dfrac{1}{2}\ln\mid 2x+3\mid+C$;

(4) $\dfrac{1}{2}\sqrt[3]{(3x+1)^2}+C$;

(5) $\dfrac{a^{2x}}{\ln a^2}+\dfrac{1}{2}e^{2x}+C$;

(6) $2\sqrt{x+1}-2\ln\mid 1+\sqrt{x+1}\mid+C$;

(7) $\dfrac{1}{2}\arcsin\dfrac{x^2}{a^2}+C$;

(8) $a\arcsin\dfrac{x}{a}-\sqrt{a^2-x^2}+C$;

(9) $\dfrac{1}{11}\tan^{11}x+C$;

(10) $\dfrac{1}{3}\ln\mid x^3+\sqrt{x^6-1}\mid+C$;

(11) $-\ln\mid\cos\sqrt{1+x^2}\mid+C$;

(12) $\tan x-\sec x+C$;

(13) $\arctan e^x+C$;

(14) $-\dfrac{1}{2}e^{-x^2}+C$;

(15) $\dfrac{1}{2}\sin x^2+C$;

(16) $\dfrac{1}{10}(1-x^5)^{-2}+C$;

(17) $\dfrac{1}{2}\ln(x^2+2)+C$;

(18) $\dfrac{2}{9}(1+x^3)\sqrt{1+x^3}+C$;

(19) $-\dfrac{3}{4}\ln\mid 1-x^4\mid+C$;

(20) $-\dfrac{1}{5}\ln\mid 2-5t^2\mid+C$;

(21) $\ln\mid\tan x\mid+C$;

(22) $x-4\sqrt{x+1}+4\ln\mid\sqrt{x+1}+1\mid+C$;

(23) $\sin x-\dfrac{2}{3}\sin^2 x+\dfrac{1}{5}\sin^5 x+C$;

(24) $\dfrac{3}{2}\sqrt[3]{(\sin x-\cos x)^2}+C$;

(25) $-2\sqrt{1-x^2}-\arcsin x+C$;

(26) $\dfrac{6}{7}x^{\frac{7}{6}}-\dfrac{6}{5}x^{\frac{5}{6}}-2x^{\frac{1}{2}}-6x^{\frac{1}{6}}-3\ln\left|\dfrac{x^{\frac{1}{6}}-1}{x^{\frac{1}{6}}+1}\right|+C$;

(27) $\dfrac{x^2}{2}-\dfrac{9}{2}\ln(x^2+9)+C$;

(28) $\dfrac{1}{4}\ln\left|\dfrac{2+x}{2-x}\right|+C$;

(29) $\sqrt{\dfrac{2n}{g}}+C$;

(30) $\dfrac{1}{3}\ln\left|\dfrac{x-2}{x+1}\right|+C$;

(31) $\dfrac{1}{24}\ln\dfrac{x^6}{x^6+4}+C$;

(32) $\sin x-\dfrac{1}{3}\sin^3 x+C$;

(33) $\dfrac{t}{2}+\dfrac{1}{4\omega}\sin 2(\omega t+\varphi)+C$;

(34) $\dfrac{1}{2}\tan x+C$;

(35) $\dfrac{1}{3}\sin\dfrac{3}{2}x+\sin\dfrac{x}{2}+C$;

(36) $\dfrac{1}{4}\sin 2x-\dfrac{1}{24}\sin 12x+C$;

(37) $-\dfrac{1}{3}\csc^3 x + \csc x + C$;

(38) $-\dfrac{10^{2\arccos x}}{2\ln 10} + C$;

(39) $-(\operatorname{arccot}\sqrt{x})^2 + C$;

(40) $\tan x - \sec x + C$;

(41) $\dfrac{(9\mathrm{e})^x}{1+\ln 9} + C$;

(42) $\dfrac{1}{2}\ln^2 |\tan x| + C$;

(43) $\dfrac{a^2}{2}\left(\arcsin\dfrac{x}{a} - \dfrac{x}{a^2}\sqrt{a^2-x^2}\right) + C$;

(44) $\arccos\dfrac{1}{x} + C$;

(45) $\dfrac{0.4t}{\ln 0.4} - \dfrac{0.6t}{\ln 0.6} + C$;

(46) $\sqrt{x^2-9} - 3\arccos\dfrac{3}{x} + C$;

(47) $\sqrt{2x} - \ln|1+\sqrt{2x}| + C$;

(48) $\arcsin x - \dfrac{x}{1+\sqrt{1-x^2}} + C$;

(49) $\ln\left|\dfrac{\sqrt{1+\mathrm{e}^x}-1}{\sqrt{1+\mathrm{e}^x}+1}\right| + C$ 或 $2\ln|\sqrt{1+\mathrm{e}^x}-1| - x + C$;

(50) $\dfrac{1}{2}(\arcsin x + \ln|x+\sqrt{1-x^2}|) + C$;

(51) $\ln|\csc t - \cot t| + C$;

(52) $-\dfrac{1}{x} + \arctan x + C$.

## 习 题 4-3(第 248 页)

1. $-\mathrm{e}^{-x}(x+1) + C$.

2. $-x\cos x + \sin x + C$.

3. $\dfrac{1}{3}x^3\ln x - \dfrac{1}{9}x^3 + x\ln x - x + C$.

4. $\dfrac{1}{-4x^2}(2\ln x + 1) + C$.

5. $x\ln(1+x^2) - 2x + 2\arctan x + C$.

6. $\dfrac{1}{2}(\sec x\tan x + \ln|\sec x + \tan x|) + C$.

7. $\dfrac{1}{13}\mathrm{e}^{2x}(2\cos 3x + 3\sin 3x) + C$.

8. $-\dfrac{1}{2}x^4\cos x^2 + x^2\sin x^2 + \cos x^2 + C$.

9. $\dfrac{1}{4}(2x^2+2x-1)\sin 2x+\dfrac{1}{4}(2x+1)\cos 2x+C.$

10. $-\mathrm{e}^{-x}\arctan \mathrm{e}^x+x-\dfrac{1}{2}\ln(1+\mathrm{e}^{2x})+C.$

11. $x(\arcsin x)^2+2\sqrt{1-x^2}\arcsin x-2x+C.$

12. $\dfrac{1}{2}\mathrm{e}^x-\dfrac{1}{5}\mathrm{e}^x\sin 2x-\dfrac{1}{10}\mathrm{e}^x\cos 2x+C.$

13. $x^2\sin x+2x\cos x-2\sin x+C.$

14. $-\dfrac{x}{4\sqrt{x^2-4}}+C.$

15. $-\dfrac{1}{4}x\cos 2x+\dfrac{1}{8}\sin 2x+C.$

16. $\dfrac{1}{2}\mathrm{e}^{2x}\left(x^2-x+\dfrac{1}{2}\right)+C.$

17. $2\sqrt{x}\ln x-4\sqrt{x}+C.$

18. $3\mathrm{e}^{x^{\frac{1}{3}}}\cdot(\sqrt[3]{x^2}-2\sqrt[3]{x}+2)+C.$

19. $-\cos x\ln\tan x+\ln\left|\tan\dfrac{x}{2}\right|+C.$

20. $\dfrac{1}{4}\sec^3 x\tan x+\dfrac{3}{8}\sec x\tan x+\dfrac{3}{8}\ln|\sec x+\tan x|+C.$

21. $-\dfrac{1}{2}x^2\mathrm{e}^{-x^2}-\dfrac{1}{2}\mathrm{e}^{-x^2}+C.$

22. $\dfrac{1}{2}(x\sqrt{x^2\pm a^2}\pm a^2\ln|\sqrt{x^2\pm a^2}+x|+C.$

23. $\dfrac{x}{2}[\sin(\ln x)-\cos(\ln x)]+C.$

24. $x\ln(\ln x)+C.$

## 习 题 4-4(第 259 页)

1. (1) $\dfrac{x-3}{2(x^2-2x+2)}+\dfrac{3}{2}\arctan(x-1)+C;$

 (2) $\dfrac{4}{5}x^{\frac{5}{4}}-\dfrac{24}{13}x^{\frac{13}{12}}-\dfrac{4}{3}x^{\frac{3}{4}}+C;$

(3) $-\dfrac{1}{10}\ln|3x+7|+\dfrac{1}{10}\ln|x-1|+C;$

(4) $\dfrac{\sqrt{5}}{15}\arctan\dfrac{3x+2}{\sqrt{5}}+C;$

(5) $\dfrac{e^{x}}{1+x^{2}}+C;$

(6) $\dfrac{1}{a-b}\ln\left|\dfrac{x-b}{x-a}\right|+C;$

(7) $\dfrac{1}{2}\arctan x+\dfrac{1}{4}\ln(1+x^{2})-\dfrac{1}{2}\ln|1+x|+C;$

(8) $\ln\dfrac{x}{\sqrt{1+x^{2}}}+C$ 或 $\ln|x|-\dfrac{1}{2}\ln(1+x^{2})+C;$

(9) $-\dfrac{2}{3}\sqrt{\dfrac{2-x}{1+x}}+C;$

(10) $\dfrac{x^{3}}{3}+\dfrac{x^{2}}{2}+x+\ln|x-1|+C;$

(11) $\dfrac{1}{4}\ln\dfrac{x^{2}+x+1}{x^{2}-x+1}+\dfrac{1}{2\sqrt{3}}\arctan\dfrac{2x+1}{\sqrt{3}}+\dfrac{1}{2\sqrt{3}}\arctan\dfrac{2x-1}{\sqrt{3}}+C;$

(12) $-\dfrac{1}{2}\ln\dfrac{x^{2}+1}{x^{2}+x+1}+\dfrac{\sqrt{3}}{3}\arctan\dfrac{2x+1}{\sqrt{3}}+C;$

(13) $\dfrac{5x+3}{2(2x^{2}+2x+1)}-\dfrac{5}{2}\arctan(2x+1)+C;$

(14) $\dfrac{2}{3}\ln\left|\dfrac{e^{x}-2}{e^{x}-1}\right|+\dfrac{1}{e^{x}-2}+C;$

(15) $\dfrac{1}{\ln a}[-a^{-x}-x\ln a+\ln(1+a^{x})]+C;$

(16) $-\dfrac{x^{n}}{2n(x^{2n}+1)}+\dfrac{1}{2n}\arctan x^{n}+C.$

2. (1) $-\dfrac{1}{x}\arcsin x-\ln\left|\dfrac{1+\sqrt{1-x^{2}}}{x}\right|+C;$

(2) $\dfrac{\sqrt{2}}{2}\arctan\left(\dfrac{\sqrt{2}}{2}\tan\dfrac{x}{2}\right)+C;$

(3) $x-\dfrac{2}{\sqrt{3}}\arctan\left|\dfrac{2\tan x+1}{\sqrt{3}}\right|+C;$

(4) $\dfrac{2}{5}\arctan\left(\tan\dfrac{x}{2}\right)+\dfrac{4}{15}\ln\left|\dfrac{\tan\dfrac{x}{2}-3}{\tan\dfrac{x}{2}+3}\right|+C$;

(5) $\dfrac{\sqrt{3}}{6}\arctan\dfrac{2\tan x}{\sqrt{3}}+C$;

(6) $\dfrac{1}{4}\tan^2\dfrac{x}{2}+\tan\dfrac{x}{2}+\dfrac{1}{2}\ln\left|\tan\dfrac{x}{2}\right|+C$;

(7) $\dfrac{1}{ab}\arctan\left(\dfrac{a}{b}\tan x\right)+C$;

(8) $-\dfrac{3}{2}\ln|\sin x+\cos x|-\dfrac{1}{2}x+C.$

## 习 题 4-5(第263页)

1. (1) $\dfrac{2}{1-x}+\ln|x-1|+C$;

(2) $2\sqrt{x}-3\sqrt[3]{x}+6\sqrt[6]{x}-6\ln(\sqrt[6]{x}+1)+C$;

(3) $\dfrac{1}{2}x^2-\dfrac{2}{3}x\sqrt{x}+x+C$;

(4) $x-4\sqrt{x+1}+4\ln(\sqrt{1+x}+1)+C$;

(5) $x\tan x+\ln|\cos x|-\dfrac{x^2}{2}+C$;

(6) $2\sqrt{x+1}\sin\sqrt{x+1}+2\cos\sqrt{x+1}+C$;

(7) $\ln\left|x+\dfrac{1}{2}+\sqrt{x(x+1)}\right|+C$;

(8) $-\dfrac{1}{\ln x}-\dfrac{1}{x}\ln x-\dfrac{1}{x}+C$;

(9) $\ln|x+\sqrt{x^2-1}|-\dfrac{1}{x}\sqrt{x^2-1}+C$;

(10) $x\sqrt{\dfrac{x-2}{x}}-2\ln(\sqrt{|x-2|}+\sqrt{|x|})+C$ 或 $\sqrt{x^2-2x}-\ln|x-1-\sqrt{x^2-2x}|+C.$

2. (1) $\dfrac{1}{2(1-x)^2}-\dfrac{1}{1-x}+C$;

(2) $\dfrac{1}{6a^3}\ln\left|\dfrac{a^3+x^3}{a^3-x^3}\right|+C$;

(3) $-\dfrac{4}{x}+\dfrac{4}{3}x+\dfrac{x^3}{27}+C$;

(4) $\dfrac{6x-x^3}{24\sqrt{(4-x^2)^3}}+C$;

(5) $-\dfrac{\sqrt{(1+x^2)^3}}{3x^3}+\dfrac{\sqrt{1+x^2}}{x}+C$;

(6) $2\sin x+3\cos x+4\mathrm{e}^x+\pi x+C$;

(7) $\mathrm{e}^{x-3}+C$;

(8) $\dfrac{1}{4}x^4+\ln\dfrac{\sqrt[4]{x^4+1}}{x^4+2}+C$;

(9) $\dfrac{1}{32}\ln\left|\dfrac{2+x}{2-x}\right|+\dfrac{1}{16}\arctan\dfrac{x}{2}+C$;

(10) $-\dfrac{3}{4}\sqrt[3]{(3-2x)^2}+C$;

(11) $\ln(\mathrm{e}^x+\mathrm{e}^{-x})+C$;

(12) $\dfrac{1}{1+\mathrm{e}^x}+\ln\dfrac{\mathrm{e}^x}{1+\mathrm{e}^x}+C$;

(13) $2\sqrt{\tan x}+C$;

(14) $x\ln(x+\sqrt{x^2+1})-\sqrt{x^2+1}+C$;

(15) $\dfrac{1}{5}\sec^5 x-\dfrac{1}{3}\sec^3 x+C$;

(16) $-\dfrac{1}{2x}-\dfrac{1}{4}\sin\dfrac{2}{x}+C$;

(17) $\dfrac{1}{5}\tan^5 x+\dfrac{1}{7}\tan^7 x+C$;

(18) $-\dfrac{1}{2}\cos x+\cos\dfrac{x}{2}+C$;

(19) $\dfrac{1}{3}\arcsin\dfrac{3}{2}x+C$;

(20) $\dfrac{1}{2}(x^2\arctan\sqrt{x^2-1}-\sqrt{x^2-1})+C$;

(21) $\dfrac{1}{10}\sin 5x+\dfrac{1}{6}\sin 3x+C$;

(22) $(\arctan\sqrt{x}\,)^2+C$;

(23) $\dfrac{x-1}{2}\sqrt{2x-x^2}+\dfrac{1}{2}\arcsin(x-1)+C$;

(24) $\dfrac{x}{4}(x^2-2)\sqrt{4-x^2}+2\arcsin\dfrac{x}{2}+C$;

(25) $\arctan f(x)+C$;

(26) $\ln|\sin x|-\ln(1+\sin x)+C$;

(27) $\dfrac{\sqrt{5}}{5}\arctan(\sqrt{5}\tan x)+C$;

(28) $\sqrt{2-x}\left(-\dfrac{64}{15}-\dfrac{16}{15}x-\dfrac{2}{5}x^2\right)+C$;

(29) $\dfrac{1}{10}x\,\mathrm{e}^{10x}-\dfrac{1}{100}\mathrm{e}^{10x}+C$;

(30) $\dfrac{1}{2}(\sin x-\cos x)+\dfrac{\sqrt{2}}{4}\ln\left|\dfrac{1+\sqrt{2}\cos x}{1+\sqrt{2}\sin x}\right|+C$;

(31) $\dfrac{1}{99(1+x)^{99}}-\dfrac{1}{98(1+x)^{98}}+C$;

(32) $xf'(x)-f(x)+C$.

## 习　题　4-6(第268页)

1. $\dfrac{1}{2}\ln|2x+\sqrt{4x^2-9}\,|+C$.

2. $\dfrac{x^{21}}{21}+4\mathrm{e}^x-5\cos x+6\sin x+C$.

3. $\dfrac{1}{22}(2x-1)^{11}+2\mathrm{e}^{2x}-\dfrac{3}{2}\cos 2x+C$.

4. $\dfrac{x}{2}\sqrt{2x^2+9}+\dfrac{9\sqrt{2}}{4}\ln(\sqrt{2}x+\sqrt{2x^2+9}\,)+C$.

5. $\dfrac{x}{2}\sqrt{3x^2-2}-\dfrac{\sqrt{3}}{3}\ln|\sqrt{3}x+\sqrt{3x^2-2}\,|+C$.

6. $\dfrac{x^{1001}}{1\,001}\ln x-\dfrac{x^{1001}}{1\,001^2}+C$.

7. $2\sqrt{x}\,\mathrm{e}^{\sqrt{x}}-2\mathrm{e}^{\sqrt{x}}+x+C$.

8. $\dfrac{x}{18(9+x^2)}+\dfrac{1}{54}\arctan\dfrac{x}{3}+C.$

9. $-\dfrac{1}{2}\dfrac{\cos x}{\sin^2 x}+\dfrac{1}{2}\ln\left|\tan\dfrac{x}{2}\right|+C.$

10. $-\dfrac{1}{5}\cos 5x+C.$

11. $\dfrac{1}{2}\ln^2 2x+C.$

12. $x\ln^3 x-3x\ln^2 x+6x\ln x-6x+C.$

13. $\dfrac{1}{2}\tan^2 x+C\left(或\dfrac{1}{2}\sec^2 x+C\right).$

14. $2\sqrt{x-1}-2\arctan\sqrt{x-1}+C.$

15. $\dfrac{x}{2(1+x^2)}+\dfrac{1}{2}\arctan x+C.$

16. $-\sin\dfrac{1}{x}+C.$

17. $(\arctan\sqrt{x}\,)^2+C.$

18. $\dfrac{1}{6}\cos^5 x\sin x+\dfrac{5}{24}\cos^3 x\sin x+\dfrac{15}{24}\left(\dfrac{x}{2}+\dfrac{\sin 2x}{4}\right)+C.$

19. $\arctan f(x)+C.$

20. $\dfrac{1}{\sqrt{21}}\ln\left|\dfrac{\sqrt{3}\tan\dfrac{x}{2}+\sqrt{7}}{\sqrt{3}\tan\dfrac{x}{2}-\sqrt{7}}\right|+C.$

21. $\dfrac{\sqrt{2x-1}}{x}+2\arctan\sqrt{2x-1}+C.$

22. $\dfrac{-\sqrt{1+x^2}}{x}+C.$

23. $\dfrac{1}{2}\ln|x^2-2x-1|+\dfrac{3}{\sqrt{2}}\ln\left|\dfrac{x-\sqrt{2}-1}{x+\sqrt{2}-1}\right|+C.$

24. $-\sqrt{1+x-x^2}+\dfrac{1}{2}\arcsin\dfrac{2x-1}{\sqrt{5}}+C.$

25. $\dfrac{1}{2}x\sqrt{4x^2}+2\arcsin\dfrac{x}{2}+C.$

**自 测 题**(第 269 页)

一、1. $\dfrac{x^4}{4}+2\mathrm{e}^x+C$.

2. $-\dfrac{1}{4}\cot^4 x+\cot^2 x+\ln|\sin x|+C$.

3. $5f\left(\dfrac{x}{5}\right)+C$.

4. $-\arctan(3-x)+C$.

5. $f(x)$.

二、$\dfrac{x}{a^2\sqrt{a^2+x^2}}+C$.

三、$\dfrac{x^3}{3}-x+C$.

四、$\dfrac{1}{4}x-\dfrac{1}{16}\sin 2x-\dfrac{1}{16}\sin 4x+\dfrac{1}{24}\sin 6x-\dfrac{1}{80}\sin 10x+C$.

五、$(1+\mathrm{e}^x)\ln(1+\mathrm{e}^x)-\mathrm{e}^x+C$.

六、$\sqrt{1+x^2}\ln(x+\sqrt{1+x^2})-x+C$.

七、$\dfrac{\sqrt{x^2-9}}{9x}+C$.

八、$\dfrac{1}{2}x\sqrt{x^2-2}+\ln|x+\sqrt{x^2-2}|+C$.

九、$I_n=-x^n\cos x+nx^{n-1}\sin x-n(n-1)I_{n-2}$;

$-\cos x(x^5-20x^3+120x)+\sin x(5x^4-60x^2+120)+C$.

# 第 五 章

## 习 题 5-1(第 279 页)

1. $\dfrac{1}{3}$. 2. 1.

## 习　题　5-2(第285页)

2. (1) $\frac{1}{2}(b^2-a^2)$;　(2) $\frac{1}{2}(e^{\frac{\pi}{2}}+1)$;　(3) $e^{-\frac{1}{e}}$;　(4) 0.

3. (1) 正;　(2) 0;　(3) 正;　(4) 正.

4. (1) $2 \leqslant \int_1^2 (x^3+1)\mathrm{d}x \leqslant 9$;

(2) $\frac{2}{e} \leqslant \int_{-1}^1 e^{-x^2}\mathrm{d}x \leqslant 2$;

(3) $-2e^2 \leqslant \int_2^0 e^{x^2-x}\mathrm{d}x \leqslant -2e^{-\frac{1}{4}}$;

(4) $\frac{\pi}{9} \leqslant \int_{\frac{1}{\sqrt{3}}}^{\sqrt{3}} x\arctan x\,\mathrm{d}x \leqslant \frac{2}{3}\pi$.

7. (1) $\int_0^1 x^2\mathrm{d}x$ 较大;　　　　　(2) $\int_{-1}^1 x^2\mathrm{d}x$ 较大;

(3) $\int_3^4 (\ln x)^2\mathrm{d}x$ 较大;　　　(4) $\int_0^1 e^x\mathrm{d}x$ 较大;

(5) $\int_0^1 x^3\mathrm{d}x \leqslant \int_0^1 x^2\mathrm{d}x \leqslant \int_0^1 x\,\mathrm{d}x$.

## 习　题　5-3(第294页)

1. $\sin x$.

2. $\cot t$.

3. $\dfrac{\cos x}{\sin x-1}$.

4. (1) $\dfrac{21}{8}$;　(2) 4;　(3) $\dfrac{\pi}{2}-1$;　(4) $1-\dfrac{\pi}{4}$;　(5) $\dfrac{2}{3}a^3+\dfrac{3}{2}a^2+a$;

(6) $\ln 2$;　(7) $\dfrac{e+e^{-1}}{2}-1$;　(8) $-1$;　(9) $\dfrac{10}{3}$;　(10) $\dfrac{2}{3}$.

5. (1) $\cos x^2$;　(2) $2-\sqrt{1+x^4}$;　(3) $2xe^{-x^4}-e^{-(x+1)^2}+\cos x$;

(4) $2xe^{x^4}-e^{-x^2}$.

6. (1) $\dfrac{1}{2e}$;　(2) $\dfrac{1}{4}$;　(3) 2.

7. 当 $x = 0$ 时.

9. $\Phi(x) = \begin{cases} \dfrac{1}{3}x^3, & 当 x \in [0, 1] 时, \\ \dfrac{1}{2}x^2 - \dfrac{1}{6}, & 当 x \in (1, 2] 时. \end{cases}$    $\Phi(x)$ 在 $(0, 2)$ 内连续.

## 习 题 5-4(第 303 页)

1. (1) $\dfrac{\sqrt{3}}{2}$;
   (2) $\dfrac{\pi}{4}$;

(3) $4 - 2\arctan 2$;
   (4) $\dfrac{1}{3}$;

(5) $\dfrac{\pi}{8}\ln 2$;
   (6) $\dfrac{a^4}{16}\pi$;

(7) $\dfrac{2}{\sqrt{5}}\arctan\dfrac{1}{\sqrt{5}}$;
   (8) $\dfrac{1}{9}(2e^3 + 1)$;

(9) $\dfrac{\pi}{3} + \dfrac{\sqrt{3}}{2}$;
   (10) $\sqrt{2}\arctan\dfrac{1}{\sqrt{2}}$;

(11) 12;
   (12) $\dfrac{\pi a^4}{16}$;

(13) $\dfrac{\pi}{4}$;
   (14) $\dfrac{\pi}{2} - 1$;

(15) $e^{-\frac{1}{2}} - 1$;
   (16) $\dfrac{5\pi}{64} - \dfrac{1}{8}$;

(17) $\dfrac{\pi}{2\omega}$;
   (18) $\dfrac{1}{2}(e^{\frac{\pi}{2}} + 1)$;

(19) $2 - \dfrac{2}{e}$;
   (20) $2(\sqrt{3} - 1)$;

(21) $\dfrac{4}{3}$;
   (22) 2.

2. (1) 0; (2) 4; (3) $1 - \dfrac{\sqrt{3}}{6}\pi$; (4) $\dfrac{\pi^2}{16}$; (5) $\dfrac{1}{2}\pi R^2$; (6) 1.

8. $3\ln 2 - 1$.

习　题　**5-5**(第 308 页)

1. $\dfrac{\pi}{2}-1$.　　2. 4.

3. $\dfrac{\pi}{4}-\dfrac{1}{2}$.　　4. 1.

5. $\dfrac{1}{9}(2e^3+1)$.

6. $\dfrac{1}{3}\ln 2-\dfrac{\pi}{6}+\dfrac{4}{9}$.

7. $\left(\dfrac{1}{4}-\dfrac{\sqrt{3}}{9}\right)\pi+\dfrac{1}{2}\ln\dfrac{3}{2}$.

8. $8e-16$.

9. $\dfrac{1}{2}e(\cos 1+\sin 1)-\dfrac{1}{2}$.

10. $2\left(1-\dfrac{1}{e}\right)$.

11. $\arctan e-\dfrac{\pi}{4}$.

12. $J_m=\begin{cases}\dfrac{1\cdot 3\cdot 5\cdot\cdots\cdot(m-1)}{2\cdot 4\cdot 6\cdot\cdots\cdot m}\cdot\dfrac{\pi^2}{2} & (m\ 为偶数),\\[4mm] \dfrac{2\cdot 4\cdot 6\cdot\cdots\cdot(m-1)}{1\cdot 3\cdot 5\cdot\cdots\cdot m}\cdot\pi & (m\ 为大于 1 的奇数),\end{cases}$

　　$J_1=\pi$.

习　题　**5-6**(第 316 页)

1. $145.6(\text{m}^2)$.

2. (1) 1.389 0;　(2) 1.350 6;　(3) 1.350 6.

3. (1) 15.228 0, 19.228 0;　(2) 17.228 0;　(3) 17.322 5.

习　题　**5-7**(第 324 页)

1. (1) $\pi$;　(2) 1;　(3) $\pi$;　(4) $\dfrac{1}{2}$;　(5) $-\dfrac{\pi}{3}$;　(6) 1;　(7) $-1$;　(8) $\dfrac{\pi}{4}+\dfrac{1}{2}\ln 2$;

(9) $\dfrac{3}{2}$;　(10) $\dfrac{\pi}{2}$;　(11) $-1$;　(12) $\dfrac{8}{3}$;　(13) $\dfrac{\pi}{2}$;　(14) $\dfrac{\pi}{2}$.

2. (1) 当 $q<1$ 时收敛,当 $q\geqslant 1$ 时发散.

(2) 当 $b\neq a$,$0<q<1$ 时收敛于 $\dfrac{1}{1-q}(b-a)^{1-q}$;$q\geqslant 1$ 时发散.

当 $b=a$ 时,收敛于 $0$.

3. 当 $P>1$ 时收敛于 $\dfrac{1}{(P-1)(\ln 2)^{P-1}}$.

当 $P\leqslant 1$ 时发散;当 $P=1-\dfrac{1}{\ln\ln 2}$ 时取得最小值.

### 自 测 题(第 324 页)

一、$B$、$B$、$A$、$A$、$B$.

二、$0$;正;$1-\dfrac{\pi}{2}$;$1$;$\dfrac{\pi^2}{4}$.

三、$t^2$;$\dfrac{2t^2}{\sin t}$.

四、$1+\dfrac{3}{8}\pi^2$.

五、$\displaystyle\int_0^{\frac{\pi}{2}}\sin^n x\,\mathrm{d}x$ 与 $\displaystyle\int_0^{\frac{\pi}{2}}\cos^n x\,\mathrm{d}x$ 相等,当 $n$ 为奇数时为 $\dfrac{(n-1)!!}{n!!}$;当 $n$ 为偶数时为 $\dfrac{(n-1)!!}{n!!}\cdot\dfrac{\pi}{2}$.

六、$n=1$ 时为 $2$;$n=2k+1$ 时为 $2\dfrac{(2k)!!}{(2k+1)!!}$ $(k=1,2,3,\cdots)$.

七、$I_{\max}=I(-1)=\mathrm{e}+\dfrac{1}{\mathrm{e}}$.

# 第 六 章

### 习 题 6-2(第 337 页)

1. (1) $\dfrac{4}{3}$;　(2) $\dfrac{3}{2}-\ln 2$;　(3) $\dfrac{2}{3}(2-\sqrt{2})$;　(4) $2\pi+\dfrac{4}{3}$,$6\pi-\dfrac{4}{3}$;　(5) $\dfrac{1}{2}\pi$;

(6) $4\ln 2$.

2. (1) $\dfrac{9}{2}$;   (2) $\dfrac{128}{3}$;   (3) $\dfrac{32}{3}$;   (4) $\dfrac{32}{3}$.

3. $2\pi^2 r^2 R$.

4. (1) $\pi a^2$;   (2) $\dfrac{3}{8}\pi a^2$;   (3) $18\pi a^2$.

5. $\pi ab$.   6. $\dfrac{a^2}{4}(e^{2\pi}-1)$.

7. (1) $\dfrac{5}{4}\pi - 2$;   (2) $\dfrac{\pi}{8}$.

8. $\dfrac{1}{6}ab$.

9. $\dfrac{8}{3}a^2$.

10. $\dfrac{5\pi}{24} - \dfrac{\sqrt{3}}{4}$.

## 习  题  6-3(第345页)

1. $V_x = \dfrac{128}{5}\pi$; $V_y = 2\pi$.

2. $V_x = \dfrac{\pi^2}{2}$; $V_y = 2\pi^2$.

3. $\dfrac{1}{6}\pi h[2(ab+AB)+aB+bA]$.

4. $\dfrac{\pi h r^2}{3}$.

5. $\dfrac{32}{105}\pi a^3$.

7. (1) $\dfrac{8\pi a^3}{3}$;   (2) $\dfrac{3}{10}\pi$;   (3) $\dfrac{\pi^2}{2}$;   (4) $7\pi^2 a^3$.

8. $2\pi^2 a^2 b$.

9. $V_x = \pi(e-2)$, $V_y = \dfrac{\pi}{2}(e^2+1)$.

## 习 题 6-4(第 353 页)

1. $\dfrac{\sqrt{2}}{2}+\dfrac{1}{2}\ln(1+\sqrt{2})$.

2. $\dfrac{\sqrt{2x_0}}{2}\sqrt{2x_0+p}+\dfrac{p}{2}\ln(\sqrt{2x_0}+\sqrt{2x_0+p})-\dfrac{p}{4}\ln p$.

3. $6a$.

4. $\dfrac{1}{4}(e^2+1)$.　5. $8a$.

6. $\dfrac{a}{2}\pi^2$.　7. $\dfrac{3}{2}\pi a$.

8. $a\pi\sqrt{1+4\pi^2}+\dfrac{a}{2}\ln(2\pi+\sqrt{1+4\pi^2})$.

## 习 题 6-5(第 361 页)

1. $kq\left(\dfrac{1}{a}-\dfrac{1}{b}\right)$.

2. $-1\,108.35$(千牛).

3. (2) $9.75\times10^5$(kJ).

4. $\dfrac{4}{3}\pi r^4 g$.

5. $\dfrac{27}{7}kc^{\frac{2}{3}}a^{\frac{7}{3}}$(其中 $k$ 为比例系数).

6. $\dfrac{KM^2}{l^2}\ln\dfrac{(c+l)^2}{c(c+2l)}$.

7. $0.01(\sqrt{2}-1)$(m).

8. $17.3$(kN).

9. $22.05$ kN; $\dfrac{a^2b}{3}$.

10. $\dfrac{1}{2}\gamma ab(2h+b\sin\alpha)$.

11. $1.65$(N).

12. 取 $y$ 轴通过细直棒,

309

$$F_y = km\rho\left(\frac{1}{a} - \frac{1}{\sqrt{a^2+l^2}}\right), \ F_z = -\frac{km\rho l}{a\sqrt{a^2+l^2}}.$$

13. $\dfrac{GmMh}{R(R+h)}$ 或 $\dfrac{mgR^2h}{R(R+h)}$.

13. 引力的大小为 $\dfrac{2km\rho}{R}\sin\dfrac{\varphi}{2}$，方向为 $M$ 指向圆弧的中点.

## 习　题　6-6(第366页)

1. $\dfrac{1}{2}$.

2. $\dfrac{25}{4}$.

3. $12(\mathrm{m/s})$.

4. $1 - \dfrac{3}{\mathrm{e}^2}$.

5. (1) $\dfrac{5}{\pi}\left(1 + \dfrac{\sqrt{2}}{2}\right)(\mathrm{A})$;　(2) $\dfrac{5}{\pi}(1 + \cos 100\pi t_0)(\mathrm{A})$;

　　(3) $\dfrac{1}{300}(\mathrm{s})$; $0.0073(\mathrm{s})$.

6. $\sqrt{\dfrac{c}{T}}a$.　7. $\dfrac{I_m}{2}$.

## 自　测　题(第368页)

一、1. (A).　2. (B).

二、1. $s = \displaystyle\int_a^b 2\pi f(x)\sqrt{[1+f'(x)]^2}\,\mathrm{d}x$.　2. $\dfrac{16}{15}\pi$.　3. 4.

三、$\overline{V} = \dfrac{1}{2}\displaystyle\int_0^2 t^3\,\mathrm{d}t = 2$.

四、1;　$2\pi$.

五、$\dfrac{8}{27}(10\sqrt{10} - 1)$.

六、$\sqrt{1 - \dfrac{\sqrt{2}}{2}}R$.

七、$\dfrac{7}{2}$.

# 附录 I 积 分 表

## （一）含有 $ax + b$ 的积分

1. $\displaystyle\int \frac{\mathrm{d}x}{ax+b} = \frac{1}{a}\ln|ax+b| + C$

2. $\displaystyle\int (ax+b)^{\mu}\,\mathrm{d}x = \frac{1}{a(\mu+1)}(ax+b)^{\mu+1} + C \quad (\mu \neq -1)$

3. $\displaystyle\int \frac{x}{ax+b}\,\mathrm{d}x = \frac{1}{a^2}(ax+b-b\ln|ax+b|) + C$

4. $\displaystyle\int \frac{x^2}{ax+b}\,\mathrm{d}x = \frac{1}{a^3}\left[\frac{1}{2}(ax+b)^2 - 2b(ax+b) + b^2\ln|ax+b|\right] + C$

5. $\displaystyle\int \frac{\mathrm{d}x}{x(ax+b)} = -\frac{1}{b}\ln\left|\frac{ax+b}{x}\right| + C$

6. $\displaystyle\int \frac{\mathrm{d}x}{x^2(ax+b)} = -\frac{1}{bx} + \frac{a}{b^2}\ln\left|\frac{ax+b}{x}\right| + C$

7. $\displaystyle\int \frac{x}{(ax+b)^2}\,\mathrm{d}x = \frac{1}{a^2}\left(\ln|ax+b| + \frac{b}{ax+b}\right) + C$

8. $\displaystyle\int \frac{x^2}{(ax+b)^2}\,\mathrm{d}x = \frac{1}{a^3}\left(ax+b-2b\ln|ax+b| - \frac{b^2}{ax+b}\right) + C$

9. $\displaystyle\int \frac{\mathrm{d}x}{x(ax+b)^2} = \frac{1}{b(ax+b)} - \frac{1}{b^2}\ln\left|\frac{ax+b}{x}\right| + C$

## （二）含有 $\sqrt{ax+b}$ 的积分

10. $\displaystyle\int \sqrt{ax+b}\,\mathrm{d}x = \frac{2}{3a}\sqrt{(ax+b)^3} + C$

11. $\displaystyle\int x\sqrt{ax+b}\,\mathrm{d}x = \frac{2}{15a^2}(3ax-2b)\sqrt{(ax+b)^3} + C$

311

12. $\int x^2\sqrt{ax+b}\,dx = \dfrac{2}{105a^3}(15a^2x^2-12abx+8b^2)\sqrt{(ax+b)^3}+C$

13. $\int \dfrac{x}{\sqrt{ax+b}}\,dx = \dfrac{2}{3a^2}(ax-2b)\sqrt{ax+b}+C$

14. $\int \dfrac{x^2}{\sqrt{ax+b}}\,dx = \dfrac{2}{15a^3}(3a^2x^2-4abx+8b^2)\sqrt{ax+b}+C$

15. $\int \dfrac{dx}{x\sqrt{ax+b}} = \begin{cases} \dfrac{1}{\sqrt{b}}\ln\left|\dfrac{\sqrt{ax+b}-\sqrt{b}}{\sqrt{ax+b}+\sqrt{b}}\right|+C & (b>0) \\[3mm] \dfrac{2}{\sqrt{-b}}\arctan\sqrt{\dfrac{ax+b}{-b}}+C & (b<0) \end{cases}$

16. $\int \dfrac{dx}{x^2\sqrt{ax+b}} = -\dfrac{\sqrt{ax+b}}{bx} - \dfrac{a}{2b}\int \dfrac{dx}{x\sqrt{ax+b}}$

17. $\int \dfrac{\sqrt{ax+b}}{x}\,dx = 2\sqrt{ax+b} + b\int \dfrac{dx}{x\sqrt{ax+b}}$

18. $\int \dfrac{\sqrt{ax+b}}{x^2}\,dx = -\dfrac{\sqrt{ax+b}}{x} + \dfrac{a}{2}\int \dfrac{dx}{x\sqrt{ax+b}}$

## （三）含有 $x^2 \pm a^2$ 的积分

19. $\int \dfrac{dx}{x^2+a^2} = \dfrac{1}{a}\arctan\dfrac{x}{a}+C$

20. $\int \dfrac{dx}{(x^2+a^2)^n} = \dfrac{x}{2(n-1)a^2(x^2+a^2)^{n-1}} + \dfrac{2n-3}{2(n-1)a^2}\int \dfrac{dx}{(x^2+a^2)^{n-1}}$

21. $\int \dfrac{dx}{x^2-a^2} = \dfrac{1}{2a}\ln\left|\dfrac{x-a}{x+a}\right|+C$

## （四）含有 $ax^2+b(a>0)$ 的积分

22. $\int \dfrac{dx}{ax^2+b} = \begin{cases} \dfrac{1}{\sqrt{ab}}\arctan\sqrt{\dfrac{a}{b}}x+C & (b>0) \\[3mm] \dfrac{1}{2\sqrt{-ab}}\ln\left|\dfrac{\sqrt{a}x-\sqrt{-b}}{\sqrt{a}x+\sqrt{-b}}\right|+C & (b<0) \end{cases}$

23. $\displaystyle\int \frac{x}{ax^2+b}\mathrm{d}x = \frac{1}{2a}\ln|ax^2+b|+C$

24. $\displaystyle\int \frac{x^2}{ax^2+b}\mathrm{d}x = \frac{x}{a} - \frac{b}{a}\int \frac{\mathrm{d}x}{ax^2+b}$

25. $\displaystyle\int \frac{\mathrm{d}x}{x(ax^2+b)} = \frac{1}{2b}\ln\frac{x^2}{|ax^2+b|}+C$

26. $\displaystyle\int \frac{\mathrm{d}x}{x^2(ax^2+b)} = -\frac{1}{bx} - \frac{a}{b}\int \frac{\mathrm{d}x}{ax^2+b}$

27. $\displaystyle\int \frac{\mathrm{d}x}{x^3(ax^2+b)} = \frac{a}{2b^2}\ln\frac{|ax^2+b|}{x^2} - \frac{1}{2bx^2}+C$

28. $\displaystyle\int \frac{\mathrm{d}x}{(ax^2+b)^2} = \frac{x}{2b(ax^2+b)} + \frac{1}{2b}\int \frac{\mathrm{d}x}{ax^2+b}$

## （五）含有 $ax^2+bx+c(a>0)$ 的积分

29. $\displaystyle\int \frac{\mathrm{d}x}{ax^2+bx+c} = \begin{cases} \dfrac{2}{\sqrt{4ac-b^2}}\arctan\dfrac{2ax+b}{\sqrt{4ac-b^2}}+C & (b^2<4ac) \\[4mm] \dfrac{1}{\sqrt{b^2-4ac}}\ln\left|\dfrac{2ax+b-\sqrt{b^2-4ac}}{2ax+b+\sqrt{b^2-4ac}}\right|+C & (b^2>4ac) \end{cases}$

30. $\displaystyle\int \frac{x}{ax^2+bx+c}\mathrm{d}x = \frac{1}{2a}\ln|ax^2+bx+c| - \frac{b}{2a}\int \frac{\mathrm{d}x}{ax^2+bx+c}$

## （六）含有 $\sqrt{x^2+a^2}\,(a>0)$ 的积分

31. $\displaystyle\int \frac{\mathrm{d}x}{\sqrt{x^2+a^2}} = \operatorname{arsh}\frac{x}{a}+C_1 = \ln(x+\sqrt{x^2+a^2})+C$

32. $\displaystyle\int \frac{\mathrm{d}x}{\sqrt{(x^2+a^2)^3}} = \frac{x}{a^2\sqrt{x^2+a^2}}+C$

33. $\displaystyle\int \frac{x}{\sqrt{x^2+a^2}}\mathrm{d}x = \sqrt{x^2+a^2}+C$

34. $\displaystyle\int \frac{x}{\sqrt{(x^2+a^2)^3}}\mathrm{d}x = -\frac{1}{\sqrt{x^2+a^2}}+C$

35. $\int \dfrac{x^2}{\sqrt{x^2+a^2}}\,\mathrm{d}x = \dfrac{x}{2}\sqrt{x^2+a^2} - \dfrac{a^2}{2}\ln(x+\sqrt{x^2+a^2})+C$

36. $\int \dfrac{x^2}{\sqrt{(x^2+a^2)^3}}\,\mathrm{d}x = -\dfrac{x}{\sqrt{x^2+a^2}} + \ln(x+\sqrt{x^2+a^2})+C$

37. $\int \dfrac{\mathrm{d}x}{x\sqrt{x^2+a^2}} = \dfrac{1}{a}\ln\dfrac{\sqrt{x^2+a^2}-a}{|x|}+C$

38. $\int \dfrac{\mathrm{d}x}{x^2\sqrt{x^2+a^2}} = -\dfrac{\sqrt{x^2+a^2}}{a^2 x}+C$

39. $\int \sqrt{x^2+a^2}\,\mathrm{d}x = \dfrac{x}{2}\sqrt{x^2+a^2} + \dfrac{a^2}{2}\ln(x+\sqrt{x^2+a^2})+C$

40. $\int \sqrt{(x^2+a^2)^3}\,\mathrm{d}x = \dfrac{x}{8}(2x^2+5a^2)\sqrt{x^2+a^2} + \dfrac{3}{8}a^4\ln(x+\sqrt{x^2+a^2})+C$

41. $\int x\sqrt{x^2+a^2}\,\mathrm{d}x = \dfrac{1}{3}\sqrt{(x^2+a^2)^3}+C$

42. $\int x^2\sqrt{x^2+a^2}\,\mathrm{d}x = \dfrac{\pi}{8}(2x^2+a^2)\sqrt{x^2+a^2} - \dfrac{a^4}{8}\ln(x+\sqrt{x^2+a^2})+C$

43. $\int \dfrac{\sqrt{x^2+a^2}}{x}\,\mathrm{d}x = \sqrt{x^2+a^2} + a\ln\dfrac{\sqrt{x^2+a^2}-a}{|x|}+C$

44. $\int \dfrac{\sqrt{x^2+a^2}}{x^2}\,\mathrm{d}x = -\dfrac{\sqrt{x^2+a^2}}{x} + \ln(x+\sqrt{x^2+a^2})+C$

## (七) 含有 $\sqrt{x^2-a^2}\,(a>0)$ 的积分

45. $\int \dfrac{\mathrm{d}x}{\sqrt{x^2-a^2}} = \dfrac{x}{|x|}\mathrm{arch}\dfrac{|x|}{a}+C_1 = \ln|x+\sqrt{x^2-a^2}|+C$

46. $\int \dfrac{\mathrm{d}x}{\sqrt{(x^2-a^2)^3}} = -\dfrac{x}{a^2\sqrt{x^2-a^2}}+C$

47. $\int \dfrac{x}{\sqrt{x^2-a^2}}\,\mathrm{d}x = \sqrt{x^2-a^2}+C$

48. $\int \dfrac{x}{\sqrt{(x^2-a^2)^3}}\,\mathrm{d}x = -\dfrac{1}{\sqrt{x^2-a^2}}+C$

49. $\int \dfrac{x^2}{\sqrt{x^2-a^2}}\,\mathrm{d}x = \dfrac{x}{2}\sqrt{x^2-a^2} + \dfrac{a^2}{2}\ln|x+\sqrt{x^2-a^2}|+C$

50. $\int \dfrac{x^2}{\sqrt{(x^2-a^2)^3}} \mathrm{d}x = -\dfrac{x}{\sqrt{x^2-a^2}} + \ln|x+\sqrt{x^2-a^2}| + C$

51. $\int \dfrac{\mathrm{d}x}{x\sqrt{x^2-a^2}} = \dfrac{1}{a}\arccos\dfrac{a}{|x|} + C$

52. $\int \dfrac{\mathrm{d}x}{x^2\sqrt{x^2-a^2}} = \dfrac{\sqrt{x^2-a^2}}{a^2 x} + C$

53. $\int \sqrt{x^2-a^2}\,\mathrm{d}x = \dfrac{x}{2}\sqrt{x^2-a^2} - \dfrac{a^2}{2}\ln|x+\sqrt{x^2-a^2}| + C$

54. $\int \sqrt{(x^2-a^2)^3}\,\mathrm{d}x = \dfrac{x}{8}(2x^2-5a^2)\sqrt{x^2-a^2} + \dfrac{3}{8}a^4\ln|x+\sqrt{x^2-a^2}| + C$

55. $\int x\sqrt{x^2-a^2}\,\mathrm{d}x = \dfrac{1}{3}\sqrt{(x^2-a^2)^3} + C$

56. $\int x^2\sqrt{x^2-a^2}\,\mathrm{d}x = \dfrac{x}{8}(2x^2-a^2)\sqrt{x^2-a^2} - \dfrac{a^4}{8}\ln|x+\sqrt{x^2-a^2}| + C$

57. $\int \dfrac{\sqrt{x^2-a^2}}{x}\mathrm{d}x = \sqrt{x^2-a^2} - a\arccos\dfrac{a}{|x|} + C$

58. $\int \dfrac{\sqrt{x^2-a^2}}{x^2}\mathrm{d}x = -\dfrac{\sqrt{x^2-a^2}}{x} + \ln|x+\sqrt{x^2-a^2}| + C$

## （八）含有 $\sqrt{a^2-x^2}\,(a>0)$ 的积分

59. $\int \dfrac{\mathrm{d}x}{\sqrt{a^2-x^2}} = \arcsin\dfrac{x}{a} + C$

60. $\int \dfrac{\mathrm{d}x}{\sqrt{(a^2-x^2)^3}} = \dfrac{x}{a^2\sqrt{a^2-x^2}} + C$

61. $\int \dfrac{x}{\sqrt{a^2-x^2}}\mathrm{d}x = -\sqrt{a^2-x^2} + C$

62. $\int \dfrac{x}{\sqrt{(a^2-x^2)^3}}\mathrm{d}x = \dfrac{1}{\sqrt{a^2-x^2}} + C$

63. $\int \dfrac{x^2}{\sqrt{a^2-x^2}}\mathrm{d}x = -\dfrac{x}{2}\sqrt{a^2-x^2} + \dfrac{a^2}{2}\arcsin\dfrac{x}{a} + C$

64. $\int \dfrac{x^2}{\sqrt{(a^2-x^2)^3}}\mathrm{d}x = \dfrac{x}{\sqrt{a^2-x^2}} - \arcsin\dfrac{x}{a} + C$

65. $\displaystyle\int \frac{\mathrm{d}x}{x\sqrt{a^2-x^2}} = \frac{1}{a}\ln\frac{a-\sqrt{a^2-x^2}}{|x|} + C$

66. $\displaystyle\int \frac{\mathrm{d}x}{x^2\sqrt{a^2-x^2}} = -\frac{\sqrt{a^2-x^2}}{a^2 x} + C$

67. $\displaystyle\int \sqrt{a^2-x^2}\,\mathrm{d}x = \frac{x}{2}\sqrt{a^2-x^2} + \frac{a^2}{2}\arcsin\frac{x}{a} + C$

68. $\displaystyle\int \sqrt{(a^2-x^2)^3}\,\mathrm{d}x = \frac{x}{8}(5a^2-2x^2)\sqrt{a^2-x^2} + \frac{3}{8}a^4\arcsin\frac{x}{a} + C$

69. $\displaystyle\int x\sqrt{a^2-x^2}\,\mathrm{d}x = -\frac{1}{3}\sqrt{(a^2-x^2)^3} + C$

70. $\displaystyle\int x^2\sqrt{a^2-x^2}\,\mathrm{d}x = \frac{x}{8}(2x^2-a^2)\sqrt{a^2-x^2} + \frac{a^4}{8}\arcsin\frac{x}{a} + C$

71. $\displaystyle\int \frac{\sqrt{a^2-x^2}}{x}\,\mathrm{d}x = \sqrt{a^2-x^2} + a\ln\frac{a-\sqrt{a^2-x^2}}{|x|} + C$

72. $\displaystyle\int \frac{\sqrt{a^2-x^2}}{x^2}\,\mathrm{d}x = -\frac{\sqrt{a^2-x^2}}{x} - \arcsin\frac{x}{a} + C$

# （九）含有 $\sqrt{\pm ax^2+bx+c}$ （$a>0$）的积分

73. $\displaystyle\int \frac{\mathrm{d}x}{\sqrt{ax^2+bx+c}} = \frac{1}{\sqrt{a}}\ln|2ax+b+2\sqrt{a}\sqrt{ax^2+bx+c}| + C$

74. $\displaystyle\int \sqrt{ax^2+bx+c}\,\mathrm{d}x = \frac{2ax+b}{4a}\sqrt{ax^2+bx+c} + \frac{4ac-b^2}{8\sqrt{a^3}}\ln|2ax+b$
$+ 2\sqrt{a}\sqrt{ax^2+bx+c}| + C$

75. $\displaystyle\int \frac{x}{\sqrt{ax^2+bx+c}}\,\mathrm{d}x = \frac{1}{a}\sqrt{ax^2+bx+c} - \frac{b}{2\sqrt{a^3}}\ln|2ax+b$
$+ 2\sqrt{a}\sqrt{ax^2+bx+c}| + C$

76. $\displaystyle\int \frac{\mathrm{d}x}{\sqrt{c+bx-ax^2}} = -\frac{1}{\sqrt{a}}\arcsin\frac{2ax-b}{\sqrt{b^2+4ac}} + C$

77. $\displaystyle\int \sqrt{c+bx-ax^2}\,\mathrm{d}x = \frac{2ax-b}{4a}\sqrt{c+bx-ax^2} + \frac{b^2+4ac}{8\sqrt{a^3}}\arcsin\frac{2ax-b}{\sqrt{b^2+4ac}} + C$

78. $\displaystyle\int \frac{x}{\sqrt{c+bx-ax^2}}\,\mathrm{d}x = -\frac{1}{a}\sqrt{c+bx-ax^2} + \frac{b}{2\sqrt{a^3}}\arcsin\frac{2ax-b}{\sqrt{b^2+4ac}} + C$

# （十）含有 $\sqrt{\pm\dfrac{x-a}{x-b}}$ 或 $\sqrt{(x-a)(b-x)}$ 的积分

79. $\displaystyle\int\sqrt{\dfrac{x-a}{x-b}}\,\mathrm{d}x=(x-b)\sqrt{\dfrac{x-a}{x-b}}+(b-a)\ln(\sqrt{|x-a|}+\sqrt{|x-b|})+C$

80. $\displaystyle\int\sqrt{\dfrac{x-a}{b-x}}\,\mathrm{d}x=(x-b)\sqrt{\dfrac{x-a}{b-x}}+(b-a)\arcsin\sqrt{\dfrac{x-a}{b-a}}+C$

81. $\displaystyle\int\dfrac{\mathrm{d}x}{\sqrt{(x-a)(b-x)}}=2\arcsin\sqrt{\dfrac{x-a}{b-a}}+C\ (a<b)$

82. $\displaystyle\int\sqrt{(x-a)(b-x)}\,\mathrm{d}x=\dfrac{2x-a-b}{4}\sqrt{(x-a)(b-x)}$

$\qquad\qquad +\dfrac{(b-a)^2}{4}\arcsin\sqrt{\dfrac{x-a}{b-a}}+C\ (a<b)$

# （十一）含有三角函数的积分

83. $\displaystyle\int\sin x\,\mathrm{d}x=-\cos x+C$

84. $\displaystyle\int\cos x\,\mathrm{d}x=\sin x+C$

85. $\displaystyle\int\tan x\,\mathrm{d}x=-\ln|\cos x|+C$

86. $\displaystyle\int\cot x\,\mathrm{d}x=\ln|\sin x|+C$

87. $\displaystyle\int\sec x\,\mathrm{d}x=\ln\left|\tan\left(\dfrac{\pi}{4}+\dfrac{x}{2}\right)\right|+C=\ln|\sec x+\tan x|+C$

88. $\displaystyle\int\csc x\,\mathrm{d}x=\ln\left|\tan\dfrac{x}{2}\right|+C=\ln|\csc x-\cot x|+C$

89. $\displaystyle\int\sec^2 x\,\mathrm{d}x=\tan x+C$

90. $\displaystyle\int\csc^2 x\,\mathrm{d}x=-\cot x+C$

91. $\displaystyle\int\sec x\tan x\,\mathrm{d}x=\sec x+C$

92. $\displaystyle\int\csc x\cot x\,\mathrm{d}x=-\csc x+C$

93. $\int \sin^2 x \, dx = \dfrac{x}{2} - \dfrac{1}{4}\sin 2x + C$

94. $\int \cos^2 x \, dx = \dfrac{x}{2} + \dfrac{1}{4}\sin 2x + C$

95. $\int \sin^n x \, dx = -\dfrac{1}{n}\sin^{n-1} x \cos x + \dfrac{n-1}{n}\int \sin^{n-2} x \, dx$

96. $\int \cos^n x \, dx = \dfrac{1}{n}\cos^{n-1} x \sin x + \dfrac{n-1}{n}\int \cos^{n-2} x \, dx$

97. $\int \dfrac{dx}{\sin^n x} = -\dfrac{1}{n-1}\cdot\dfrac{\cos x}{\sin^{n-1} x} + \dfrac{n-2}{n-1}\int \dfrac{dx}{\sin^{n-2} x}$

98. $\int \dfrac{dx}{\cos^n x} = \dfrac{1}{n-1}\cdot\dfrac{\sin x}{\cos^{n-1} x} + \dfrac{n-2}{n-1}\int \dfrac{dx}{\cos^{n-2} x}$

99. $\int \cos^m x \sin^n x \, dx = \dfrac{1}{m+n}\cos^{m-1} x \sin^{n+1} x + \dfrac{m-1}{m+n}\int \cos^{m-2} x \sin^n x \, dx$

$$= -\dfrac{1}{m+n}\cos^{m+1} x \sin^{n-1} x + \dfrac{n-1}{m+n}\int \cos^m x \sin^{n-2} x \, dx$$

100. $\int \sin ax \cos bx \, dx = -\dfrac{1}{2(a+b)}\cos(a+b)x - \dfrac{1}{2(a-b)}\cos(a-b)x + C$

101. $\int \sin ax \sin bx \, dx = -\dfrac{1}{2(a+b)}\sin(a+b)x + \dfrac{1}{2(a-b)}\sin(a-b)x + C$

102. $\int \cos ax \cos bx \, dx = \dfrac{1}{2(a+b)}\sin(a+b)x + \dfrac{1}{2(a-b)}\sin(a-b)x + C$

103. $\int \dfrac{dx}{a+b\sin x} = \dfrac{2}{\sqrt{a^2-b^2}}\arctan \dfrac{a\tan\dfrac{x}{2}+b}{\sqrt{a^2-b^2}} + C \ (a^2 > b^2)$

104. $\int \dfrac{dx}{a+b\sin x} = \dfrac{1}{\sqrt{b^2-a^2}}\ln\left|\dfrac{a\tan\dfrac{x}{2}+b-\sqrt{b^2-a^2}}{a\tan\dfrac{x}{2}+b+\sqrt{b^2-a^2}}\right| + C \ (a^2 < b^2)$

105. $\int \dfrac{dx}{a+b\cos x} = \dfrac{2}{a+b}\sqrt{\dfrac{a+b}{a-b}}\arctan\left(\sqrt{\dfrac{a-b}{a+b}}\tan\dfrac{x}{2}\right) + C \ (a^2 > b^2)$

106. $\int \dfrac{dx}{a+b\cos x} = \dfrac{1}{a+b}\sqrt{\dfrac{a+b}{b-a}}\ln\left|\dfrac{\tan\dfrac{x}{2}+\sqrt{\dfrac{a+b}{b-a}}}{\tan\dfrac{x}{2}-\sqrt{\dfrac{a+b}{b-a}}}\right| + C \ (a^2 < b^2)$

107. $\displaystyle\int \frac{\mathrm{d}x}{a^2\cos^2 x + b^2\sin^2 x} = \frac{1}{ab}\arctan\left(\frac{b}{a}\tan x\right) + C$

108. $\displaystyle\int \frac{\mathrm{d}x}{a^2\cos^2 x - b^2\sin^2 x} = \frac{1}{2ab}\ln\left|\frac{b\tan x + a}{b\tan x - a}\right| + C$

109. $\displaystyle\int x\sin ax\,\mathrm{d}x = \frac{1}{a^2}\sin ax - \frac{1}{a}x\cos ax + C$

110. $\displaystyle\int x^2\sin ax\,\mathrm{d}x = -\frac{1}{a}x^2\cos ax + \frac{2}{a^2}x\sin ax + \frac{2}{a^3}\cos ax + C$

111. $\displaystyle\int x\cos ax\,\mathrm{d}x = \frac{1}{a^2}\cos ax + \frac{1}{a}x\sin ax + C$

112. $\displaystyle\int x^2\cos ax\,\mathrm{d}x = \frac{1}{a}x^2\sin ax + \frac{2}{a^2}x\cos ax - \frac{2}{a^3}\sin ax + C$

# （十二）含有反三角函数的积分（其中 $a>0$）

113. $\displaystyle\int \arcsin\frac{x}{a}\,\mathrm{d}x = x\arcsin\frac{x}{a} + \sqrt{a^2 - x^2} + C$

114. $\displaystyle\int x\arcsin\frac{x}{a}\,\mathrm{d}x = \left(\frac{x^2}{2} - \frac{a^2}{4}\right)\arcsin\frac{x}{a} + \frac{x}{4}\sqrt{a^2 - x^2} + C$

115. $\displaystyle\int x^2\arcsin\frac{x}{a}\,\mathrm{d}x = \frac{x^3}{3}\arcsin\frac{x}{a} + \frac{1}{9}(x^2 + 2a^2)\sqrt{a^2 - x^2} + C$

116. $\displaystyle\int \arccos\frac{x}{a}\,\mathrm{d}x = x\arccos\frac{x}{a} - \sqrt{a^2 - x^2} + C$

117. $\displaystyle\int x\arccos\frac{x}{a}\,\mathrm{d}x = \left(\frac{x^2}{2} - \frac{a^2}{4}\right)\arccos\frac{x}{a} - \frac{x}{4}\sqrt{a^2 - x^2} + C$

118. $\displaystyle\int x^2\arccos\frac{x}{a}\,\mathrm{d}x = \frac{x^3}{3}\arccos\frac{x}{a} - \frac{1}{9}(x^2 + 2a^2)\sqrt{a^2 - x^2} + C$

119. $\displaystyle\int \arctan\frac{x}{a}\,\mathrm{d}x = x\arctan\frac{x}{a} - \frac{a}{2}\ln(a^2 + x^2) + C$

120. $\displaystyle\int x\arctan\frac{x}{a}\,\mathrm{d}x = \frac{1}{2}(a^2 + x^2)\arctan\frac{x}{a} - \frac{a}{2}x + C$

121. $\displaystyle\int x^2\arctan\frac{x}{a}\,\mathrm{d}x = \frac{x^3}{3}\arctan\frac{x}{a} - \frac{a}{6}x^2 + \frac{a^3}{6}\ln(a^2 + x^2) + C$

# （十三）含有指数函数的积分

122. $\displaystyle\int a^x \, \mathrm{d}x = \frac{1}{\ln a} a^x + C$

123. $\displaystyle\int \mathrm{e}^{ax} \, \mathrm{d}x = \frac{1}{a} \mathrm{e}^{ax} + C$

124. $\displaystyle\int x \mathrm{e}^{ax} \, \mathrm{d}x = \frac{1}{a^2}(ax - 1)\mathrm{e}^{ax} + C$

125. $\displaystyle\int x^n \mathrm{e}^{ax} \, \mathrm{d}x = \frac{1}{a} x^n \mathrm{e}^{ax} - \frac{n}{a} \int x^{n-1} \mathrm{e}^{ax} \, \mathrm{d}x$

126. $\displaystyle\int x a^x \, \mathrm{d}x = \frac{x}{\ln a} a^x - \frac{1}{(\ln a)^2} a^x + C$

127. $\displaystyle\int x^n a^x \, \mathrm{d}x = \frac{1}{\ln a} x^n a^x - \frac{n}{\ln a} \int x^{n-1} a^x \, \mathrm{d}x$

128. $\displaystyle\int \mathrm{e}^{ax} \sin bx \, \mathrm{d}x = \frac{1}{a^2 + b^2} \mathrm{e}^{ax}(a \sin bx - b \cos bx) + C$

129. $\displaystyle\int \mathrm{e}^{ax} \cos bx \, \mathrm{d}x = \frac{1}{a^2 + b^2} \mathrm{e}^{ax}(b \sin bx + a \cos bx) + C$

130. $\displaystyle\int \mathrm{e}^{ax} \sin^n bx \, \mathrm{d}x = \frac{1}{a^2 + b^2 n^2} \mathrm{e}^{ax} \sin^{n-1} bx (a \sin bx - nb \cos bx)$
$$+ \frac{n(n-1)b^2}{a^2 + b^2 n^2} \int \mathrm{e}^{ax} \sin^{n-2} bx \, \mathrm{d}x$$

131. $\displaystyle\int \mathrm{e}^{ax} \cos^n bx \, \mathrm{d}x = \frac{1}{a^2 + b^2 n^2} \mathrm{e}^{ax} \cos^{n-1} bx (a \cos bx + nb \sin bx)$
$$+ \frac{n(n-1)b^2}{a^2 + b^2 n^2} \int \mathrm{e}^{ax} \cos^{n-2} bx \, \mathrm{d}x$$

# （十四）含有对数函数的积分

132. $\displaystyle\int \ln x \, \mathrm{d}x = x \ln x - x + C$

133. $\displaystyle\int \frac{\mathrm{d}x}{x \ln x} = \ln |\ln x| + C$

134. $\int x^n \ln x\, dx = \dfrac{1}{n+1} x^{n+1} \left( \ln x - \dfrac{1}{n+1} \right) + C$

135. $\int (\ln x)^n\, dx = x(\ln x)^n - n\int (\ln x)^{n-1}\, dx$

136. $\int x^m (\ln x)^n\, dx = \dfrac{1}{m+1} x^{m+1} (\ln x)^n - \dfrac{n}{m+1} \int x^m (\ln x)^{n-1}\, dx$

## （十五）含有双曲函数的积分

137. $\int \mathrm{sh}\, x\, dx = \mathrm{ch}\, x + C$

138. $\int \mathrm{ch}\, x\, dx = \mathrm{sh}\, x + C$

139. $\int \mathrm{th}\, x\, dx = \ln\mathrm{ch}\, x + C$

140. $\int \mathrm{sh}^2 x\, dx = -\dfrac{x}{2} + \dfrac{1}{4} \mathrm{sh}\, 2x + C$

141. $\int \mathrm{ch}^2 x\, dx = \dfrac{x}{2} + \dfrac{1}{4} \mathrm{sh}\, 2x + C$

## （十六）定 积 分

142. $\displaystyle\int_{-\pi}^{\pi} \cos nx\, dx = \int_{-\pi}^{\pi} \sin nx\, dx = 0$

143. $\displaystyle\int_{-\pi}^{\pi} \cos mx \sin nx\, dx = 0$

144. $\displaystyle\int_{-\pi}^{\pi} \cos mx \cos nx\, dx = \begin{cases} 0, & m \neq n \\ \pi, & m = n \end{cases}$

145. $\displaystyle\int_{-\pi}^{\pi} \sin mx \sin nx\, dx = \begin{cases} 0, & m \neq n \\ \pi, & m = n \end{cases}$

146. $\displaystyle\int_{-\pi}^{\pi} \sin mx \sin nx\, dx = \int_{0}^{\pi} \cos mx \cos nx\, dx = \begin{cases} 0, & m \neq n \\ \pi/2, & m = n \end{cases}$

147. $I_n = \displaystyle\int_{0}^{\frac{\pi}{2}} \sin^n x\, dx = \int_{0}^{\frac{\pi}{2}} \cos^n x\, dx$

　　$I_n = \dfrac{n-1}{n} I_{n-2}$

$$\begin{cases} I_n = \dfrac{n-1}{n} \cdot \dfrac{n-3}{n-2} \cdot \cdots \cdot \dfrac{4}{5} \cdot \dfrac{2}{3} \,(n \text{ 为大于 1 的正奇数}), I_1 = 1 \\ I_n = \dfrac{n-1}{n} \cdot \dfrac{n-3}{n-2} \cdot \cdots \cdot \dfrac{3}{4} \cdot \dfrac{1}{2} \cdot \dfrac{\pi}{2} \,(n \text{ 为正偶数}), I_0 = \dfrac{\pi}{2} \end{cases}$$

# 附录Ⅱ　几种常用的曲线

（1）三次抛物线

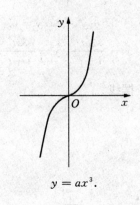

$$y = ax^3.$$

（2）半立方抛物线

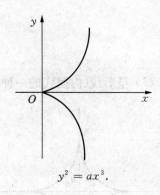

$$y^2 = ax^3.$$

（3）概率曲线

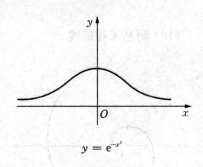

$$y = e^{-x^2}$$

（4）箕舌线

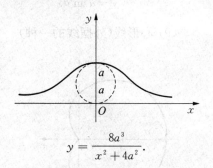

$$y = \frac{8a^3}{x^2 + 4a^2}.$$

(5) 蔓叶线

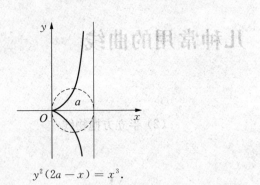

$$y^2(2a - x) = x^3.$$

(6) 笛卡儿叶形线

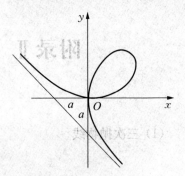

$$x^3 + y^3 - 3axy = 0.$$

$$x = \frac{3at}{1 + t^3}; \quad y = \frac{3at^2}{1 + t^3}.$$

(7) 星形线(内摆线的一种)

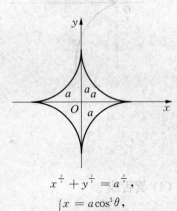

$$x^{\frac{2}{3}} + y^{\frac{2}{3}} = a^{\frac{2}{3}}.$$

$$\begin{cases} x = a\cos^3\theta, \\ y = a\sin^3\theta. \end{cases}$$

(8) 摆线

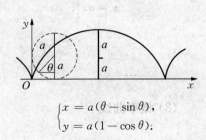

$$\begin{cases} x = a(\theta - \sin\theta), \\ y = a(1 - \cos\theta). \end{cases}$$

(9) 心形线(外摆线的一种)

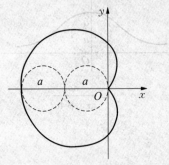

$$x^2 + y^2 + ax = a\sqrt{x^2 + y^2},$$

$$r = a(1 - \cos\theta).$$

(10) 阿基米德螺线

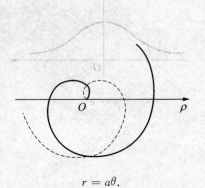

$$r = a\theta.$$

（11）对数螺线

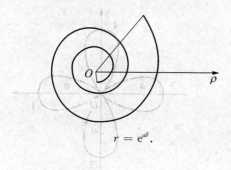

$$r = e^{a\theta}.$$

（12）双曲螺线

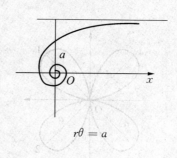

$$r\theta = a$$

（13）柏努利双纽线

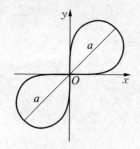

$$(x^2 + y^2)^2 = 2a^2xy,$$
$$r^2 = a^2\sin 2\theta.$$

（14）柏努利双纽线

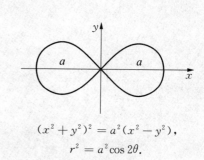

$$(x^2 + y^2)^2 = a^2(x^2 - y^2),$$
$$r^2 = a^2\cos 2\theta.$$

（15）三叶玫瑰线

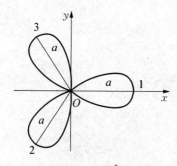

$$r = a\cos 3\theta.$$

（16）三叶玫瑰线

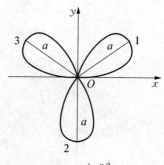

$$r = a\sin 3\theta.$$

（17）四叶玫瑰线

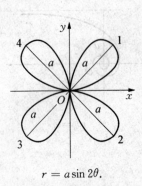

$r = a \sin 2\theta.$

（18）四叶玫瑰线

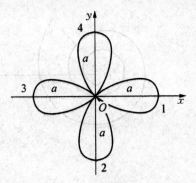

$r = a \cos 2\theta.$

# 参 考 文 献

［1］同济大学,天津大学,浙江大学,重庆大学.高等数学上册［M］.第四版.北京:高等教育出版社,2013.

［2］同济大学,天津大学,浙江大学,重庆大学.高等数学下册［M］.第四版.北京:高等教育出版社,2014.

［3］中国人民大学成教院,王小欧.高等数学(一)［M］.北京:新世界出版社,2010.

［4］侯凤波.高等数学［M］.第四版,北京:高等教育出版社,2014.

［5］陈笑缘.高等数学专升本辅导教程［M］.北京:高等教育出版社,2013.

［6］侯凤波.工科高等数学［M］.辽宁:辽宁大学出版社,2010.

［7］华东师范大学数学系.数学分析上册［M］.第四版.北京:高等教育出版社,2010.

［8］华东师范大学数学系.数学分析下册［M］.第四版.北京:高等教育出版社,2010.

［9］贾晓峰.微积分与数学模型上册［M］.第二版.北京:高等教育出版社,2008.

［10］贾晓峰.微积分与数学模型下册［M］.第二版.北京:高等教育出版社,2008.

［11］同济大学数学系.高等数学上册［M］.第六版.北京:高等教育出版社,2007.

［12］同济大学数学系.高等数学下册［M］.第六版.北京:高等教育出版社,2007.

［13］菲赫金哥尔茨.微积分学教程［M］.第八版.北京:高等教育出版社,2006.

［14］同济大学数学系.微积分上册［M］.第三版.北京:高等教育出版社,2013.

［15］同济大学数学系.微积分下册［M］.第三版.北京:高等教育出版社,2013.